“十二五”职业教育国家规划教材
经全国职业教育教材审定委员会审定
高职高专“十二五”电力技术类专业规划教财

电力环境保护

主　编　黄成群　李艳萍
副主编　潘丽梅　罗　成　李亚军
参　编　宋长华　杨　莹　梅其政　穆顺勇
主　审　周永言　洪锦从

机械工业出版社

本书为高职高专“十二五”电力技术类专业规划教材。

本书重点论述火电厂烟气脱硫、脱硝、除尘、脱碳和脱汞技术，火电厂废水处理和核电厂环境保护；亦涉及电力工业的其他环境保护问题，如水电厂环境保护、输变电环境保护、噪声污染与防护等。本书内容紧密联系生产实际，全面完整地描述了国内外电力系统环境保护的新技术、新方法和新理论。

本书可作为高职高专院校电力技术类专业的教材，也可作为相关企业岗位培训、职业资格鉴定的培训教材，还可供电力系统相关工程技术人员以及管理人员阅读和参考。

为方便教学，本书配有电子课件、模拟试卷等，凡选用本书作为授课用书的学校均可来电索取。咨询电话：01088379375；电子邮箱：wangzongf@163.com。

图书在版编目(CIP)数据

电力环境保护/黄成群，潘丽梅主编. —北京：机械工业出版社，2012.2（2025.8 重印）

高职高专“十二五”电力技术类专业规划教材

ISBN 978-7-111-37029-1

Ⅰ.①电… Ⅱ.①黄…②潘… Ⅲ.①电力工程-环境保护-高等职业教育-教材 Ⅳ.①X322

中国版本图书馆 CIP 数据核字(2012)第 001541 号

机械工业出版社(北京市百万庄大街 22 号 邮政编码 100037)

策划编辑：于 宁 王宗锋 责任编辑：王宗锋 曲世海

版式设计：霍永明 封面设计：路恩中

责任印制：张 博

北京建宏印刷有限公司印刷

2025 年 8 月第 1 版第 6 次印刷

184mm×260mm · 14.75 印张 · 360 千字

标准书号：ISBN 978-7-111-37029-1

定价：48.00 元

电话服务

客服电话：010-88361066

010-88379833

010-68326294

网络服务

机 工 官 网：www.cmpbook.com

机 工 官 博：weibo.com/cmp1952

金 书 网：www.golden-book.com

机工教育服务网：www.cmpedu.com

前　言

电力工业是国民经济的基础工业，也是环境污染大户。我国电力工业的环境保护工作相对滞后，火电厂烟尘、SO_2、NO_x以及由此而产生的酸雨等对大气环境造成了极大的危害，核电厂核辐射、输电线路等可能产生的危害也逐渐受到人们的关注。我国电力结构以火力发电为主，火电装机容量以及发电量占70%以上。目前，我国电力工业（尤其是火电厂）的环保形势非常严峻，可以预料在今后一段时期内，电力系统的环保压力会越来越大，做好环保工作给电力系统带来的经济效益会越来越明显。

本书具有如下特点：①合理选择教材内容，有利于按需施教，因材施教；②力求实用为主、简明易懂，避免过深的原理，着力从技术应用角度介绍烟气除尘、脱硫及脱硝等；③注重推广使用国家及行业新标准；④在编写过程中力求汲取最新信息，将脱碳、脱汞等新知识、新技术、新工艺及时反映在书中；⑤介绍了一些现场应用实例。

本书由重庆电力高等专科学校黄成群、山东电力高等专科学校李艳萍任主编，哈尔滨电力职业技术学院潘丽梅和重庆电力高等专科学校罗成、李亚军任副主编，参加编写的还有重庆电力高等专科学校宋长华、哈尔滨电力职业技术学院杨莹、重庆电力高等专科学校梅其政和西安电力高等专科学校穆顺勇。本书共分九章，其中，绪论、第一章、第二章、第四章由黄成群编写；第五章由李艳萍编写；第三章、第七章、第八章由潘丽梅、杨莹编写；第六章、第九章由罗成、李亚军编写。此外，宋长华、梅其政和穆顺勇也参加了部分章节的编写。

本书由广东电网公司电力科学研究院周永言和台山核电合营有限公司洪锦从审稿，他们对本书进行了认真的审阅，提出了许多宝贵的意见和建议，在此对他们致以衷心的感谢。

本书在编写过程中，得到了有关院校老师和企业的支持与帮助，在此表示衷心的感谢。

由于编者的水平有限，加之时间仓促，书中难免存在不妥之处，敬请读者批评指正。

编　者

目　　录

绪论　电力环境保护概述

第一节　电力与环境保护

一、几个基本概念

1. 环境

我们通常所说的环境，是相对于我们人类而言的，也就是指人类的生存环境。

人类环境分为自然环境和社会环境。

自然环境又称地理环境，是指环绕于人类周围的自然界。它包括大气、水、土壤、生物和各种矿物资源等。自然环境是人类赖以生存和发展的物质基础。

社会环境是指人类在自然环境的基础上，为不断提高物质和精神生活水平，通过长期有计划、有目的的发展，逐步创造和建立起来的人工环境，如城市、农村和工矿区等。

我国环境保护法中对环境的定义为：环境是指影响人类生存和发展的各种天然的和经过人工改造的自然因素的总体，包括大气、水、海洋、土地、矿藏、森林、草原、野生生物、自然遗迹、人文遗迹、自然保护区、风景名胜区、城市和乡村等。

在我们的物质生活越来越丰富、物质欲望越来越强烈的今天，不能忘记，对我们的生命至关重要的东西其实只有三种，那就是：干净的空气、清洁的淡水、肥沃且没有受到污染的土壤，它们是我们生存必须依赖的三要素，缺一不可。

2. 环境污染

环境污染是指人类直接或间接地向环境排放超过其自净能力的物质或能量，使环境的质量降低，对人类的生存与发展、生物正常生长和生态平衡造成不利影响的现象。能够引起环境污染的物质称为污染物，如有害气体二氧化硫，重金属铅、汞等。能量的介入也会使环境质量降低，如热污染、噪声污染及电磁辐射污染等。

环境污染既可由人类活动引起，如人类生产和生活活动排放的污染物对环境的污染，也可由自然的原因引起，如火山爆发释放的尘埃和有害气体对环境的污染。环境保护中所指的环境污染主要是指人类活动造成的污染。

环境污染的类型，按环境要素可分为大气污染、水体污染和土壤污染等；按污染物的形态可分为废气污染、废水污染、固体废物污染以及噪声污染、辐射污染等；按污染产生的来源可分为工业污染、农业污染、交通运输污染和生活污染等；按污染物的分布范围又可分为全球性污染、区域性污染和局部性污染等。

3. 环境保护

环境保护就是运用现代环境科学理论和方法、技术，采取行政的、法律的、经济的、科学技术的等多方面措施，合理开发利用自然资源，防止环境的污染和破坏，综合整治环境，保护人体健康，保持生态平衡，保障人类社会的持续发展。

环境保护内容主要有：

1）防治由人类生产和生活活动引起的环境污染，包括防治工业生产排放的“三废”（废水、废气、废渣）、粉尘、放射性物质以及产生的噪声、振动、恶臭和电磁微波辐射，交通运输活动产生的有害气体、废液、噪声，海上船舶运输排出的污染物，工农业生产和人民生活使用的有毒有害化学品，城镇生活排放的烟尘、污水和垃圾等造成的污染。

2）防止由建设和开发活动引起的环境破坏，包括防止由大型水利工程、铁路、公路干线、大型港口码头、机场和大型工业项目等工程建设对环境造成的污染和破坏；农垦和围湖造田活动，海上油田、海岸带和沼泽地的开发，森林和矿产资源的开发对环境的破坏和影响；新工业区、新城镇的设置和建设等对环境的破坏、污染和影响。

3）保护有特殊价值的自然环境，包括对珍稀物种及其生活环境、特殊的自然发展史遗迹、地质现象、地貌景观等提供有效的保护。

另外，城乡规划、控制水土流失和沙漠化、植树造林、控制人口的增长和分布、合理配置生产力等，也都属于环境保护的内容。

简单地说，环境保护要做的事情就是：保护空气、水和土壤的洁净。保护好了地球（即人类）环境三要素，才有保护地球生物物种的基础，也才有保护生物多样性的基础。

4. 电力环境保护

电力环境保护就是指发电（电力生产）、输电和配电各环节对环境影响的防护和治理。

电力作为一种二次能源，是由煤炭、水力资源、核能资源等一次能源转换而来的。按一次能源的不同，电力生产可分为火电、水电、核电、生物能、风电、太阳能、地热和海洋潮汐等。在电源结构方面，我国今后相当长的时期内将继续维持火电为主的基本格局。截至2006年底，火电、水电、核电的相对比例分别为77.8%、20.7%和1.5%，风电、太阳能等新能源发电在电源构成中所占比例很小。

电力环境保护内容主要有：①火电厂尤其是燃煤电厂污染物控制。②水电厂建设和运行期的生态保护。③核电厂放射性污染的控制。④输变电过程电场、磁场、电磁场的影响控制。⑤可再生能源环境保护问题等。

当前电力环境保护的重点是燃煤电厂的污染物控制，而燃煤电厂大气污染问题尤其是其中的二氧化硫控制，更是重点中的重点。

二、电力工业对环境的影响

1. 火力发电对环境的影响

火力发电一般利用煤炭、石油和天然气等燃料燃烧时产生的热能来加热水，使水变成高温、高压水蒸气，然后再由水蒸气推动汽轮机，汽轮机驱动发电机发电。

我国一次能源消费结构长期以来以煤为主，绝大多数火力发电厂是燃煤电厂。煤炭燃烧会产生多种类型的污染物，因此燃煤电厂的环境污染问题最大。

（1）废气　燃煤电厂要消耗大量煤炭，而且燃烧的煤炭主要是原煤，煤质以劣质煤为主。煤炭燃烧过程中会产生大量的烟尘和二氧化碳（CO_2）气体，以及二氧化硫（SO_2）和氮氧化物等多种废气，这将对大气造成严重的污染，特别是排入大气中的二氧化硫和氮氧化物会形成酸雨，酸雨对环境的影响极其严重。此外，大量的二氧化碳排放还会导致全球气候变暖。

（2）废水　火电厂在生产过程中还会消耗大量水资源，加重了水资源的匮乏程度；同时还可能外排废水，对受纳水体造成一定程度的污染。

(3) 废渣　燃煤电厂会产生大量灰渣，如果不综合利用，大量的灰渣就需要存放处置，从而占用大量土地。

(4) 热污染　火电厂产生的大量废热对局部气候或受纳水体造成影响。

(5) 噪声　火电厂各类强噪声设备运行中的噪声对人员的听觉有一定程度的影响。

2. 水力发电对环境的影响

水利发电是利用水的势能，也就是水位的落差来做功，推动水轮机转动再带动发电机转动而发电。在我国常规能源资源中，水力资源仅次于煤炭，占有十分重要的地位。随着水电建设力度加大，水电的环境问题日益显现，社会关注程度也不断加大。尤其是流域梯级水电建设影响范围广、因素复杂、周期长，有些影响具有累积和滞后效应，甚至还有一些不可逆的影响，主要有以下几个方面：

(1) 自然方面　水库蓄水使地面沉降，库岸滑坡，淹没大片土地，并可诱发地震；库区蒸发量大，改变小气候；使下游水文条件改变，地下水位降低。

(2) 生物方面　大片生物区被淹，改变了上、下游的水陆环境，影响上、下游鱼类的迁移习性。

(3) 地球物理、化学方面　水的流动特性改变，使水流自净能力下降，从而改变了水的物理、化学性质（如颜色、气味、水温和溶氧量等）。

水电开发对环境的影响问题有的尚在讨论之中，但水电有无可争辩的优越性，其对环境的影响问题可在勘测、设计和施工阶段精心处理，使影响减至最小程度。

3. 核能发电对环境的影响

总体而言，核电是清洁、安全的能源，没有火电排放的烟尘、SO_2、氮氧化物和 CO_2。核电站运营过程中对环境的影响主要是含放射性的气体、液体的排放和固体废物的贮存、处置，以及和火力发电厂相同的常规废水、热污染和噪声污染。正常运行时，核燃料裂变会产生大量放射性裂变产物，同时也会活化一些材料物质和杂质，产生大量的放射性活化产物。这样，反应堆内就会出现大量的放射性核素。虽然它们中的绝大部分被密封在燃料元件包壳和回路冷却系统中，但这首先将产生高放射性的乏燃料和堆芯构件，而且仍会有极少量的放射性物质在经过处理后通过烟囱排入大气，或与冷却水混合排入水体。此外，核电厂为了净化水、气系统中的放射性以及其他检修、运行活动直至最后的退役，也都将产生一定数量的中低或高放射性固体废物。核电厂在事故状态下可能会向环境中释放大量的放射性物质，对环境和公众健康产生危害。

核电站热能的60%～70%以温排水的方式损失掉，温排水量比相同容量的火电厂要大。

4. 输变电对环境的影响

输电线路、变电所的建设期和运行期对环境的影响主要是：

1）建设期造成的水土流失对环境的影响，以及地表变动、植被破坏对生态环境的影响。

2）建设期引起的居民搬迁与安置问题。

3）运行时产生的连续可听噪声、工频电场和磁场、无线电干扰对周围环境可能产生的影响。

其中最主要的是输电线路及变电所运行时产生的工频电场、无线电干扰和噪声对周围环境产生的影响。

三、电力环境保护现状和展望

1. 电力环境保护现状

我国政府非常重视环境保护工作，特别是改革开放以来，国家进一步强化了环保法制建设，制定了一系列有利于电力与环境保护协调发展的方针，确立了“预防为主，防治结合，综合治理”和“采用新技术，推行文明、清洁生产，减少有害物质排放，防治环境污染和其他公害”的政策，使电力得到迅速发展的同时环境保护取得明显成效。在2005年前，依靠科技进步，通过加强电力结构调整和合理布局电源，按照“以SO_2达标排放治理为核心，全面促进其他污染物治理和生态环境保护”的工作思路，电力环境保护的“老账”已基本还完，新建项目不欠“新账”，所有污染物基本达到国家排放标准。

目前，电力工业在环境保护方面取得的成绩主要有：脱硫环保产业初具规模（国产化300 MW以上湿法脱硫机组投入运行）；烟尘、SO_2和氮氧化物污染控制技术水平和能力明显提高；污染物排放绩效及清洁生产指标不断改善；灰渣、废水等污染控制和综合利用成效显著。

尽管电力环境保护取得了以上成绩，但与国家不断趋严的法规要求相比，与国外发达国家电力污染控制水平相比，与日益严峻的环境形势相比，与人民群众日益增长的对优良环境需求相比，电力环境保护还存在较大差距。电力环境保护当前面临的问题主要有：①由于认识、政策、技术和资金等方面的原因，SO_2达标排放难度较大。②现有电除尘器或其他高效除尘器，因设备、管理等问题难以达到设计效率。③强化氮氧化物控制的问题仅排到议事日程。④部分电厂灰水中悬浮物和pH值难以达到排放标准要求，个别电厂氟化物等污染物超标。⑤部分灰场灰水渗透对地下水产生影响。⑥环保科研水平较低，特别是开发自主版权的、能用于商业化的环保新技术不多。⑦随着国家环保要求的不断拓宽和提高，对输变电项目工频电场和磁场影响的研究、评价及预防提出了新的要求。⑧水电建设的生态环境保护和移民问题对电力项目提出了新的规范性要求。⑨电力环境管理需进一步提高，特别是环境监测、统计、信息交流等基础工作需要强化。⑩国际环境问题压力不断增大，《京都议定书》已经生效，尽管没有规定我国温室气体的减排义务，但对我国能源工业将产生巨大而深远的影响。

2. 电力环境保护的发展趋势

（1）调整电源结构，加强电网建设　要大力开发水电，优化发展煤电，积极推进核电，适度发展天然气发电，鼓励新能源发电，坚持建设与节约并重，把节约放在优先位置，加强电力需求侧管理，提高资源利用效率。要加强电网建设，推进西电东送、南北互济、全国联网，实现更大范围的资源优化配置。重点开发西部水电基地和北部重点煤电基地，积极开展和大力推进交流1000kV、直流正负800kV特高压电网示范工程的建设，以适应东西2000～3000km，南北800～2000km远距离大容量电力输送需求，促进煤电就地转化和水电大规模开发，满足经济快速发展对电力的需求，保障全国能源安全供应。

（2）推行洁净煤发电技术　洁净煤发电技术可以把满足供电需要、提高效率和控制环境污染有机地结合起来。要把洁净煤发电技术作为关键技术，积极推进大型高效清洁的发电设备，如百万千瓦级核电机组、超超临界火电机组、燃气—蒸汽联合循环机组、整体煤气化联合循环机组（Integrated Gasification Combined Cycle，IGCC）、大型循环流化床锅炉、大型水电机组及抽水蓄能机组、大型空冷机组和大功率风力发电机组等在电力工业中的应用。

(3) 依靠科技进步，提高污染控制的技术水平　21 世纪是知识经济为主导地位的经济，对于环境保护，采用先进技术是最节约、最有效地解决环境污染的措施。要加大科技投入力度，组织技术攻关，对电力生产和建设过程中产生的污染和生态破坏等问题进行研究。

(4) 强化政策引导　进一步完善有关能源价格政策、环保与资源节约激励政策，以引导企业发展循环经济。如研究能源和电力价格政策，以促进节约资源和节约用电；研究和出台清洁电能的优质优价或优先发电的电价机制，促进企业加快污染治理；积极推进 SO_2 排放总量交易政策的实施，用市场机制实现低成本控制污染的目的。

(5) 加强行业自律，推进循环经济发展　行业协会应当在环境保护与资源节约工作中发挥行业管理和自律作用，如针对电力行业的特点，促进建立符合科学发展观的以绩效、能效评价指标为主的电力环保与资源节约评价体系，通过行业自律的作用促进实现节约型电力的发展。

(6) 加强环保国际合作　电力环保方面具有十分广阔的国际合作前景与市场，继续加大环保国际合作范围。通过技术交流、人员培训，引进适合中国国情的污染控制技术，提高污染控制水平，积极争取国际环保机构、外国政府和国际金融组织的优惠贷款和赠款，用于重点环保项目建设。

本书将重点介绍燃煤电厂大气污染的控制技术——脱硫、脱硝、除尘，较为详细地介绍水电、核电、输变电的环境保护，对发电、输电过程都涉及的废水、噪声污染则独立列章介绍。由于生物能、风电、太阳能、地热和海洋潮汐发电几乎不会产生污染物，本书不予介绍。

第二节　火电厂排放的大气污染物及管理措施

火电厂排放烟气中所含成分很多，主要有 N_2、水蒸气、CO_2、SO_2、SO_3、NO_x、CO、颗粒物、重金属和微量元素（如 As、Hg、Ni、Mn）等。目前，我国和世界各国对火电厂排放烟气中污染物的控制集中于 SO_2、NO_x 和烟尘，发达国家已开始研究对重金属和 CO_2 的控制。

一、火电厂排放的大气污染物

（一）烟尘

1. 烟尘的产生

燃煤电厂是将煤粉（通常粒径小于 90μm 的占 80% 以上）随一次风送进燃烧室进行燃烧。煤粉颗粒小，受到火焰及炉壁来的辐射热后，在短时间内就能燃烧。但是，煤中含有部分不能燃烧的成分，其残留的固态物质即灰分，一般灰分产率为 20% ~40%。煤燃烧后形成的固体颗粒物粒径很小，一部分以大尺寸的炉渣形式排出；另一部分成为飞灰悬浮于烟气中，通过除尘装置而将其绝大部分加以收集，但仍有部分飞灰通过烟囱排往大气中，烟尘特指后者。锅炉烟尘排放量与燃煤量、灰分、燃烧方式、烟气流速、锅炉类型、运行参数、除尘效率等因素有关。

2. 烟尘的危害

大气中固体颗粒物包括粉尘（指悬浮于气体介质中的小固体粒子）和烟尘等，其最大粒径大于100μm，最小粒径仅有10^{-3}μm。其中粒径大于10μm的降尘在重力的作用下，能迅速沉降至地面；而粒径小于10μm的飘尘（PM_{10}）能在空气中长期悬浮并做布朗运动，容易进入人的呼吸系统。由于飘尘几乎不能被上呼吸道表面体液截留并随痰排出，很容易直接进入肺部并在肺泡内沉积，因此对人体的危害最大，其危害程度取决于固体颗粒物的粒径、种类、溶解度以及吸附的有害气体的性质等。

侵入肺部没有被溶解的沉积物会被细胞所吸收，损伤并破坏细胞，最终侵入肺组织而引起尘肺，如吸入煤灰形成的煤肺，吸入金属粉尘形成的铁肺、铝肺等。如果沉积物被溶解，则会侵入血液，并送至全身，造成血液系统中毒。例如妨碍血红蛋白生成的铅烟尘可以引起急性中毒或慢性中毒，其症状是精神迟钝、大脑麻痹、癫痫，甚至死亡。

燃烧和金属冶炼过程，以及汽车排气产生的烟尘具有很复杂的化学组成，其中有镍、镉、铬、铍、钒、铅、砷等有毒物质，特别是致癌物质苯并（a）芘、苯芘蒽等，通过呼吸道或皮肤进入人体，会引起肺癌或皮肤癌。

（二）硫氧化物和氮氧化物

1. 硫氧化物

（1）煤中硫的燃烧产物　煤炭中含有少量含硫的物质，按照硫在煤中的存在形态分为无机硫和有机硫，无机硫包括元素硫、硫化物硫（也称硫铁矿硫，以黄铁矿为主，化学式为FeS_2）和硫酸盐硫。

元素硫、硫化物硫和有机硫为可燃性硫（为80%～90%）。硫酸盐硫不参与燃烧反应，多残存于灰烬中，称为非可燃性硫。煤中可燃性硫在锅炉中燃烧时主要生成SO_2，还有少量SO_3，其浓度相当于烟气中SO_2浓度的1%～2%。硫转化成SO_2的比率随硫在煤中的存在形态、燃烧设备及运行工况不同而不同。

（2）二氧化硫的危害　电力生产中SO_2的危害主要表现在两个方面：一是对锅炉设备的腐蚀；二是对环境的危害。

SO_2和SO_3易与烟气中的水蒸气形成H_2SO_3和H_2SO_4，会在温度低于其露点的金属表面上凝结，造成低温受热面的酸腐蚀。煤中硫含量越高，露点越高，越易在较高温度受热面处凝结，危害也越大。当煤中硫含量较高时，为减轻腐蚀，必须提高排烟温度，否则会有明显的堵灰和腐蚀，对锅炉危害很大。

SO_2是造成环境污染的根源之一，是目前大气污染物中含量较大、影响面较广的一种气态污染物。大气中SO_2的来源很广，几乎所有的工矿企业都可能产生。在排放SO_2的各种过程中，约90%来自燃料燃烧过程，其中火电厂排放量最大。

SO_2为无色、有强烈刺激气味的气体，对人体呼吸器官有很强的毒害作用，还可通过皮肤经毛孔侵入人体，或通过食物和饮水经消化道进入人体而造成危害。人体主要经呼吸道吸收大气中的SO_2，会引起不同程度的呼吸道及眼睛黏膜的刺激症状。SO_2常常跟大气中的飘尘结合在一起被吸入，飘尘气溶胶微粒可把SO_2带到肺部使毒性增加3～4倍。如果SO_2遇到水蒸气，形成硫酸雾，就可以长期滞留在大气中，毒性比SO_2大10倍左右，同时对金属及农作物有着严重的腐蚀与伤害作用。“八大公害事件”中的伦敦烟雾事件就是硫酸烟雾引起的呼吸道疾病，导致5天之内4000人死亡，后来又连续发生了3次。

大气中SO_2还是形成酸雨的主要污染物。

2. 氮氧化物

（1）煤燃烧形成的氮氧化物　氮和氧结合的化合物有 NO、NO_2、N_2O、N_2O_3、N_2O_4、N_2O_5 等，总起来用氮氧化物（NO_x）表示，其中造成大气污染的 NO_x 主要指的是 NO、NO_2 和 N_2O。NO_x 在煤、石油、天然气等燃料燃烧过程中产生的数量最多，在所有燃料燃烧排放的 NO_x 中，约 70% 来自于煤炭的直接燃烧。

煤中氮的含量和氮化合物的存在形式因煤的种类不同而相差很大，不同产地同类型的煤中含氮量也有很大差异。一般来说，煤中的氮含量在 0.3%～3.5% 之间，煤中氮均为有机氮。煤中氮的化学结合形式不同，其在燃烧时分解特性也不同，直接决定了 NO_x 的氧化－还原反应过程和最终的 NO_x 生成量。

在煤燃烧过程中氮氧化物的生成量和排放量与煤燃烧方式，特别是燃烧温度和过量空气系数等燃烧条件关系密切。在通常的燃烧温度下，煤粉炉排出的烟气中 NO 占 90% 以上，NO_2 占 5%～10%，而 N_2O 只占 1% 左右。在锅炉炉膛中心形成的 NO，不能与烟气中的氧进一步反应生成 NO_2。进入大气后，NO 最终会氧化成 NO_2，各国均以 NO_2 为衡量污染的标准。

（2）氮氧化物的危害　NO_x 对人体的危害作用是对呼吸道的损害。NO_2 比 NO 的毒性高 4 倍，可引起肺损害，甚至造成肺水肿。慢性中毒可致气管、肺病变。吸入 NO 可引起变性血红蛋白的形成，并对中枢神经系统产生影响。

吸附 NO_x 的悬浮尘粒最易随着人的呼吸进入肺部，对肺有直接损伤作用。N_2O 温室作用是 CO_2 的 310 倍，是重要的温室气体。当 NO_x 排入大气后，NO_x 与碳氢化合物一起还可能形成光化学烟雾。

作为酸性气体，NO_x 和 SO_2 都是形成酸雨的主要污染物。

3. 酸雨的危害

目前，三个备受关注的全球性大气环境问题——温室效应、酸雨和臭氧层破坏，均与燃烧矿物燃料有关，其中酸雨问题最为严重。酸雨是当前对环境最为严重的威胁，对生态系统的破坏力很大。SO_2 和 NO_x 是形成酸雨的最重要的物质，正常情况下，大气中因含 CO_2 等酸性气体，降水显微酸性，但如果还有其他的酸性物质存在，就会使降水的 pH 值降低。所谓酸雨，通常指 pH 值低于 5.6 的降水。酸雨对水生生态系统、农林生态系统、建筑物和材料以及人体健康等方面均有危害，目前我国每年因酸雨和 SO_2 污染对生态环境损害和人体健康影响造成的经济损失在 1100 亿元左右。

（三）二氧化碳

烟气中的 CO_2 是燃料完全燃烧的产物。我国目前是 CO_2 排放第二大国，2004 年占世界 CO_2 排放总量的 17.8%，仅次于美国。燃煤电厂是 CO_2 的集中排放源，其 CO_2 排放量约占总排放的 1/3。由于我国尚处于工业化阶段，经济发展迅速，能源消耗保持较快增长，并且我国的主要一次能源——煤是高含碳量的化石燃料，因此我国的 CO_2 排放增长迅速。

CO_2 微具酸味，无毒，但浓度高时能造成缺氧窒息。CO_2 的排放会给环境带来危害，产生温室效应。而所有温室效应气体中，CO_2 对温室效应的贡献占 60%。CO_2 的大量排放加剧了温室效应，导致在过去的 100 年中全球平均地面温度上升 0.3～0.6℃，气候异常。全球变暖将引起雪山融化，南极冰川减少，大洋海平面上升等。人类如果对 CO_2 排放不采取有效的控制措施，到 2050 年海平面就会升高 30～50cm，直接威胁沿海国家以及 30 多个海岛国家的生存与发展。另外，海平面升高导致海水不断侵入火山岩，会引起山体滑坡，岩石张力受到破坏。全球有90%的火山分布于大洋周围，这样会在山体承受不了内部炽热熔岩的情况下导致熔岩喷发，对地球环境带来难以预测的重大破坏。

（四）微量元素的污染

1. 煤中的微量元素

煤中微量元素多达80余种，燃烧后分布于烟气及灰渣中。对环境影响较大的微量元素主要有氟、砷、铅、银、汞、铬等。在煤燃烧过程中，有的主要以气体状态随烟气排到大气中，如氟、汞等易挥发元素；有的则主要富集于飞灰中，如铅、镉、铬等。

2. 汞的污染

汞是煤中最易挥发的有毒重金属元素。大气中的汞可以通过呼吸作用随气体进入人体，也可以沿食物链通过消化系统被人体吸收，它对人类及生物环境的危害极大。大气中汞的来源包括自然源和人为源，经初步估算，人为源的汞排放占50%～75%，主要包括矿石燃料的燃烧、汞矿和其他金属的冶炼、氯碱工业和电器工业中使用汞等，其中份额最大的来源于燃烧。近期全球人为源汞排放清单的计算表明，亚洲是全球人为向大气排汞最多的地区，每年向大气排放汞超过1000t，占全球排放总量的50%以上。目前，我国人为活动排汞清单的研究工作还很欠缺，初步估算认为，人为源的大气汞年排放量为500～700t，我国已被认为是全球大气汞排放最多的国家之一，造成汞排放较多的主要原因是我国对能源的较大需求及较为落后的污染排放控制能力。

汞对人体的危害程度与汞的化学形态有关。不同形态的汞对人体的毒性从大到小依次为：有机汞化合物>无机汞化合物>单质汞。通过食物或饮水摄入微量单质汞一般不会引起中毒，但是大量的摄入单质汞蒸气会引起急性中毒，可能导致肝炎、肾炎、尿血或尿毒症等。单质汞还可能在人体器官中转化为离子态，从而在肾中富集，还有可能损伤脑组织，引起慢性中毒，表现为头痛、四肢麻木等神经性症状。无机汞化合物在水中溶解度较高，主要通过胃肠道吸收，主要损害消化道和肾脏。毒性最高、危害最大的是有机汞化合物，尤其是甲基汞。甲基汞进入人体后容易被吸收并输送到全身各器官，特别是肝、肾和脑组织。脑组织受损害先于其他各组织，主要损害部位为大脑皮层、小脑和末梢神经，其中毒症状主要有头痛、疲乏、健忘和精神异常等，还有其他特殊症状，如口周围和肢端麻木、感觉障碍、语言障碍、步态不稳、视野缩小、听力障碍，以及肌肉萎缩、肌痉挛等。甲基汞还会透过胎盘从母体转移给胎儿。因胎盘转移使胎儿产生严重的胎儿性甲基汞中毒的事例在日本已有多起报道，生下来的婴儿多数智力低下。

二、火电厂大气污染物排放管理措施

火电厂的大气污染物排放与环境保护之间的矛盾，已成为影响电力工业可持续发展乃至国家总体能源战略的制约因素。因此，加强对我国火电行业大气污染物排放的控制，走新型工业化道路，对火电厂实施技术改造和管理手段的改进，减少大气污染物排放量是实现电力工业和整个国民经济可持续发展的必然之路。

（一）我国火电企业现行的环境保护管理制度

自20世纪70年代以来，我国已逐步形成具有中国特色的环境保护管理制度，其中与电力工业相关的主要包括：环境影响评价制度、“三同时”制度、排污收费制度、污染物总量控制制度、排污权申报与排污许可证制度、限期治理污染制度和实行关停并转制度等。这些制度可以归纳为三个层次：

第一层次，“三同时”制度（指对于新建、扩建、改建的电力建设项目中的环境保护设施必须与主体工程同时设计、同时施工、同时投产使用的制度）以及环境影响评价制度是针对电力行业新增项目。限制新污染源进入，体现了“预防为主”的原则，是电力行业的前期环境管理制度。

第二层次，排污收费制度、污染物总量控制制度、排污权申报与排污许可证制度（简称许可证制度）是针对电力企业发电过程的环境管理制度。随着我国经济的发展，用电量日益加大，单纯依靠前期管理是远远不够的，所以过程环境管理制度是控制火电排放污染物的关键之一。

第三层次，限期治理污染制度和实行关停并转制度是以“限期治理”为原则，实施环境质量目标的控制政策，是后期环境管理制度，经过前两个环境制度仍不符合环境质量的电力企业将被淘汰出局。

（二）建立“两控区”，重点对火电机组的二氧化硫排放实施控制

为进一步遏制酸雨和 SO_2 污染的发展，1995 年 8 月，全国人大常委会通过了修订的《中华人民共和国大气污染防治法》，规定在全国划定酸雨控制区和 SO_2 污染控制区（以下简称“两控区”），在“两控区”内强化对酸雨和 SO_2 污染控制。原国家环境保护局于 1995 年底组织开展了“两控区”划分工作。2002 年 9 月 19 日，经国务院正式批准，原国家环境保护总局、原国家发展计划委员会、原国家经贸委、财政部于 2002 年 10 月 3 日联合发布了《两控区酸雨和二氧化硫污染防治“十五”计划》。

《两控区酸雨和二氧化硫污染防治“十五”计划》中对火电厂制定了更为严格的减排方案，除以热定电的热电厂外，禁止在大中城市城区及近郊区新建燃煤火电厂。新建、改造燃煤含硫量大于 1% 的电厂，必须建设脱硫设施。现有燃煤含硫量大于 1% 的电厂，在 2010 年前分期分批建成脱硫设施或采取其他具有相应效果的减排 SO_2 的措施。

（三）与时俱进修订标准且提高火电机组大气污染物排放的控制水平

1.《火电厂大气污染物排放标准》（GB 13223—2003）

2003 年底，我国颁布了《火电厂大气污染物排放标准》（GB 13223—2003），该标准根据我国的环境状况、经济状况、电力技术发展水平，在 1996 年颁布的标准的基础上进行了修订。GB 13223—2003 关于 SO_2 和氮氧化物的排放限值见表 0-1 和表 0-2，火力发电锅炉烟尘最高允许排放浓度和烟气黑度限值见表 0-3。该标准分三个时段，对不同时期的火电厂建设项目分别规定了排放控制要求。

1996 年 12 月 31 日前建成投产或通过建设项目环境影响报告书审批的新建、扩建、改建火电厂建设项目，执行第 1 时段排放控制要求。

1997 年 1 月 1 日起至本标准实施前通过建设项目环境影响报告书审批的新建、扩建、改建火电厂建设项目，执行第 2 时段排放控制要求。

自 2004 年 1 月 1 日起，通过建设项目环境影响报告书审批的新建、扩建、改建火电厂建设项目（含在第 2 时段中通过环境影响报告书审批的新建、扩建、改建火电厂建设项目，自批准之日起满 5 年，在本标准实施前尚未开工建设的火电厂建设项目），执行第 3 时段排放控制要求。

表 0-1 火力发电锅炉 SO_2 最高允许排放浓度 （单位：mg/m^3）

时段	第 1 时段		第 2 时段		第 3 时段
实施时间	2005 年 1 月 1 日	2010 年 1 月 1 日	2005 年 1 月 1 日	2010 年 1 月 1 日	2004 年 1 月 1 日
燃煤锅炉及燃油锅炉	2100①	1200①	2100 1200②	400 1200②	400 800③ 1200④

① 该限值为全厂第 1 时段火力发电锅炉平均值。

② 在本标准实施前，环境影响报告书已批复的脱硫机组，以及位于西部非两控区的燃用特低硫煤（入炉燃煤收到基硫分小于 0.5%）的坑口电厂锅炉执行该限值。

③ 以煤矸石等为主要燃料（入炉燃料收到基低位发热量小于等于 12550kJ/kg）的资源综合利用火力发电锅炉执行该限值。

④ 位于西部非两控区的燃用特低硫煤（入炉燃煤收到基硫分小于 0.5%）的坑口电厂锅炉执行该限值。

表 0-2 火力发电锅炉及燃气轮机组氮氧化物最高允许排放浓度（单位：mg/m^3）

时段		第 1 时段	第 2 时段	第 3 时段
实施时间		2005 年 1 月 1 日	2005 年 1 月 1 日	2004 年 1 月 1 日
燃煤锅炉	$V_{daf}<10\%$	1500	1300	1100
	$10\%\leqslant V_{daf}\leqslant 20\%$	1100	650	650
	$V_{daf}>20\%$			450
燃油锅炉		650	400	200
燃气轮机组	燃油			150
	燃气			80

注：表中 V_{daf} 为干燥无灰基挥发分，以假想无水、无灰状态的煤为基准，将煤样在规定条件下隔绝空气加热，并进行水分和灰分校正后的质量损失。

表 0-3 火力发电锅炉烟尘最高允许排放浓度和烟气黑度限值

时段	烟尘最高允许排放浓度/（mg/m^3）					烟气黑度（林格曼黑度/级）
	第 1 时段		第 2 时段		第 3 时段	
实施时间	2005 年 1 月 1 日	2010 年 1 月 1 日	2005 年 1 月 1 日	2010 年 1 月 1 日	2004 年 1 月 1 日	2004 年 1 月 1 日
燃煤锅炉	300① 600②	200	200① 500②	50 100③ 200④	50 100③ 200④	1.0
燃油锅炉	200	100	100	50	50	

① 县级及县级以上城市建成区及规划区内的火力发电锅炉执行该限值。

② 县级及县级以上城市建成区及规划区以外的火力发电锅炉执行该限值。

③ 在本标准实施前，环境影响报告书已批复的脱硫机组，以及位于西部非两控区的燃用特低硫煤（入炉燃煤收到基硫分小于 0.5%）的坑口电厂锅炉执行该限值。

④ 以煤矸石等为主要燃料（入炉燃料收到基低位发热量小于等于 12550kJ/kg）的资源综合利用火力发电锅炉执行该限值。

2. 《火电厂大气污染物排放标准》（GB 13223—2011）

目前，环境保护部已颁布实施《火电厂大气污染物排放标准》（GB 13223—2011）。新标准修订的主要内容有：①调整了大气污染物排放浓度限值。②规定了现有火力发电锅炉达到更加严格的排放浓度限值的时限。③取消了全厂二氧化硫最高允许排放速率的规定。④增设了燃气锅炉大气污染物排放浓度限值。⑤增设了大气污染物特别排放限值。⑥增设汞及其化合物排放限值。

GB 13223—2011 污染物排放控制主要要求有：①自 2014 年 7 月 1 日起，现有火力发电锅炉及燃气轮机组执行表 0-4 规定的烟尘、二氧化硫、氮氧化物和烟气黑度排放限值。②自 2012 年 1 月 1 日起，新建火力发电锅炉及燃气轮机组执行表 0-4 规定的烟尘、二氧化硫、氮氧化物和烟气黑度排放限值。③自 2015 年 1 月 1 日起，燃烧锅炉执行表 0-4 规定的汞及其化合物污染物排放限值。④重点地区的火力发电锅炉及燃气轮机组执行表 0-5 规定的大气污染物特别排放限值，执行大气污染物特别排放限值的具体地域范围、实施时间，由国务院环境保护行政主管部门规定。

表 0-4　火力发电锅炉及燃气轮机组大气污染物排放浓度限值

（单位：mg/m^3）（烟气黑度除外）

序号	燃料和热能转化设施类型	污染物项目	适用条件	限值	污染物排放监控位置
1	燃煤锅炉	烟尘	全部	30	烟囱或烟道
		二氧化硫	新建锅炉	100 200①	
			现有锅炉	200 400①	
		氮氧化物（以 NO_2 计）	全部	100 200②	
		汞及其化合物	全部	0.03	
2	以油为燃料的锅炉或燃气轮机组	烟尘	全部	30	
		二氧化硫	新建锅炉及燃气轮机组	100	
			现有锅炉及燃气轮机组	200	
		氮氧化物（以 NO_2 计）	新建燃油锅炉	100	
			现有燃油锅炉	200	
			燃气轮机组	120	
3	以气体为燃料的锅炉或燃气轮机组	烟尘	天然气锅炉及燃气轮机组	5	
			其他气体燃料锅炉及燃气轮机组	10	
		二氧化硫	天然气锅炉及燃气轮机组	35	
			其他气体燃料锅炉及燃气轮机组	100	
		氮氧化物（以 NO_2 计）	天然气锅炉	100	
			其他气体燃料锅炉	200	
			天然气燃气轮机组	50	
			其他气体燃料燃气轮机组	120	

（续）

序号	燃料和热能转化设施类型	污染物项目	适用条件	限值	污染物排放监控位置
4	燃煤锅炉，以油、气体为燃料的锅炉或燃气轮机组	烟气黑度（林格曼黑度/级）	全部	1	烟囱排放口

① 位于广西壮族自治区、重庆市、四川省和贵州省的火力发电锅炉执行该限值。

② 采用W型火焰炉膛的火力发电锅炉，现有循环流化床火力发电锅炉，以及2003年12月31日前建成投产或通过建设项目环境影响报告书审批的火力发电锅炉执行该限值。

表0-5 大气污染物特别排放限值

（单位：mg/m^3）（烟气黑度除外）

序号	燃料和热能转化设施类型	污染物项目	适用条件	限值	污染物排放监控位置
1	燃煤锅炉	烟尘	全部	20	烟囱或烟道
		二氧化硫	全部	50	
		氮氧化物（以 NO_2 计）	全部	100	
		汞及其化合物	全部	0.03	
2	以油为燃料的锅炉或燃气轮机组	烟尘	全部	20	
		二氧化硫	全部	50	
		氮氧化物（以 NO_2 计）	燃油锅炉	100	
			燃气轮机组	120	
3	以气体为燃料的锅炉或燃气轮机组	烟尘	全部	5	
		二氧化硫	全部	35	
		氮氧化物（以 NO_2 计）	燃气锅炉	100	
			燃气轮机组	50	
4	燃煤锅炉，以油、气体为燃料的锅炉或燃气轮机组	烟气黑度（林格曼黑度/级）	全部	1	烟囱排放口

显然，新标准与2003年的旧标准相比，在总体上收紧了污染物排放限值，提高了新建机组和现有机组排放控制要求。

（四）汞减排管理措施

汞是唯一主要以气相形式存在于大气中的重金属元素。在过去的100年中，约20万t的汞被释放到大气中，目前仍有3500t左右的汞滞留在大气中。和工业革命前相比，工业革命后人为活动使汞释放强度不断增加，已经导致大气汞浓度显著升高，目前全球大气中汞的含量水平较工业革命前平均增加了3倍左右。20世纪80年代后期，人们在没有人为污染源的北美和北欧偏远地区湖泊鱼体中陆续发现了汞含量超标的现象，而大气汞经长距离传输后在这些地区沉降是造成汞污染的主要原因。至此，这种全新的汞污染模式引起了全球科学家的普遍关注，而汞作为一种全球性污染物的概念也正式被提出。由此，在西方发达国家兴起了环境汞污染的研究热潮。在瑞典哥德堡大学无机化学系 Oliver Lindqvist 教授的倡议下，于

1990 年在瑞典召开了首届汞全球污染物的国际学术会议，之后，这一国际学术会议每 2 ~ 3 年定期召开一届。

随着国际社会对汞污染问题的关注，联合国环境署理事会第 25 次会议决定，拟订一项具有全球法律约束力的汞问题文书，政府间谈判委员会第一次会议于 2010 年 6 月在瑞典首都斯德哥尔摩召开，来自 140 多个国家和国际组织的 300 多名代表出席了本次会议，会议选举了政府间谈判委员会主席团成员，通过了谈判委员会议事规则，并就汞文书的结构、实质条款、资金机制、技术转让与援助、遵约机制等进行了全面政策交流。谈判委员会将从 2010 年 6 月至 2013 年年初，召开 5 次会议，制定出关于汞污染控制的国际公约。

在全球汞排放来源中，燃煤排放是主要排放途径之一。2000 年 12 月，美国环保署（英文缩写为 EPA）宣布开始控制燃煤电站锅炉烟气中汞的排放。2005 年 3 月 15 日，EPA 颁布了《清洁空气汞法案》，对燃煤电厂汞排放实施总量控制，美国成为世界上首个针对燃煤电站汞排放实施限制标准的国家，这表明世界在汞污染控制的道路上已走出了重要的一步。目前，我国对垃圾焚烧炉和与汞有关的化工生产过程出台了相关的控制标准，且在《火电厂大气污染物排放标准》（GB 13223—2011）增设汞及其化合物排放限值，我国对汞污染的控制与国际同步。

（五）二氧化碳减排管理措施

新的证据表明，在过去 50 年内所观察到的全球变暖现象主要是由于温室气体浓度的增加而造成的，20 世纪 80 年代末 90 年代初这期间举行了一系列以气候变化为重点的政府间会议。联合国大会于 1992 年 6 月 4 日通过《联合国气候变化框架公约》（以下简称《公约》），《公约》是世界上第一个为全面控制二氧化碳等温室气体排放，以应对全球气候变暖给人类经济和社会带来不利影响的国际公约，也是国际社会在对付全球气候变化问题上进行国际合作的一个基本框架。《公约》规定发达国家为缔约方，应采取措施限制温室气体排放，同时要向发展中国家提供新的额外资金以支付发展中国家履行《公约》所需增加的费用，并采取一切可行的措施促进和方便有关技术进行转让。1997 年 12 月，《公约》第 3 次缔约方大会在日本京都召开，包括我国在内的 149 个国家和地区的代表通过了旨在限制发达国家温室气体排放量以抑制全球变暖的《京都议定书》，该议定书已于 2005 年 2 月生效。《京都议定书》规定，到 2010 年，所有发达国家的 CO_2 等 6 种温室气体的排放量，要比 1990 年减少 5.2%，其中美国削减 7%，欧盟削减 8%，日本削减 6%，加拿大削减 6%，东欧各国削减 5% ~8%，发展中国家未作限定。

我国积极推进减缓气候变化的政策和行动，在调整经济结构、转变发展方式、大力节约能源、提高能源利用效率、优化能源结构、植树造林等方面采取了一系列政策措施，取得了显著成效。如 2006 年 1 月 1 日起实施《中华人民共和国可再生能源法》，2007 年 6 月发布《中国应对气候变化国家方案》、《中国应对气候变化科技专项行动》，2007 年 8 月起在全国开展节能减排全民行动，2009 年 11 月 26 日，我国正式对外宣布控制温室气体排放的行动目标，决定到 2020 年单位国内生产总值 CO_2 排放比 2005 年下降 40% ~45%。

《中国应对气候变化国家方案》（以下简称《方案》）中指出了我国电力行业减缓温室气体排放的重点领域。①水电。在保护生态的基础上有序开发水电，重点加快西部水电建设，因地制宜开发小水电资源。通过上述措施，预计 2010 年可减少 CO_2 排放约 5 亿 t。②核电。积极推进核电建设，逐步提高核电在中国一次能源总量中的比重，加快经济发达、电力负荷集中的沿海地区的核电建设。通过上述措施，预计2010年可减少CO_2排放约0.5亿t。③火电和输变电。加快火力发电的技术进步，优化火电结构，加快淘汰落后的小火电机组，适当发展以天然气、煤层气为燃料的小型分散电源。大力发展超（超）临界机组、大型联合循环机组等高效、洁净发电技术，发展热电联产、热电冷联产和热电煤气多联供技术。加强电网建设，采用先进的输、变、配电技术和设备，降低输、变、配电损耗。通过上述措施，预计2010年可减少CO_2排放约1.1亿t。《方案》还强调了推进生物质能源发展和积极扶持风能、太阳能、地热能等的开发和利用。由此可见，电力行业碳减排潜力很大，而这种潜力可通过清洁发展机制（Clean Development Mechanism，CDM）转化为经济效益。

CDM是发展中国家参与环保的一种新型国际合作机制。该机制是发达国家通过提供资金和技术援助，来换得在发展中国家境内实施温室气体减排项目的经核证的CO_2减排量（Certified Emission Reduction，CERS），该CERS可抵消发达国家在本国的CO_2减排量。由于发达国家在本国减排CO_2成本比在发展中国家高出5～20倍，因此发达国家愿意以资金援助与技术转让的方式在没有减排限定的发展中国家实施减排项目。CDM的目的是为了达到“三赢”：协助发展中国家实现可持续发展；有益于《公约》最终目标的实现；协助发达国家遵守议定书规定的量化的限制和减少排放的承诺。我国开展CDM项目的重点领域是提高能源效率、开发利用新能源和可再生能源、回收利用甲烷和煤层气。根据联合国环境规划署能源与气候可持续发展中心统计，截至2008年11月1日，在《公约》网站上公示的我国CDM项目总数为1521个，占全球CDM项目总数的36%，预计到2012年底减排温室气体15.1亿t。我国CDM项目数量和预计的温室气体减排量均位居全球第一。我国的CDM项目中关于可再生能源发电项目共1059个，天然气发电项目有30个，预计到2012年底这些项目共将减排CO_2 6.45亿t。由于传统煤电方面的方法学研究，如超超临界燃煤发电项目、新建热电联产项目、现有电厂改造或效率提高项目等获得批准不久，CDM项目开发周期又较长，目前国内燃煤发电CDM项目正处于开发阶段。燃煤发电是一个具有较大温室气体减排潜力的领域，也是开展CDM项目的重点领域。

火电厂排放的大气污染物控制技术涉及内容较多，硫氧化物（SO_2、SO_3）、氮氧化物、烟尘污染控制技术分别在第一、第二、第三章介绍，CO_2和汞污染控制技术在第四章介绍。

复习思考题

1. 我国环境保护法中对环境的定义是什么？
2. 什么是环境污染？
3. 电力环境保护内容主要有哪些？
4. 火力发电对环境的影响主要有哪些？
5. 什么是“三同时”制度？
6. 《火电厂大气污染物排放标准》（GB 13223—2003）的主要内容是什么？

第一章 火电厂烟气脱硫技术

第一节 火电厂脱硫技术概述

目前应用的脱硫技术分类方法很多，按脱硫工艺在煤炭燃烧过程中不同的阶段分为三类，即燃烧前脱硫、燃烧中脱硫和燃烧后脱硫。其中，燃烧后脱硫即烟气脱硫（Flue Gas Desulfurization，FGD），被公认为最有效也是应用最广泛的一项脱硫技术。此外，各类脱硫技术按吸收剂、脱硫产物在脱硫过程中的干湿状态分为干法、半干法和湿法；按生成物的处置方式分为回收法和抛弃法；按脱硫剂是否循环使用分为再生法和非再生法。烟气脱硫技术按净化原理分为两大类：①吸收吸附法，用液体或固体物料优先吸收或吸附烟气中的 SO_2。②氧化还原法，将烟气中的 SO_2 氧化成 SO_3，再转化为硫酸或还原为硫，再将硫冷凝分离。前者应用较多，后者还存在一定的技术问题，应用较少。

一、燃烧前脱硫

燃烧前脱硫即煤炭脱硫，是通过各种方法对煤进行净化，去除原煤中所含的硫分、灰分等杂质。燃烧前脱硫技术有物理法、化学法和微生物法，以及多种技术联合使用的综合工艺、煤炭转化脱硫等。目前我国广泛采用的是物理洗选脱硫方法。

煤的物理洗选脱硫方法是利用煤中黄铁矿（工业上称硫铁矿，化学分子式为 FeS_2）与有机质在密度、电性质、磁性质和表面性质等物理化学性质的差异，把黄铁矿从煤中分离出来的方法。它包括重力选煤、浮选、电选、磁选和油团聚选煤等，其中重力选煤有跳汰选煤、重介质选煤、空气重介质流化床干法选煤、风力选煤、斜槽和摇床选煤等多种方法。煤的物理洗选脱硫方法工艺成熟、成本低，可有效脱除煤中的黄铁矿，因而应用广泛。几种选煤处理工艺所占比例大约为：跳汰占59%、重介质占23%、浮选占14%、其他占4%。

我国当前煤炭入洗率较低，大约为20%，而美国为42%，英国为94.9%，法国为88.7%，日本为98.2%。提高煤炭的入洗率有望改善燃煤 SO_2 及汞污染。物理洗选能达到45%～55%全硫脱除率和60%～80%硫铁矿硫脱除率，但不能脱除煤中的有机硫。

化学脱硫和细菌脱硫虽然能脱除90%的硫分，但是这两种方法投资大、运行成本高，因此仅在对煤质要求高的领域才用到。

二、燃烧中脱硫

在煤的燃烧过程中加入石灰石（$CaCO_3$）或白云石（$CaCO_3 \cdot MgCO_3$）粉作脱硫剂，$CaCO_3$、$MgCO_3$ 受热分解生成 CaO、MgO，与烟气中 SO_2 反应生成硫酸盐，随灰渣排出，从而达到脱硫目的。在我国，燃烧中脱硫的方法主要有型煤固硫、循环流化床燃烧脱硫、水煤浆燃烧技术和炉内喷钙等。循环流化床燃烧脱硫在本章第三节介绍。

1. 型煤固硫

将不同的粉煤经筛分后按一定的比例配煤、粉碎后同经过预处理的粘结剂和固硫剂混合，经机械设备挤压成型及干燥，即可得到具有一定强度和形状的成品工业固硫型煤。型煤用固硫剂按化学形态可分为钙系、钠系及其他三大类，用沥青、石灰、电石渣、无硫纸浆黑液等作为粘结剂。燃烧过程中，温度和反应时间是型煤固硫的主要影响因素，此时希望 SO_2 与 CaO 尽可能有较长的接触时间，以保证气固反应，但由于生成的 SO_2 很快逸入燃烧室空间，与 CaO 接触时间过短，因此固硫率较低。型煤燃烧脱硫可减少 40% ~60% 的 SO_2 排放量，可提高燃烧热率达 20% ~30%，节煤率达 15%。

2. 水煤浆燃烧技术

水煤浆是 20 世纪 70 年代发展起来的一种新型煤基流体洁净燃料。它是将洗选后的精煤进一步加工研磨成微细煤粉，按煤与水约 7:3 的质量比和适量（约 1.0%）的化学添加剂配制而成的一种煤水混合物。这种煤水混合物又称煤水浆或煤水燃料。由于水煤浆既能保持煤的物理化学性能，又能像石油一样具有良好的流动性和稳定性，可以泵送，便于贮运和调整，可以雾化燃烧，属低污染燃料，而且燃烧率高。水煤浆在制备、输送和燃烧的全过程中，有效地减少了 SO_2、NO_x 和烟尘的产生，具有良好的环境效益。因为制浆所用原料为洗选煤，这种煤中无机硫分已除去 50% 左右，主要硫分是有机硫，因此，它的全硫要比原煤的低 25% ~30%。在制浆过程中，加入适量的脱硫剂，还可进一步降低 SO_2 的排放浓度。

水煤浆有代油、节能、环保、综合利用等多重优点，预计在不久的将来，水煤浆可能成为煤炭深加工利用技术中具有竞争力的一项技术。

三、燃烧后脱硫

燃烧后脱硫即烟气脱硫（FGD），FGD 是 SO_2 减排技术中研究得较多、进展也较快的技术，也是目前世界上唯一大规模商业化应用、最有效的脱硫技术。

火电厂烟气具有以下特点：①排放量大，污染物浓度低。②成分复杂，如燃煤烟气中含有 SO_2、NO_x、CO、CO_2、O_2 和烟尘等。③温度高、压力低等。

由于烟气的以上特点，要求火电厂的脱硫技术必须有较高的脱除率和脱除速度。选择脱硫技术时，应考虑：①SO_2 排放浓度和排放量必须满足国家和当地环保要求。②脱硫工艺适用于已确定的煤种条件，并考虑到燃煤含硫量在一定范围内变动的可能性。③脱硫率高、技术成熟、运行可靠，并有较多的应用业绩。④尽可能节省建设投资。⑤布置合理，占地面积较少。⑥吸收剂、水和能源消耗少，运行费用较低。⑦吸收剂有可靠稳定的来源，质优价廉。⑧脱硫副产物、脱硫废水均能得到合理的利用或处置。

FGD 工艺湿法脱硫有石灰石/石灰-石膏法、海水脱硫、双碱法脱硫、氨法烟气脱硫、氧化镁法、磷铵法、氧化锌法、氧化锰法、钠碱法和碱式硫酸铝法等；半干法脱硫有喷雾干燥法、增湿灰循环脱硫、烟气循环流化床脱硫等方法；干法脱硫有炉内喷钙尾部烟气增湿活化、荷电干式吸收剂喷射、电子束、脉冲电晕、管道喷射等方法。湿法脱硫技术成熟，效率高，Ca/S 摩尔比低，运行可靠，操作简单，但脱硫产物的处理比较麻烦，烟温降低不利于扩散，传统湿法的工艺较复杂，占地面积和投资较大；干法、半干法的脱硫产物为干粉状，处理容易，工艺较简单，投资一般低于传统湿法，但用石灰（石灰石）作脱硫剂的干法、半干法的 Ca/S 摩尔比高，脱硫率和脱硫剂的利用率低。

烟气脱硫工艺多达 180 种，然而具有工业应用价值的不过十余种。目前，在火电厂中常用的烟气脱硫工艺有：湿式石灰石-石膏法脱硫、循环流化床脱硫、喷雾干燥法、炉内喷钙尾部增湿活化法、海水法、电子束法、氨法、镁法等。湿式石灰石-石膏法烟气脱硫技术目前在火电厂中应用最多，市场占有率达90%以上；其次是循环流化床脱硫工艺。本书重点介绍湿式石灰石-石膏法脱硫和循环流化床脱硫工艺，其他脱硫工艺进行简单介绍。

第二节　湿式石灰石-石膏法脱硫工艺

一、湿式石灰石-石膏法脱硫工艺特点

1）脱硫率高，吸收剂利用率高。湿式石灰石-石膏法脱硫工艺脱硫率一般可达95%以上，而且烟气含尘量也进一步减少，钙的利用率可达90%以上。

2）单机处理烟气量大，适用于大容量机组，且可多机组配备一套脱硫装置。

3）技术成熟，运行可靠性好。湿式石灰石-石膏法脱硫装置投入率一般可达95%以上，由于其发展历史长、技术成熟、运行经验多，因此不会因脱硫设备而影响机组的正常运行。

4）对煤种变化的适应性强。无论是含硫量大于3%的高硫煤，还是含硫量低于1%的低硫煤，湿式石灰石-石膏法脱硫工艺都能适应。

5）吸收剂资源丰富，价格低廉，便于就地取材。作为湿式石灰石-石膏法脱硫工艺吸收剂的石灰石，在我国分布很广，资源丰富，石灰石品质也很好，碳酸钙含量在90%以上，优者可达95%以上。在脱硫工艺的各种吸收剂中，石灰石价格最便宜，破碎磨细也较简单，加之钙利用率高，有利于降低运行费用和推广应用。

6）脱硫副产物便于综合利用。湿式石灰石-石膏法脱硫工艺的脱硫副产物为石膏，主要用途是建筑制品和水泥缓凝剂。脱硫副产物综合利用的开展，不但可以增加电厂效益、降低运行费用，而且可以减少脱硫副产物处置费用，延长灰场使用年限。

但湿式石灰石-石膏法脱硫工艺存在以下缺点：①初期投资费用较高，运行费用也高。②占地面积大。③系统管理操作复杂，磨损、腐蚀现象较为严重。④副产物石膏的利用尚待进一步提高，废水处理较为复杂等。

二、湿式石灰石-石膏法脱硫工艺原理

用石灰石浆液洗涤含SO_2的烟气，SO_2与脱硫剂作用，产生的脱硫副产物不断被分离出来，烟气得以净化。这是一个化学吸收过程。化学吸收比物理吸收复杂得多，也稳定得多。

整个脱硫过程可分为下列步骤：

① SO_2在气流中扩散。

② SO_2扩散通过气膜。

③ SO_2被吸收，由气态转入溶液生成水合物：

$$SO_2(g) \rightarrow SO_2(l)$$

$$SO_2 + H_2O \rightarrow H^+ + HSO_3^- \rightarrow 2H^+ + SO_3^{2-} \tag{1-1}$$

④ SO_2的水合物和离子在液膜中扩散；

⑤ 石灰石颗粒表面溶解，由固相转入液相：

$$CaCO_3(s) \rightarrow CaCO_3(l)$$

$$H^+ + CaCO_3 \rightarrow Ca^{2+} + HCO_3^-$$

⑥ 中和：$H^+ + HCO_3^- \rightarrow CO_2(g) + H_2O$

⑦ SO_3^{2-}和HSO_3^-被氧化：

$$HSO_3^- + 1/2\ O_2 \rightarrow H^+ + SO_4^{2-}$$

$$SO_3^{2-} + 1/2O_2 \rightarrow SO_4^{2-}$$

⑧ 结晶分离：

$$Ca^{2+} + SO_4^{2-} + 2H_2O \rightarrow CaSO_4 \cdot 2H_2O(s)$$

$$Ca^{2+} + SO_3^{2-} + 1/2H_2O \rightarrow CaSO_3 \cdot 1/2H_2O(s)$$

下面着重讨论以下步骤：

1. SO_2 的吸收

SO_2 的吸收是脱硫过程最重要的环节。SO_2 进入液相，发生如式（1-1）所示的一系列反应，方程式中溶液成分与pH值有关。如在18℃时，电离常数 $K_1 = 1.5 \times 10^{-2}$；$K_2 = 1.0 \times 10^{-7}$，可计算出不同的pH值时，各种亚硫酸化合物的百分率，上述关系的曲线如图1-1所示。由图1-1可以看出，pH>9后，几乎全部为SO_3^{2-}；当pH=7时，溶液中HSO_3^-和SO_3^{2-}的百分率几乎相等；pH<5时，几乎没有SO_3^{2-}，随着pH值的进一步降低，SO_2水化物的比例逐渐增大，与物理溶解SO_2建立平衡。在本工艺中，吸收液的pH值基本上为5~6，所以进入浆液中的SO_2主要以HSO_3^-的形式存在。

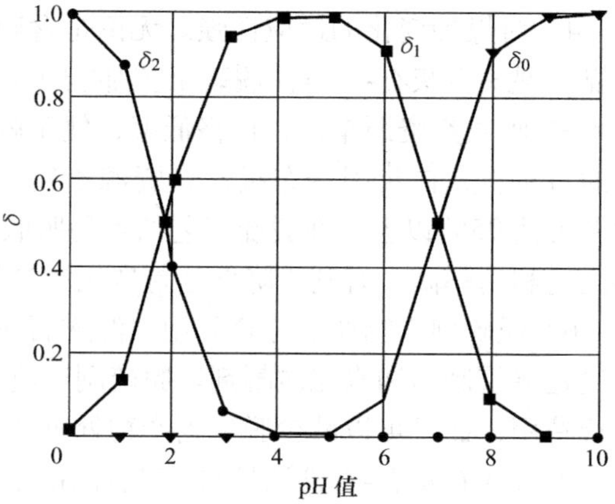

图1-1 各种亚硫酸化合物的相对量与pH值的关系
δ_2、δ_1、δ_0 分别表示 H_2SO_3、HSO_3^-、SO_3^{2-}在总量中的百分率

SO_2的吸收速率随pH值的降低而下降，当pH值降到4时，几乎不能吸收二氧化硫。为确保最有效地吸收SO_2，至少必须从式（1-1）中去掉一种反应产物，以保证平衡继续向右移动，从而使SO_2继续不断地进入溶液。为达此目的，一方面通过加入氧气使HSO_3^-氧化生成硫酸盐，另一方面加入吸收剂降低H^+浓度。

2. 硫酸盐的形成

1）石灰石的溶解。已被大量实验研究和工程实际所证明，石灰石的溶解是以$CaCO_3$作为吸收剂进行脱硫时的关键步骤。加入$CaCO_3$吸收剂，一方面可以消耗溶液中的H^+，另一方面得到了作为最终固态物石膏所需的Ca^{2+}。

石灰石的溶解，由化学过程（反应动力学过程）和物理过程（反应物从石灰石粒子中迁移出的扩散过程）两个因素决定。当pH值在5~6之间时，这两种过程一样重要，但是当 pH 值较低时，扩散速度限制着整个过程；而在碱性范围内，颗粒表面的化学过程起主要作用。

低 pH 值有利于 $CaCO_3$ 的溶解。当 pH 值在 4 ~ 6 之间时，若其他参数大部分保持恒定，则石灰石的溶解速率将按近似线性的规律加快，直至 pH = 6 为止。为提高 SO_2 的俘获量，需要尽可能保持较高的 pH 值。因此，在给定的石灰石规格和不变的工艺条件下，只能提高石灰石浆液的浓度，以加快反应动力学过程，从而加快氢离子的消耗和钙离子的生成速度。但这有一个上限，若悬浮液中 $CaCO_3$ 含量过高，则在最终产物和废水中的 $CaCO_3$ 含量也都会增高。这一方面增加了吸收剂的消耗，另一方面降低了石膏的质量。

为了尽可能提高浆液的化学反应活性，增大石灰石颗粒的比表面积是必要的。因此，在湿式石灰石-石膏法中使用的石灰石粉，其颗粒度大都在 40 ~ 60μm 范围内。

2）HSO_3^- 氧化过程。根据米勒（Miller）等人对 SO_2 在水溶液中氧化动力学的研究，如图 1-2 所示，HSO_3^- 在 pH 值为 4.5 时氧化率最大。

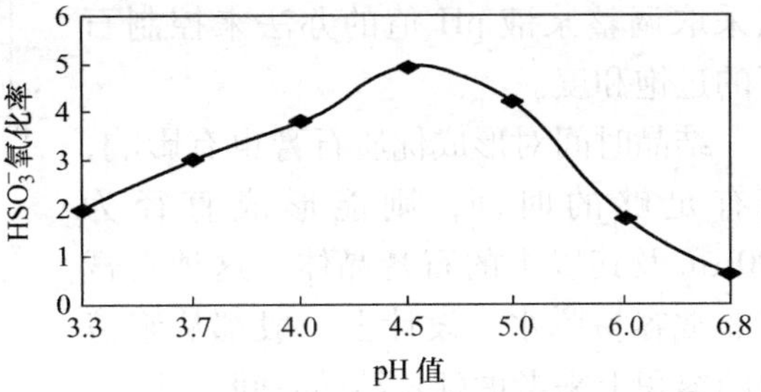

图 1-2　pH 值对 HSO_3^- 氧化率的影响

但在实际运行中，浆液的 pH 值在 4.8 ~ 5.8 之间，在此条件下，HSO_3^- 很不容易被氧化，为此，工艺上采取向浆液池中鼓入空气的方法强制 HSO_3^- 氧化成 SO_4^{2-}，以保证反应得以向右进行。加之生成的 SO_4^{2-} 会与 Ca^{2+} 发生反应，生成溶解度相对较小的 $CaSO_4$，更加大了 SO_2 溶解的推动力，从而使 SO_2 不断地由气相转移到液相，最后生成石膏 $CaSO_4 \cdot 2H_2O$。反应过程中，还会生成少量的半水亚硫酸钙（$CaSO_3 \cdot 1/2H_2O$）沉淀，这也是造成设备结垢的原因之一。

根据 Matteson 和 Conklin 等人的研究，亚硫酸盐的氧化除受 pH 值的影响外，还受到诸如锰、铁、镁这些具有催化作用的金属离子的影响，这些离子的存在加速了 HSO_3^- 的氧化速率。这些微量浓度的金属离子主要是通过吸收剂引入的，烟气也会将这些离子带到洗涤悬浮液中。

3）石膏的结晶。脱硫过程的最终阶段是将生成的石膏从溶液中分离出去，获得副产物。为了分离操作顺利进行，石膏结晶是非常重要的工序。溶液的过饱和度 C/C^* 是析出结晶的推动力，是决定结晶成核及成长速率的关键因素。

下式表示相对过饱和度 σ 与溶液中石膏浓度的关系：

$$\sigma = (C - C^*)/C^*$$

式中，C 为溶液中石膏的实际浓度；C^* 为工艺条件下石膏的饱和浓度。

在 $\sigma < 0$ 的情况下，即当溶液中离子的实际浓度小于饱和浓度时，溶液中不会有晶体析出；而在 $\sigma > 0$ 的情况下，即当 $C > C^*$ 时，溶液中将首先出现晶束（小分子团），进而形成晶种，并逐渐形成晶体，与此同时，也会有单个分子离开晶体而再度进入溶液。这是一个动态平衡过程。

为了确保最终形成的石膏颗粒易于脱水，石膏晶体最好是形成粗颗粒，层状、针状晶体有结成毡状的趋势，也可能形成非常细的颗粒。层状、针状晶体不易脱水，也可能引起系统结垢。因此，在工艺过程中应严格控制石膏溶液的相对过饱和度 σ。

图 1-3 表示了晶体增长速率和晶种生成速率与相对过饱和度 σ 之间的定性关系。从图中看出，相对过饱和度增大时，将会出现一些新的晶种。溶液中的晶种生成和晶体长大同时进行。在开始阶段，晶种的生成和晶体的增长速率随相对过饱和度的增加而平稳加大。当相对过饱和度达到一定程度时，晶种的生成速率会突然迅速加快而产生许多新晶粒（均匀晶种），在此种情况下，晶种将趋向于生成针状或层状晶体。工艺上一般控制相对过饱和度 $\sigma=0.1\sim0.3$（即过饱和度 C/C^* 为 110% ~130%），过饱和度最大不超过 140%，以保证生成的石膏易于脱水，同时防止系统结垢。

由于浆液 pH 值可改变 HSO_3^- 氧化率，而 HSO_3^- 氧化率的大小又直接影响浆液中石膏的相对过饱和度，因此，可以采取调整浆液 pH 值的办法来控制石膏的过饱和度。

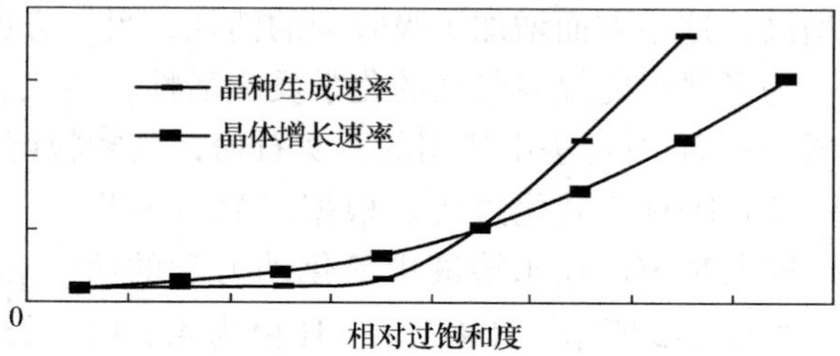

图 1-3　晶体增长速率和晶种生成速率与相对过饱和度 σ 的关系

结晶时间对形成优质石膏也有影响，若有足够的时间，则能形成直径为 100μm 及其以上的石膏晶体，这种石膏将非常容易脱水。设计上一般都从浆液池的容积上来考虑延长结晶时间。

三、湿式石灰石-石膏法脱硫工艺流程

典型湿式石灰石-石膏法脱硫工艺流程简图如图 1-4 所示。从除尘器出来的烟气一般要经过一个气—气换热器，然后进入吸收塔，在吸收塔里 SO_2 直接和磨细的石灰石悬浮液接触并被吸收去除。新鲜的石灰石浆液不断地加入到吸收塔底部的浆液池（持液槽）中，被洗涤后的烟气通过除雾器和气—气换热器，然后通过烟囱被排放到大气中。为了将反应产物完全转化为石膏，需将氧化用的空气通入到浆液池中。氧化过程完成后，反应产物石膏浆液从塔中排出，先通过水力旋流器（图中浆液旋流器和废水旋流器均为水力旋流器）进行一级脱水，然后用真空皮带㊀脱水机进行二级脱水，使其水分含量低于 10%，即可运走加工或处理。

四、湿式石灰石-石膏法脱硫工艺系统及设备

湿式石灰石-石膏法脱硫工艺系统主要由石灰石浆液制备系统、吸收塔、烟气系统、石膏脱水及贮存系统、废水处理和公用系统组成。

（一）石灰石浆液制备系统

可供选择的石灰石浆液制备方案有：①由市场直接购买粒度符合要求的粉状成品，加水搅拌制成石灰石浆液。②由市场购买一定粒度要求的块状石灰石，经石灰石湿式球磨机磨制成石灰石浆液，即湿磨工艺。③由市场购买块状石灰石，经石灰石干式磨机磨制成石灰石粉，加水搅拌制成石灰石浆液，即干磨工艺。这三种方案在我国现役脱硫装置中都有应用，

㊀ 因火电厂烟气脱硫工艺规范　石灰石/石灰—石膏法（HJ/T 179—2005）中使用“皮带”，故本书依旧使用“皮带”。

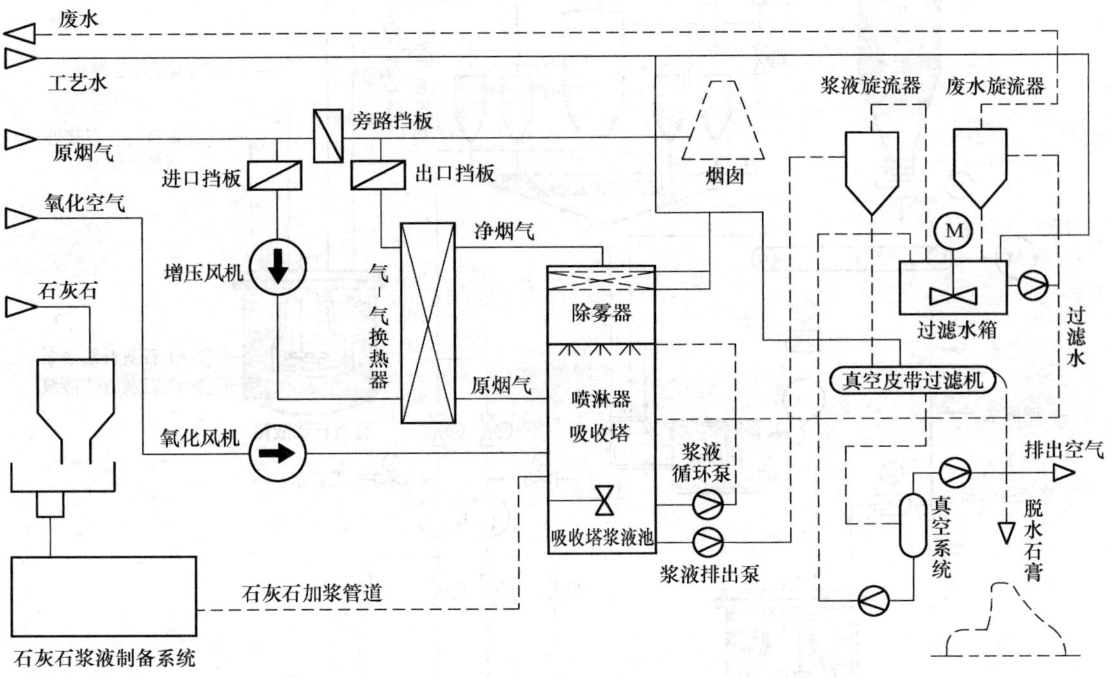

图 1-4　典型湿式石灰石-石膏法脱硫工艺流程简图

具体的选择应根据石灰石来源、投资、运行成本及运输条件等进行综合的技术经济比较后确定。

1. 湿磨工艺系统

湿磨工艺石灰石浆液制备系统包括石灰石贮仓、石灰石上料系统、石灰石浆液磨制系统、石灰石浆液分离系统、制浆辅助设备系统等。某厂湿磨系统工艺流程如图 1-5 所示，石灰石（粒径小于等于 20mm）经振动给料机、斗式提升机进入石灰石贮仓，再经称重皮带给料机，按一定比例和水混合加入湿式球磨机的滚筒内，在磨机钢球的作用下磨制成浆液，随后流入循环箱，由浆液循环泵送入石灰石浆液旋流器进行分离，分离后的合格溢流浆液进入石灰石浆液箱（罐），底流则返回湿式球磨机进行循环磨制。进入石灰石浆液箱的成品浆液浓度一般要求大于等于 30%（密度为 1200 ~ 1230kg/m^3）。

水力旋流器是湿磨工艺系统中最重要的设备之一。水力旋流器主要由进液分配器、旋流子、溢流口及底流口组成，如图 1-6 和图 1-7 所示。旋流器的工作原理是：一定压力的悬浮液沿切线方向进入旋流器内，在分离器中产生一个旋转涡流，即外旋流。由于离心力的作用使较大的固体颗粒被外旋流旋送至分离器圆锥体的端部，和少量液体一起从底部流出。随着料浆从旋流器的柱体部分流向锥体部分，流动断面越来越小，在外层料浆收缩压迫之下，内层料浆不得不改变方向，产生一个旋转向上、方向相同的内旋流，使大部分液体和细小的颗粒从分离器顶部溢出。旋流器通过底流和溢流实现悬浮液的粗细分离。

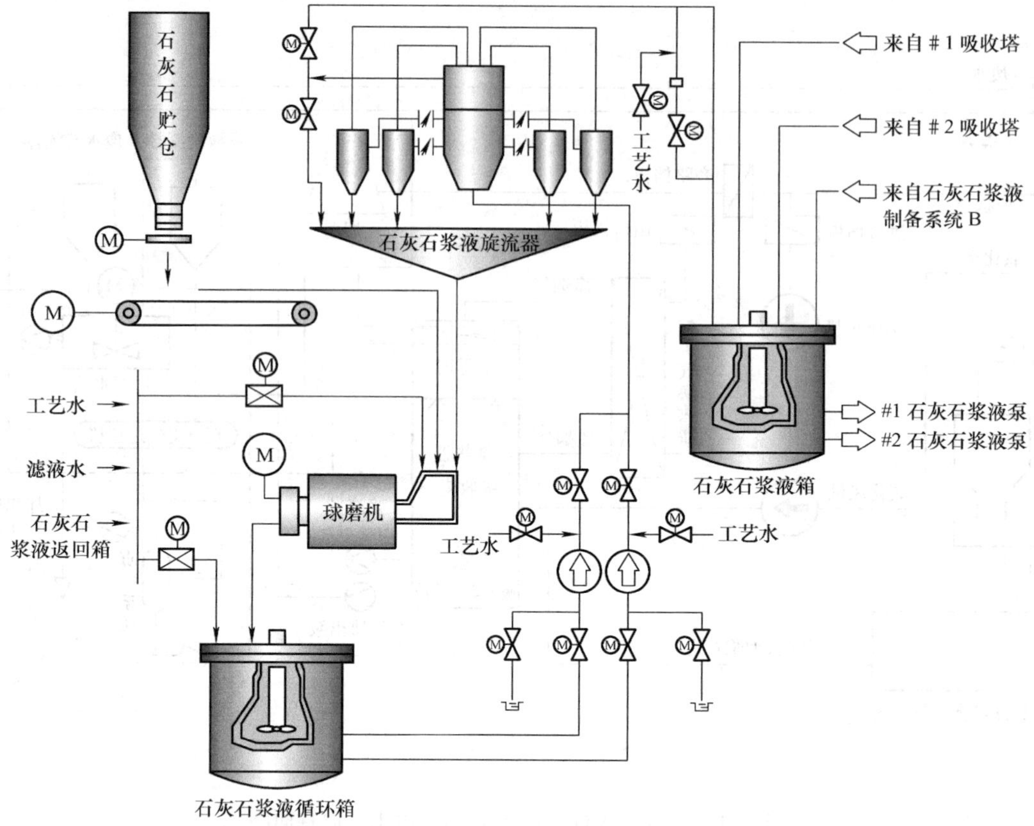

图 1-5　某厂湿磨系统工艺流程

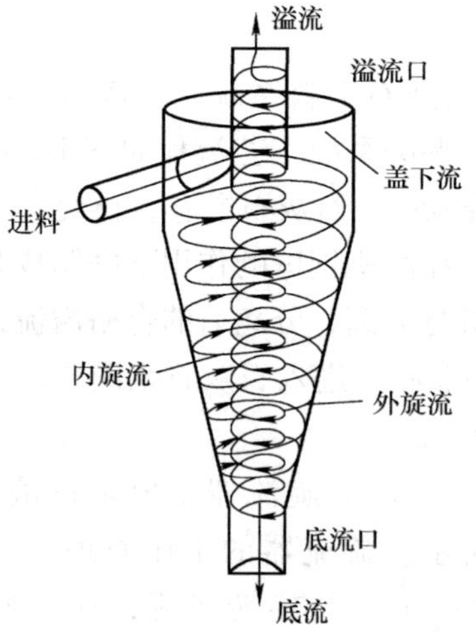

图 1-6　水力旋流器结构

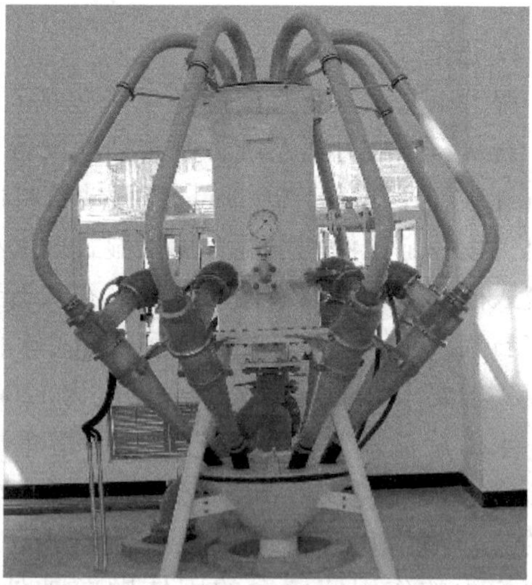

图 1-7　水力旋流器实物

2. 干磨工艺系统

干磨工艺系统主要由磨粉系统和制浆系统两个部分构成，磨粉系统主要实现石灰石的定量给料、磨制、选粉和收尘功能。磨粉系统主要流程是：石灰石块经过初步破碎（或粗破碎）后，经筛选机筛选，直径过大的石灰石返回再次破碎，直径符合要求的石灰石用工艺水冲洗，除去其中大部分可溶性氯化物、氟化物及其他一些杂质，然后烘干，送入干式磨机，磨制成250～325目的石灰石粉，由布袋吸尘器收集进入石灰石粉仓。制浆系统与外购石灰石粉厂内制浆系统相同，即干式石灰石浆液制备系统。

3. 干式石灰石浆液制备系统

干式石灰石浆液制备系统一般包括石灰石粉罐装车卸料管、石灰石粉仓、粉仓流化系统、除尘器、螺旋称重给料机、石灰石浆液箱、搅拌器、石灰石浆液供给泵、浆液调节阀及其他辅助设备。干式石灰石浆液制备系统如图1-8所示，石灰石粉通过气力输送方式由密封罐装车送入石灰石粉仓。输送气源可由密封罐装车自带的气泵提供，石灰石粉经过电子地磅称重后，通过快速接头和管道卸料到石灰石粉仓。石灰石粉由粉仓下部流出，经螺旋称重给料机送至石灰石浆液箱，与过滤水混合成质量浓度为30%左右的石灰石浆液，然后通过石灰石浆液供给泵连续补入吸收塔。

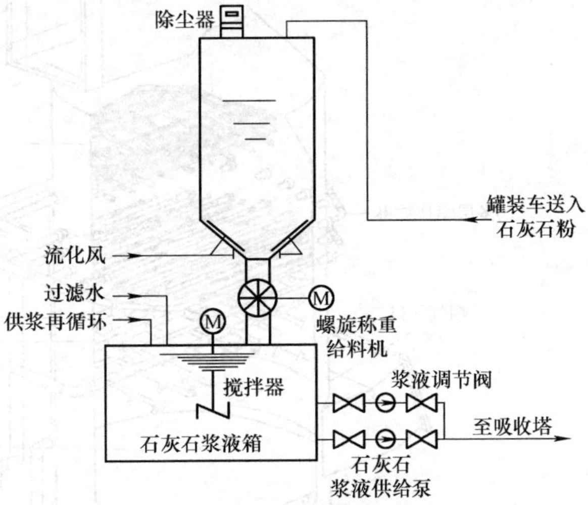

图1-8　干式石灰石浆液制备系统简图

由于石灰石粉是由气力输送到石灰石粉仓内的，因此粉仓中存在空气，连接在除尘器上的抽风机能够不断从仓顶抽出空气，以维持石灰石粉仓内压力处于负压下。为防止抽出空气时石灰石粉飞扬，造成粉料损耗和环境污染，石灰石粉仓顶部设置一套除尘器。由除尘器自带的风机排出的洁净气中，最大含尘量不超过50mg/Nm^3。

为防止石灰石粉仓中的粉料堆积或堵塞在石灰石粉仓的底部，并保证粉料畅通地输送到石灰石浆液箱中，需要用具有一定流速的空气输送石灰石粉，因此设置流化风来增加石灰石粉的流动性。流化风机出口的冷风温度较低，有可能导致细小的石灰石粉结块，因此，在流化风机出口管道上设置一台电加热器，以提高输送石灰石粉的空气温度。

（二）吸收塔

吸收塔是烟气脱硫系统的核心装置，要求气液接触面积大，气体的吸收反应良好，压力损失小，并且适用于大容量烟气处理。吸收塔的数量应根据锅炉容量、吸收塔的容量和脱硫系统可靠性要求等确定。300MW及以上机组宜一炉配一塔，200MW及以下机组宜两炉配一塔。吸收塔主要有喷淋塔、填料塔、喷射鼓泡塔和双回路塔、液柱塔等五种类型，下面重点介绍喷淋塔。

1. 喷淋塔

图1-9为一种最常用的喷淋塔形式——逆流喷淋吸收塔，在这种塔中，吸收塔自上而下可分为吸收区和氧化区两部分，上部吸收区pH值较高，有利于SO_2等酸性物质的吸收；下部氧化区在低pH值下运行，有利于石灰石的溶解及副产品的生成。吸收塔的工作过程是：石灰石浆液通过浆液供给泵送入吸收塔浆液池内，石灰石部分溶解并与原浆液混合，由循环

泵将浆液向上输送到喷淋层，再从高效螺旋形雾化喷嘴喷出，在喷淋作用下形成很细的雾状液滴，在塔内产生充分的气液接触。同时在吸收塔浆液池中部区域，氧化风机供给的空气通过布置在浆液池内的曝气管道与洗涤产物在搅拌系统的协助下进一步反应生成石膏。吸收塔采用喷淋空塔，其系统阻力小，塔内气液接触区无任何填料部件，采用这样方式可以有效杜绝塔内堵塞结垢现象，有的喷淋塔在塔内设置托盘（均流板），以增加气液接触面积。

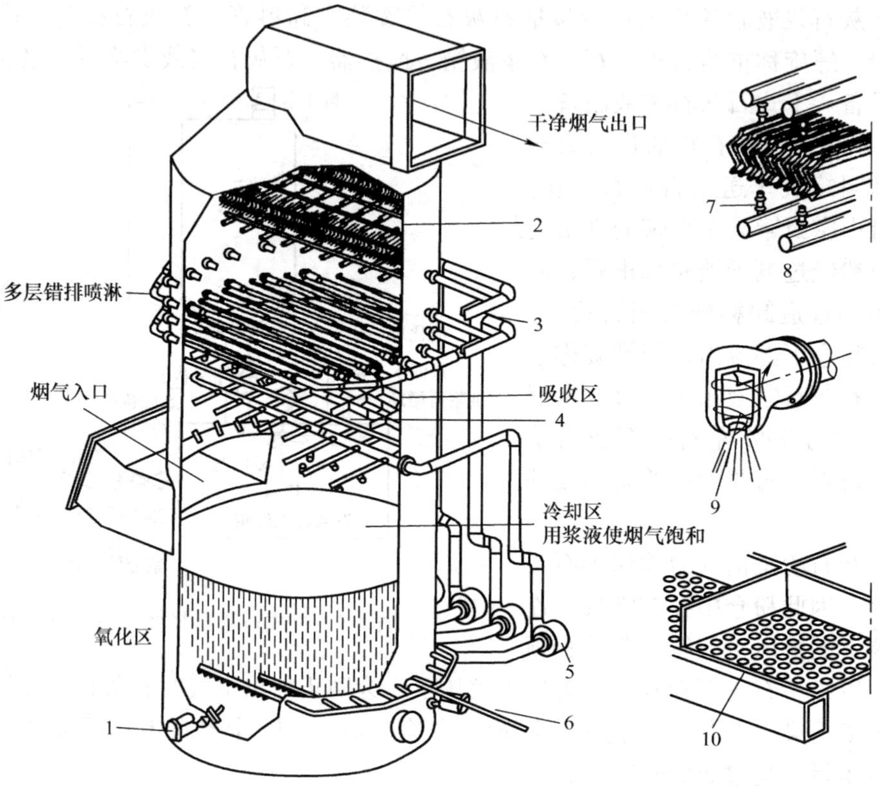

图 1-9　逆流喷淋吸收塔

1—搅拌器　2—除雾器　3—错排喷淋管　4—托盘　5—循环泵　6—氧化空气管　7—水清洗喷嘴　8—除雾器　9—碳化硅浆液喷嘴　10—合金多孔托盘

吸收塔系统主要由吸收塔本体、浆液循环泵、除雾器、搅拌器、氧化风机、吸收塔排水坑及事故浆液系统等组成。

（1）吸收区　吸收区高度为 5 ~ 15m，如果塔内流速按 3m/s 计算，那么接触反应时间为 2 ~ 5s。区内设 3 ~ 6 个喷淋层，每个喷淋层都装有多个雾化喷嘴，交叉布置，覆盖率达 200% ~ 300%。喷嘴入口压力不能太高，在 0.5×10^5 ~ 2×10^5Pa 之间。喷嘴出口流速为 10m/s。雾滴直径为 1320 ~ 2950μm，大液滴在塔内的滞留时间为 1 ~ 10s，小液滴在一定条件下呈悬浮状态。

（2）浆液循环泵　循环泵是吸收塔重要的设备，它连续不断地把吸收塔浆液池内的混合浆液向上输送到喷淋层，并为雾化喷嘴提供工作压力。循环泵入口应装设滤网，以防止塔内固体物质吸入泵体造成泵以及吸收塔喷嘴的堵塞或损坏。浆液循环泵宜按单元制设置，每台循环泵对应一层喷嘴。

（3）除雾器　吸收塔在运行过程中，易产生粒径为10～60μm的“雾”。“雾”不仅含有水分，它还溶有硫酸、硫酸盐及SO_2等，如不妥善解决，任何进入烟囱的“雾”，实际上就是把SO_2排放到大气中，同时也会引起换热器和出口烟道的严重腐蚀，因此，在工艺上对吸收设备提出了除雾的要求。

烟气出口设除雾器，通常为二级除雾器，装在塔的圆筒顶部（垂直布置）或塔出口弯道后的平直烟道上（水平布置）。湿法烟气脱硫系统中使用的除雾器一般为折流板式，主要材料为聚丙烯。除雾器的工作原理是：当携带液滴的烟气通过曲折的除雾器通道时，流线多次偏转，液滴由于惯性撞击在除雾器叶片上被截留下来，而气体由于惯性较小，可以相对比较通畅地从弯曲的烟道流过，如图1-10所示。

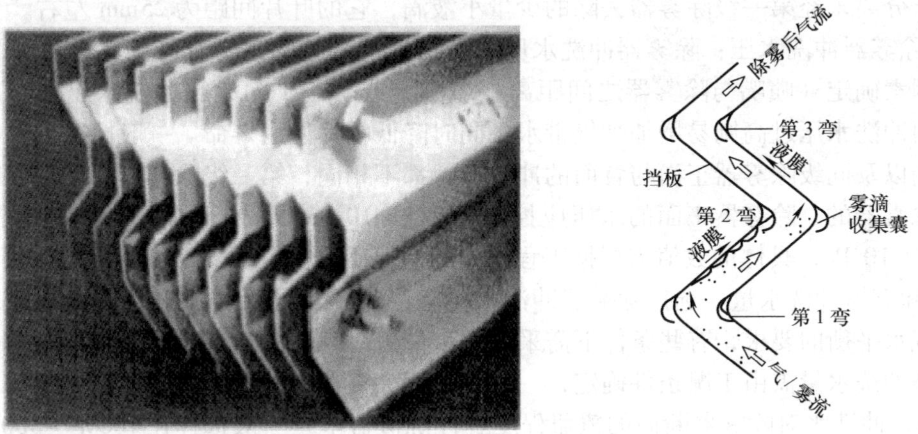

图1-10　折流板除雾器外形与除雾原理

除雾器布置形式通常有水平形、∧形、∨形、X形等，大型吸收塔多采用∧形布置。由于液滴中携带有大量固体，所以其结构设计应使得除雾器结垢最小化，并需要配备高效的在线冲洗。除雾器冲洗系统主要由冲洗喷嘴、冲洗水泵、管路、阀门、压力仪表、电控系统等组成，其作用是定期冲洗由除雾器叶片捕集的液滴、粉尘，保持叶片表面的清洁和湿润，防止叶片结垢和堵塞，维持系统的正常运行。

除雾器的主要性能和设计参数如下：

1）除雾效率：指除雾器在单位时间内捕集到的液滴质量与进入除雾器液滴质量的比值。除雾效率是考核除雾器性能的关键指标。影响除雾效率的因素很多，主要包括烟气流速、通过除雾器断面气流分布的均匀性、叶片结构、叶片之间的距离及除雾器布置形式等。

2）系统压力降：指烟气通过除雾器通道时所产生的压力损失，系统压力降越大，能耗就越高。除雾系统压力降的大小主要与烟气流速、叶片结垢、叶片间距及烟气带水负荷等因素有关。当除雾器叶片上结垢严重时，系统压力降会明显提高，所以通过监测压力降的变化有助于把握系统的运行状态，及时发现问题，并进行处理。

3）烟气流速：通过除雾器断面的烟气流速过高或过低都不利于除雾器的正常运行。烟气流速过高易造成烟气二次带水，从而降低除雾效率，同时流速高，系统阻力大，能耗高。通过除雾器断面的流速过低，不利于气液分离，同样不利于提高除雾效率。此外，设计的流速低，吸收塔断面尺寸就会加大，投资也随之增加。因此设计的烟气流速应接近于临界气流流速。临界气流流速是通过除雾器断面的最高且又不至于二次带水时的烟气流速，该速度与除雾器结构、系统带水负荷、气流方向及除雾器布置等因素有关。根据不同除雾器叶片结构及布置形式，设计流速一般选定在3.5～5.5m/s之间。

4）除雾器叶片间距：除雾器叶片间距的选取对保证除雾效率，维持除雾系统稳定运行至关重要。叶片间距大，除雾效率低，烟气带水严重，易造成风机故障，导致整个系统非正常停运。叶片间距选取过小，除加大能耗外，冲洗的效果也有所下降，叶片上易结垢、堵塞，最终也会造成系统停运。叶片间距根据系统烟气特征（流速、SO_2含量、带水负荷、烟尘浓度等）、吸收剂利用率、叶片结构等综合因素进行选取。目前，脱硫系统中最常用的除雾器叶片间距大多为20～50mm。第一级除雾器叶片间距通常较大，约为40mm，第二级除雾器用于分离未经第一级除雾器去除的少量小液滴，它的叶片间距为25mm左右。

5）除雾器冲洗水压：除雾器冲洗水压一般根据冲洗喷嘴的特征及喷嘴与除雾器之间的距离等因素确定（喷嘴与除雾器之间距离一般小于或等于1m），当冲洗水压低时，冲洗效果差，而冲洗水压过高则易增加烟气带水，同时降低叶片使用寿命。一般情况下，在两级除雾器之间以及同级除雾器正面与背面的冲洗压力都不相同，第一级除雾器的冲洗水压应高于第二级除雾器的，除雾器正面的水压应控制在2.5×10^5Pa以内，除雾器背面的冲洗水压应大于1.0×10^5Pa，具体的数值需根据工程的实际情况确定。

6）除雾器冲洗水量：选择除雾器冲洗水量除了需要满足除雾器自身的要求外，还需要考虑系统水平衡的要求，有些条件下需采用大水量短时间冲洗，有时则采用小水量长时间冲洗，具体冲洗水量需由工况条件确定，一般情况下除雾器断面上瞬时冲洗耗水量为1～4m^3/(m^2·h)，冲洗水对除雾器断面的覆盖程度（冲洗覆盖率）一般选择在100%～300%之间。

7）除雾器冲洗周期：指除雾器每次冲洗的时间间隔。由于除雾器冲洗期间会导致烟气带水量加大，一般为不冲洗时的3～5倍，所以冲洗不宜过于频繁，但也不能间隔太长，否则易产生结垢现象。除雾器的冲洗周期主要根据除雾器两侧的压差和吸收塔水位来确定，一般以不超过2h为宜。

（4）氧化空气系统

1）强制氧化的必要性。

在湿式石灰石-石膏法脱硫工艺中有强制氧化和自然氧化之分，其区别在于脱硫吸收塔底部的浆液池中是否充入强制氧化空气。自然氧化工艺中，浆液中的HSO_3^-在吸收塔中被烟气中剩余的氧气部分氧化成SO_4^{2-}，其脱硫副产物主要是亚硫酸氢钙和亚硫酸钙。在强制氧化工艺中，浆液中的HSO_3^-几乎全部被浆液池中充入的氧化空气强制氧化成SO_4^{2-}，脱硫产物主要为石膏。目前，湿法石灰石-石膏法脱硫工艺主要以强制氧化为主，这是由于氧化率在15%～95%时，易产生亚硫酸钙的结垢和堵塞问题。

另外，强制氧化工艺的固体产物97%以上为石膏，颗粒的名义直径为32μm。而自然氧化工艺的固体产物为混合物，主要是亚硫酸氢钙，只有10%以下的石膏，其颗粒的名义直径为2.1μm。由于强制氧化工艺的脱硫产物——石膏有较大的晶体，沉淀速率快，脱水容易，一般经脱水处理能得到含水率为10%以下的固体产物。该固体产物或填埋或进一步用水清洗，除去其中的氯化物后可作为天然石膏的替代品，用于石膏墙板、水泥等的生产中。对自然氧化工艺的脱硫产物，因为其晶体小、沉淀速率慢，脱水困难，需要用增稠器和离心分离器二级处理，最终产物仍含有40%～50%的水。该产物的处理方式主要是填埋，由于含水率高，需要用飞灰和生石灰固化处理，处理费用较大。

2）强制氧化装置。

由于将氧化空气导入浆液池的氧化区并使之分散的方法不同，因而有多种强制氧化装置，但普遍采用的是固定管网喷雾式（又称固定式空气喷射器，Fixed Air Sparger，简称FAS）及搅拌器和空气喷枪组合式（Agitater Air Lance Assemilies，ALS）强制氧化装置。

FAS氧化装置是在吸收塔浆液池中部的断面上布置若干根氧化空气母管，母管上有众多分支管，喷气孔均布于整个断面上，通过固定管网将氧化空气分散鼓入氧化区。德国LLAG公司设计的反应池、固定管网式氧化空气布管分别如图1-11和图1-12所示。在反应池液深5m左右（相对罐底）处装有分隔器，将罐体分隔成连通的上下两部分，上部称氧化区，下部为中和结晶区。分隔器由几根外衬橡胶的碳钢管构成，它们均布在罐体同一高度上。氧化空气管布置于分隔管件之间，等距离朝下开孔，避免浆液中的固体进入氧化空气管道。分隔管和氧化空气管使罐体横断面面积减少了70%，这使得该处浆液向下的流速较大，避免了中和结晶区浆液向氧化区回流，这样可以保持氧化区浆液pH值为4~5，有利于氧化反应的进行。

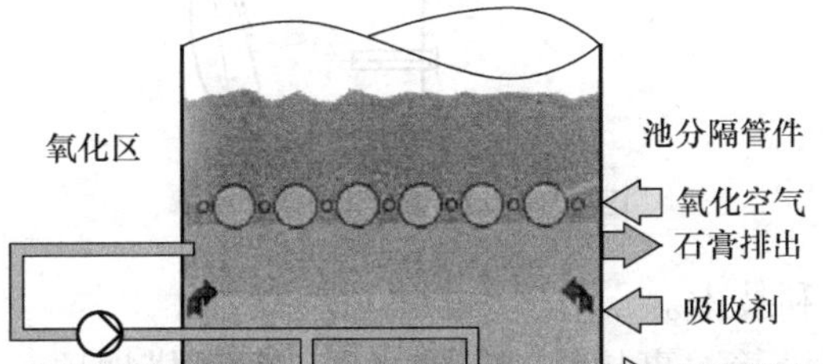

图1-11　反应池结构

图1-12　固定管网式氧化空气管

ALS氧化装置是将氧化空气喷管布置在侧进式搅拌器桨叶的前方，如图1-13所示，依靠搅拌器桨叶产生的高速液流使鼓入的氧化空气分裂成细小的气泡，并散布至氧化区的各处，以有利于氧化反应。由于ALS产生的气泡较细，由搅拌产生的水平运动的液流增加了气泡的停留时间，因此，ALS较FAS降低了对浸没深度的依赖性。当处于隔离状态时，可通过开启手动截止阀对喷枪进行冲洗。当吸收塔排空以及当停运后重新启动时都要求清洗喷管。

氧化空气系统由氧化风机、氧化空气分布管及相应的管道、阀门组成。为了冷却氧化空气并使其达到饱和状态，防止热的氧化空气进入吸收塔内使浆液中的水分蒸发、破坏吸收塔树脂衬里和形成固态沉积物，氧化空气在进入吸收塔之前的管道中需加入工业水减温。

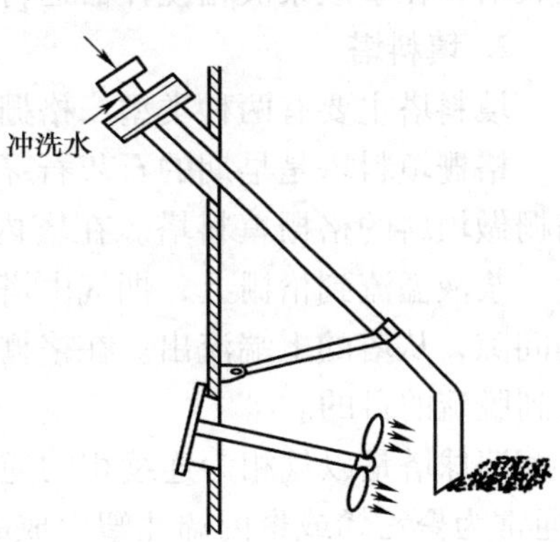

图1-13　ALS氧化装置

（5）搅拌器　吸收塔浆液池内布置搅拌器，其主要作用如下：①使浆液中的固体颗粒保持在悬浮状态，防止$CaCO_3$、$CaSO_3$、$CaSO_4 \cdot 2H_2O$等固体颗粒沉淀结垢。②破碎细化氧化空气气泡，均匀分配氧化空气，提高氧的利用率，使氧化更为充分。③促进新加入的石灰石浆液与吸收氧化槽内已酸化浆液的混合，加速石灰石的溶解。④使浆液中各组分的浓度和温度均匀一致，有利于浆液池内各化学反应进程。⑤防止局部区域石膏的过饱和度过大，可使颗粒较小的石膏晶体悬浮在浆液中，为石膏晶体的均匀成长创造良好条件。

吸收塔浆液池内的搅拌器主要有机械搅拌器和脉冲悬浮搅拌器两种。

机械搅拌器主要由轴承罩、主轴、搅拌叶片、机械密封和驱动电动机组成。根据安装位置的不同，可将搅拌器分为侧进式和顶进式。侧进式搅拌器如图 1-14 所示，搅拌器叶片安装在吸收塔浆池内，与水平线约为 10°倾角、与中心线约为 -7°倾角。搅拌桨形式为三叶螺旋桨，轴的密封形式为机械密封。

脉冲悬浮搅拌是利用脉冲悬浮泵从浆池中抽取浆液，加压后经布置在浆池中的悬浮管喷向浆池底部，以起到搅拌浆液的作用。这种搅拌装置无机械转动部件，不存在螺旋桨出现故障时需停机排浆检修的问题。另外，只要浆池中有浆液，机械搅拌器就不能长时间（一般不超过 4h）停运，但采用脉冲悬浮搅拌装置后，脱硫系统停机时间在 7 天内，再次启动搅拌泵 10min 后可将已沉淀的浆液重新搅动起来，因此可以降低 FGD 备用时的电耗。缺点是造价高于机械搅拌器。脉冲悬浮搅拌是 LLAG 公司的专利技术。

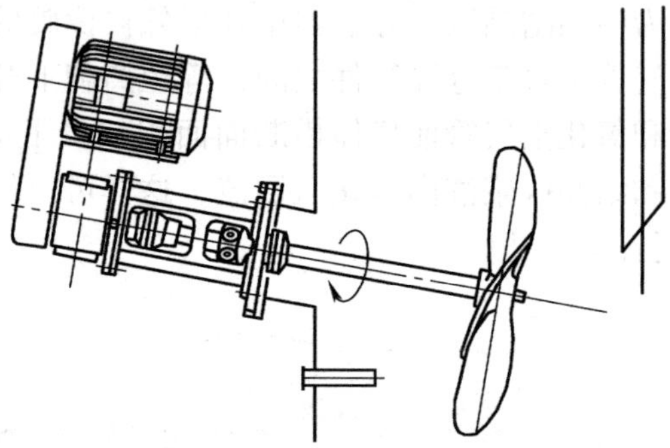

图 1-14　侧进式机械搅拌器

（6）事故浆液系统　事故浆液系统由事故浆液箱、事故浆液箱输送泵、吸收塔地坑、石灰石浆液制备系统地坑、地坑泵以及浆液收集地沟等组成。事故浆液箱用于 FGD 长期停运、事故、检修等情况下，以储备脱硫系统所有的浆液。浆液由石膏浆液排出泵、地坑泵打到事故浆液箱中。在 FGD 启动前，由输送泵将事故浆液箱贮存的浆液送回吸收塔再次使用，可提供吸收塔重新启动时的石膏晶种。FGD 正常运行时，事故浆液箱为排空状态，搅拌器未启动。当进入箱内的浆液达到一定高度时，搅拌器自动启动。事故浆液箱搅拌器可以为侧进式，也可以为顶进式。

地坑系统用于收集泄漏和排放的浆液、水等。在 FGD 运行时，用泵将收集的浆液打入吸收塔；在事故浆液箱搅拌器运行时，打入事故浆液箱。地坑搅拌器为顶进式。

2. 填料塔

填料塔主要有两种类型：格栅填料塔和湍球塔。

格栅填料塔是早期的石灰石-石膏法中较为典型的一种塔型。图 1-15 所示的是采用塑料格栅做填料的格栅填料塔。在塔内放置格栅填料，浆液循环泵将石灰石浆液送到溢流型喷嘴，浆液溢流到格栅上，烟气由塔底部进入塔内，在压力差的推动下，由下而上穿过填料层的间隙，从塔的上端流出。在格栅上气流和浆液充分接触传质，完成 SO_2 的吸收过程，从而达到脱硫的目的。

湍球塔是以气相为连续相的逆向三相流化床，在湍球塔的两层栅栏之间装有许多填料球（通常为聚乙烯或聚丙烯注塑而成的空心球），如图 1-16 所示。下栅栏自由流通面积一般大于 70%，以便重力排放。烟气由烟道进入塔的下部，填料球处于均匀流化状态，吸收剂自上而下均匀喷淋，润湿小球表面，进行吸收。由于气、液、固三相接触，小球表面的液膜不断更新，增强了气、液两相的接触和传质，达到高效脱硫和除尘的目的。

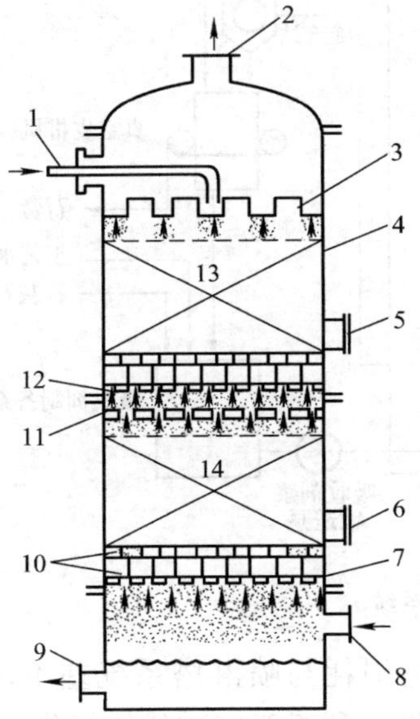

图 1-15 填料塔结构示意图

1—液体入口 2—气体出口 3—液体分布器 4—外壳 5—填料卸出口 6—人孔 7—填料支承 8—气体入口 9—液体出口 10—防止支承板堵塞的大填料和中等填料材料的砌层 11—液体再分布器 12—填料支承 13、14—填料

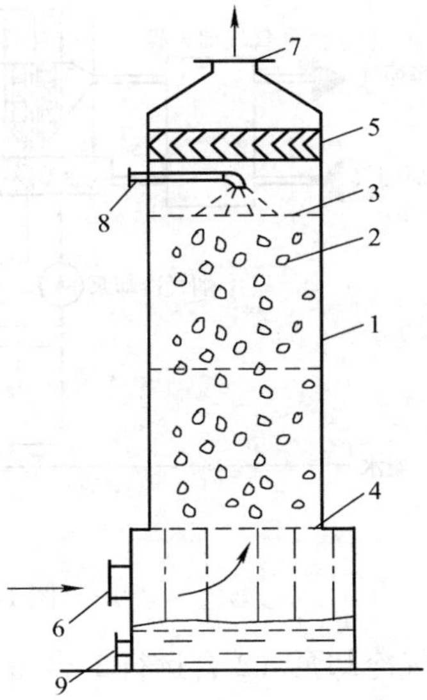

图 1-16 湍球塔

1—塔身 2—填料球 3—上栅板 4—下栅板 5—除雾器 6—气体入口 7—气体出口 8—液体喷嘴 9—液体出口

格栅填料塔的优点是采用溢流型喷嘴，循环泵能耗较低，喷嘴的磨损情况大为缓解。其缺点是格栅容易被 $CaSO_4 \cdot 2H_2O$ 及 $CaSO_3$ 堵塞，需定时清洗，维护费用较高。而湍球塔具有处理烟气量大、稳定性好、吸收率高、占地面积小、造价低廉、操作容易、维护简单方便等特点，可用于各种条件下的烟气脱硫。但其阻力较大，需要定期更换填料球。

3. 喷射鼓泡塔

喷射鼓泡塔由著名的千代田公司研制，其核心是喷射鼓泡反应器（JBR）。JBR 反应器主要由烟室、气体喷射器、喷射鼓泡区、反应器及除雾器组成。喷射鼓泡塔脱硫系统如图 1-17 所示。原烟气与来自吸收塔的洁净烟气进行热交换后进入烟道的烟气冷却区域，在此区域喷入工艺水和吸收液，烟气被冷却并达到饱和状态，然后进入由上隔板和下隔板形成的封闭的 JBR 入口烟室，装在入口烟室下隔板的喷射管将烟气导入 JBR 喷射鼓泡区的石灰石浆液面以下的区域。喷射管底部开设有喷气口，烟气经过喷气口狭缝以 5～20m/s 的速度水平喷入液体中，在狭缝口形成喷射气泡，然后在浮力的作用下曲折向上。气泡被液体的流动所细分和分散，而液体被气泡剧烈地搅拌形成喷射鼓泡层。JBR 独特的气液流动方式把反应器内的吸收液分成两个区域：喷射鼓泡区和反应区。喷射鼓泡区中主要进行的是 SO_2 的气液相传质和吸收剂的溶解，反应区中主要进行的是 HSO_3^-、SO_3^{2-} 的氧化和石膏晶体的生成。

该工艺的主要特点是：①烟气直接喷射进入浆液中，系统阻力大，因此对增压风机的出力要求较高，增压风机的电损耗也较大，但喷射鼓泡塔无浆液循环泵，只使用 2 台输出功率

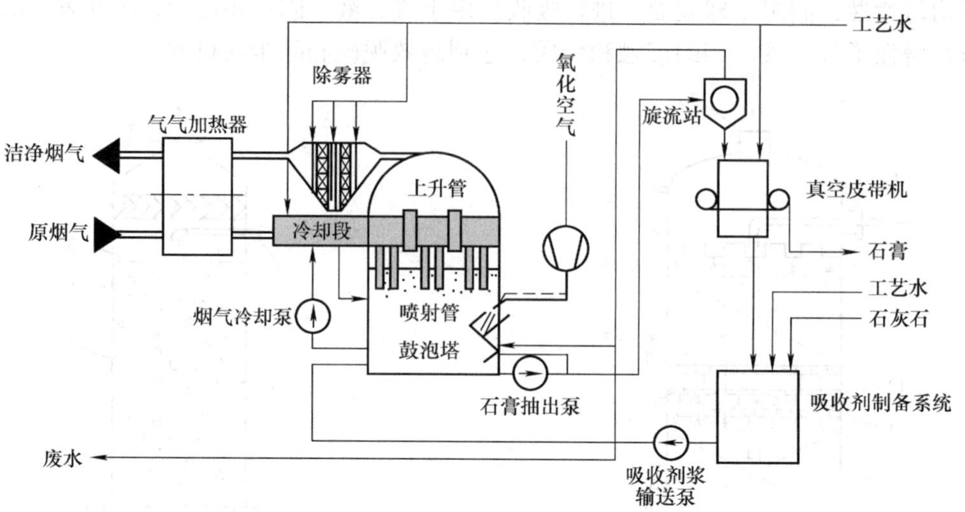

图 1-17 喷射鼓泡塔脱硫系统

较小的烟气冷却泵（2 台运行 1 台备用），因此，总的电损耗与喷淋塔系统差不多。②JBR 可以在较低的 pH 值下运行，一般为 4.5～5.0。这种条件有利于亚硫酸盐的氧化，不容易发生结垢和堵塞。低 pH 值能加速石灰石的溶解，提高石灰石的利用率。③生成的石膏晶粒比较大，易于脱水。④脱硫率容易控制。JBR 系统脱硫率高低与系统压降有关，可以通过增大喷射管的浸没深度来提高压降和脱硫率。当脱硫率为 95% 时，系统压降在 3000Pa 左右。

4. 双回路塔

双回路塔被一个集液斗分成两个回路：下段作为冷却区，烟气被冷却并进行一级脱硫，控制较低的 pH 值（4.0～5.0），有利于氧化和石灰石的溶解，防止结垢和提高吸收剂的利用率，为了确保亚硫酸盐充分地氧化，压缩空气引入到冷却区搅拌器的下面，然后分布到浆液中；上段为吸收区，回路的设计使剩余的 SO_2 在 pH 值约为 6、且有大量过剩石灰石的条件下被除去。在该吸收段设有两个连续运行的喷淋层，浆液向下流过集液斗，然后引入塔外另设的加料槽。在此加入新鲜石灰石浆液，维持吸收区较高的 pH 值。一部分从吸收区回路来的过剩的石灰石浆液通过溢流进入下段冷却区得到利用，溢流的量取决于清洗除雾器的水量。双回路塔脱硫工艺系统如图 1-18 所示。

5. 液柱塔

在液柱塔中，洗涤液垂直向上喷射与烟气形成顺流吸收，达到最高点后散落，落下的液体与向上喷出的液体相互撞击形成大量的液滴，其与烟气形成逆流运动，这使得整个反应区域布满了滴状或膜状的循环洗涤液，大大提高了气液的接触面积。同时，由于液滴间的相互作用，在整个气液流场中，液滴的破碎和凝聚一直在发生，使气液接触表面不断更新，增强了气液间的传质效率。由于脱硫反应区域是空塔，避免了塔内结垢和堵塞；由于采用液柱喷射的方法，液体下落时产生自冲洗作用，喷嘴不易结垢和堵塞；由于仅设置一层喷嘴，维护成本较低。液柱塔如图 1-19 所示。

（三）烟气系统

烟气系统涉及的主要设备包括：脱硫增压风机、烟气换热器、烟气进出口挡板和旁路挡

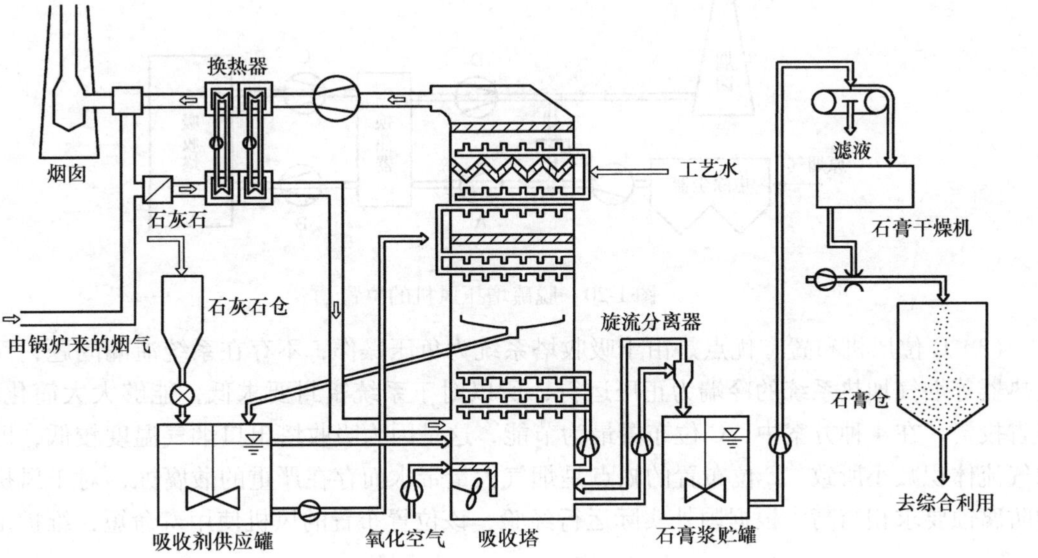

图 1-18　双回路塔脱硫工艺系统

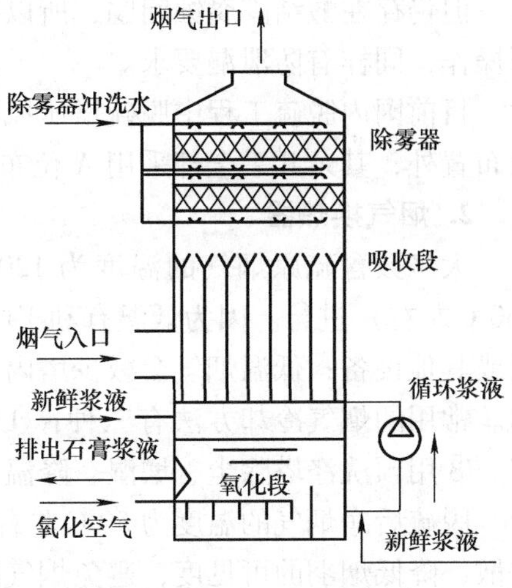

图 1-19　液柱塔简图

板门、密封风机、防腐烟道、CEMS 连续监测设备等。

1. 脱硫增压风机

脱硫增压风机是用于克服 FGD 装置造成的烟气压降，稳定锅炉引风机出口烟气压力的重要设备。其特点是压头低、转速低、流量大。脱硫增压风机一般有离心式、静叶可调轴流式、动叶可调轴流式三种形式。离心式风机较少在 FGD 装置中采用。在脱硫装置不与主发电工程同步建设的电厂中，由于引风机的选型未考虑脱硫系统的阻力，所以需要在脱硫系统中另外设置脱硫增压风机以排放烟气。对于脱硫装置与主发电工程同步建设的电厂，引风机和脱硫增压风机的设置有合二为一和分别设置两种方案。对于分别设置引风机和脱硫增压风机方式，脱硫增压风机的布置位置有 4 种，如图 1-20 所示。

（1）A 位风机布置　优点是烟气温度高，不易产生酸腐蚀。缺点是原烟气中含有一定量的烟尘，对风机叶片有磨损；脱硫系统是正压下运行，尤其在系统设置回转式烟气加热器时，由于存在未处理原烟气向净烟气侧泄漏的问题，对系统的密封要求非常高。由于 A 位处的烟气温度在 4 个可布置位置中是最高的，所以脱硫增压风机的工作流量以及风机的动力能耗也最大。

（2）B 位风机布置　优点是原烟气向净烟气侧的泄漏少或几乎不泄漏，动力消耗较 A 位稍有下降；但缺点是原烟气经烟气换热器后温度降低到 90 ~ 100℃，非常接近烟气的酸露点，因而存在明显的酸腐蚀现象，需选用防腐蚀风机。

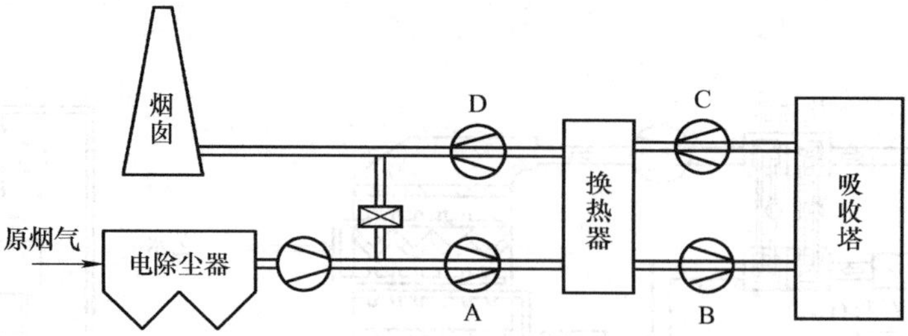

图 1-20 脱硫增压风机的位置

(3) C 位风机布置 优点是由于吸收塔系统为负压操作，不存在系统泄漏问题，而烟气换热器等烟气加热系统的冷端为正压运行，所以对于系统密封要求低，能够大大简化配置，节省投资。在 4 种方案中，C 位布置最为节能，这是因为吸收塔出口烟气温度较低，即风机中气流体积减小所致。C 位布置的缺点是烟气大量带水而存在严重的酸腐蚀，对于风机本身的防腐蚀要求相当高。根据国外实际运行经验，该位置布置的风机使用寿命短，维护工作量大。

(4) D 位风机布置 优点是风机能耗较低，其缺点是虽经换热烟气温度升高到 80℃左右，但仍存在酸结露腐蚀问题，所以有防腐要求，同时其布置方式导致烟气换热器冷端为负压操作，同样有防泄漏要求。

目前国内脱硫工程中脱硫增压风机的布置是以安全可靠为原则，因而除珞璜电厂采用 D 位布置外，其余几乎全部采用 A 位布置。

2. 烟气换热器

大多数含硫原烟气的温度为 120 ~ 185℃或更高，而吸收操作则要求在较低的温度下（60℃左右）进行。因为低温有利于吸收，而高温有利于解析。高温烟气会损坏吸收塔防腐层或其他设备；低温烟气会减少塔内水分的蒸发，降低水耗。因此，必须对原烟气进行预冷却。常用的烟气冷却方法有三种：①应用烟气换热器进行间接冷却。②应用喷淋水直接冷却。③用预洗涤塔除尘、增湿、降温。

脱硫后净烟气的温度为 50℃左右，为了减轻净烟气对烟道和烟囱的腐蚀，增强污染物扩散，降低烟羽的可见度，避免烟气降落液滴，需要将烟气再热后（升温至 80℃左右）排放。烟气再热有蓄热式和非蓄热式两种形式：①蓄热式工艺利用未脱硫的烟气加热冷空气，统称 GGH，分为回转式烟气换热器、介质循环换热器和管式换热器，均通过载热体或载热介质将热量传递给冷空气。②非蓄热式换热器通过蒸汽、天然气等将冷空气重新加热，又分为直接加热和间接加热。直接加热是燃烧加热部分冷空气，然后冷热烟气混合达到所需温度。间接加热是用低压蒸汽（≥2 ×105Pa）通过热交换器加热冷烟气。

烟气脱硫系统中广泛采用的是回转式烟气换热器。

(1) 回转式 GGH 如图 1-21 所示，回转式 GGH 由受热面转子和固定外壳组成，外壳的顶部和底部把转子的通烟部分分隔为两部分：一部分通过未处理的热烟气；另一部分是逆流通过的净烟气。转子每转过一圈就完成一次热交换循环。其中的传热元件由厚度为 0.5 ~ 1.2mm 的波纹钢板制成，并在表面镀上搪瓷层，以防烟气腐蚀。由于回转式 GGH 的转动部分与固定部分之间总存在空隙，而且两侧烟气存在压差，未处理的原烟气会漏入净烟气侧，所以有必要采用烟气密封措施，即用加压后的净烟气作为密封气体，正常情况下，泄漏量可控制在 0.5% ~1%。

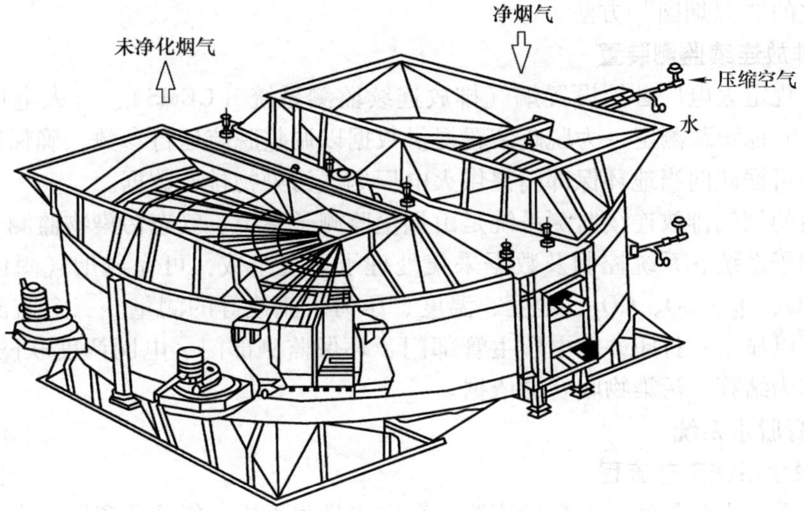

图 1-21 回转式 GGH

回转式换热器还有传动装置（主辅电动机各 1 台）、转子测速装置、导向轴承油循环系统、支撑轴承油循环系统、清洁装置（吹灰器与高压水冲洗）、高压水泵供水系统、低泄漏风机系统、密封风机系统等辅助系统。

回转式 GGH 受热面布置较紧密，气流通道狭窄、曲折，烟气中的飞灰易沉积在受热面上，造成堵灰，使气流阻力和风机电耗增大，传热面积减少，热风温度降低，积灰还会加剧腐蚀，影响换热器正常工作，因此必须设置吹灰系统。回转式 GGH 通常配有蒸汽（或压缩空气）吹扫、在线高压水（8 ~12MPa）冲洗和离线大流量低压水（0.5MPa 左右）冲洗装置。这三种方式在同一吹灰枪上实现。正常运行时，清洗系统每天需使用蒸汽吹灰 3 次；当吹灰效果不理想时，可每两个小时蒸汽吹灰 1 次。当吹灰后换热器压降仍高于设计值时，则启动高压冲洗水进行在线冲洗，由此双重吹灰方式来保证吹灰效果（建议定期在线高压水冲洗至少每月一次）。回转式 GGH 停运检修时使用大流量低压水冲洗换热器。

（2）管式 GGH　管式 GGH 主要由烟气降温侧换热器、烟气升温侧换热器、循环水泵、辅助蒸汽加热器及疏水箱、热媒膨胀罐、补水系统、加药系统及吹灰系统等组成。未处理原烟气先进入降温侧，将热量传递给热媒水，热媒水则通过强制循环将热量传递给净烟气。为强化传热，目前广泛采用高频焊接翅片管，以有效减小设备体积和降低烟气流动阻力。

管式 GGH 一般也采用蒸汽吹灰和高压水冲洗相结合的方式。需要强调的是，为保证吹灰效果、延长换热翅片管的使用寿命，一定要确保静电除尘器的除尘率，确保标准状态下进入 FGD 装置的原烟气含尘量低于 300mg/m^3。

（3）设置 GGH 带来的问题　设置 GGH 带来的问题主要有：①投资增加。②脱硫系统运行故障增加。设置 GGH 后，烟气再热系统提高了出口烟气的温度，在一定程度上保护了其后管道和烟囱免受腐蚀，但烟气换热器本身却面临严重的腐蚀和堵灰问题，大大增加了制造成本和维护费用，而且 GGH 也是造成 FGD 装置故障停机的主要设备之一。③相应的能耗、水耗增加。④脱硫率降低。⑤不能避免尾部烟道和烟囱被腐蚀。

我国烟气排放标准并未明确规定烟气的排放温度。目前电厂烟气脱硫系统对尾部净烟气的处理，一般采用两种方法，即 GGH 对净烟气进行再热处理和对流经脱硫吸收塔的净烟气进行直接排放的“湿烟囱”方法。

3. 烟气排放连续监测装置

我国法规规定火电厂必须设置烟气排放连续监测系统（CEMS），对火电厂排放烟气进行连续地、实时地跟踪测定，为脱硫装置提供数据以调整脱硫运行参数，确保脱硫装置正常运行；同时还可据此向当地环保部门提供火电厂烟气污染物排放数据。

一个全面的烟气排放连续监测系统是由烟尘监测子系统、气态污染物监测子系统、烟气排放参数监测子系统、系统控制及数据采集处理子系统组成，可完成烟气固体颗粒物（烟尘）、SO_2、NO、O_2、CO、CO_2、湿度、温度、压力、流速等的测量。三个监测子系统测定及计算结果可以显示、打印并与电厂主管部门、环保监测部门、电网调度联网，用以监督、电力调度并作为结算、污染物收费的依据。

（四）石膏脱水系统

1. 石膏脱水系统工艺流程

石膏脱水系统主要包括：石膏旋流器、真空皮带脱水机、气液分离器、真空泵、滤布冲洗泵、石膏冲洗泵、滤液水箱、石膏仓等设备。

石膏脱水系统如图 1-22 所示。其工艺流程为：吸收塔内石膏浆液达到一定浓度后，由石膏浆液排出泵排出至石膏浆液旋流站，在旋流站内实现浆液的浓缩分离，旋流站溢流进入溢流箱，底流到真空皮带脱水机。含水的石膏浆液均匀分布到真空皮带脱水机的滤布上，依靠真空泵的吸力和重力在运转的滤布上形成石膏饼，石膏中的水分沿程被逐渐抽出，脱水石膏由运转的滤布输送到皮带脱水机尾部，在皮带通过卸料滚子时，滤布与石膏饼分离，石膏在重力作用下落入石膏仓中。为除去石膏中的可溶性成分（特别是氯离子），在脱水机的中前部设有滤饼冲洗水，不断冲洗石膏饼，使石膏品质满足要求。在皮带机尾部，输送完石膏饼的滤布由冲洗水进行清洗，并转回到皮带脱水机入口，开始新的脱水循环工作。从脱水机吸来的滤液和空气进入气液分离器，在气液分离器中，滤液汇集在底部并由泵抽走。而空气由于真空泵产生的负压，从气液分离器顶部排出。

石膏旋流器具有双重功能：一是石膏浆液预脱水，二是进行石膏晶体分级。石膏旋流器的溢流含固量一般为1% ~3%（质量分数），固相颗粒细小，主要为未完全反应的吸收剂、石膏小晶体、惰性物质、飞灰和灰尘等，较小较轻的颗粒随着溢流离开旋流器之后又返回到吸收塔，以便在脱硫过程中再次利用或者作为浆池中结晶长大的晶核，以便晶体的长大。旋流器的底流含固量一般为45% ~50%，固相主要为粗大的石膏结晶。

真空皮带脱水机将浓缩后的石膏进一步脱水至含固率达到90%以上。石膏脱水依靠过滤层下面形成的真空来脱水。真空皮带脱水机一般配置水环式真空泵，真空泵在工作时应不断补充工艺水，用来保证形成水环和带走摩擦引起的热量。在滤布的垂直上方有一个滤饼厚度监测装置，连续监视滤饼的厚度，并与设定的滤饼厚度比较，形成差值信号来调节驱动电动机的转速，从而使滤布上滤饼的厚度和设定的目标值一致。

2. 影响石膏脱水效果的因素

影响石膏脱水效果的因素主要有以下几个方面：

1）石膏浆液中的杂质。石膏浆液中的杂质主要来自于燃煤与吸收剂。煤燃烧后会产生

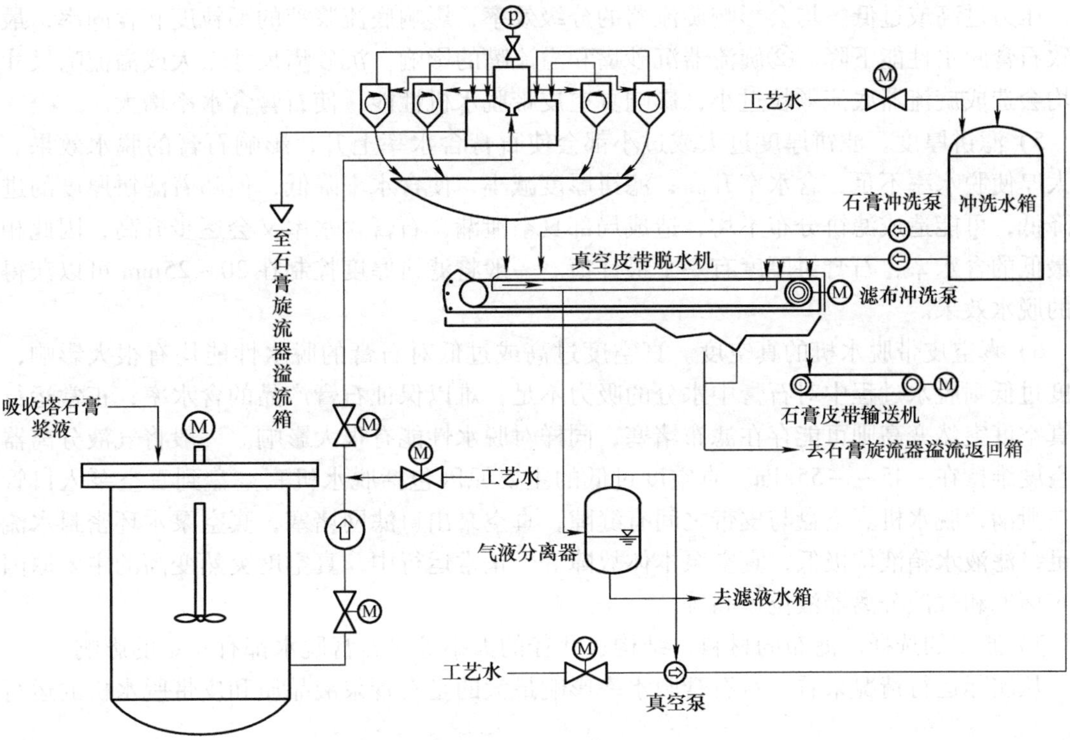

图 1-22　某厂脱水系统示意图

残余物飞灰，而石灰石则会带入一些不参与吸收反应的杂质。吸收塔内的这些杂质可以通过废水排放处理一部分，而剩余的则进入到石膏脱水系统中。当石膏中的杂质含量增加时，石膏的脱水率会出现明显下降。

2）石膏粒度。石膏形成晶体粒度越大，脱水性能就越好。石膏粒度受工艺条件的影响较大，如：氧化空气量不足，吸收塔内的 pH 值过高，将会导致吸收塔浆液中含有大量亚硫酸钙，易形成 $CaSO_3 \cdot 1/2H_2O$ 晶体，颗粒小，粘性大，难以脱水；吸收塔浆液的停留时间长短影响了石膏晶体的结晶效果；吸收塔搅拌强度不足或不均匀时，石膏晶体可能会形成片状、针状，搅拌强度过大时，也有可能击碎已经形成的大颗粒石膏晶体，都会使石膏的脱水性能下降。

3）吸收塔浆液氯离子含量。脱硫系统氯离子含量达到一定水平时，石膏的脱水性能会急剧下降。国内大多数脱硫设计说明吸收塔浆液氯离子含量不能超过 20000mg/L，实际上氯离子含量达到 14000mg/L 左右时，石膏含水率就很难达到 13% 以下；氯离子含量达到 10000mg/L 左右时，石膏含水率就很难达到 10% 以下。对于吸收塔浆液氯离子含量，一般控制原则是 5000mg/L 以下，含量达 8000mg/L 时报警，如果超过 10000mg/L，就必须及时处理。脱硫系统中氯离子的来源主要有烟气和工艺水两方面，由于含氯的盐类物质溶解度极大，因而在吸收塔中总是被浓缩、增大，大部分脱硫系统降低氯离子含量水平的途径只有通过废水系统排放。

4）石膏浆液旋流器的运行状况。①石膏浆液旋流器入口压力的影响。入口压力过高，会造成旋流器溢流及底流颗粒过小；入口压力过低，会造成旋流器溢流及底流颗粒过大。因此，压力过高或过低，均会影响旋流器的分级效率，影响底流浆液的颗粒度和含固率，最终导致石膏脱水性能下降。②旋流器沉砂嘴和溢流嘴的影响。沉砂嘴尺寸太大或溢流嘴尺寸太小均会造成旋流器底流颗粒过小，影响真空皮带脱水机性能，使石膏含水率增大。

5）滤饼厚度。滤饼厚度过大或过小都会使石膏含水率上升，影响石膏的脱水效果。滤饼太厚使脱水率不足，含水率升高；滤饼厚度减小，使含水率降低，但随着滤饼厚度的进一步降低，可能造成滤饼分布不均，造成局部真空泄漏，石膏含水率又会逐步升高，因此相对于最低的含水率，石膏饼厚度有一个最佳值。一般将滤饼厚度控制在 20～25mm 可以获得最好的脱水效果。

6）真空皮带脱水机的真空度。真空度过高或过低对石膏的脱水性能均有很大影响，真空度过低则脱水过程中对石膏中水分的吸力不足，难以保证石膏产品的含水率；正常运行中若真空度突然变高则可能存在滤布堵塞，同样对脱水性能有很大影响。一般将气液分离器的真空度维持在 −45～−55kPa。真空度过低的主要原因包括脱水机真空盘到真空泵入口管路存在泄漏，脱水机真空盘与皮带之间有缝隙，真空泵出口滤网堵塞，真空泵水环密封水流量不足，滤液水箱液位极低，真空泵本体故障等。正常运行中，真空度突然变高的主要原因有滤布堵塞和气液分离器液位过高等。

7）滤布的选择。滤布的材料、结构、孔径的大小等对石膏脱水都有一定的影响。

从实际运行情况来看，对石膏脱水率影响最大的是石膏浆液品质和皮带脱水机的运行状况。

（五）石膏贮存系统

湿石膏的贮存方法取决于发电厂烟气脱硫系统石膏的产量、用户的需求量、运输手段以及石膏中间贮仓的大小。对于容量为 300～700m^3 的中间贮仓，石膏在其中的存放时间不应超过 1 个月。因此，推荐采用带有底部卸料系统的一次通过型贮仓。

（六）废水处理系统

1. 脱硫废水的产生

为了维持脱硫装置浆液循环系统的物质平衡，即通过控制废水的排放量达到控制排出细小的杂质颗粒从而保证石膏的品质，同时达到控制烟气脱硫系统中氯离子、氟离子的浓度水平以保证烟气脱硫装置安全、稳定运行，需要定时从吸收塔排出废水。吸收塔内的浆液经过浆液排出泵送入石膏旋流器，旋流器的溢流收集于旋流器溢流箱，大部分通过溢流返回泵送回吸收塔，另一部分送到废水旋流器进行浓缩分离。废水旋流器底流返回旋流器溢流箱，废水旋流器溢流液作为废水排放。脱硫废水排放系统如图 1-23 所示。

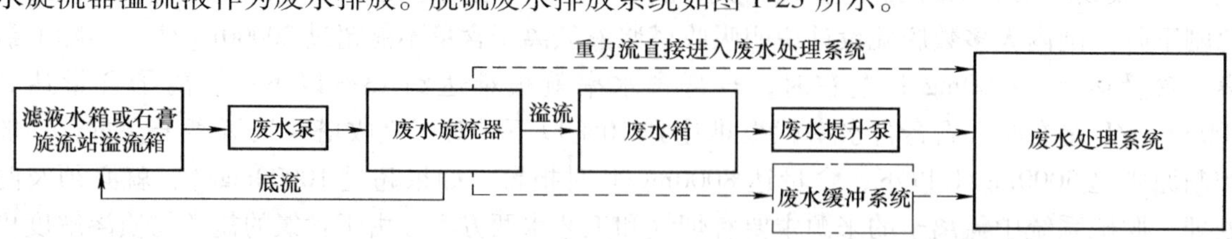

图 1-23　脱硫废水排放系统

2. 脱硫废水水质

脱硫废水的杂质主要来自烟气和脱硫剂。通常，脱硫废水偏酸性，pH 值为 4～6.5，与浆液的 pH 值相同或略高；氯离子含量很高，为 0.5% ~2.0%；悬浮物（SS）根据脱水设备、废水排放点位置、各类杂质含量等波动较大，从废水旋流器排出的废水 SS 含量一般为 1 ~10g/L，主要是石膏颗粒、SiO_2、Al 和 Fe 的氢氧化物；化学耗氧量（COD_{Cr}）通常为每升数十至数百毫克，主要由连二硫酸根（$S_2O_6^{2-}$）、工艺水浓缩的有机物、亚硫酸根等产生；另外含有较高的氟化物，还有汞、砷等重金属离子，以及国家严格控制的第一类重金属（镉、铬、铅、镍等）。所有杂质在吸收浆液循环系统中不断浓缩，使脱硫废水中的杂质浓度很高。特别是脱硫废水中的各种重金属离子对环境有很强的污染性，所以必须对脱硫废水进行处理后排放。

3. 脱硫废水的处理

国内外常见的脱硫废水处理方式主要有水力除灰、单独设置化学水处理系统、零排放的处理方式。

（1）水力除灰　该方法是脱硫废水不经处理直接进入水力除灰系统，脱硫废水中的重金属或酸性物质与灰中的 CaO 反应生成固体而得到去除，从而达到以废治废的目的，以珞璜电厂、重庆发电厂为代表。由于电厂除灰系统为水力除灰，灰浆液碱度偏高，脱硫废水偏酸性，对灰水有中和作用，其流量相对灰浆量而言极少，脱硫废水掺入水力除灰系统对除灰系统的影响很小，所以采用该方案基本不需要对水力除灰系统进行任何改造。脱硫废水直接送到灰场（或电厂水力除灰系统），不需要额外增加水处理设备，因而该方案具有投资省、运行方便的优点，但该方案不适用于干法除灰系统的电厂。

（2）单独设置化学水处理系统　我国电厂脱硫废水处理系统多为消化吸收了国外的废水处理技术后设计和生产的，其系统流程如图 1-24 所示。本套脱硫废水处理系统包括 5 个处理工序，即中和、沉降、絮凝、澄清及污泥处理系统。

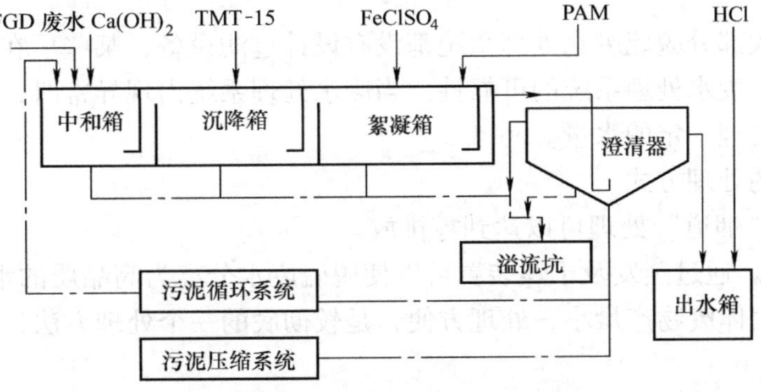

图 1-24　脱硫废水处理系统流程图

1）中和。整个脱硫废水处理池由 3 个箱体组成，前一个箱体充满后溢流进入下个箱体。废水处理的第一道工序就是中和，即在中和箱中加入石灰乳将废水 pH 值调至 9 左右，使废水中的大部分重金属生成氢氧化物而沉淀，并使石灰乳中的钙离子与废水中的氟离子反应生成溶解度较小的氟化钙沉淀，与 As^{3+} 络合生成 $Ca_3(AsO_3)_2$ 等难溶物质。

2）沉降。在沉降箱中加入有机硫（TMT-15），使其与水中剩余的 Cd^{2+}、Hg^{2+} 等反应生成溶解度更小的金属硫化物而沉积下来。

3）絮凝。在絮凝箱内加入 $FeClSO_4$（或聚合铝），使水中的悬浮固体或胶体杂质凝聚成稍大的絮凝体，在絮凝箱出口处加入阴离子高分子聚合电解质聚丙烯酰胺（PAM）作为助凝剂来降低颗粒的表面张力，强化颗粒的长大过程，进一步促进氢氧化物和硫化物的沉淀，使微细絮体慢慢变成更大、更易沉淀的絮状物，同时，也使脱硫废水中的悬浮物沉降下来。

中和、沉降、絮凝三联箱保持一定的污泥循环量，其作用主要有：①保证系统定量的流量水平，可以使系统不至于发生淤堵的现象。②保证系统所加药剂的充分利用。③在系统pH值调节出现较大的波动时，可以较快地中和及均衡。④为系统化学沉淀反应提供足够的晶种。

4）澄清。废水自流进入澄清池，絮凝体在澄清池中与水分离。絮凝体因密度较大而沉积在底部，然后通过重力浓缩成污泥。大部分污泥经污泥输送泵输送到污泥脱水系统，小部分污泥作为接触污泥返回到中和箱，提供沉淀所需的晶核。澄清池上部则为清水，清水通过澄清浓缩池周边的溢流口自流到出水箱，加盐酸将其pH值调整到6.0~9.0后排放。

5）污泥处理。澄清池底部的大部分浓缩污泥经污泥输送泵送到污泥脱水机。澄清池底部的泥渣中固体物质的质量分数为10%左右，经压滤机脱水后，滤饼含固率为45%左右，最后将滤饼运送到渣场贮存。污泥脱水的滤液进入污水回收池内，由污水回收泵送往中和箱内与新来的脱硫废水一起进入下一个处理循环。

图1-24脱硫废水处理系统在运行过程中一些工序得到改进，如：

1）碱化剂。早期大多采用$Ca(OH)_2$作为碱化剂，但是由于其加药系统的药品配制、堵塞及结垢等问题突出，后来逐步被NaOH所替用。但$Ca(OH)_2$还能去除氟离子及砷离子，这是NaOH所不具备的。

2）降低COD。由于对排放废水有COD值的限制，图1-24所示的脱硫废水处理系统缺乏此功能，出水COD指标很难达标。后期脱硫废水处理系统开始采用曝气或添加无机氧化剂去除有机物。

此外，国内大部分脱硫废水处理系统都没有设计过滤设备，某些厂在澄清池后设计有重力式滤池，增强了废水处理系统的可靠性。当废水处理系统出现异常时，过滤设备可以在一定时间内保护性处理一定的水量。

（3）零排放的处理方式

废水蒸发或“烟道”处理可以达到零排放。

1）废水蒸发。通过蒸发及干燥装置可以使脱硫废水分离为高品质的水蒸气和固体废物，回收干净的水，固体废物产量小，处理方便，是较彻底的一个处理方法，便于实现全厂废水的零排放。

物理蒸发常称为盐水浓缩，是采用电厂蒸汽加热废水，使废水气化，再冷凝废水蒸气，从而获得可再利用的蒸馏液和废水浓缩液。可以根据物理蒸发的类型来命名这种工艺过程，有多效蒸发、蒸汽加压蒸发、薄膜蒸发和强制循环蒸发等，其中多效蒸发较常用。多效蒸发是在一个多效蒸发器中，通过多级蒸发来提高蒸发效率。在这种多效蒸发器中，第一级采用蒸汽加热废水，废水大部分蒸发，留下废水浓缩液。再用废水蒸气加热第二级的废水，大部分废水蒸气在加热第二级废水时冷凝成蒸馏液，剩余的废水蒸气最后在冷凝器中被冷却水冷凝。由于利用了每级废蒸汽的潜热，因此提高了热效率，降低了净化单位体积废水的能耗。图1-25是一个二级蒸发器系统。虽然每增加一级可以提高热效率，但随着设备的增加，投资和维修成本也增大。因此需比较投资/维修费用和能耗费用来确定最佳蒸发级数。

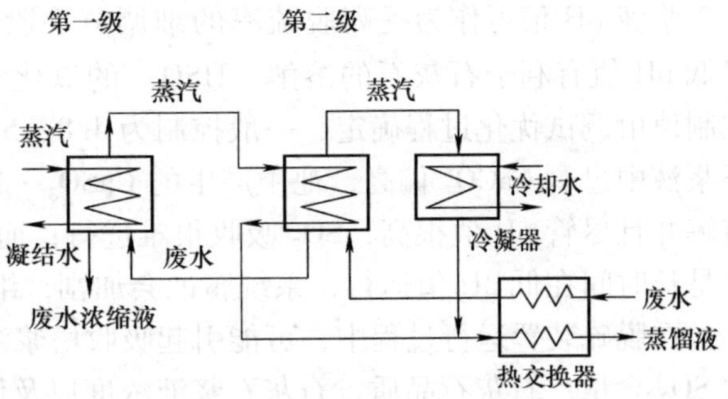

图 1-25 二级蒸发器工作原理示意

通过蒸发来浓缩 FGD 排放液，能耗、投资高；脱硫废水中的高浓度 $CaCl_2$、$MgCl_2$ 等盐类非常难于结晶且腐蚀性强；而 Ca^{2+}、Mg^{2+} 的碳酸盐、硫酸盐容易在蒸发器内结垢，降低热交换效率以及废水浓缩的效率。全世界普遍采用物理蒸发处理各种废水，虽然国外许多电厂采用了这种技术，但仅有少数电厂用来蒸发脱硫废水。我国首座废水零排放火力发电厂——广东河源电厂脱硫废水处理采用了该技术。

该电厂根据脱硫废水水质特点和蒸发结晶工艺对进水水质的要求，在蒸发结晶固化工艺前对脱硫废水进行预处理。预处理工艺设计了两级化学沉淀，一级化学沉淀中投加 $Ca(OH)_2$ 控制合适的 pH 值范围，二级化学沉淀中投加 Na_2CO_3，以及在两级化学沉淀中均投加 $FeCl_3$、聚丙烯酰胺，可以确保出水中 Ca^{2+}、Mg^{2+}、$SO_4{}^{2-}$、硅含量达到蒸发结晶工艺进水水质要求。预处理后的脱硫废水经预热器加热后，进入四级蒸发系统。脱硫废水经四级蒸发室加热浓缩后送至盐浆桶，通过两台盐浆泵送入盐旋流器，旋流器使大颗粒的盐结晶旋流后落入下方的离心机。离心机分离出的盐晶体通过螺旋输送机送至干燥床进行加热，使盐晶体完全干燥。旋流器和离心机分离出的浆液返回到加热系统中进行再次加热蒸发浓缩。

2）"烟道"处理。"烟道"处理相对简便，设备少，占地小，投入产出高。废水中的盐类用烟气热量蒸发成为固体，由电除尘器收集，对原有烟道系统影响很小，因此是重点关注的一个处理方法。

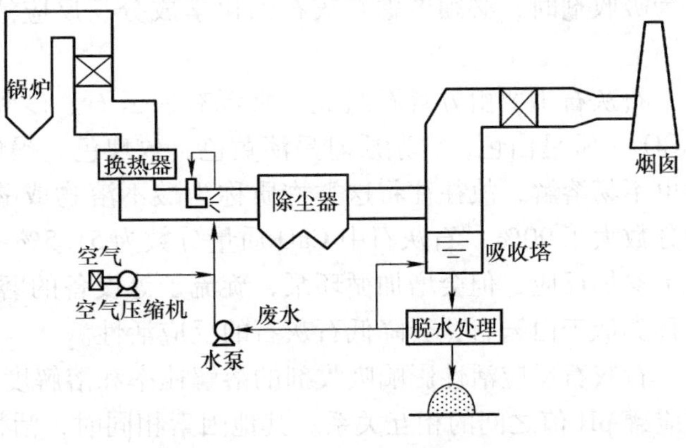

图 1-26 "烟道"处理脱硫废水系统

如图 1-26 所示，将脱硫废水用泵送到除尘器前烟道，经压缩空气将脱硫废水在除尘器前烟道内雾化。某电厂烟气脱硫工程单台 300MW 机组脱硫废水排放量仅为 $4.2m^3/h$，水温为 52℃，除尘器前烟道中烟气温度为 142℃，因此，喷入烟道的雾化脱硫废水迅速在烟道中蒸发，脱硫废水中的固体物（重金属杂质以及各种金属盐等）和灰一起悬浮在烟气中并随烟气进入电除尘器，在电除尘器中被电极捕捉，随灰一起外排，因脱硫废水中固体量和各种金属盐含量仅为 395kg/h，对灰的物性及综合利用不会产生影响。

五、影响脱硫率的主要因素

影响脱硫率的因素很多，如吸收温度、进气 SO_2 浓度、脱硫剂品质、钙硫比、浆液 pH 值、液气比和烟尘浓度等。

1. 浆液 pH 值

浆液 pH 值可作为提高脱硫率的细调节手段。SO_2 的吸收速率随 pH 值的降低而下降，但低 pH 值有利于石灰石的溶解、HSO_3^- 的氧化和石膏的结晶。兼顾上述关系，pH 值实际控制值由调试优化过程确定，一般控制为 4.8～5.6。pH 值设定太高时，石灰石耗量大，循环浆液中过剩 $CaCO_3$ 偏高，池中产生的 $CaSO_3 \cdot 1/2H_2O$ 增多，石膏品质下降，石灰石不再溶解并且尽管 pH 值很高，SO_2 吸收很难进行；而 pH 值设定过低可降低堵塞和结垢的风险，但是长时间在低 pH 值运行，系统腐蚀会加剧，维护费用较大。

在脱硫装置运行过程中，可能引起吸收塔浆液 pH 值变化的主要因素有烟气量、烟气中的 SO_2 含量、石灰石品质、石灰石浆液浓度以及供给量。

2. 钙硫比

钙硫比又称化学计量比，即每去除 1mol SO_2 需要的吸收剂的量（单位 mol）。钙硫比的倒数称为吸收剂利用率。从脱除 SO_2 的角度考虑，在所有影响因素中，钙硫比对脱硫率的影响是最大的。

根据国内外湿式石灰石-石膏法脱硫的运行经验，当 Ca/S 为 1.02～1.05 时，脱硫率最高，吸收剂具有最佳的利用率；当钙硫比大于 1.05 以后，脱硫率开始趋于稳定，如果 Ca/S 增加得过多，则还会影响到浆液的 pH 值，使浆液的 pH 值偏大，不利于脱硫反应的进行，脱硫率降低。

3. 吸收剂和添加剂

1）石灰石。石灰石是目前湿法中最常用的吸收剂，它在许多国家有丰富的储藏量，因此要比其他吸收剂更便宜。我国的石灰石储量大，矿石品质较高，$CaCO_3$ 含量一般大于 93%。石灰石无毒无害，在处置和使用过程中很安全，是 FGD 理想的吸收剂。由于吸收剂的品质影响脱硫率、吸收剂耗用量、石膏副产品的质量和对设备的磨损，因此在选择石灰石作为吸收剂时，必须考虑石灰石的化学成分、反应活性、粒径（或粒径分布）和硬度等特性。

石灰石主要由方解石组成，常混有白云石、砂和粘土矿等杂质。方解石的主要成分是 $CaCO_3$，常呈白色，含杂质时呈淡黄色、玫瑰色、褐色等。石灰石中的杂质成分即使在强酸中也不易溶解，故往往将这类物质称为酸不溶物或酸惰性物。一般要求石灰石粉 $CaCO_3$ 质量分数大于 90%，石灰石中 CaO 质量分数为 51.5%～54.9%。石灰石中过高的 SiO_2 等杂质虽不参加反应，但会增加循环泵、旋流子等设备的磨损。酸惰性物的存在降低了石膏纯度，而且类似于白云石，会降低石灰石的反应活性。

石灰石反应活性影响吸收剂的溶解速率和溶解度，从而影响到脱硫率、石灰石利用率和反应罐 pH 值之间的相互关系。其他因素相同时，活性较高的石灰石在保持相同石灰石利用率的情况下，可以达到较高的 SO_2 脱除率。石灰石反应活性的另一个重要影响是对商业等级石膏纯度的影响，在获得相同脱硫率的情况下，石灰石反应活性高，石灰石利用率也高，石膏中过剩 $CaCO_3$ 含量低，即石膏纯度高。需要指出的是，目前还没有一个为大家普遍认可的石灰石反应活性的定义。对于有些情况，反应活性关系到石灰石的溶解速度，对于另外一些情况，反应活性与吸收塔内未溶解石灰石中 $CaCO_3$ 的量有关，往往还与石灰石中的白云石等杂质含量有关，显然，这两种因素都很重要。研究表明，由石灰石中的杂质带入系统中的可溶性铝与浆液中的 F^- 可以形成 AlF_x 络合物，当 AlFx 浓度达到一定程度时会抑制石灰石的溶解速度，降低石灰石的反应活性，即所谓“封闭”石灰石。浆液中可溶性亚硫酸盐、

Mg^{2+} 和 Cl^- 也会影响石灰石溶解。

FGD 系统中固体石灰石溶解的总表面积直接影响到循环浆液的运行 pH 值和吸收塔内溶解石灰石的总量，这些变量决定了脱硫率。改变石灰石总表面积的一种方法是改变研磨细度，磨细石灰石可以提高单位质量石灰石的表面积；另一种方法是改变单位体积洗涤浆液中过剩固体石灰石的质量，实际上就是通过改变石灰石利用率来改变石灰石的总表面积。通过比较研磨设备的投资、运行成本和改变石灰石利用率引起的费用变化，依此来选择石灰石最佳粒径。一般要求湿磨机出口 90% 的石灰石颗粒度小于 325 目（43μm），合理调节石灰石磨制系统的运行，一方面要保证石灰石粒径合格，同时又要避免将石灰石磨制得过细而消耗更多的能耗。石灰石的硬度对粒径分布有重要影响，习惯上采用可研磨指数来表示石灰石的硬度。

2）添加剂。湿法脱硫中使用了多种化学添加剂，主要分为有机缓冲剂和氧化抑制剂。有机缓冲剂用来提高脱硫性能和运行灵活性，氧化抑制剂用来抑制自然氧化，使得石膏不结垢。另外，对晶体成长调节剂和防腐剂也进行了研究。

添加适当数量的有机酸如二元酸（DBA，主要由谷氨酸、丁二酸和己二酸组成）、甲酸和己二酸，能提高脱硫率和运行灵活性。此外，添加有机缓冲剂的湿法烟气脱硫（WFGD）系统可以比没有添加缓冲剂的系统在更低的 pH 值下运行。由于 pH 值较低，主要的反应产物不是亚硫酸钙而是亚硫酸氢钙。由于亚硫酸钙较难溶于水，而亚硫酸氢钙的溶解度高得多，因此运行在低 pH 值下结垢的可能性比 pH 值较高时小得多。

4. 液气比

液气比（L/G）是一个重要的 WFGD 操作参数。它是指洗涤每立方米烟气所用的洗涤液量，单位是 L/m^3。

实验结果表明，脱硫率随 L/G 的增加而增加，特别是在 L/G 较低的时候，其影响更显著。增大 L/G，气相和液相的传质系数提高，从而有利于 SO_2 的吸收，但是由于液气比的提高而带来的问题却显得突出，浆液停留时间随 L/G 的增大而减小，不利于化学反应与晶体的较好形成，削减了传质速率提高对 SO_2 吸收有利的强度；出口烟气的雾沫夹带增加，给后续设备和烟道带来玷污和腐蚀；循环液量的增大导致系统设计功率及运行电耗的增加，使运行成本提高较快。所以，在保证一定的脱硫率的前提下，可以尽量采用较小的液气比，通常 L/G 操作范围为 15 ~ 25。在实际应用中，对于反应活性较弱的石灰石，可适当提高 L/G 来克服其不利的影响。

5. 进塔烟温

根据吸收过程的气液平衡可知，进塔烟温越低越有利于 SO_2 的吸收。二氧化硫只有溶于吸收液后才能与吸收剂反应，降低烟温，SO_2 在水中的溶解度增大，有助于提高脱硫率。随着吸收液温度的升高，烟气中的二氧化硫溶解度降低，甚至会解析出来，导致脱硫率降低。但进塔烟温过低会使 H_2SO_3 与 $CaCO_3$ 或 $Ca(OH)_2$ 的反应速率降低，使设备庞大。

6. 烟尘浓度

经过吸收塔洗涤后，烟气中大部分烟尘都会留在浆液中，其中一部分通过废水排出，另一部分仍留在吸收塔中。如果因除尘、除灰设备故障，引起浆液中的烟尘、重金属杂质过多，则会影响石灰石的溶解，导致浆液 pH 值降低，脱硫率将下降。在实际运行中发现，大多数脱硫装置由于烟尘浓度过高，脱硫率可从 95% 以上降至 70% ~80%。若出现这种情况，在短时间无法恢复除灰、除尘设备故障，烟尘浓度连续超过 FGD 入口要求，则应根据运行情况，停用脱硫系统。

7. 烟气流速

提高吸收塔内烟气流速可以提高气液两相的湍动，减小烟气与液滴间的膜厚度，提高传质效果，同时喷淋液滴的下降速度相对减小，增大传质面积。但是气流增速会减小气液接触时间，导致脱硫率下降。实验测得烟气流速为 3.66 ~ 4.5 m/s 时，脱硫率变化不大，因此流速控制在 3.5 ~ 4.5 m/s 比较合适。烟气流速过大，烟气与浆液接触和反应时间相应减少，烟气携带液滴的能力也相应增大，增压风机的电耗也加大。

六、脱硫系统运行维护概要

脱硫系统运行维护的主要任务是：在主机正常运行的情况下，保证机组脱硫率在规定范围内；保证脱硫装置安全运行；精心调整，保持各参数在最佳工况下运行，降低各种消耗；保证石膏品质符合要求。

1. 吸收塔系统

（1）吸收塔浆液池液位控制　若喷淋塔运行液位高则必将导致吸收区被压缩，缩短吸收剂与烟气的反应时间，降低脱硫效果，严重时甚至造成脱硫原烟气烟道和氧化空气管道进浆以及石膏旋流站回浆不畅；液位过低将导致氧化空气在浆液中停留时间短，未能充分发生氧化反应，进而导致反应恶化，影响石膏脱水效果和石膏品质。

在大多数 FGD 设计中，吸收塔的水平衡是负平衡，即吸收塔浆液蒸发至烟气中的水分、废水处理系统外排水量以及副产物石膏带离系统的水分超过进入吸收塔的固定水流量。固定水包括制备吸收剂浆液的工业水，泵、搅拌器和水环式真空泵等的密封水，除雾器、氧化空气管和吸收塔入口干/湿界面冲洗水。控制吸收塔浆液池液位实质上就是维持这一水平衡，吸收塔处于水平衡调节的核心。吸收塔浆液池的液位控制主要是通过调节加入吸收塔的工艺回收水量及除雾器冲洗时间间隔来实现的。工艺回收水则来自废水旋流器底流液、石膏旋流器溢流液和真空皮带脱水机的滤液。

（2）吸收塔石灰石给浆量控制　给浆量的大小对脱硫装置的影响很大，如果给浆太少，则出口烟气含硫量增加，从而降低脱硫率；如果给浆太多，就可能使石膏中石灰石含量增加，从而降低石膏纯度。正常运行时，给浆量可根据 pH 值、出口 SO_2 浓度及石灰石浆液浓度综合进行调节。

通常将吸收塔内浆液的 pH 值维持在 4.8 ~ 5.6 的范围内，通过调节进入吸收塔的石灰石浆液流量来实现。增加石灰石浆液流量，可以提高吸收浆液的 pH 值，减小石灰石浆液流量，吸收浆液的 pH 值随之降低。

当出口 SO_2 浓度增加时，可适当增加石灰石给浆量；若脱硫率太低，则应检查喷嘴喷雾情况，同时加大给浆量，必要时可增加浆液循环泵投运数量。

（3）吸收塔浆液密度控制　通常吸收塔浆液密度为 1080 ~ 1120 kg/m^3（对应浆液浓度为 8% ~ 17%），浆液密度过低不利于石膏晶体生成，过高则容易造成管道的堵塞，加大泵、搅拌器和管道的磨损。为了维持合适的浆液密度，通过实时测得的浆液密度和系统设定的浆液密度值进行比较，来自动控制排浆调节阀或调频调速出浆泵。此外，有的 FGD 系统通过石膏旋流器底流阀来控制吸收塔浆液密度，如果石膏浆液密度高于设定值，则打开石膏旋流器底流阀，石膏浆液送到皮带脱水机；如果石膏浆液密度低于设定值，则关闭石膏旋流器底流阀，石膏浆液返回吸收塔。还有的 FGD 系统通过启停脱水设备来控制吸收塔浆液密度，如果测得的浆液密度小于设定值的下限，则吸收塔排浆泵抽出的浆液返回吸收塔，待密度逐渐回升至设定值上限时，恢复脱水设备运行。

2. 石膏浆液脱水系统

1）真空皮带脱水机滤饼厚度调节。采用变频器调整和控制真空皮带脱水机的运动速度，可以维持皮带脱水机上稳定的石膏饼厚度。

2）滤布冲洗水箱的水位调节。滤布冲洗水箱水位高于设计值时，溢流到滤液水箱；当滤布冲洗水箱水位降低时，则采用工业水补充。

3）滤液水箱水位调节。滤液水箱的水位通过控制去吸收塔的石膏滤液的流量加以调节，并保持在规定水位。通常滤液水箱的水一部分由废水旋流泵送入废水旋流站，另一部分去球磨机用来磨制石灰石浆液循环使用。

4）石膏品质的控制。①若石膏中 $CaCO_3$ 超标，则应及时化验分析石灰石浆液品质及石灰石原料品质。如果石灰石浆液粒径过粗，则应调整该细度在合格范围内；如果石灰石原料中杂质过多，则应通知石灰石供料单位，保证石灰石原料品质在合格范围内。②若石膏中 $CaSO_3$ 含量超标，则应及时调整氧化空气量，保证吸收塔中 $CaSO_3$ 充分氧化。③若石膏颜色较深，则可能是烟气中的含尘量过大，应及时联系电厂主机系统调整烟气除尘器的运行。④若石膏中水分含量大于10%，则应及时调整脱水机给浆量或转速，保证脱水机真空度正常，石膏厚度在25～30mm 的合格范围内。

3. 石灰石浆液制备系统

制浆系统调整的主要任务是保证制出的石灰石浆液浓度在合格范围内，以满足脱硫装置安全、经济运行的需要。石灰石浆液浓度是通过保持石灰石给料量和工艺水等的流量比率恒定来控制的。

4. 烟气系统

烟气系统的调节主要是增压风机烟气流量的调节。当锅炉负荷发生变化时，烟气流量发生变化，则需要调节通过 FGD 装置的烟气流量。根据增压风机入口的烟气压力信号，调节增压风机叶片角度来实现与锅炉燃烧产生的烟气量相对应。同时，给出相应的信号到浆液循环喷淋系统等。

脱硫增压风机导叶的快速调节性能对安全运行影响很大。在关闭旁路烟道挡板时应相应控制好增压风机叶片开度，维持烟道正常合理的负压，如调控不当将迫使增压风机进入非常态工作区域，出现喘振或失速报警，造成进口烟道压力大幅度波动，直接影响炉膛压力，严重时会引起锅炉 MFT（主燃料跳闸）保护动作，锅炉熄火。一般锅炉炉膛负压波动控制在±1kPa 范围内，增压风机导叶随锅炉引风机导叶变动而自动调整。

5. 日常化学分析

日常化学分析是为了监测 FGD 系统在运行中是否达到了设计性能，尽早发现 FGD 系统发生的非正常的性能变化，是运行人员调整 FGD 系统运行工况的主要依据。为此，需对 FGD 系统石灰石品质、吸收塔浆液、石膏品质、工艺水和脱硫废水等进行日常化学分析。

FGD 系统正常运行时推荐的化学分析项目、周期和方法参见表1-1～表1-4。

表 1-1　石灰石品质的分析项目、周期和方法

类　别	测试项目	测试方法	分析周期	备　注
石灰石	$CaCO_3$ 含量	EDTA 容量法	1 次/批	/
	$MgCO_3$ 含量	EDTA 容量法	1 次/批	/
	颗粒度分布	筛分法或激光法	1 次/批	石灰石粉
			1 次/周	球磨机
	化学活性	滴定法	需要时做	/
	盐酸不溶物	重量法	1 次/批	/

表 1-2　吸收塔浆液的分析项目、周期和方法

类　别	测试项目	测试方法	分析周期
吸收塔浆液	pH 值	玻璃电极法	1 次/天
	密度	重量法	1 次/天
	SO_3^{2-} 含量	碘量法或分光光度法	2 次/周
	$CaCO_3$ 含量	中和容量法	2 次/周
	Cl^- 含量	银电极滴定法	1 次/周
	F^- 含量	分光光度法	1 次/周
	盐酸不溶物	重量法	1 次/周

表 1-3　石膏品质的分析项目、周期和方法

类　别	测试项目	测试方法	分析周期
石膏	游离水分	重量法	1 次/周
	纯度	沉淀重量法	
	$CaCO_3$ 含量	中和容量法	
	$CaSO_3$ 含量	碘量法	
	Cl^- 含量	银电极滴定法	
	F^- 含量	分光光度法	

表 1-4　工艺水和脱硫废水的分析项目、周期和方法

类别	测试项目	测试方法	分析频率	备　注
工艺水	SO_4^{2-}	离子色谱法	1 次/月	/
	Cl^-	分光光度法		
	浊度	比色法		
	总硬度	EDTA 容量法		
	pH 值	电极法		
废水处理出水（脱硫废水）	pH 值	电极法	1 次/月	如有废水处理系统则测试
	F^-	分光光度法		
	悬浮物	重量法		
	重金属	原子吸收光谱法		
	COD	重铬酸钾法		
	S^{2-}	分光光度法		

七、脱硫系统的腐蚀

金属材料或其制件与其所处的环境介质之间发生化学、电化学作用而引起的破坏称为金属腐蚀。

（一）腐蚀环境

金属的腐蚀是一个十分复杂的过程，造成材料腐蚀的因素很多，大体上可分为腐蚀的内在因素和外在因素两方面。内在因素是指材料本身的问题，外在因素是指各部分的运行参数（即腐蚀环境）。

1. 介质成分

化石燃料在燃烧过程中产生多种具有强腐蚀性的酸性气体：SO_2、SO_3、HCl、HF、NO_x，部分 SO_3 随着烟气温度下降与烟气中的水分结合形成极具腐蚀性的高浓度硫酸冷凝液。绝大部分 SO_2、HCl、HF 被浆液吸收生成硫酸、亚硫酸、盐酸和氢氟酸，虽然最终大多转化成相应的钙盐和镁盐，但它们的水解产物都具有酸性。这样在系统不同部位会造成不同低 pH 值的腐蚀环境，而 Cl^-、F^- 的存在恶化了腐蚀环境。相对来说，F^- 浓度较低，Cl^- 则可能出现很高的浓度。

2. 温度

环境温度是影响 FGD 装置材料选择的重要因素。不同类型的 FGD 装置，其工艺过程的环境温度范围是有所差别的，但正常运行时遭遇到的最高和最低温度大致相同，最高温度是锅炉排烟温度，一般为 120～160℃，最低温度是湿法 FGD 吸收塔出口温度，一般为 45～55℃。橡胶、增强树脂和纤维增强塑料等有机衬材或构件有长期和短时最高使用温度的限制，因此应根据不同温度选择不同的材料。错误的材料选择往往对有机衬材是致命的。有机或无机衬材与基材（金属）的线膨胀系数相差较大，在温度作用下会产生不同步的线膨胀，温度越高，设备越大，其负面作用越大。FGD 装置正好具有这一特点，这种不同步线膨胀会导致二者粘接界面产生热应力，使粘结强度下降，甚至脱粘和起层。另外，有机防腐衬里材料多是高分子化合物，温度使材料的物理化学性能下降，加速老化过程，严重时在短时间内可以使有机高分子链断裂甚至炭化。

在 FGD 运行可预见的环境温度范围内，就耐热性而言，对于耐腐蚀金属没有温度限制。但是，温度的升高通常会加速合金的腐蚀。温度分布不均匀，例如热交换器的局部过热，将引起温差腐蚀，通常高温部位成为阳极，腐蚀速度加快。

3. 干/湿过渡区

干/湿过渡区由于高温、腐蚀性盐的浓缩和高浓度酸性沉积物而成为极具腐蚀的区域。

4. 固体颗粒物

湿法脱硫工艺中引成磨蚀的固体颗粒物主要是烟气带入的飞灰，浆液中的石英砂、石膏和碳酸钙。烟气中的飞灰对布置在 FGD 入口的增压风机有轻微的磨损，对螺旋肋片管换热器的磨损较明显。烟气中的大部分飞灰最终将进入吸收塔循环浆液中，浆液中的飞灰、石英砂（主要由石灰石带入）、石膏和石灰石对吸收塔模块中的塔壁、梁柱、喷嘴、浆管、搅拌器以及浆泵和阀门的磨损是这部分结构材料选择时必须引起重视的问题。浆液中上述几种主要固体颗粒对 S31603（316L）不锈钢的磨损率依次是：石英砂 > 飞灰 > 石膏 > 石灰石，而且随着含固量的增加磨损率增大。因此，选用含酸不溶物低的石灰石、降低烟尘含量、降低浆液含固量和颗粒尺寸是减少固体颗粒物磨损的重要措施之一。

5. 流速

提高介质的流速，会加剧介质对材料表面的冲刷。对于金属材料，介质流速的增加容易损坏金属表面的钝化膜，使腐蚀产物易于脱落。同时，不断更新金属表面的溶液，将有利于腐蚀反应的进行。所以多数情况下，介质流速的增加会加速金属的腐蚀。对于 FGD 系统浆管的设计，流速是一个重要的参数，流速过低会形成沉积物，过高则会增加对管件设备的磨蚀，通常浆泵入/出口的设计浆液流速应分别取（2.0 ±1）m/s 和（2.5 ±1.0）m/s，当浆管直径较大时取上述设计的上限，但最大流速不应超过 3.7 m/s，最低流速为 0.8 m/s。

当喷嘴连接法兰、固定管网式氧化空气管的连接法兰松动时，外泄的浆液和带压空气将磨损法兰面。当氧化空气喷嘴距底板较近时，应在正对喷气嘴的底板上采取防冲刷措施，例如在增强树脂或橡胶衬层的表面再衬砌一块瓷板。

烟气流速对烟道及其构件的磨损相对较小。国外标准设计流速：矩形烟道取 15 ~18m/s，圆形烟道取 18 ~22m/s。对清洁烟气烟道几何形状的设计，应尽可能避免冷凝液汇集在底板上而加剧腐蚀。

6. 结构设计

设备中不合理的结构设计常常造成局部应力，造成腐蚀介质的停滞和局部过热等现象，这些都会导致金属腐蚀。为了避免因不良结构而导致腐蚀的产生，在 FGD 系统结构设计时应注意以下问题：①防止腐蚀介质的停滞、冷凝液的积存。②防止在金属表面形成沉积物或采取措施及时清除不可避免形成的沉积物。③尽量减少金属与金属、金属与非金属之间形成的特别小的缝隙，以免引起缝隙腐蚀。④避免不同金属接触，两种不同材料的金属连接时可用绝缘材料隔开，以避免产生电偶腐蚀。⑤吸收塔、GGH 应有排气结构，在系统停运时，用来排出废气。⑥避免采用弯度较小的弯管，流体方向迅速变化的急弯部分容易引起磨损。⑦尽量减少合金材料的焊缝。

（二）腐蚀类型

金属腐蚀按腐蚀形态可分为全面腐蚀和局部腐蚀两大类。全面腐蚀分布在整个金属表面上，它可以是均匀的，也可以是不均匀的，但总的来看，腐蚀分布相对较均匀。这种腐蚀的危害相对比较小，因为这种腐蚀是在整个表面上以基本相同的速度向金属内部蔓延，所以可以预测它的腐蚀速度和材料的使用寿命，据此在设计时留出一定的腐蚀裕度。局部腐蚀主要集中在金属表面局部区域，而表面的其他部分几乎没有腐蚀或腐蚀轻微。由于局部腐蚀的分布、深度和发展很不均匀，因此很难估算其腐蚀速度，常在整个设备较好的情况下，突然发生破坏。局部腐蚀的危害性较大，有人统计分析了 67 个各类腐蚀失效事故的实例，发现全面腐蚀占 17.8%，局部腐蚀占 82%，由此可见局部腐蚀的危害性。常见的局部腐蚀有点腐蚀、缝隙腐蚀、应力腐蚀断裂、腐蚀疲劳、磨损腐蚀、电偶腐蚀、晶间腐蚀和选择性腐蚀。FGD 装置中腐蚀损坏部位和出现损坏的频率如图 1-27 所示，从该图可看出，点腐蚀和缝隙腐蚀占了 75% 以上。

1. 点腐蚀

（1）基本概念及特点　点腐蚀简称点蚀，也称小孔腐蚀。这种腐蚀主要集中在某些活性点上，范围小，但向金属内部深处发展，形成蚀孔状腐蚀形态。而金属的其他部位几乎不腐蚀或腐蚀轻微。它的特点是蚀孔深度大于直径，腐蚀集中在个别点上，有些较分散，有些较密集，严重时可使设备穿孔。蚀孔的形成有一个诱导期，但长短不一，蚀孔一旦形成便具有向深处自动加速进行的作用。腐蚀的孔口表面常有腐蚀产物覆盖，少数呈开放式，无腐蚀产物覆盖。

（2）影响因素　影响点蚀的因素有环境因素和冶金因素。环境影响因素是指材料所处介质特性，它对点蚀的形成有重要的影响。环境影响主要有以下几个方面：

1）介质类型：如不锈钢易在含卤族元素阴离子中发生，其作用顺序为 $Cl^- > Br^- > I^-$。当溶液中含有 $FeCl_3$、$CuCl_2$ 为代表的二价以上重金属氯化物时，将大大促进点蚀的形成与发展。

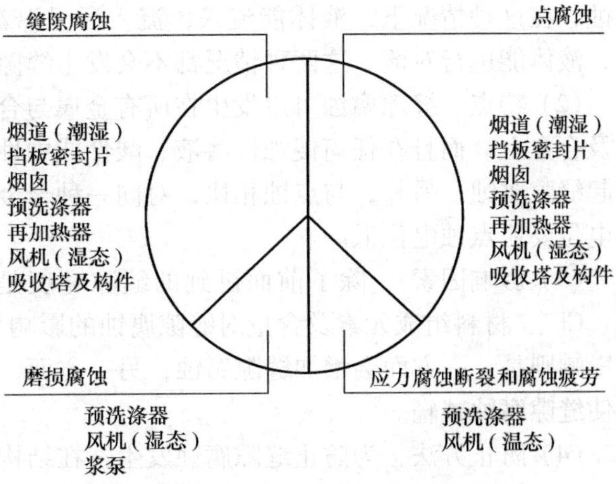

图 1-27　FGD 装置常见腐蚀分析

2）介质浓度：以卤族离子为例，只有当卤族离子达到一定浓度时才发生点蚀，不锈钢的点蚀电位与卤族离子浓度有一定的关系，Cl^- 对点蚀电位的影响最大。介质中其他阴离子或阳离子则有些可能对点蚀起加速作用，有些起缓蚀作用。FGD 系统浆液中较多见的 SO_4^{2-} 对不锈钢点蚀起缓蚀作用。

3）介质温度：温度升高，不锈钢点蚀电位降低。在含氯介质中，各种不锈钢都有一临界点蚀温度（CPT），达到这一温度后发生点蚀几率增大，并随温度上升而趋于严重。

4）介质流速：一般流速增大，点蚀倾向降低，若流速过大，则将发生冲刷腐蚀。对于不锈钢，有利于减少点蚀的流速为 1m/s 左右。

冶金因素主要指合金元素的作用。当合金表面的钝化膜局部破损，点蚀开始后，如果被侵蚀的钝化膜不能很快地自动修复，点蚀将进一步发展。提高不锈钢耐点蚀性能最有效的元素是铬（Cr）和钼（Mo），氮（N）与镍（Ni）也有较好的作用。增加含铬量可以提高钝化膜的稳定性。钼的作用在于能抑制 Cl^- 的破坏作用和形成保护膜，防止 Cl^- 穿透钝化膜。氮的作用在于能在初期形成的蚀孔中抑制 pH 值的降低。镍有助于修复被损坏的保护膜，还可改进合金的加工性能及焊接性能。铬、钼、氮的联合作用更为显著。不锈钢中加入适量的 V、Si 以及稀土元素对提高耐点蚀性能也稍有作用。从合金材料的组织结构来看，提高其均匀性可增强其抗点蚀能力。降低钢中 S、P、C 等杂质元素，则可减小点蚀敏感性。

（3）防止方法　为了防止点蚀，可以采取以下几种措施：改善介质条件，如降低 Cl^- 含量、降低温度、提高 pH 值、减少氧化剂（如除氧、防止 Fe^{3+} 和 Cu^{2+} 的存在）；选择耐点蚀的合金材料；结构上避免出现“死区”；采用阴极保护；对合金表面进行钝化处理和使用缓蚀剂。在 FGD 系统中主要是采用前三种方法。

2. 缝隙腐蚀

（1）基本概念　缝隙腐蚀是因金属与金属，金属与非金属，金属与其表面的固体沉积物、垢层等之间存在很小的缝隙，缝内介质不易流动而形成滞留状态，促使缝内的金属加速腐蚀，发生在缝隙内的局部腐蚀形态。只有缝宽在 0.025 ~ 0.1mm 之间，才可能形成强烈的腐蚀，在这种情况下，液体能流入，流入后呈滞流状态。缝窄了，液体进不到缝内；缝宽了，液体能进行对流。这两种情况都不会发生缝隙腐蚀。

（2）特点　缝隙腐蚀可以发生在所有金属与合金上，特别易发生在依靠钝化耐腐蚀的金属及合金上。而且在任何侵蚀性溶液、酸性或中性溶液中都可能发生，含 Cl^- 的溶液最容易引起缝隙腐蚀。另外，与点蚀相比，对同一种合金来说，缝隙腐蚀更易发生。缝隙腐蚀的临界电位要比点蚀电位低。

（3）影响因素　除了前面讲到的缝隙宽度是造成缝隙腐蚀的主要因素外，温度、pH值、Cl^-、材料组成元素及含量对缝隙腐蚀的影响与对点蚀的影响是相同的。腐蚀介质流速的影响则是：一方面会增加缝隙腐蚀；另一方面，当流速加大时，有可能把沉积物冲掉，则会使缝隙腐蚀减轻。

（4）防止方法　为防止缝隙腐蚀发生，在结构设计上避免形成缝隙和能造成表面沉积的几何构形，进行正确焊接，避免出现楔形和 V 形焊缝。

3. 应力腐蚀断裂

（1）基本概念　在拉应力和特定腐蚀环境共同作用而发生的脆性断裂现象，称为应力腐蚀断裂。由于应力腐蚀断裂往往在没有明显预兆情况下发生，所以危害性大。特别是对于压力容器和大型风机，将造成严重后果。

（2）产生的条件　应力腐蚀只有在拉应力和特定介质的协同作用下才能发生。拉应力包括加工过程中产生的内应力和使用过程中的外加应力。内应力主要是在加工期间，如冷加工、弯曲、剪切冲压、焊接或冷却降温时产生，这是金属材料产生应力腐蚀的主要原因。

并非所有的金属与介质的组合都能发生应力腐蚀。对于 FGD 环境，常用合金与产生应力腐蚀断裂的腐蚀介质的组合有：低合金高强钢—氯化物；奥氏体不锈钢—氯化物；铁素体和马氏体不锈钢（400 系列）—氯化物；马氏体时效钢—氯化物。处于湿态下的脱硫风机，如果不采取防腐措施或防腐材料选择不合适，都有可能产生应力腐蚀断裂，这是选择湿态脱硫风机时要特别引起重视的问题。

（3）特点　应力腐蚀断裂的特点是在金属的局部出现由表及里的裂纹，裂纹断口的形貌宏观上属于脆性断裂。

4. 腐蚀疲劳

（1）基本概念　疲劳是指材料在交变应力作用下，经过一定周期后发生的断裂过程。由交变应力与腐蚀环境共同作用而引起金属的断裂破坏，则称为腐蚀疲劳。腐蚀疲劳往往在很低的应力下就会发生断裂。腐蚀疲劳造成的破坏要比单纯的交变应力造成的破坏（即疲劳）或单纯的腐蚀作用造成的破坏严重得多。由于腐蚀作用，使疲劳裂纹萌生所需时间及循环周次都有减少，从而使裂纹扩展速度增大。

（2）特点　与应力腐蚀不同，绝大多数金属和合金在交变应力作用下都可以发生腐蚀疲劳，而且发生腐蚀疲劳不需要材料与环境的特殊组合。也就是说，在任何腐蚀环境中，在交变应力作用下都可能发生。

腐蚀疲劳裂纹多起源于表面腐蚀坑或表面缺陷，裂纹源往往数量较多。腐蚀疲劳裂纹多为穿晶型，裂纹分支少，大部分断口有腐蚀产物覆盖，少部分断口较光滑，呈脆性断裂，没有明显的宏观塑性变形。

（3）腐蚀发生部位　腐蚀小孔处往往是腐蚀疲劳的源点。同样，缺陷和焊接处也是容易出现裂纹的地方。对于FGD系统，湿态风机、浆泵的轴常发生腐蚀疲劳断裂破坏。

（4）防止方法　腐蚀疲劳防护方法有多种，最有效的方法是选择合适的防腐材料和降低受腐蚀部件的应力。后者可以通过改进设计和正确的热处理予以改善。

5. 磨损腐蚀

（1）基本概念　磨损腐蚀又称冲刷腐蚀或冲蚀，是腐蚀性流体与金属构件以较高速度相对运动而引起的金属损伤，是流体的冲刷与腐蚀协同作用的结果。当流体中含有固体颗粒、气泡时，会加剧这种腐蚀。FGD装置中的离心浆泵叶轮、搅拌器的桨叶、填料密封及转轴等经常出现这类腐蚀。如果选材不当，或结构设计不当，或冲蚀环境过于严酷（低pH值、高Cl^-浓度和含固体颗粒较多），往往会在很短的时间内造成装置的破坏。

（2）磨损腐蚀种类　在FGD浆液系统中发生磨损腐蚀的形式主要是湍流腐蚀和空泡腐蚀（又称气蚀）。湍流腐蚀是流体速度达到湍流状态而导致加速腐蚀的一种腐蚀形式。空泡腐蚀是由于腐蚀介质与金属构件作高速相对运动时，气泡在金属表面反复形成和崩溃而引起金属破坏的一种特殊腐蚀形态。在高速流体有压力突变的区域最易发生空泡腐蚀，例如离心泵叶轮的吸入侧和叶片的出口端、螺旋桨叶的背部等。

（3）磨损腐蚀的影响因素　影响磨损腐蚀的因素十分复杂。材料本身的化学成分、组织结构、机械性能、表面粗糙度、耐蚀性等；介质的温度、pH值、溶解氧量、各种活性离子的浓度、粘度、密度、固相和气相在液相中的含量、固相的颗粒度和硬度等；过流部件的形状、流体的流速和流态等都对磨损腐蚀有很大的影响。就FGD浆泵而言，合金过流部件的耐腐蚀性（钝化膜的特性）、硬度对抵御流体运动引起的冲刷腐蚀是十分重要的。此外，浆液含固量较高或含有磨损性强的飞灰和由石灰石带入的石英颗粒会加剧冲刷的力学作用，使钝化膜减薄、破碎，从而加速腐蚀。腐蚀使过流件表面粗化，形成局部微湍流，又促进了冲刷过程。另外，浆液中的气泡在泵金属过流件表面的溃灭造成表面粗化，出现大量直径不等的呈火山口状的凹坑，最终使过流件丧失使用能力。

（4）防止磨损腐蚀的措施　防止磨损腐蚀的措施主要是：①改进设计，避免恶劣的湍流工作条件，避免截面急剧变化的设计，保持过流表面的光滑。②正确选材，选择耐腐蚀、硬度大的合金材料，对多相流可考虑选用合金铸铁、双相不锈钢。③控制介质环境，避免过低的pH值，减少Cl^-浓度、流体中的气泡和固体物含量。④降低流体流速，例如在条件允许的情况下选择低转速的浆泵。

6. 电偶腐蚀

（1）基本概念　在同一个介质中，两种不同腐蚀电位的金属或合金互相接触而引起电位较低的金属在接触部位发生的局部腐蚀，称为电偶腐蚀，又称接触腐蚀，或称异金属腐蚀。造成加速电位较低的金属腐蚀的原因是由于不同金属构成了电偶，亦即较耐腐蚀的金属电位高，形成了大阴极，不太耐蚀的金属电位低，成了小阳极。

（2）防止措施　有多种防止电偶腐蚀的办法，但最有效的方法是从设计上解决，一是尽量选择腐蚀电位相近的金属相组合；二是设计合理的结构，避免大阴极、小阳极的结构。不同金属部件之间应绝缘，可有效地防止电偶腐蚀。

（三）防腐材料

目前，应用于FGD装置的防腐材料主要有橡胶衬里、增强树脂衬里、纤维增强塑料（Fiber-Reinforced Plastic，FRP）、耐腐蚀金属材料和无机防腐材料。

在美国，由于用来衬覆碳钢的橡胶和增强树脂与其他防腐材料相比有较低的初装费用而大量用于第一、二代 FGD 装置中，第三代 FGD 装置则趋向于采用合金防腐材料。近年来，虽然德国的 FGD 装置也大量采用合金材料，但通常仍采用橡胶衬里作为吸收塔、管道和低温烟道的防腐材料。在日本，20 世纪 70 年代建造的 FGD 装置，当时约 80% 的火力发电厂是采用油作燃料，所以 S31603 和 S31703 不锈钢成为当时 FGD 装置的首选材料。80 年代后，日本绝大多数火电厂（大约 84%）改为燃煤，随着脱硫技术的逐渐成熟，制造商正朝着降低建设成本的方向努力，FGD 装置改用树脂或橡胶衬里来代替不锈钢，但多数采用增强树脂衬里。近年来，为了减少设备的停机维修，已有重新考虑使用合金材料的倾向。

自 20 世纪 80 年代末以来，我国火力发电厂的 FGD 装置无一例外都是采用橡胶和增强树脂衬里作为主要防腐材料。而且，可以预见，在今后 10 年左右的时间内，这种选材趋向不会有大的改变。这两种防腐材料尽管有维修工作量大、耐高温性能差和易着火的缺点，但投资成本低、不受高浓度 Cl^- 的影响是其突出的优点，是符合我国国情的材料选择。另外，即使主选上述两种防腐材料，在 FGD 系统中的某些区域或某些构件仍需采用合金材料或无机防腐材料。

1. 橡胶衬里和增强树脂衬里

（1）橡胶衬里　橡胶衬里是把整块已加工好的橡胶板利用胶粘剂粘贴在防腐基体表面，将腐蚀介质与基体隔开，从而起到防护作用。

天然橡胶的基本化学成分是异戊二烯，以其为单体，通过一些化学反应或硫化，与其他有机物、卤化物、无机物、单元素等反应，得到合成橡胶。应用于 FGD 装置中的橡胶衬里主要有以下几种：天然橡胶（NR）、丁基橡胶（HR）、氯化丁基橡胶（CHR）、氯丁橡胶（CR）和自硫化溴化丁基橡胶（BHR）。橡胶衬里的优缺点见表 1-5。

表 1-5　橡胶衬里的优缺点

优　点	缺　点
1）具有较高的化学稳定性，可耐强酸、有机酸、碱和盐溶液 2）橡胶衬里致密性较高、抗渗性强，即使衬层局部脱粘，仍具防腐性 3）有一定弹性，韧性较好，具有抵抗机械冲击和热冲击性能，适合用于受冲击或腐蚀的环境中，不受 Cl^- 浓度限制 4）橡胶衬里与钢铁的粘合力很强，比用一般树脂胶粘剂粘贴材料的粘合力强得多 5）未硫化的橡胶板具有良好的可塑性，对基体结构适应性强，可进行较复杂异形结构件的衬覆 6）橡胶衬里的整体性较好，接口可通过搭边粘合，粘结缝少，粘胶剂不产生气泡 7）橡胶衬里的施工条件远好于涂料、FRP 的施工条件，施工时溶剂挥发带来的毒性较小，施工方便、快捷 8）较低的投资成本（相对于合金材料）	1）对强氧化性介质的化学稳定性差 2）使用温度一般较低，多数橡胶衬里长期使用温度为 65～100℃，温度超过规定值后迅速破坏 3）抗渗性不如玻璃鳞片树脂涂料 4）施工步骤要求严格 5）易遭受机械损伤 6）导热性能差 7）硬质橡胶的膨胀系数比金属大 3～5 倍，在温度剧变、温差较大时，容易使衬胶开裂及胶层和基体之间出现剥离脱层现象 8）设备衬胶后，不能在基体进行焊接施工，否则会引起胶层遇高温分解，甚至发生火灾 9）价格比玻璃鳞片树脂涂料稍高。维修工作量大，用于吸收塔的衬里 1～10 年后需大修或更换

（2）增强树脂衬里　增强树脂衬里是以合成树脂为主要成膜物质，添加增强材料的涂料在一定条件下固化后形成的保护层。涂料的主要成分是具有化学活性的液态状的合成树脂，

合成树脂在未固化前是线型或轻度交联的高分子化合物。涂装过程中，在涂料中加入一定量的固化剂，将具有一定流动性的涂料涂覆在防腐基体上，合成树脂的线型或轻度交联的高分子化合物在固化剂的促进与参与下转化为三维网状结构的固体涂膜，并牢固地粘贴在基体上，形成防腐衬层（或膜）。

增强树脂衬里的耐蚀和耐温等性能主要取决于涂料中的树脂种类。双酚型乙烯基酯树脂和酚醛型环氧乙烯基酯树脂有较理想的耐化学性和抗水分渗透性，在湿法 FGD 系统中应用最广泛。

合成树脂涂料中加入增强材料的目的是改善树脂衬层的物理性能，FGD 系统最常用的增强材料是玻璃鳞片，玻璃鳞片的性能直接受玻璃原料成分、鳞片厚度、鳞片是否经过处理及鳞片大小等诸多因素的影响。玻璃鳞片是采用专门工艺用化学玻璃制作成的片状填充剂，由于化学玻璃（Chemical Glass，简称 C 玻璃）耐酸性和耐水性好，因此用于制作玻璃鳞片的玻璃原料必须为 C 玻璃。玻璃鳞片树脂涂料中的玻璃鳞片占组成的质量分数为 20% ~ 30%，它们在衬层中采取和基材表面平行的方向重叠排列，一般玻璃鳞片含量越高，水蒸气渗透性越低，但当玻璃鳞片质量分数达到 20% ~ 30% 后，若继续增加鳞片含量，则水蒸气渗透率变化不大。衬层的抗渗透性与衬层的厚度成正比，只有当玻璃鳞片的厚度达到要求范围（2 ~ 5μm）后，才能保证在衬层中有百余层的玻璃鳞片排列（1mm 厚约 100 层）。衬层的这种结构阻止了腐蚀性离子、水和氧气等的渗透，减小了树脂硬化的收缩率和残留应力，缩小了涂层和金属基体之间在热膨胀系数上的差值，因此可阻止因反复、急剧的温度变化而引起的龟裂和剥落，增强了衬层的附着力，提高了衬层的机械强度、表面硬度，而且增强了衬层的耐磨性。

玻璃鳞片树脂衬里的优缺点见表 1-6。

表 1-6　玻璃鳞片树脂衬里的优缺点

优　点	缺　点
1）具有较高的耐酸、碱腐蚀性，耐水解性 2）具有较高的耐热性和耐寒性 3）对基体表面粘着力强，耐温度骤变性好 4）由于增强材料的应用增加了衬层的表面硬度、抗压强度、抗拉强度等力学性能，使之具有优良的抗渗透性和耐磨损性 5）可以设计出具有各种特性的衬层结构 6）投资费用低于橡胶衬里和合金	1）耐温性仍受到应用温度的限制 2）遭受机械撞击时易损坏，抵抗机械冲击力不如橡胶衬里，烟道壁过分振动可能使衬层开裂 3）施工环境恶劣，施工步骤严格 4）维修工作量大，对于吸收塔 5 ~ 10 年需大修或更换 5）不能对衬层背面的基材进行焊接施工，树脂是易燃物，检修过程中的电焊易引发火灾

（3）橡胶和玻璃鳞片树脂衬里性能比较　橡胶和玻璃鳞片树脂衬里在 FGD 系统均有长期成功应用的经验，但对于刚接触 FGD 系统的工程技术人员往往对这两种衬里的选择提出疑问。应该说这两种衬里均可以应用于 FGD 系统，各有优缺点。至于选择哪种，在很大程度上取决于 FGD 供应商的习惯和经验，电厂也可能因为习惯或为了减少防腐材料的种类而指定采用某种防腐材料，FGD 供应商会予以满足。但是，吸收塔采用橡胶衬里的 FGD 系统往往在 GGH 和吸收塔上下游烟道等部位要采用玻璃鳞片树脂衬里，而采用树脂衬里的 FGD 系统一般无需在现场进行橡胶衬里施工，这样可以减少采用防腐材料的种类。这两种衬里的主要性能比较见表 1-7。

表 1-7 橡胶和玻璃鳞片树脂衬里的主要性能比较

比较项目	比较结果
耐腐蚀性、耐 Cl^- 浓度	相同
对钢材的粘结力	橡胶稍强于玻璃鳞片树脂
耐高温性	橡胶低于玻璃鳞片树脂
耐温度骤变性	橡胶不如玻璃鳞片树脂
抗渗透性	橡胶稍次于玻璃鳞片树脂
在腐蚀介质中的耐磨损性	橡胶略差于玻璃鳞片树脂，但后者表面较粗糙，可能影响耐磨性
抵抗机械冲击力	橡胶好于玻璃鳞片树脂
耐老化性	橡胶不如玻璃鳞片树脂
投资费用	橡胶略高于玻璃鳞片树脂
对施工环境的要求	橡胶要求较高，但玻璃鳞片树脂施工环境更恶劣
维修工作量	相同
衬层修补性	橡胶略次于玻璃鳞片树脂

（4）橡胶和玻璃鳞片树脂衬里损坏原因

1）不正确的选材及产品的变化在衬里损坏中是最为重要的因素。为了保证衬里质量，首先必须保证原材料的质量，合成橡胶和树脂均是高聚合物，不同批次的产品在聚合度等性能方面不尽相同。严格按要求的条件存放这些原材料，防止橡胶板、树脂和各种添加剂过期。

2）施工质量。施工中任何疏忽都可能导致衬层早期粘结方面的缺陷。例如，衬层早期局部起泡的原因多为：基体有砂眼、气孔等缺陷，衬前未发现或处理不当；压贴橡胶板或滚压树脂涂料时，局部未除去残存气体；喷砂除锈不彻底，或在衬里过程中落上了灰尘或其他污物；设备焊缝、转角的处理未达到规定的要求。多处或大面积起泡或脱层则可能是：橡胶板或树脂过期；粘贴橡胶板的胶浆混入水分或失效；树脂固化剂选择不适当；衬里施工时湿度过大或温度过低以及两道工序之间的间隔时间掌握不好等原因。

3）运行期间或事故时温度骤变、浆液中有较大垢块或机械异物、检修期间的机械碰撞都会使橡胶和树脂衬里过早损坏。在检修时不允许用铁锤等敲打衬里的外壁，在清除衬里表面的石膏垢时应格外小心，不得伤及衬里。塔内检修时脚手架钢管两端应用柔软的东西包扎，立在罐底的管件应垫有木板，在清除吸收塔反应池（罐）底部的沉积物时应格外小心，不要损伤衬层。一旦衬层破裂，很快就会发生基体被腐蚀穿孔。在喷淋塔中，喷嘴喷射出的浆液如果正对塔壁，则会在较短的时间里（2～4 月）将衬里磨穿。应用在 FGD 装置中的这两种衬里有严格的温度限制。当出现不正常工况，如温度异常偏高时，对衬里的损坏会逐渐显露出来。因此，当锅炉排烟温度超过一定限值（通常取 180℃）时，应有自动保护措施，例如，迅速隔离 FGD 系统或投入事故冷却装置，防止这两种衬里遭受高温损坏。

4）介质渗透以及材料的老化致使衬里最终损坏。橡胶衬层的老化比玻璃鳞片树脂要快些。导致介质渗透主要有三个原因：①凡在室温条件下成型的有机材料均为非致密体，其中存有大量的分子级空穴，更为严重的是，几乎大多数有机材料均是在挥发性的溶剂稀释条件下施工成型的，而溶剂的挥发使此类缺陷量进一步增大，这就为介质迁移性渗透提供了通道。②凡衬里材料均为复合材料，不同相材料界面间总存在界面孔隙。③衬里本体在混配、成型过程中必然会生成微气泡、微裂纹等缺陷。

2. 玻璃纤维增强塑料（FRP）

以合成树脂为粘结剂，玻璃纤维及其制品作增强材料，并添加各种辅助剂而制成的复合材料称为玻璃纤维增强塑料。因其强度高，可与钢铁相比，故又称为玻璃钢。

合成树脂在 FRP 中，一方面将玻璃纤维粘合成一个整体，起着传递载荷的作用，另一方面又赋予 FRP 各种优良的综合性能，如良好的耐蚀性、电绝缘性和施工工艺性等。因此 FRP 制品的性能，往往取决于所用合成树脂的种类。

玻璃纤维及其制品是 FRP 的主要承力材料，起着增强骨架的作用，对 FRP 的力学性能起主要作用，同时也减少了产品的收缩率，提高了 FRP 的热变形温度和抗冲击等性能。

各种辅助剂起着控制树脂的聚合程度、硬化时间和改善施工工艺性的作用。对固化后树脂的性能，如韧性、硬度、抗渗、耐磨等也有重要影响。

FRP 的主要优缺点见表 1-8。

表 1-8　FRP 的主要优缺点

优　点	缺　点
1）轻质高强，管道内阻小 2）相对于其他耐蚀管道费用较低 3）易于装配、修复 4）无氯化物浓度限制 5）不常发生磨损事故，管内外不易结垢 6）已在 FGD 系统获得广泛的应用	1）连续运行温度不高于 93℃，最高温度不超过 150℃ 2）浆液流速限于 2.4m/s 3）荷重强度有限 4）需定期维修

FRP 主要应用方式是衬里、增强和整体结构三种。玻璃鳞片树脂涂料与 FRP 相结合的复合衬里，由于是手工操作，施工简单，总费用较低，在 FGD 系统中得到广泛的应用。FRP 应用于增强，实际上是 FRP 与塑料等材料的复合结构，用塑料、玻璃或陶瓷为衬里，外面用 FRP 进行加强，利用塑料优良的抗渗性、耐腐蚀性和加工方便、价格较低等优点，又充分发挥了 FRP 的轻质高强的特点。整体结构 FRP 是今后发展方向，它能体现 FRP 的轻质高强度以及良好整体性等特点。这种整体结构 FRP 在 FGD 系统中的应用有发展的趋势，广泛用作 FGD 装置的浆管、除雾器、烟道和烟囱衬里。另外，已出现了整体结构 FRP 气体洗涤塔或反应堆，但目前仅用于小型 FGD 系统。

3. 耐腐蚀金属材料

在 FGD 系统中得到广泛应用的耐腐蚀金属材料有：奥氏体不锈钢、双相不锈钢、镍基 Cr-Mo 合金、钛合金、高铬铸铁以及低合金钢。特别在一些高温、严重腐蚀区域和动态设备防腐蚀区域，耐腐蚀金属材料成为橡胶和增强树脂衬层的主要替代物。

尽管采用耐腐蚀金属材料相对于大多数有机和无机防腐材料有较高的投资成本，但如果选材合理，则可以减少检修时间，降低长期的年维修费用。随着环保法规的日趋严格，美国 1990 年以后建成的一些 FGD 装置为了对付预计非常高的 Cl^- 浓度，在 FGD 装置不同部位采用不同等级的耐腐蚀金属材料，建成全合金的 FGD 系统。20 世纪 80 年代，欧洲的 FGD 系统也普遍由橡胶衬覆碳钢防腐结构转为采用合金结构，出现了 FGD 系统采用更耐腐蚀、更具耐久性材料的高合金化倾向。韩国电力集团公司在近年建成的 FGD 装置中也大量采用含镍合金作为吸收塔干/湿交界区、喷淋区、烟道和烟囱的防腐材料，期盼在 FGD 装置 30 年的设计寿命中无需进行大修，达到与电厂相同的使用寿命。

我国近年在建和拟建的 FGD 装置也在喷淋吸收塔入口干/湿交界区、GGH 至吸收塔入口烟道以及处于腐蚀区域的烟气挡板采用整体镍基合金或镍基合金覆盖碳钢板。由于合金墙纸显示出较好的性价比，为了解决越来越严重的腐蚀问题，合金墙纸多用来替代出口烟道的增强树脂衬里。现在许多 FGD 的新设计更多地采用合金墙纸或其他合金结构。FGD 常用耐腐蚀金属材料的优缺点见表 1-9。

表 1-9　FGD 常用耐腐蚀金属材料的优缺点

<table>
<tr><th>项目</th><th>整体板结构</th><th>轧制覆盖板结构</th><th>墙纸和局部压合金属板结构</th></tr>
<tr><td>钢种</td><td>316L
317L、317LM、317LMN
4-Mo 奥氏体不锈钢
6-Mo 超级奥氏体不锈钢
625 级合金
C 级合金
钛</td><td>6-Mo 超级奥氏体不锈钢
625 级合金
C 级合金</td><td>6-Mo 超级奥氏体不锈钢
625 级合金
C 级合金
钛</td></tr>
<tr><td>较为常用的区域</td><td>上述所有等级的材料都能用于吸收塔和反应罐中，但不采用烟气加热器的吸收塔入口水平烟道和公共出口烟道只能采用625 级和 C 级合金</td><td>上述三种合金覆盖板用于吸收塔和反应罐中，但仅 625 级和 C 级合金用于不采用烟气加热器的吸收塔入口水平烟道和 FGD 公共出口烟道</td><td>625 级合金、C 级合金和钛用于不采用烟气加热器的吸收塔入口水平烟道和 FGD 公共出口烟道</td></tr>
<tr><td>主要优点</td><td colspan="2">1）如果正确选用合金，则今后的维修工作较少
2）修补工作一般较简单
3）施工较简单
4）不受温差影响
5）耐机械损坏
6）很少出现磨损损坏
7）荷重构件可以直接落在容器壁上</td><td>1）如正确选用合金，今后的维修工作较少
2）修补工作一般较简单
3）不受温差影响
4）耐机械损坏
5）很少会发生磨损损坏</td></tr>
<tr><td>主要缺点</td><td colspan="2">1）合金的选择决定了装置最高允许 Cl^- 浓度
2）初装费高</td><td>1）合金的选择决定了装置最高允许 Cl^- 浓度
2）初装费中等
3）难以做到焊缝完全密实
4）环境介质可能浸入墙纸和基体之间
5）荷重件不能直接落在容器壁上
6）在某些环境中可能出现金属疲劳损坏</td></tr>
</table>

耐腐蚀金属材料的选择应考虑腐蚀介质的温度、pH 值、流速、Cl^- 浓度以及是否有酸冷凝物和沉积物等。表 1-10 列出了不同腐蚀环境条件下的选材原则，供选材时参考。

表 1-10 不同腐蚀环境条件下的选材原则

54~65℃

		弱	中		强		非常强		
	氯化物 (10^{-6})	100~500	1000	5000	10000	30000	50000	100000	200000
弱	pH6.5	316L 不锈钢		317LMN				镍合金 625 等	
中等	pH4.5		不锈钢		25% Cr 超级双相不锈钢		6% Mo 超级奥氏体不锈钢		
强	pH2.0	317LM 不锈钢		22% Cr 双相不锈钢				镍合金 C-276 等	
非常强	pH1.0	317LMN 不锈钢	6% Mo 超级奥氏体不锈钢			镍合金 625 等			

八、常见问题及解决方法

除上面讨论的腐蚀问题外，FGD 系统运行常见故障有磨损、脱硫装置结垢和堵塞、石灰石堵塞、系统水平衡破坏以及吸收塔起泡等。

1. 磨损

磨损是指金属、橡胶或树脂衬里等过流设备和部件表面受水流中所含固体颗粒等杂质的磨削、撞击后，相对运动表面的物质不断损失或产生残余变形的现象。发生这种现象的主要原因是浆液含固量大，流速高。转动设备的转速越高，浆泵和阀门磨损越严重。脱硫装置主要磨损设备和部件有：吸收塔循环泵、排浆泵、脉冲悬浮泵以及石灰石供浆泵的叶轮和前护板，泵轴（轴封失效时）；金属桨叶式搅拌器桨叶端部；浆液管道上的蝶阀工作在半开状态，将不适合用作调节阀的蝶阀用作浆液调节阀；调节阀和节流孔板下游侧衬胶管和半径较小的弯管；吸收塔喷浆能直接冲刷的部位、横梁与塔壁连接处的衬里（受沿塔壁下淌浆液的冲刷）；表面无防磨层的吸收塔喷淋母管，特别是液柱塔的喷浆管；反应罐出浆管与罐体连接的拐角；管式 GGH 降温侧管束肋片等。

防止磨损采取的措施主要有：

1）控制含固量不宜超过 15%，流速 2~3m/s 为宜。

2）合理选择耐磨材料。选用金属要同时考虑耐腐蚀性和材料硬度，如高铬合金、双向不锈钢 G-X3 和碳化硅护板等；FRP 浆管的磨损面应有 3~4mm 耐磨层；浆液调节阀宜选用陶瓷阀芯，高速泄漏浆液很易冲刷阀芯，最好不要采用耐磨性差的蝶阀来调节浆液流量。

3）合理设计防磨损结构。浆液调节阀下游侧应紧接一小段陶瓷管；浆管上尽量少用节流孔板，及时更换磨损的孔板；避免小半径弯管；流速高的拐角应有加强的防磨结构。

4）降低烟气含尘量可降低对风机、导流板等设备的磨损。

2. 脱硫装置结垢和堵塞

一般脱硫装置结垢和堵塞主要部位有：烟气挡板底部、转轴轴承、GGH、吸收塔干/湿界面、吸收塔内横梁和喷淋母管底部、喷嘴和反应罐壁面以及罐底、氧化布气管、除雾器、浆液管道、烟道等。

烟气挡板底部、转轴积灰一般是设计不当引起；GGH 中的积灰和沉积物主要是由于烟尘含量高引起；吸收塔干/湿界面形成沉积物的原因是：吸收塔入口烟道是高低流速（10m/s 至 3m/s）的过渡段，易形成涡流，喷淋下落浆液会被带入吸收塔入口烟道，吸收塔入口烟道温度梯度大（80～150℃→45℃），粘附在热烟道壁面上的浆体液滴被烤干形成沉积物，而烟气中的飞灰被湿化后会粘附在烟道上形成沉积物；吸收塔内凡大量浆液不能到达的部位，如横梁和喷淋母管底部、长期不用的喷嘴易结垢；反应罐壁面以及罐底结垢原因主要是石膏浆液过饱和度大于 1.3，罐体体积偏小，pH 值过高，搅拌不均匀，局部浓度较高或罐底出现氧化不充分；常见的管道结垢原因是：管道流速低，浆液具备结垢条件。长距离输送浆管或从室内至室外浆管，温度下降使原本为石膏饱和溶液转变成过饱和溶液，石膏结晶在管壁上会析出形成垢。如果管道设计不合理，特别是自流浆管，如坡度太小或出现 U 形布置，则会产生堵塞现象。

防止结垢和堵塞的常用方法有：在工艺操作上，控制吸收液中水分蒸发速度和蒸发量；控制石膏浆液的质量浓度；控制溶液的 pH 值；向吸收液中加入添加剂如镁离子、乙二酸；控制溶液中易于结晶的物质不要过饱和，保持溶液有一定的晶种；调整除尘器的运行参数，保证其良好运行，控制烟气进入吸收系统所带入的烟尘量；设备结构要作特殊设计，或选用不易结垢和堵塞的设备。

3. 石灰石堵塞

石灰石堵塞（或称“封闭”）指石灰石在吸收塔浆液中活性降低，随着浆液中 $CaCO_3$ 浓度的增加，脱硫率却严重下降的现象。石灰石堵塞有两种类型：一种是亚硫酸盐堵塞，另一种是由于 AlF_x 络合物生成而造成的堵塞。

（1）亚硫酸盐堵塞　亚硫酸盐堵塞一般是由于进入吸收塔的氧化空气量太小或 SO_2 量太大导致亚硫酸盐（SO_3^{2-}）或酸式亚硫酸盐（HSO_3^-）氧化不足所造成的。测量数据表明，发生这种情况时，在石灰石颗粒表面和包裹着石灰石颗粒的一层薄层里，pH 值大多是 8 左右。过高的 pH 值会导致亚硫酸盐沉淀，在石灰石颗粒表面形成一层不起反应的物质，抑制了石灰石的溶解。

在这种情况下，吸收塔会表现出以下特点：①吸收塔液体中 SO_3^{2-} 浓度超过 100mg/L，甚至增加到 2000mg/L，是石灰石堵塞的一个显著特征。②吸收塔脱硫率将下降到 40%～50%，吸收塔出口处 SO_2 浓度增加。③控制系统将增加注入吸收塔的石灰石浆液量，吸收塔浆液中的 $CaCO_3$ 浓度随之增加。若不采取措施，则吸收塔中将生成含 $CaSO_3 \cdot 1/2H_2O$ 高达 40% 的固体，该产物粒径太小，不能在皮带机中脱水，长期在“亚硫酸盐堵塞模式”下运行会导致吸收塔内部形成堵塞。

采取以下措施可使吸收塔重新进入正常的运行模式：①解决氧化不足的问题或减少进入吸收塔的 SO_2 量。②停止石灰石浆液供给，pH 值将随之下降至 4～5。在此范围内，固体亚硫酸钙将会溶解，SO_3^{2-} 将被氧化。为了确定 SO_3^{2-} 的增加量及 $CaCO_3$ 浓度是否处于正常的运行范围，需要进行化学分析。如果分析结果表明正常，就可以增加 pH 值，吸收塔将返回正常运行模式。

（2）AlF_x 络合物生成而造成的堵塞　原烟气中 HF 浓度偏高（$>25mg/Nm^3$），吸收塔入口处烟尘浓度偏高（$>275mg/Nm^3$），有可能生成 AlF_x 络合物。这种络合物会在石灰石颗粒表面上沉淀，抑制石灰石的溶解，使脱硫率和 pH 值都下降，pH 值的降低加速氟化铝络合物的生成。

在这种情况下，吸收塔会表现出以下特点：①吸收塔液体中 F^- 浓度超过 50mg/L，甚至增加到 900mg/L，是氟化铝络合物堵塞的一个显著特征。②吸收塔脱硫率将下降到 40% ~ 50%，吸收塔出口处 SO_2 浓度增加。③控制系统将增加注入吸收塔的石灰石浆液量，吸收塔浆液中的 $CaCO_3$ 浓度随之增加。若不采取措施，则 pH 值将继续下降（<3.5），同时脱硫率也继续下降，长期在"AlF_x 络合物堵塞模式"下运行会导致吸收塔材质出现问题。

采取以下措施可使吸收塔重新进入正常的运行模式：①解决进入吸收塔的飞灰或 HF 含量过高的问题。②FGD 装置必须停运。③必须增加 $Ca(OH)_2$ 或 NaOH 以提高 pH 值直至 pH 值大于 8，AlF_x 络合物将在吸收塔内溶解并沉淀。④高含量的飞灰及酸惰性物必须在水力旋流器上方除掉。为了证实 F^- 减少的程度及 $CaCO_3$ 浓度是否处于正常的运行范围，需要进行化学分析。如果分析结果表明正常，就可以重新启动 FGD 装置。

4. 系统水平衡破坏

FGD 系统正常运行应保持适当"负水平衡"，即补加水量少于损失的水量。当出现"正水平衡"时，吸收塔液位高、浆液浓度偏低，使液位和浓度失控，同时耗水量增加。出现正水平衡的原因可能是：①锅炉负荷低。②除雾器冲洗频率和冲洗时间不适当。③冲洗阀门内漏。④填料和机械密封水、冷却水流量过大。⑤皮带脱水机真空泵密封水流量过大。⑥设备切换频繁且冲洗水量大。

在这种情况下，应查明原因采取以下相应措施：①调整除雾器冲洗程序、降低密峰、冷却水量。②调整停运泵和管道冲洗时间，对输送稀浆的泵和管道在排空后不冲洗。③将过剩水贮存起来供负水平衡时用。

5. 吸收塔起泡

吸收塔起泡直接影响吸收塔液位的准确监督，从而引发各种事故或影响脱硫系统正常运行。如大量的泡沫存在会阻碍浆液对 SO_2 的有效吸收；泡沫大量产生后会通过吸收塔烟道进口反灌回烟气系统，到达增压风机出口，在运行操作人员没有及时发现的情况下（最好是定期检查增压风机附近的烟道疏水），溢流浆液猛烈冲击正在运行的风机叶片，造成严重的损害，甚至是叶片断裂，致使增压风机停运，脱硫系统被迫退出运行。

吸收塔起泡主要原因有：①锅炉在运行过程中投油、燃烧不充分，未燃尽成分随锅炉尾部烟气进入吸收塔，造成吸收塔浆液有机物含量增加。②锅炉后部除尘器运行状况不佳，烟尘浓度超标，进入吸收塔后，致使吸收塔浆液重金属含量增高。③脱硫用石灰石中含过量 MgO（起泡剂），与硫酸根离子反应产生大量泡沫。④脱硫用工艺水（如中水）水质达不到设计要求，COD、BOD（生化需氧量）超标。⑤石膏脱水系统或废水处理系统不能正常投运，致使吸收塔浆液品质逐渐恶化。⑥锅炉燃烧情况不好，飞灰中有部分碳颗粒或焦油随烟气进入吸收塔。⑦系统停运时间较长，烟气带来的氮磷有机物导致浆液微生物的滋生。⑧运行过程中出现氧化风机突然跳闸现象，吸收塔浆液气液平衡被破坏，致使吸收塔浆液大量溢流。

吸收塔浆液一旦出现起泡溢流现象后，必须及时采取妥善的处理方式，以免造成严重事故。处理方法：一是要消除已经产生的泡沫；二是要通过运行方式的调整，缓解起泡溢流现象；三是要控制进入吸收塔的各种可能引起吸收塔浆液起泡的物质。具体实施方法如下：

1）定期加入脱硫专用消泡剂（如有机硅消泡剂）。在吸收塔最初出现起泡溢流时，消泡剂加入量较大，在连续加入一段时间后，泡沫层逐渐变薄，减少加入量，直至稳定在一定加药量上。需要指出的是，消泡剂只能暂时缓解，而不能根本解决吸收塔浆液起泡问题，一旦停止加入消泡剂，吸收塔浆液有可能重新出现起泡溢流现象。

2）在可以暂时忽略脱硫率的条件下，停运一台浆液循环泵以减小吸收塔内部浆液的扰动，同时减少浆液供给量。

3）在可以保证氧化效果的前提下，适当降低吸收塔液位，减小浆液溢流量，防止浆液进入吸收塔入口烟道。

4）降低排除石膏时的吸收塔浆液密度，加大石膏排除量，保证新鲜浆液的不断补入。

5）保证脱硫废水处理系统的有效运行，从而降低吸收塔浆液重金属离子、Cl^-、有机物、悬浮物及各种杂质的含量，保证吸收塔内浆液的品质。

6）严格控制脱硫用工艺水的水质，加强过滤和预处理工作，降低 COD、BOD。同时保证石灰石原料各项组分（如 MgO、SiO_2 等）含量符合要求。

7）制定严格的运行制度。在主机投油或除尘装置出现故障时，要及时通知脱硫运行人员。如果投油时间较短或除尘装置能较快修复，则可采用暂时打开旁路烟气挡板，调小脱硫增压风机叶片，最大程度减少未燃尽成份或飞灰进入吸收塔。如投油时间较长或除尘装置处理周期较长，则必须使脱硫系统退出运行。

8）运行过程中要注意氧化风机的运行状况，保证备用设备处于良好的备用状态，一旦运行风机出现问题停运，需及时启动备用设备，以免发生虹吸现象，造成大量浆液溢流，引发安全事故。

9）加强吸收塔浆液、废水、石灰石浆液、石灰石粉和石膏的化学分析工作，有效监控脱硫系统运行状况，一旦发现浆液品质恶化趋势，应及时采取措施进行处理。

10）一旦发生浆液起泡溢流现象，应定期打开烟道底部疏水阀疏水，防止浆液到达增压风机出口段。同时定期对吸收塔液位进行标定，保证 DCS（即分布式控制系统，又称集散系统）显示值的正确性。注意吸收塔入口处烟气温度，如果出现温度突然大幅降低的情况，则说明浆液大量溢流进入烟道，要及时采取措施进行处理（如停用增压风机）。

11）如果采取多种处理方法，并有效地控制工艺水、石灰石原料的品质，且脱水系统、废水系统投运正常，但吸收塔浆液仍经常溢流，此时就要考虑倒空吸收塔内的浆液（可以将塔内浆液先打入事故浆液箱中），重新上浆。

6. 其他故障现象及处理方法

其他故障现象及处理方法见表 1-11。

表 1-11 其他故障现象及处理方法

故障现象	可能引起原因	处理方法
吸收塔浆液循环泵流量下降	1）管线堵塞	1）清理管线
	2）喷口堵塞	2）清理喷嘴
	3）相关阀开、关不到位	3）检查并校正阀门位置状态
	4）泵的出力下降	4）对泵进行检修

（续）

故障现象	可能引起原因	处理方法
吸收塔液位异常	1）液位计工作不良	1）检查并校正液位计
	2）浆液循环管泄漏	2）检查并修补循环管线
	3）各冲洗阀泄漏	3）检查更换阀
	4）吸收塔泄漏	4）检查吸收塔及底部排污阀
	5）吸收塔液位控制模块故障	5）更换模块
pH 仪指示不准	1）pH 仪电极污染、损坏、老化	1）清洗、更换 pH 仪电极
	2）pH 仪供浆量不足	2）检查 pH 仪连接管线是否堵塞和隔离阀、石膏排出泵状态
	3）pH 仪供浆中混入工艺水	3）检查 pH 仪冲洗阀是否泄漏
	4）pH 仪变送器零点漂移	4）检查调校 pH 仪
	5）pH 仪控制模块故障	5）检查 pH 仪模块情况
石灰石浆液密度异常	1）石灰石落料口堵塞	1）清理石灰石粉仓给料口
	2）石灰石浆液密度控制不良	2）检查石灰石浆液密度模块
真空皮带脱水机系统故障	1）进浆料不足	1）检查阀开度，加强进料
	2）真空密封水流量不足	2）检查滤布冲洗水泵
	3）皮带偏移	3）检查皮带跑偏调节控制器
	4）真空泵故障	4）检查真空泵
	5）真空管线系统泄漏	5）查看真空管线，是否有异声
	6）烟尘浓度偏高	6）调整除尘器的运行
	7）抗磨损带有破损	7）检查滤布张紧情况
	8）皮带机带速异常	8）检查皮带机运行情况
石灰石浆液浓度下降	1）石灰石给粉机堵塞	1）检查和处理电动给粉机
	2）粉仓内石灰石粉搭桥	2）调高转速，增加粉仓进粉量
	3）石灰石浆池进水过量	3）对滤液泵自动控制进行必要的检查和维修，检查相关的管线
吸收塔循环浆液流量下降	1）管线堵塞	1）清理管线
	2）吸收塔循环泵运行台数不足	2）启动备用泵
	3）喷嘴堵塞	3）清理喷嘴
	4）相关阀门开、关不到位	4）检查并校正阀门状态
石灰石浆流量降低	1）管线堵塞	1）清理管线
	2）补浆液阀门控制不良	2）对补浆液阀门进行检查、清洗或维修
	3）流量计工作异常	3）检查并调整流量计
	4）石灰石浆泵故障	4）切换至备用泵运行，对泵进行检查
	5）相关阀门开、关不到位	5）反复手动开、关调节阀，检查并清洗调节阀，检查并校正阀门状态

（续）

故障现象	可能引起原因	处理方法
吸收塔液位降低	1）液位计工作不良	1）检查并调校液位计
	2）浆液循环管泄漏	2）检查并修补浆液循环管
	3）工艺水中断	3）检查管线和阀门，检查工艺水泵
	4）吸收塔泄漏	4）检查吸收塔及排浆阀
	5）两个液压计间背离	5）检查液位计压力平衡管
除雾器压差高	1）元件阻塞	1）改变清洗形式，由自动切至手动并进行清洗至正常后，再从手动切至自动模式
	2）表计不准	2）检查压力表，清洗烟道至压力表的连接管
至吸收塔氧化空气流量异常	1）管道阻塞	1）检查氧化风机进口过滤器，不停运氧化风机，使用工业水清洗每一条至吸收塔的空气管道
	2）氧化风机故障或管路泄漏	2）检查氧化风机或管道

第三节 循环流化床脱硫技术

在火力发电厂脱硫技术中，利用循环流化床原理的脱硫方法有两种，一种是燃烧中煤的脱硫技术，即循环流化床燃烧脱硫技术；另一种是燃烧后烟气脱硫，即烟气循环流化床脱硫技术。

一、循环流化床燃烧脱硫技术

（一）概述

循环流化床燃烧是近年来在国际上快速发展起来的新一代高效、低污染清洁燃烧技术，其主要特点在于燃料及脱硫剂经多次循环，反复地进行低温燃烧和脱硫反应，炉内湍流运动强烈，不但能达到90%的脱硫率、低 NO_x 排放以及和煤粉炉相近的燃烧率，而且具有燃料适应性广、负荷调节性能好、灰渣易于综合利用等特点，成为我国清洁燃烧领域中发展最迅速、工程运用最多的技术。图1-28为典型的循环流化床燃烧系统。

循环流化床燃烧是一种在炉内使高速运动的烟气与其所携带的湍流扰动极强的固体颗粒密切接触，并具有大量颗粒返混的流态化反应过程；同时，在炉外将绝大部分高温的固体颗粒捕集，并将它们送回炉内再次参与燃烧过程，反复循环地组织燃烧。这种燃烧方式，强化了气固两相的热量和质量交换，延长了物料在炉内的停留时间，物料浓度高，料层内有很大的蓄热量，一旦新煤（占整个床料的1%～5%）加入，即被高温灼热的灰渣颗粒包围加热、干燥、着火燃烧至燃尽，几乎可以燃烧各种劣质燃料，如贫煤、无烟煤、褐煤、煤矸石、油页岩、石油焦及城市垃圾等。

流化床燃烧属于低温燃烧，碱金属类很少升华，因而避免了受热面的高温腐蚀，同时 NO_x 生成量减少。向流化床内添加适量的脱硫剂，使烟气在排出炉膛之前进行脱硫，将大大减少 SO_2 的排放，这是流化床燃烧的又一大优势。

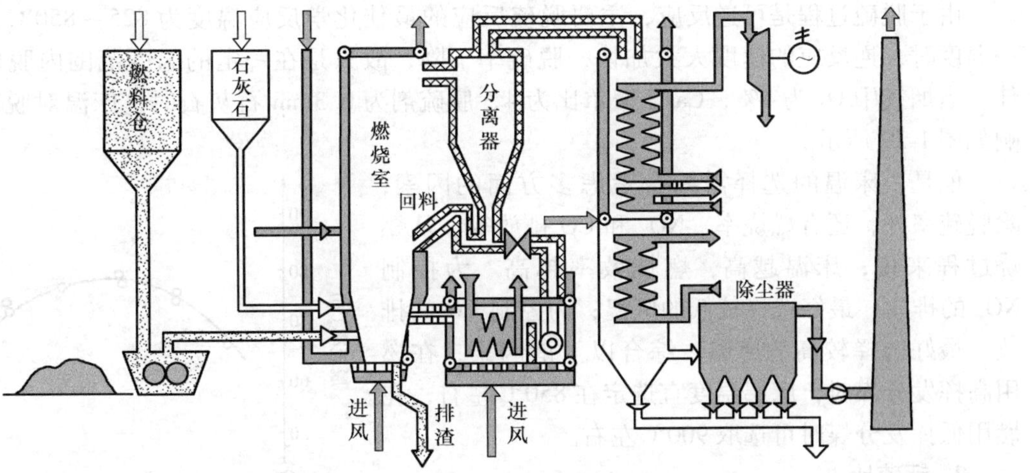

图 1-28　典型的循环流化床燃烧系统

（二）循环流化床燃烧脱硫机理

循环流化床燃烧过程中最常用的脱硫剂是钙基脱硫剂，如石灰石（$CaCO_3$）、白云石（$CaCO_3 \cdot MgCO_3$）等。石灰石加入循环流化床锅炉后，将发生两步高温气固反应，即

煅烧分解反应：$CaCO_3 \rightarrow CaO(s) + CO_2(g)$

硫盐化反应（脱硫反应）：$CaO(s) + SO_2(g) + 1/2O_2(g) \rightarrow CaSO_4(s)$

生成的固体硫酸钙随炉渣、飞灰一起排出炉膛，从而实现脱硫的目的。

研究表明，大部分石灰石与白云石的孔隙率很低，范围在 0.3% ~12% 内，但经过高温煅烧后 CaO 的孔隙率可以高达 50%，为脱硫反应创造了有利条件；由于炉内强烈的湍流混合与颗粒的冲刷摩擦，使得气固传质和接触吸收反应效率很高，可以获得满意的脱硫率。

理论上，硫盐化反应中 CaO 与 SO_2 按照等摩尔进行，但通常循环流化床的钙利用率只有 20% ~45%。这是因为脱硫产物 $CaSO_4$ 的摩尔体积（52.16cm^3/mol）比 CaO（17.26cm^3/mol）大，使孔隙堵塞阻止内部 CaO 的进一步反应。因此，即使经过很长的反应时间，钙利用率仍然很低。

循环流化床氮氧化物排放量低。一是因为锅炉燃烧温度一般控制在 850 ~950℃，空气中的氮一般不会生成 NO_x；二是由于循环流化床锅炉普遍采用分级（或分段）送入二次风，这样可抑制 NO_x 的生成，并使部分已生成的 NO_x 得到还原。

（三）影响循环流化床燃烧脱硫率的因素

影响脱硫率的因素很多，主要因素是床层温度、钙硫比和石灰石的粒度，此外还有床层高度、流化速度、石灰石性能、机械强度、含水量以及煤种、烟气含氧量等。这些因素的综合影响决定了脱硫率的大小，不同的情况，主导因素也不同。

1. 床层温度

在床层温度低时，$CaCO_3$ 分解所生成的 CaO 少，因而没有足够的 CaO 与 SO_2 发生反应，同时还由于放出 CO_2 少，形成孔隙率小，脱硫反应速率低，脱硫率不高。随着温度提高，上述两个不利因素得以克服，脱硫率逐渐增加，直到峰值。床温超过 900℃，脱硫率反而下降，这是由于温度太高，CaO 表面被烧结，反应的有效表面减小的缘故。

由于脱硫过程是可逆反应，主要脱硫反应的最佳化学反应温度为825～850℃，超过这一温度时，逆反应的速度大大加快，脱硫率下降，故只是在一定的温度范围内脱硫效果最佳。当烟气中O_2为4%，Ca/S摩尔比为4，脱硫剂为0.3mm石灰石时，床温对脱硫率的影响如图1-29所示。

但是，床温的选择需综合考虑多方面的因素，除脱硫率外，还有燃烧率、NO_x和CO排放等。从燃烧过程来说，床温越高，燃烧效率越高。为控制NO_x的排放，最好选择较低的床温；为控制CO的排放，最好选择较高的床温。综合以上诸因素，在燃用高挥发分煤时，床层温度宜选定在850℃左右，在燃用低挥发分煤时可选取900℃左右。

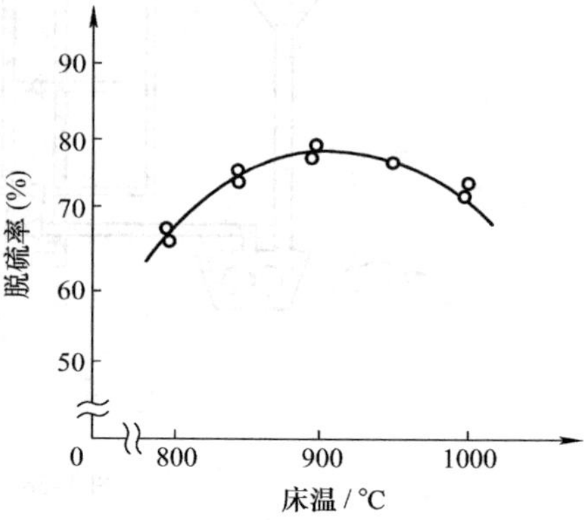

图1-29 床温对脱硫率的影响

2. 钙硫比

在流化床中，钙硫比对脱硫率的影响如图1-30所示。在床温和其他工艺条件不变的情况下，随着钙硫比的增大，脱硫率明显提高。由图1-30可见，钙硫比从2增大到4，脱硫率提高幅度很大，而超过4则曲线平缓，脱硫率略有增加。因此，从提高脱硫效果和减少渣处理量考虑，钙硫比太大不必要，也是不经济的。所以，石灰石系统设计要求在保证一定脱硫率的前提下，尽可能降低钙硫比。

在床层内，由于CaO和SO_2接触时间很短，SO_2的分压又低，并且在CaO颗粒表面生成的$CaSO_4$的致密层阻止了SO_2与颗粒内层的CaO接触，以致CaO在脱硫反应中只能部分被利用。

对不同的炉型来说，要达到一定的脱硫率，钙硫比是不同的。例如，要达到90%的脱硫率，常压循环床锅炉为1.8～2.5，增压流化床锅炉为1.5～2.0。值得指出的是，用石灰石作脱硫剂时，由于其种类、焙烧条件和操作参数不同，致使脱硫率差别很大。当钙硫比相同时，其脱硫率也不相同。另外，在用白云石时，计算它的钙硫比时要把$MgCO_3$扣除。

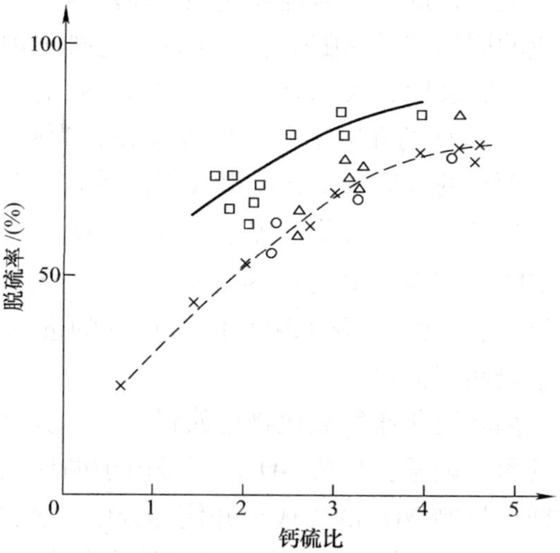

图1-30 钙硫比对脱硫率的影响

实验条件：床温900℃；烟气中O_2为4%；平均粒径：□—0.023mm；△—0.05mm；○—0.45mm；×—1.30mm

3. 石灰石粒度

石灰石的颗粒直径对床层内脱硫反应的影响较大。对于大颗粒的脱硫剂，当SO_2扩散到CaO的内表面发生反应时，生成的$CaSO_4$把微孔堵死，CaO也得不到充分利用。对于小颗粒的脱硫剂，颗粒可能在达到最大转化率之前就被吹出炉膛了，脱硫剂的利用率也不高。通常要求石灰石平均粒径为0.1～0.5mm。床层内最佳粒径并不是一个固定值，它与流化速度、料层压差、循环倍率、分离器特性等参数密切相关。

用白云石时，颗粒尺寸对脱硫反应的影响较小，用石灰石时，颗粒越小则脱硫率越高，这是比表面积增大和扩散深度减小的缘故。粒径应与气流速度适配，即一定尺寸的煤及石灰石有一个较为合适的流化范围，以免飞逸过多而使脱硫率下降。若把逃逸的石灰石细粉和细煤粉用分离器捕集，返回床内，则不仅可以提高燃烧率，也可提高脱硫率。

4. 石灰石的性能

在循环流化床锅炉脱硫中，很难用定量指标衡量某种石灰石的脱硫性能，但通过对比可以作一些定性的分析：石灰石中 $CaCO_3$ 的含量越高，脱硫能力越强，性能越好。

石灰石焙烧生成的 CaO 颗粒表面微孔特性越好，脱硫性能越好。表面微孔特性指表面显微孔的比表面积以及孔沿表面的分布特性。自然界石灰石以晶状和无定形两种形式存在，用于脱硫时，无定形石灰石的性能优于晶状石灰石，原因是无定形石灰石焙烧生成的 CaO 的表面孔隙率比晶状石灰石高得多。

石灰石的易碎性也影响脱硫能力，有些石灰石颗粒在输送和焙烧及循环过程中容易破碎和爆裂，这必然影响脱硫性能。

石灰石的含水量也是不可忽略的因素。若石灰石的含水量过高，则会给破碎、输送、给料设备带来麻烦，也影响石灰石在床层的焙烧。一般认为，含水量以不大于3%为宜。

5. 流化速度

在其他条件相同时，风速增大将导致脱硫率下降。降低流化速度可以增加脱硫剂的停留时间，有利于提高脱硫率。但是，对循环流化床锅炉来说，因物料多次循环，流化速度的影响不很重要，重要的是气固分离器捕集颗粒的能力。

6. 流化床的高度和压力

增加床层高度，可以增加物料的停留时间，提高脱硫率。但是高度增加 1 倍，脱硫率仅增加 15%，其原因是气泡在床层内合并长大，使烟气与脱硫剂的接触时间减少了。所以，增加床层高度对提高脱硫率的作用不会很大。

流化床的压力对脱硫率的影响是值得注意的。实验表明，常压下石灰石的脱硫率高，增压下则是白云石的脱硫率高。其原因是，常压下 $MgCO_3$ 很少与 SO_2 反应，而在增压下才大量分解，放出 CO_2 生成 MgO；石灰石则正好相反，其分解反应在常压下比在增压下剧烈得多。

（四）循环流化床脱硫存在的问题及现有解决方案

循环流化床锅炉的钙利用率较低，即一半以上的脱硫剂没有参与脱硫反应。为了将循环流化床锅炉烟气中的 SO_2 脱除至 90% 以上，就需要增加石灰石用量，使得钙硫摩尔比大于 2，当燃用含硫量较高的燃料时，往往需要更高的钙硫比（2.5 左右），有时即使增加钙硫比也难以达到所要求的脱硫率。

为了提高循环流化床脱硫的钙利用率，国内外学者围绕这一目标开展了广泛的研究，主要体现在两个方面：一是提高脱硫剂的反应活性；另一方面是对反应后的脱硫剂进行循环再利用。

二、烟气循环流化床脱硫技术

烟气循环流化床脱硫技术已达到工业化应用的主要有四种工艺：德国 Lurgi 公司开发的烟气循环流化床脱硫技术（CFB）、德国 Wulff 公司开发的回流式烟气循环流化床脱硫技术

(RCFB)、丹麦 FLS 公司开发的气体悬浮吸收（GSA）烟气脱硫技术以及 ABB 公司开发的新型一体化脱硫技术（NID）。

（一）烟气循环流化床脱硫的原理

烟气循环流化床脱硫塔内进行的化学反应是非常复杂的，多年来人们从不同的角度进行了大量细致的研究。一般认为当石灰、工艺水和燃煤烟气同时加入流化床中，会有以下主要反应发生：

生石灰与液滴结合产生水合反应：$CaO + H_2O \rightarrow Ca(OH)_2$

SO_2 被液滴吸收：$SO_2 + H_2O \rightarrow H_2SO_3$

$Ca(OH)_2$ 与 H_2SO_3 反应：$Ca(OH)_2 + H_2SO_3 \rightarrow CaSO_3 \cdot 1/2H_2O + 3/2H_2O$

部分 $CaSO_3 \cdot 1/2H_2O$ 被烟气中的 O_2 氧化：$CaSO_3 \cdot 1/2H_2O + 1/2O_2 + 3/2H_2O \rightarrow CaSO_4 \cdot 2H_2O$

烟气中的 HCl 和 HF 等酸性气体同时也被 $Ca(OH)_2$ 脱除，总的反应式如下：

$$Ca(OH)_2 + 2HCl \rightarrow CaCl_2 + 2H_2O$$

$$Ca(OH)_2 + 2HF \rightarrow CaF_2 + 2H_2O$$

由上述反应可看出，CFB 反应器中进行的是气液固三相反应，其反应速率由下述步骤所决定：①气相主体中的 SO_2 靠湍流扩散到气膜表面。②SO_2 靠分子扩散通过气膜到达两相界面。③在界面上 SO_2 从气相溶入液相。④液相 SO_2 靠分子扩散从两相界面通过液膜。⑤液相 SO_2 靠湍流扩散从液膜边界到液相主体。⑥$Ca(OH)_2$ 固体扩散到液相主体中。⑦$Ca(OH)_2$ 颗粒的溶解；⑧液相主体中的 SO_2 和 $Ca(OH)_2$ 进行反应。

上述 SO_2 和 $Ca(OH)_2$ 的传质是分别同时进行的，并且相互影响，相互促进。$Ca(OH)_2$ 和 SO_2 反应的活性与浆液中水分的存在时间有极大的关系。因为这些反应都是在液相中进行的，所以水分的蒸发限制了以上几步在液相中的反应，如步骤④~⑧。生成物 $CaSO_3$ 由于在反应界面上产生，它将沉积在表面上，这样随着反应的进行以及颗粒的再循环，部分未反应完全的颗粒表面上就会留下一层惰性产物。这些产物层的扩散可能限制反应速度。特别是当反应产物形成一种致密层时，反应速度必然受它的影响。由于流化床中颗粒物的不断磨损，意味着反应形成的产物将不断地被剥落，因此，流化床中一般不考虑产物层扩散的影响。

（二）典型烟气循环流化床脱硫工艺

烟气循环流化床脱硫系统由石灰浆制备系统、脱硫反应系统和除尘及引风系统组成，包括石灰贮仓、灰槽、灰浆泵、水泵、反应器、旋风分离器、除尘器和引风机等设备。主要控制参数有床料循环倍率、流化床床料浓度、烟气在反应器及旋风分离器中的停留时间、钙硫比、反应器内操作温度和脱硫率等。在其发展过程中，存在着各种设计方案，下面介绍一些较典型的烟气循环流化床脱硫工艺。

1. 鲁奇（Lurgi）烟气循环流化床脱硫技术

该技术在德国有 LLB、Thyssen 和 Wulff Maschmen 等三家公司进行开发和推广。美国 Air Poi 公司及法国 Stein 公司也在开发和推广此项技术。目前，在德国此类装置已安装在 20 多台锅炉上。

（1）工艺流程　鲁奇烟气循环流化床脱硫工艺流程如图 1-31 所示，该系统由吸收剂制备、反应塔、吸收剂再循环和静电除尘器、水及蒸汽喷入装置等组成。

在 CFB 脱硫系统中，由锅炉排出的烟气从流化床的底部进入，进入反应塔的烟气是否

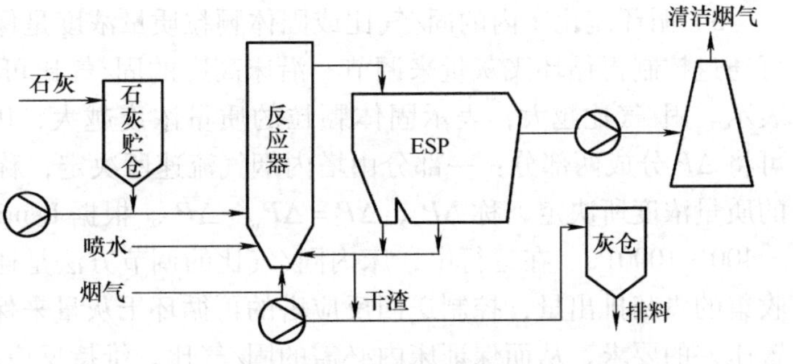

图 1-31　鲁奇烟气循环流化床脱硫工艺流程

要经预除尘，取决于飞灰的综合利用要求。如果考虑到综合利用的因素，则需要在反应塔之前安装一个预除尘器。流化床反应塔的底部为一个文丘里装置。设计文丘里段是为了使气流在整个容器内达到合理分布。烟气通过文丘里管的加速，与从渐扩段加入的再循环物料、新鲜 $Ca(OH)_2$ 粉和增湿水充分混合而悬浮起来，形成激烈的湍动状态，颗粒与烟气之间具有很大的相对滑落速度，颗粒反应界面不断摩擦、碰撞更新，从而极大地强化了气固间的传热、传质。同时通过向反应塔内喷水，湿润颗粒表面，增大吸收剂的反应活性，烟气冷却到最佳的化学反应温度，这是提高烟气脱硫率的关键。此时烟气中的 SO_2、SO_3、HCl 和 HF 等酸性成分被 $Ca(OH)_2$ 吸收而除去，生成 $CaSO_3 \cdot 1/2H_2O$ 等副产物。由于灰渣循环使用，反应塔内有很高的飞灰和石灰颗粒浓度，通常高达 500 ~ 1000g/m^3。

经脱硫后带有大量固体颗粒的烟气由反应塔的顶部排出进入吸收剂再循环除尘器中，该除尘器为带百叶窗的静电除尘器，烟气中的大部分颗粒被分离出来。被分离出的颗粒经过中间灰仓返回到反应塔循环使用。由于大部分的颗粒被循环多次，因此固体物料的累积滞留时间很长，可达 30min 以上，这大大延长了烟气与吸收剂的接触时间，加大了 SO_2 的传质总量，使吸收剂得以充分利用。

从百叶窗分离器及电除尘器下所收集的干灰，一部分送回循环反应塔再循环灰入口，另一部分送至干灰库。

除尘后的烟气温度为 70 ~ 75℃，不必再加热，可直接从烟囱排出。

（2）工艺特点　鲁奇烟气循环流化床脱硫工艺主要特点：①没有喷浆系统及浆液喷嘴，只喷入水和蒸汽。②新鲜石灰与循环床料混合进入反应器，依靠烟气悬浮，喷水降温反应。③床料有 98% 参与循环，新鲜石灰在反应器内停留时间累计可达到 30min 以上，使石灰利用率可达 99%。④反应器内烟气流速为 1.83 ~ 6.1m/s，烟气在反应器内停留时间约 3s，可以满足锅炉负荷在 30% ~ 100% 范围内的变化。⑤对含硫量为 6% 的煤，脱硫率可达 92%。⑥基建投资相对较低，不需专职人员进行操作和维护。⑦存在的问题是生成的亚硫酸钙比硫酸钙多，亚硫酸钙需经处理才可成为硫酸钙。

（3）系统的自动控制　烟气循环流化床脱硫（CFB-FGD）系统工艺过程简单，因此整个控制系统可安装于锅炉控制室内的 DCS 内，也可单独使用 PLC 系统，整个工艺过程设三个控制回路：

1）根据反应器进口烟气流量和烟气中初始 SO_2 质量浓度控制消石灰粉的给料量，以保证达到要求的脱硫率所必需的钙硫比。而处理后烟气中 SO_2 排放值仅用来作为反馈信号，用于校核和精确地调节脱硫剂给料量的辅助调控。

2）根据反应器出口处的烟气温度直接控制反应塔底部喷水量，以确保反应塔内的温度处于尽可能地接近露点的最佳反应温度范围内。喷水量的调节方法一般采用离心式泵出口回流调节，通过调节回流量来调节喷水量。

3）循环流化床内的固/气比或固体颗粒质量浓度是保证其良好运行的重要参数，运行中可通过控制再循环飞灰量来调节。沿床高度的固/气比可以通过沿床高度底部和顶部的压差表示。固/气比越大，表示固体颗粒的质量浓度越大，因而塔的阻力损失 ΔP 越大。通常，可将 ΔP 分成两部分：一部分由塔内烟气流速所决定，称 ΔP_v；另一部分由塔内固体颗粒物的质量浓度所决定，称 ΔP_s，$\Delta P=\Delta P_v+\Delta P_s$。根据 Lentjes Bischoff 介绍，$\Delta P_v=600\text{Pa}$，$\Delta P_s=400\sim1000\text{Pa}$。在运行中，床内固/气比的调节方法是通过调节百叶窗分离器和除尘器下所收集的飞灰排出量，控制送回反应塔的再循环干灰量来保证反应器进出口的压力损失满足预置压差的要求，从而保证床内必需的固/气比，维持反应器内物料流的稳定。

2. 回流式循环流化床烟气脱硫技术

Wulff 公司在 Lurgi 技术的基础上继续研究开发了回流式循环流化床烟气脱硫技术（RCFB）。与 Lurgi 公司的工艺相比，RCFB 工艺主要在反应塔的流场设计和塔顶结构上做了较大改进，在反应塔上部出口区域布置了独创的回流板。回流式循环流化床烟气脱硫工艺流程如图 1-32 所示。

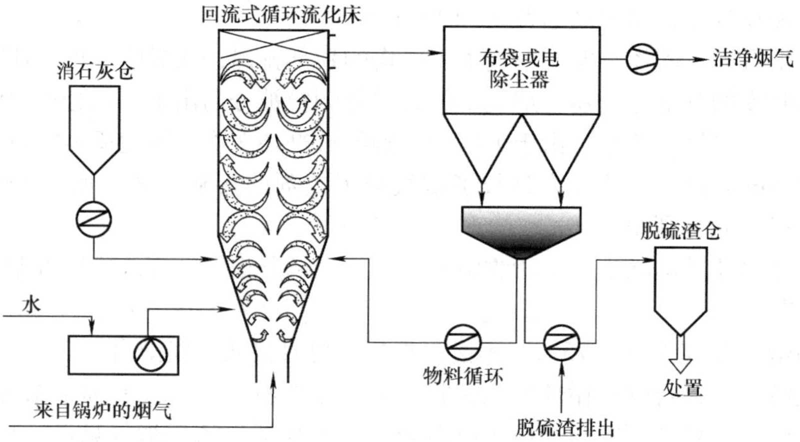

图 1-32 回流式循环流化床烟气脱硫工艺流程

在 RCFB 反应塔中，烟气和吸收剂颗粒向上运动时，会有一部分颗粒从塔顶向下回流，这股固体回流与烟气的方向相反，而且它是一股很强的内部湍流，从而增加了烟气与吸收剂的接触时间，使脱硫过程得到了极大的改善。脱硫剂及飞灰除在内部有回流外，在外部还设有循环装置，可使脱硫剂在塔内循环次数达 100 ~ 150 次，使得脱硫剂在塔内的停留时间折算可达 30min 左右，充分利用固体颗粒之间的相互碰撞摩擦，提高了吸收剂的利用率和脱硫率。RCFB 工艺最显著的特点是采用了内、外循环的方式，由于 $Ca(OH)_2$ 粉末的多次再循环，从而实现在较低钙硫比下的高效脱硫。另外，反应塔内产生回流使得塔出口的含尘浓度大大降低。一般说来，塔内部回流的固体物量为外部再循环量的 30% ~ 50%。这样便大大减轻了除尘器的负荷。

RCFB 控制系统与鲁奇公司的控制系统基本一致，RCFB 简单易操作，要求空间小，直径大约为相同容量喷雾干燥塔的一半。该工艺技术主要有以下特点：①与常规的循环流化床及喷雾吸收塔脱硫技术相比，石灰耗量（费用）有极大降低。②维修工作量少，设备可用率很高。③运行灵活性很高，可适用于不同的 SO_2 含量及负荷变化要求。④不需增加锅炉运行人员。⑤由于设计简单，石灰耗量少，维修工作量小，投资与运行费用较低，约为湿式石灰石-石膏工艺技术的60%。⑥占地面积小，适合新老机组，特别是中、小机组烟气脱硫的改造。

RCFB 技术可适用单机容量达 350MW 的机组或等量烟气流量。如广州恒运企业集团 210MW 机组使用德国 Wulff 公司的回流式循环流化床干法烟气脱硫技术，2002 年 7 月投入运行，脱硫率为 90% ~ 95%，300MW 机组 RCFB 装置也于 2007 年 5 月投入运行，脱硫率达 95% 以上。

3. 气体悬浮吸收烟气脱硫工艺

（1）工艺流程　FLS 公司是丹麦最大的工业企业，开发了一种简单有效的气体悬浮吸收烟气脱硫技术。GSA 工艺部分包括圆柱形反应器、用于分离床料循环使用的旋风分离器、石灰浆制备系统（包括喷浆用喷嘴）三个部分，工艺流程如图 1-33 所示。

GSA 烟气脱硫的工作原理和工艺流程与 Lurgi 和 Wulff 的工艺十分类似，不同之处在于 GSA 工艺所用的脱硫剂不是干消化石灰，而是石灰浆。最大区别是石灰浆液雾化喷入的方式和 SO_2 吸收的方式。GSA 烟气脱硫技术用低压力的双流体喷嘴，石灰浆液和水喷入共用一个雾化喷嘴，循环物料直接进入反应器，避免了喷嘴的磨损腐蚀问题。吸收 SO_2 是在悬浮物料的湿表面，有较高的传热、传质效果。

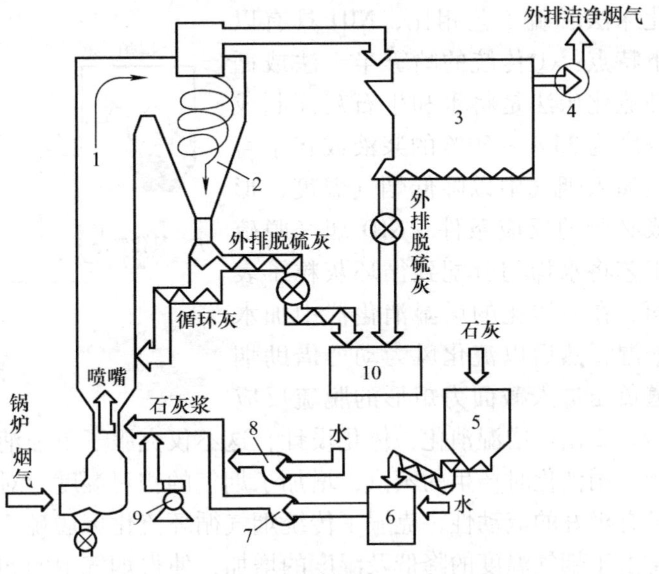

图 1-33　GSA 烟气脱硫工艺流程

1—反应器　2—旋风分离器　3—除尘器　4—引风机　5—石灰仓　6—石灰浆制备槽　7—石灰浆泵　8—水泵　9—压缩机　10—脱硫灰仓

（2）工艺特点　GSA 烟气脱硫系统的主要工艺特点是：①床料高倍率循环（约 100 倍），因此保证吸收剂与烟气充分接触，提高吸收剂的利用率。②流化床床料浓度高达 500 ~ 2000g/m³，约为普通流化床床料浓度的 50 ~ 100 倍。③烟气在反应器及旋风分离器中停留时间短（3 ~ 5s）。④脱硫率高达 90% 以上。⑤吸收剂利用率高，消耗量少，Ca/S = 1.2。⑥运行可靠，操作简便，维护工作量少，基建投资相对较低。⑦喷浆用喷嘴为专利设备。

（3）系统的自动控制　为确保达到烟气排放要求和石灰的消耗量尽可能少，整个系统设置三个主要控制回路：①通过监测进入反应器底部烟气流量连续控制床料循环流量，以保证反应器内床料浓度的稳定；反应器内保持一定的床料的接触面积，加大石灰与烟气的混合程度；同时，大量干物料的存在可以防止物料在反应器壁上的附着。②通过监测反应器出口的温度控制喷雾补充水量的加入，以保证反应温度尽可能接近饱和温度（以不出现粘壁现象为限）。③通过监测系统出口的烟气流量和 SO_2 含量来调节石灰的加入量。

4. NID 工艺

NID（即 New Integrated DesulphurisationTechnology）是 ABB 公司研制的一种集除尘和脱硫一体的综合工艺，如图 1-34 所示。NID 工艺原理是利用生石灰 CaO 或熟石灰粉$Ca(OH)_2$作为吸收剂来吸收烟气中的 SO_2 和其他酸性气体。要求 CaO 平均粒径不大于 1mm。CaO 在一个专门设计的消化器中加水消化成 $Ca(OH)_2$，然后与布袋除尘器或电除尘器除去的大量循环灰在增湿器中混合均匀，在此加水增湿使混合灰的水分含量从 2% 增加到 5%，然后含钙循环灰被导入烟道反应器。大量脱硫循环灰进入反应器后，由于有极大的蒸发表面，水分很快蒸发，在极短的时间内使烟气温度从 140℃左右降至 70℃左右，烟气相对湿度则很快增加到 40% ~50% 。这种工况，有利于 SO_2 气体溶解并离子化，同时使脱硫剂表面的液膜变薄，加速了 SO_2 的传质扩散速度。并且大量的灰循环使未反应的 $Ca(OH)_2$ 进一步参与循环脱硫，反应器中 $Ca(OH)_2$ 的浓度很高，有效 Ca/S 很大，确保了很高的脱硫率。

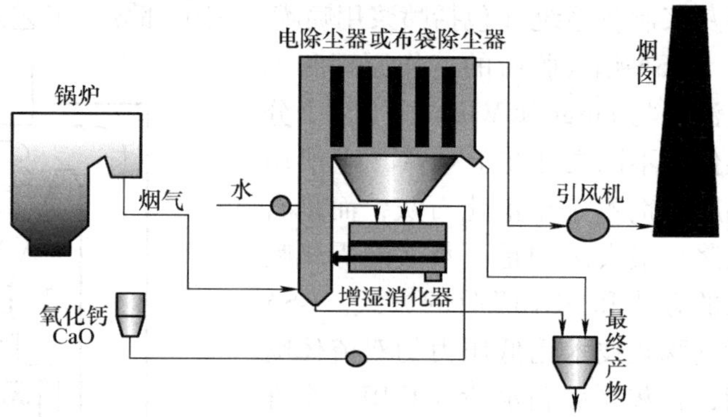

图 1-34 NID 工艺流程

与传统的喷雾半干法或循环流化床法脱硫工艺相比，NID 具有以下特点：①传统的喷雾半干法或循环流化床法是将水和生石灰配制成浓度为 35% ~50% 的浆液或将水直接喷入烟气中以降低烟气温度，形成必要的反应条件。NID 烟气脱硫工艺将水均匀分配到循环灰粒子表面，在一体化的增湿消化器中加水增湿，然后以流化风为动力借助烟道负压进入截面为矩形的脱硫反应器。②循环增湿消化一体化设计，这不仅克服了单独消化时出现的漏风、堵管等问题，而且能利用消化时产生的蒸汽，增加了烟气的相对湿度，对脱硫有利。③含 5% 水分的循环灰由于有极好的流动性，克服了传统烟气循环流化床脱硫工艺在反应器内可能出现的粘壁问题。④由于烟气温度的降低及湿度的增加，使得烟气中的 SO_2 等酸性气体分子更容易在吸收剂的表面冷凝、吸附并离子化，对提高脱硫率非常有利。⑤由于循环灰颗粒间的剧烈摩擦，使得被钙盐硬壳所覆盖的未反应部分吸收剂重新暴露出来继续参加反应（表面更新作用）。同时，因吸收剂是在混合器中预先混合、增湿并多次循环的，故吸收剂的有效利用率很高。

NID 工艺的优点主要有：①由于水分蒸发时间很短，使反应容积减小，通常只有喷雾干燥塔或流化床塔的 20% 以下。该工艺设备能与布袋或静电除尘器组合为一体，占地面积小，投资和运行费用低。②较少使用复杂的专用设备，不采用高速旋转雾化器和需要压缩空气的双流体喷嘴，而使用专利设计的搅拌器。

（三）影响 CFB 脱硫率的主要因素

影响烟气循环流化床脱硫率的主要因素有床层温度、颗粒物浓度、钙硫比（Ca/S）、烟气停留时间、脱硫剂的粒度和性能等。

1）固体颗粒物浓度和钙硫摩尔比的影响。循环流化床具有较高的脱硫率，其中一个很重要的原因就是在反应器中存在飞灰、烟尘和石灰的高浓度接触反应区，其浓度通常可达 0.5 ~2.0kg/m^3，相当于一般反应器的 50 ~100 倍。实验结果表明，随着床内固体颗粒物浓度的逐渐升高，脱硫率也随着升高。这是由于床内强烈的湍流状态以及高的颗粒循环速率提供了气液固三相连续接触面，颗粒之间的碰撞使得吸收剂表面的反应产物不断磨损剥落，从而避免了孔堵塞造成的吸收剂活性下降和反应气体通过产物层扩散的影响。新的石灰表面连续暴露在气体中，强化了床内的传质和传热。

实验结果同时表明，SO_2 脱除率是钙硫摩尔比（Ca/S）的函数，SO_2 脱除率随 Ca/S 的增加而增加。

2）烟气停留时间对脱硫率的影响。在一定实验条件下，烟气在 CFB 反应器中的停留时间由 3.5s 增至 4.6s，脱硫率有所增加，但增加的幅度较小，这表明在循环流化床里，SO_2 脱除反应大部分都发生在 1～3s 的浆滴蒸发期内，当液相蒸发完毕时，反应基本停止，这与 Neathery 等人的发现基本一致。为提高石灰中钙的利用率，使除尘器收集的固体颗粒部分返回到反应器中，增加固体物的停留时间，同时在反应器内形成沸腾床，增加气固反应接触的面积和反应机会，从而提高脱硫率。

钙硫摩尔比与固体物平均停留时间的关系（修正曲线）如图 1-35 所示。

3）床层温度对脱硫率的影响。在循环流化床烟气脱硫工艺中，可用 CFB 出口烟气温度与相同状态下的绝热饱和温度（露点温度）之差 Δt（近绝热饱和温度）来表示床层温度的影响。Δt 越小则系统的脱硫率越高。在其他条件一定的前提下，喷水量越大，Δt 越小。但 Δt 过小，会引起系统的堵塞和吸收剂结块而影响流化质量。因此要根据烟气温度调节喷水量，以保证 Δt 的最佳值。在典型的工况下，可将 Δt 控制在 14℃左右。Δt 与钙硫摩尔比的关系如图 1-36 所示。

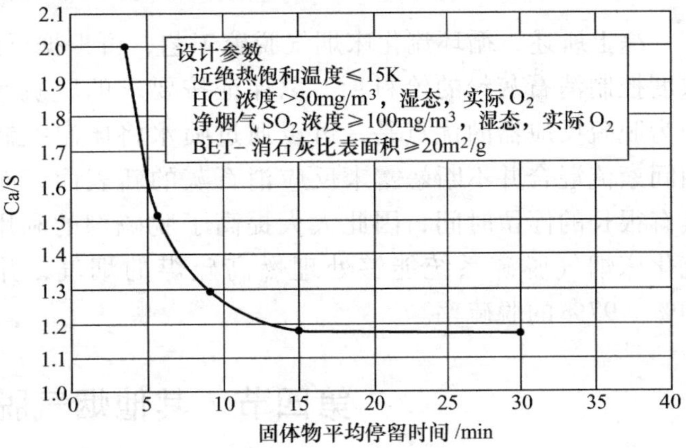

图 1-35　钙硫摩尔比与固体物平均停留时间的修正曲线

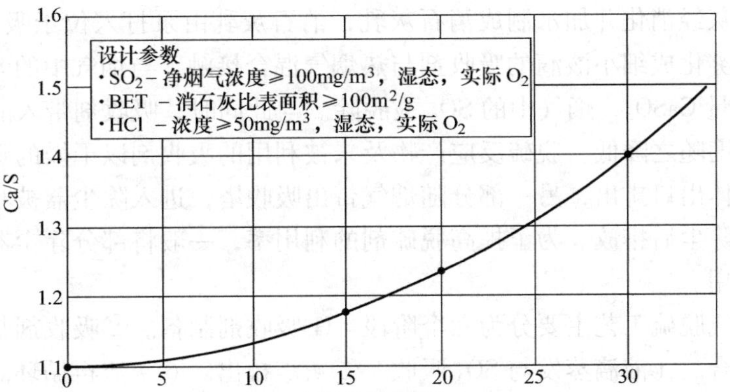

图 1-36　近绝热饱和温度与钙硫摩尔比的关系

4）脱硫剂粒度的影响。可用消石灰的比表面积反映脱硫剂粒度对脱硫率的影响。消石灰比表面积与钙硫摩尔比的关系如图 1-37 所示。

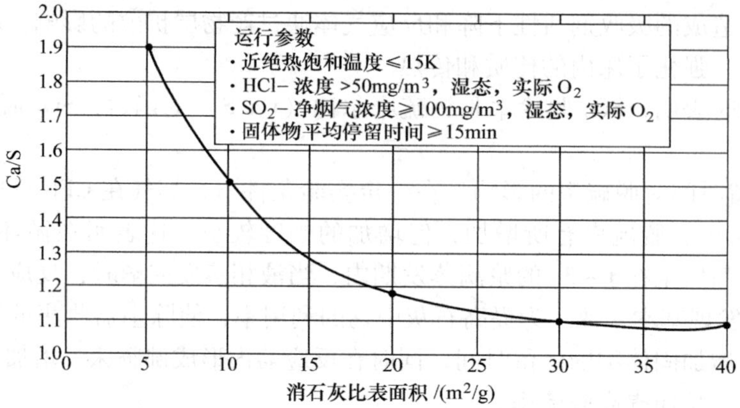

图 1-37　消石灰比表面积与钙硫摩尔比的关系

综上所述，循环流化床烟气脱硫工艺，可根据反应器进口烟气流量及烟气中初始 SO_2 浓度控制消石灰粉的给料量，以保证按要求的脱硫率所必需的钙硫摩尔比。循环流化床作为脱硫反应器的优点是，可以通过喷水将床温控制在最佳反应温度下，达到最好的气固间紊流混合并不断暴露未反应消石灰的新表面，而通过固体物料的多次循环使脱硫剂具有很长的停留时间，因此大大提高了脱硫剂的利用率和反应器的脱硫率。因此，循环流化床烟气脱硫系统能够处理燃高硫煤的烟气，并在钙硫摩尔比为 1.1 ~ 1.5 时达到 90% ~ 97% 的脱硫率。

第四节　其他烟气脱硫技术

一、喷雾干燥烟气脱硫（SDA）

1. 工艺流程及原理

喷雾干燥烟气脱硫（SDA）工艺流程如图 1-38 所示。SDA 利用了喷雾干燥原理，以石灰为脱硫剂，石灰经消化并加水制成消石灰乳，消石灰乳由泵打入位于吸收塔内的雾化器，在吸收塔内，被雾化成细小液滴的吸收剂与热烟气混合接触，与烟气中的 SO_2 发生化学反应生成 $CaSO_3$ 和少量 $CaSO_4$，烟气中的 SO_2 被脱除。与此同时，吸收剂带入的水分迅速被蒸发而干燥，烟气温度随之降低。脱硫反应产物及未被利用的吸收剂以干燥的颗粒物形式部分在塔内分离，由锥体出口排出，另一部分随烟气带出吸收塔，进入除尘器被收集下来。脱硫后的烟气经除尘器除尘后排放。为了提高脱硫剂的利用率，一般将部分除尘器收集物加入制浆系统进行循环利用。

喷雾干燥烟气脱硫工艺主要分为六个阶段：①吸收剂制备。②吸收剂浆液雾化。③雾粒与烟气的接触混合。④液滴蒸发与 SO_2 吸收。⑤灰渣排出。⑥灰渣再循环。其中②～④在喷雾干燥吸收塔内进行。

整个过程所发生的主要化学反应如下：

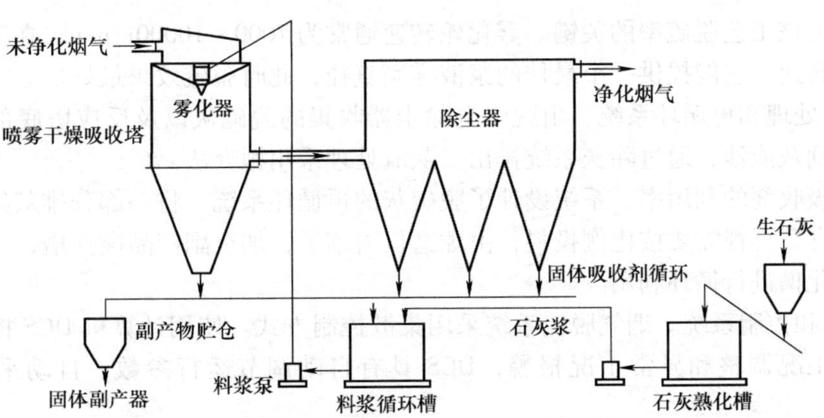

图 1-38　喷雾干燥烟气脱硫（SDA）工艺流程

生石灰制浆：$CaO + H_2O \rightarrow Ca(OH)_2$

SO_2 被液滴吸收：$SO_2 + H_2O \rightarrow H_2SO_3$

吸收剂与 SO_2 的反应：$Ca(OH)_2 + H_2SO_3 \rightarrow CaSO_3 + 2H_2O$

液滴中 $CaSO_3$ 过饱和沉淀析出：$CaSO_3(aq) \rightarrow CaSO_3(s)$

部分 $CaSO_3(aq)$ 被溶于液滴中的氧气所氧化生成 $CaSO_4$：$CaSO_3 + 1/2O_2 \rightarrow CaSO_4$

$CaSO_4$ 难溶于水，迅速沉淀析出固态 $CaSO_4$。

在喷雾干燥烟气脱硫工艺中，烟气中的其他酸性气体如 SO_3、HCl、HF 等，也会同时与 $Ca(OH)_2$ 反应，而且 SO_3 和 HCl 的脱除率高达 95%，远大于湿法脱硫工艺中 SO_3 和 HCl 的脱除率。

2. 工艺系统的组成

喷雾干燥烟气脱硫系统主要由以下子系统组成：

1）浆液制备和供给系统。生石灰计量后进入生石灰熟化槽，在熟化槽完成熟化并成为具有良好脱硫活性的熟石灰 $Ca(OH)_2$ 浆液后，经过滤除渣后进入料浆循环槽，由料浆泵打入脱硫反应塔的高位料箱，然后送入雾化器。

生石灰的熟化采取间歇制浆法。运行中，控制加水量、熟化温度、时间、速率等参数，并根据需要投入一定比例的飞灰和脱硫灰渣。在系统中采用振动筛或其他高效除渣装置滤除浆液中较粗的颗粒以减少对高速雾化系统的磨损。当石灰杂质含量高时，应特别注意这一点。

2）烟气脱硫系统。烟气从锅炉引风机引出后，从脱硫反应塔顶部（有时分成顶部和中部）切向进入，和吸收剂浆液接触反应后，从脱硫反应塔下部引出，最后经电除尘器除尘后由脱硫引风机引入烟囱。

吸收塔是该工艺的核心部分，它由雾化器（高速旋转喷雾器）、烟气分配器和塔体组成。烟气分配器在很大程度上决定了塔内烟气流场，从而影响系统脱硫率。根据径高比不同，吸收塔有粗短型和细长型，后者占地面积小，但对设计参数的选择和烟气分配器要求较高，且易发生塔壁积灰等问题。

雾化器是喷雾干燥脱硫工艺的关键设备。通过高速旋转，会产生巨大的离心力，使进入雾化轮的吸收剂浆液从喷嘴甩出，且破碎成细小雾粒（直径为 50 ~ 100μm）。形成均匀的细小液滴是保证该工艺脱硫率的关键。雾化轮转速通常为7000～10000r/min。在实际运行中存在一个最佳转速，它能提供一个最佳的浆液雾滴直径，此时脱硫效果最好。

3）灰渣处理和再循环系统。由脱硫电除尘器收集的脱硫灰以及反应塔底部排出的灰渣用冲灰泵排到灰渣池，通过除灰系统排出。灰渣处理采用抛弃法。

为提高吸收剂的利用率，系统设计了脱硫灰的再循环系统。将一部分排灰经气力输送到脱硫灰仓贮存。再视需要按比例投料，由球磨机磨细后，加至副产品搅拌槽，加水搅拌后进入生石灰熟化槽进行循环利用。

4）监测和控制系统。烟气脱硫系统采用集散控制方式。使用计算机 DCS 控制全系统的起停、运行工况调整和异常工况报警，DCS 具有自动调节运行参数、自动采集数据的功能。

3. 工艺特点

喷雾干燥法脱硫主要工艺特点有：①喷雾干燥法的原理和装置都较简单，但它的系统设计和设备制造要求高。②在操作上对自动控制的要求比较严格，不仅吸收剂的用量要根据入口 SO_2 浓度变化迅速加以调整，同时还要根据烟气温度的高低调节液体用量，以保证足够的脱硫率和合理的吸收剂利用率。③存在单机容量小、Ca/S 较高、废渣回收困难、喷雾器较易磨损及石灰系统易结垢堵塞的缺点。

二、LIFAC 脱硫

LIFAC 脱硫是由芬兰 Tampella 公司和 IVO 公司联合研究开发的干法烟气脱硫工艺。LIFAC 工艺的全称为炉内喷钙尾部烟气增湿活化。该工艺系统简单、投资低、脱硫费用少、占地面积小，但脱硫率仅为80%左右。多应用于燃用低硫煤电厂的烟气脱硫。

1. 工艺原理

LIFAC 工艺是将石灰石粉喷射到锅炉炉膛内合适的温度区，进行脱硫反应，未反应的吸收剂再与烟气一起进入位于锅炉尾部的增湿活化器，通过喷水使吸收剂活化，达到进一步对烟气脱硫的目的。

LIFAC 工艺包括两个阶段，即炉内喷钙和炉后增湿活化。

第一阶段，即炉内喷钙阶段，粒度为325 目左右的石灰石粉用气力喷射到锅炉炉膛上部温度为900～1250℃的区域。$CaCO_3$ 受热分解成 CaO 和 CO_2，即炉内发生如下反应：

$$CaCO_3 \rightarrow CaO + CO_2 \uparrow$$

锅炉烟气中 SO_3 和部分 SO_2 与 CaO 反应生成硫酸钙：

$$CaO + SO_2 + 1/2O_2 \rightarrow CaSO_4$$

$$CaO + SO_3 \rightarrow CaSO_4$$

未反应的 CaO 与飞灰随烟气一起流向锅炉的下游，这一阶段的脱硫率为25%～35%。

第二阶段，即炉后增湿活化阶段，在一个专门的活化器中喷入雾化水（雾滴粒径为50～100μm）对烟气进行增湿。烟气中未反应的 CaO 与水反应生成在低温下具有较高反应活性的 $Ca(OH)_2$，$Ca(OH)_2$ 与烟气中未反应的 SO_2 反应生成亚硫酸钙。同时有一小部分亚硫酸钙被氧化成硫酸钙。烟气经过增湿活化，可使系统的总脱硫率达到75%以上。增湿活化器中发生的主要反应如下：

$$CaO + H_2O \rightarrow Ca(OH)_2$$

$$Ca(OH)_2 + SO_2 \rightarrow CaSO_3 + H_2O$$

$$CaSO_3 + 1/2O_2 \rightarrow CaSO_4$$

除上述两个反应阶段外，还有灰浆或干灰再循环过程，可以使系统总脱硫率提高到85%。将电除尘器收集的部分飞灰，以及在活化器中未反应的CaO和Ca（OH）$_2$ 再循环送回活化器，称为干灰再循环；将电除尘器收集的部分飞灰加水制成灰浆送入活化器，称为加湿灰浆再循环。

2. 工艺系统组成

LIFAC工艺系统主要由吸收剂制备系统、炉内喷钙系统、活化增湿系统、烟气加热系统、脱硫飞灰再循环系统、仪表控制系统和电气系统组成。其工艺流程如图1-39所示。

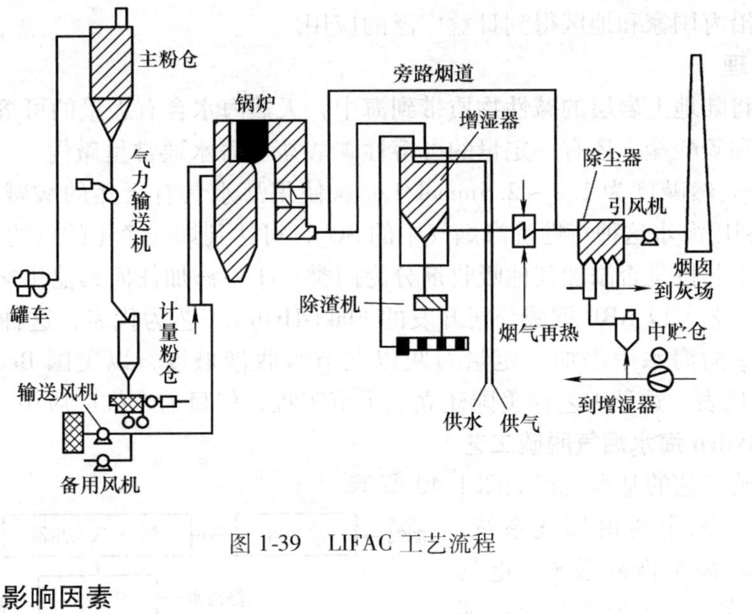

图1-39　LIFAC工艺流程

3. 脱硫率的影响因素

影响该系统脱硫性能的主要因素包括：炉膛喷射石灰石的位置与粒度、钙硫比、活化器进出口烟气温度、活化器内喷水量及水滴大小等。

1）喷射石灰石的位置与粒度。通常，在锅炉炉膛上方温度为950～1150℃的区域内喷入石灰石粉，对石灰石粉的要求是$CaCO_3$含量应超过90%，80%以上的颗粒粒度小于40μm，此时炉内脱硫反应所能达到的脱硫率为20%～30%。

2）钙硫比。LIFAC系统的脱硫率随钙硫比的提高而升高。如采用80%以上、粒径小于44μm的石灰石作为吸收剂，当Ca/S为1.5时，脱硫率约为15%，Ca/S为2.0时，脱硫率约为20%，随着Ca/S的提高，脱硫率会进一步提高。

3）活化塔进口烟气温度。在其他条件不变的情况下，活化塔进口烟气温度提高，能使增湿水量提高，活化塔脱硫率提高。实验表明，吸收剂活化的主要原因是吸收剂与水滴的碰撞。增湿水量增加，提高了吸收剂的活化程度，使其与SO_2反应机会增加，脱硫率提高。某电厂的实验表明，在烟气温度100℃以上时，活化塔进口烟气温度提高10℃，脱硫率提高5%～10%。

4）活化塔出口烟气温度。活化塔出口烟气温度越接近绝热饱和温度，活化塔脱硫率越高，但不应引起活化器壁、除尘器和引风机结露。因此，通常要求控制烟气温度高于绝热饱和温度 10～25K。

5）活化器内的喷水量及水滴大小。活化器的喷水量与煤的含硫量、Ca/S、烟气的进口温度及当时烟气的绝热饱和温度等参数有关。活化器内的喷水量决定了反应温度和湿度。此外，水滴大小影响着脱硫率的高低，在活化器内布置喷嘴应保证水滴与烟气能良好均匀地混合。

三、海水烟气脱硫

海水烟气脱硫是利用海水的天然碱度来脱除烟气中 SO_2 的一种湿式烟气脱硫方法。该方法不产生废弃物，具有技术成熟、工艺简单、系统运行可靠、脱硫率高和投资运行费用低等特点，在一些沿海国家和地区得到日益广泛的应用。

1. 工艺原理

由于雨水将陆地上岩层的碱性物质带到海中，天然海水含有大量的可溶性盐，其中主要成分是氯化钠和硫酸盐，还有一定量的可溶性碳酸盐。海水通常呈碱性，一般海水的 pH 值为7.5～8.3，天然碱度为1.2～2.5mmol/L，这使得海水具有天然的酸碱缓冲能力及吸收 SO_2 的能力。利用海水这种特性洗涤烟气中的 SO_2，可达到烟气净化的目的。

海水脱硫工艺按是否添加其他吸收剂分为两类：①不添加任何其他化学物质，用纯海水作为吸收液的工艺，以 ABB 挪威公司开发的 Flakt-Hydro 工艺为代表，这种工艺已得到广泛的工业应用。②向海水中添加一定量石灰以调节吸收液碱度，以美国 Bechtel 公司开发的 Bechtel 工艺为代表，这种工艺在美国建立了示范工程，但目前未推广应用。

2. Flakt-Hydro 海水烟气脱硫工艺

纯海水脱硫工艺的基本流程如图 1-40 所示。

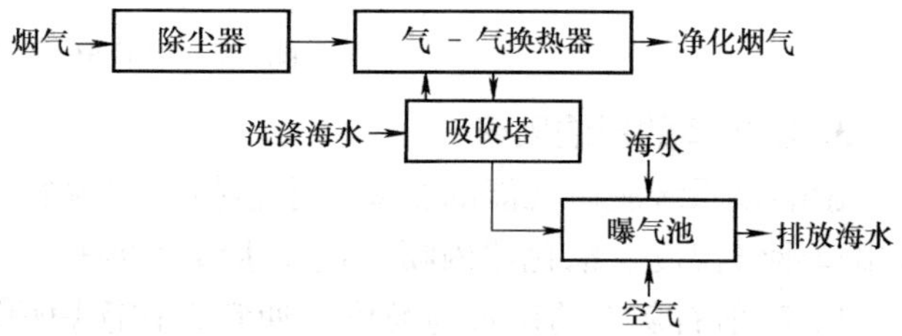

图 1-40 纯海水脱硫工艺基本流程

海水脱硫工艺主要由烟气系统、供排海水系统、海水恢复系统、电气控制系统等组成。其主要流程是：锅炉排出的烟气经除尘器后，由 FGD 系统增压风机送入气-气换热器的热侧降温，然后进入吸收塔，在吸收塔中被来自循环冷却系统的部分海水洗涤，烟气中的 SO_2 在海水中发生以下化学反应：

$$SO_2 + H_2O \rightleftharpoons H_2SO_3 \rightleftharpoons H^+ + HSO_3^-$$

$$HSO_3^- + 1/2O_2 \rightarrow SO_4^{2-} + H^+$$

以上反应中产生的 H^+ 与海水中的碳酸盐发生如下反应

$$H^+ + CO_3^{2-} \rightarrow HCO_3^-$$

$$H^+ + HCO_3^- \rightarrow H_2CO_3 \rightarrow CO_2 \uparrow + H_2O$$

吸收塔内洗涤烟气后的海水呈酸性，并含有较多的 $SO_3{}^{2-}$，不能直接排放到海水中去。吸收塔排出的废水流入曝气池，与来自循环冷却系统的海水混合，并用鼓风机鼓入大量空气，使 SO_3^{2-} 氧化为 SO_4^{2-}，并驱赶出海水中的 CO_2。混合并处理后海水的 pH 值、COD 等达到排放标准后排入海域。净化后的烟气通过 GGH 升温后经烟囱排入大气。

四、荷电干式吸收剂喷射烟气脱硫技术（CDSI）

荷电干式吸收剂喷射烟气脱硫技术是20世纪90年代由美国一公司研制成功的。该技术针对传统干式吸收剂喷射技术存在的脱硫反应速度慢、吸收剂在烟道内滞留时间长及难以在烟道中保持悬浮状态与 SO_2 反应的技术难题，通过吸收剂荷电的方法给予解决。

1. 工作原理

吸收剂 $Ca(OH)_2$ 高速流过高压电源产生的静电充电区而带电（通常是负电），然后用喷枪将带电吸收剂喷入烟道吸收烟气中的 SO_2 生成 $CaSO_3$ 及 $CaSO_4$ 颗粒物质后，被后面的除尘设备除去。

2. 吸收剂带电对脱硫效果的作用

吸收剂带电后，颗粒带有同种电荷，彼此相互排斥并迅速在烟道中扩散，形成均匀分布的悬浮状态，每个吸收剂颗粒表面都能与烟气充分接触，大大增加了与 SO_2 反应的机会，提高了脱硫率；同时，吸收剂颗粒表面的电晕大大提高了吸收剂的活性，提高了反应速度，缩短了与 SO_2 完全反应所需的滞留时间，有效提高了 SO_2 的脱除率。工业应用结果表明，当Ca/S约为1.5时，系统脱硫率可达60%～70%。

3. 荷电干式吸收剂喷射烟气脱硫技术的特点

荷电干式烟气脱硫系统的优点：投资少、工艺简单、可靠性强、设备占地面积小、不造成二次污染。

缺点：对脱硫剂品质的要求高，一般的石灰难以满足要求，可用的石灰售价过高，且脱硫率较低，吸收剂利用率不足，限制了该技术的推广。

五、其他常见的湿式烟气脱硫技术

其他常见的湿式烟气脱硫技术列于表1-12中。

表1-12　其他常见的湿式烟气脱硫技术

湿式脱硫方法	原理	化学反应	工艺特点
磷铵肥法（PAFP）烟气脱硫技术	利用天然磷矿石和氨为原料，在烟气脱硫过程中直接生产磷铵复合肥料的回收法脱硫技术。主要包括四个过程：①活性炭一级脱硫并制得(30±3)%稀硫酸；②稀硫酸萃取磷矿石制得浓度10%以上的磷酸溶液；③磷酸和氨的中和液[$(NH_4)_2HPO_4$]二级脱硫；④料浆浓缩干燥制硫磷铵复合肥	1. 吸附：$2SO_2+O_2+2H_2O \rightarrow 2H_2SO_4$ 2. 萃取磷矿石制磷酸： $Ca_{10}(PO_4)_6F_2+10H_2SO_4+20H_2O \rightarrow 6H_3PO_4+2HF+10CaSO_4 \cdot 2H_2O$ 3. 氨中和磷酸制磷酸氢二铵及二级脱硫： $H_3PO_4+NH_3 \rightarrow NH_4H_2PO_4$ $NH_4H_2PO_4+NH_3 \rightarrow (NH_4)_2HPO_4$ $(NH_4)_2HPO_4+SO_2+H_2O \rightarrow NH_4H_2PO_4+NH_4HSO_3$ $2(NH_4)_2HPO_4+SO_2+H_2O \rightarrow 2NH_4H_2PO_4+(NH_4)_2SO_3$ 4. 脱硫肥料浆氧化及浓缩干燥： $2NH_4H_2PO_4+(NH_4)_2SO_3+1/2O_2 \rightarrow 2NH_4H_2PO_4+(NH_4)_2SO_4$	①脱硫率高；②对烟气的变化适应性强；③副产物可以当做肥料；④能耗低，具有高安全性、运行性和可靠性

（续）

湿式脱硫方法	原理	化学反应	工艺特点
双碱法烟气脱硫技术	用 NaOH、Na_2CO_3、$NaHCO_3$、Na_2SO_3 等的水溶液吸收 SO_2，然后在另一石灰反应器中用石灰或石灰石将吸收 SO_2 后的溶液再生，再生后的吸收液循环使用，而 SO_2 则以石膏的形式析出	1. 吸收： $2NaOH + SO_2 \rightarrow Na_2SO_3 + H_2O$ $Na_2SO_3 + SO_2 + H_2O \rightarrow 2NaHSO_3$ $Na_2CO_3 + SO_2 \rightarrow Na_2SO_3 + CO_2$ 2. 再生： $Ca(OH)_2 + Na_2SO_3 \rightarrow 2NaOH + CaSO_3$ $Ca(OH)_2 + 2NaHSO_3 \rightarrow Na_2SO_3 + CaSO_3 \cdot 1/2H_2O \downarrow + 3/2H_2O$ $CaCO_3 + 2NaHSO_3 \rightarrow Na_2SO_3 + CaSO_3 \cdot 1/2H_2O \downarrow + 1/2H_2O + CO_2 \uparrow$	①循环水基本上是 NaOH 的水溶液，在循环过程中对水泵、管道、设备均无腐蚀与堵塞现象，便于设备运行与保养；②减少了塔内结垢的可能；③脱硫率高，一般在 90% 以上，但是 Na_2SO_3 氧化副反应产物 Na_2SO_4 较难再生，同时降低了石膏品质
镁法烟气脱硫技术	用 MgO 的浆液吸收 SO_2，生成含水亚硫酸镁和少量硫酸镁，然后送流化床加热，当温度在 1235K 以上时释放出 MgO，SO_2 可回收利用	1. 吸收液的制备：$MgO + H_2O \rightarrow Mg(OH)_2$ 2. SO_2 的吸收： $Mg(OH)_2 + SO_2 \rightarrow MgSO_3 + H_2O$ $MgSO_3 + SO_2 + H_2O \rightarrow Mg(HSO_3)_2$ $Mg(HSO_3)_2 + Mg(OH)_2 + 10H_2O \rightarrow 2MgSO_3 \cdot 6H_2O$ 3. 氧化：$MgSO_3 + 1/2O_2 \rightarrow MgSO_4$ 4. 再生：$MgSO_{3(受热)} \rightarrow MgO + SO_2$	①装置小型化，建设费用低；②脱硫率高，运行费用低；③安全性能好，可靠性高；④我国氧化镁（菱苦土）资源丰富，该法在我国有发展前途

复习思考题

1. 脱硫技术按煤炭燃烧过程中不同的阶段分为哪几类？各类脱硫的主要方法有哪些？
2. 湿式石灰石-石膏法脱硫工艺原理是什么？
3. 湿式石灰石烟气脱硫反应速率取决于哪些控制步骤？
4. 湿式石灰石-石膏法脱硫工艺系统主要设备有哪些？
5. 对于湿式石灰石-石膏法脱硫，影响石膏脱水效果的因素主要有哪些方面？
6. 对于湿式石灰石-石膏法脱硫，影响脱硫率的主要因素有哪些？
7. 脱硫废水通常经过哪些处理才能排放？
8. 对于脱硫系统，造成材料腐蚀的因素有哪些？
9. 脱硫系统常见问题有哪些？如何解决？
10. 利用循环流化床原理的脱硫方法有哪几种？影响循环流化床燃烧脱硫效率的因素有哪些？

第二章　火电厂烟气脱硝技术

控制 NO_x 污染应从降低燃烧过程中 NO_x 的生成量和从烟气中去除 NO_x 两方面入手。几十年来经过各国科研人员的开发研究，已取得了较大进展。

第一节　氮氧化物控制技术概述

一、燃烧过程中 NO_x 的生成机理

在煤燃烧过程中，会生成三种类型的氮氧化物：①热力型 NO_x，它是空气中的氮气在高温下氧化而生成的 NO_x；②燃料型 NO_x，它是燃料中含有的氮化合物在燃烧过程中热分解而又接着氧化而生成的 NO_x；③快速型 NO_x，它是燃烧时空气中的氮和燃料中的碳氢原子团如 CH 等反应生成的 NO_x，即先通过燃料产生的 CH 原子团撞击氮分子（N_2），生成 CN 类化合物，再进一步被氧化生成 NO。

图 2-1 是煤粉燃烧中三种类型 NO_x 的生成量和炉膛温度的关系。由图可见，煤粉燃烧所生成的 NO_x 中，燃料型 NO_x 是最主要的，它占 NO_x 总生成量的 60% ~80%；热力型 NO_x 的生成与燃烧温度的关系很大，在温度足够高时，热力型 NO_x 的生成量可占到 NO_x 总量的 20%；快速型 NO_x 在煤燃烧过程中的生成量很小。

1. 热力型 NO_x

热力型 NO_x 是燃烧时空气中的氮（N_2）和氧（O_2）在高温下生成的 NO 和 NO_2 的总和，其生成机理可用下列捷里多维奇的不分支链锁反应式来表达，其中氧原子主要来源于高温下 O_2 的离解：

$$O + N_2 \rightarrow NO + N$$

$$N + O_2 \rightarrow NO + O$$

1971 年，Fennimore 发现在富燃料火焰中有下列反应：

$$N + OH \rightarrow NO + H$$

上面三个反应式被认为是热力型 NO_x 生成的反应机理，其中第一个反应式是控制步骤，它需要高的活化能。氧原子（O）和氮分子（N_2）反应的活化能很大，反应较难发生；而氧原子和燃料中可燃成分反应的活化能很小，它们之间的反应更容易进行。所以，在火焰中不会生成大量的 NO，NO 的生成反应基本上在燃料燃烧完了之后才进行，即 NO 是在火焰的

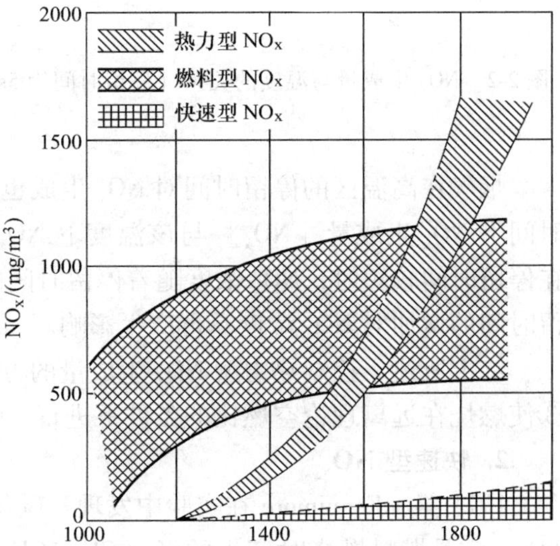

图 2-1　煤粉燃烧中各种类型 NO_x 的生成量和炉膛温度的关系

下游区域生成的。

温度对热力型 NO_x 的生成量影响十分明显，如图 2-2 所示。当燃烧温度低于 1500℃时，热力型 NO_x 生成量极少，当温度高于 1500℃时，反应逐渐明显。随着温度的升高，NO_x 的生成量急剧升高。在实际燃烧过程中，由于燃烧室内的温度分布是不均匀的，如果有局部的高温区，则在这些区域会生成较多的 NO_x，它可能会对整个燃烧室内的 NO_x 生成起关键性的作用。因此，在实际过程中应尽量避免产生局部高温区。

过剩空气系数对热力型 NO_x 生成的影响也十分明显，热力型 NO_x 生成量与氧浓度的平方根成正比，即氧浓度增大，在较高的温度下会使氧分子分解所得的氧原子浓度增加，使热力型 NO_x 的生成量也增加。实际操作中过剩空气系数增加，一方面增加了氧浓度，另一方面会使火焰温度降低。从总的趋势来看，随着过剩空气系数的增加，NO_x 生成量先增加，到一个极值后会下降。图 2-3 给出了 NO_x 生成量与过剩空气系数的关系。

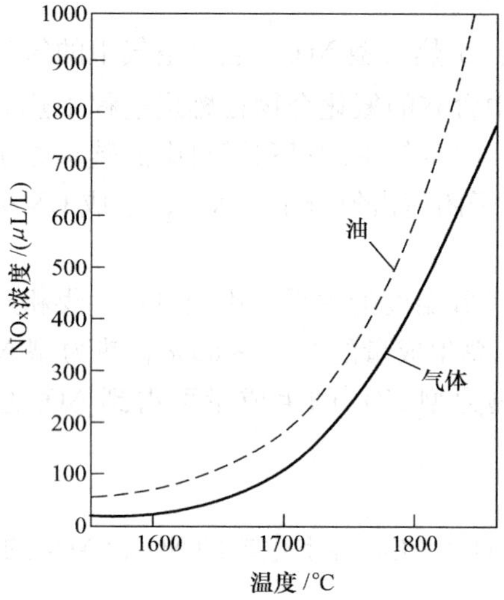

图 2-2　NO_x 生成量与温度的关系（停留时间为 5s）

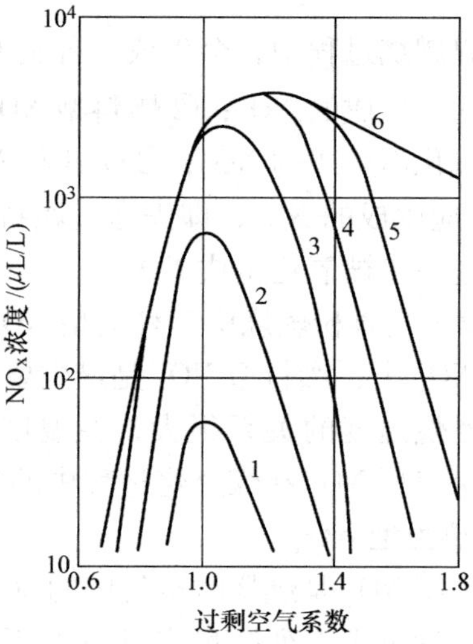

图 2-3　NO_x 生成量与过剩空气系数的关系

1—t = 0.01s　2—t = 0.1s　3—t = 1s

4—t = 10s　5—t = 100s　6—t = ∞

烟气在高温区的停留时间对 NO_x 生成也将产生较大影响。图 2-4 给出了不同温度和停留时间下 NO_x 生成量［NO_x］与该温度下 NO_x 的平衡浓度［NO_x］$_{ban}$之比。从图中可以看出，在停留时间较短时，NO_x 浓度随着停留时间的延长而增大；但当停留时间达到一定值后，停留时间的增加对 NO_x 浓度不再产生影响。

综上所述，控制热力型 NO_x 生成量的方法主要有：①降低燃烧温度。②降低氧气浓度。③使燃烧在远离理论空燃比的条件下进行。④缩短在高温区的停留时间。

2. 快速型 NO_x

1971 年，Fennimore 在实验中发现，碳氢燃料在富燃料燃烧时，反应区附近会快速生成 NO_x。它是燃料燃烧时产生的烃（CH、CH_2、CH_3）基团撞击燃烧空气中的 N_2 生成 HCN、CN，再与火焰中产生的大量 O、OH 反应生成 NCO，NCO 又被进一步氧化为 NO。此外，火焰中 HCN 浓度很高时存在大量氨化合物（NH_x），这些氨化合物与氧原子等快速反应生成

NO。

快速型 NO_x 在 CH_x 类原子团较多、氧气浓度相对较低的富燃料燃烧时产生，多发生在内燃机的燃烧过程中。快速型 NO_x 的生成对温度的依赖性很弱。对于燃煤锅炉，快速型 NO_x 与燃料型及热力型 NO_x 相比，其生成量要少得多，一般占总 NO_x 的5%以下。通常情况下，在不含氮的碳氢燃料低温燃烧时，才重点考虑快速型 NO_x。

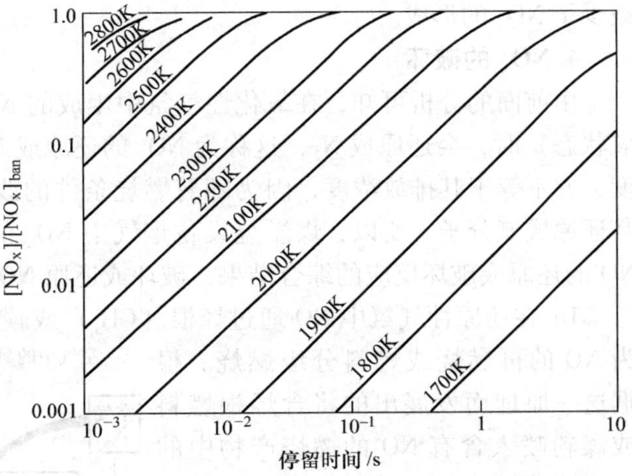

图 2-4　不同温度和停留时间下 NO_x 生成量

3. 燃料型 NO_x

燃料型 NO_x 的生成机理非常复杂，大致有以下规律：

1）在一般燃烧条件下，燃料中的氮有机化合物首先被热分解成氰（HCN）、氨（NH_3）、CN或热解焦油等中间产物，它们随挥发分一起从燃料中析出，称为挥发分N，其生成的 NO_x 占燃料型 NO_x 的60%～80%。挥发分N析出后仍残留在焦炭中的氮化合物，称为焦炭N。图2-5是煤中的氮转化为挥发分N和焦炭N的示意图。

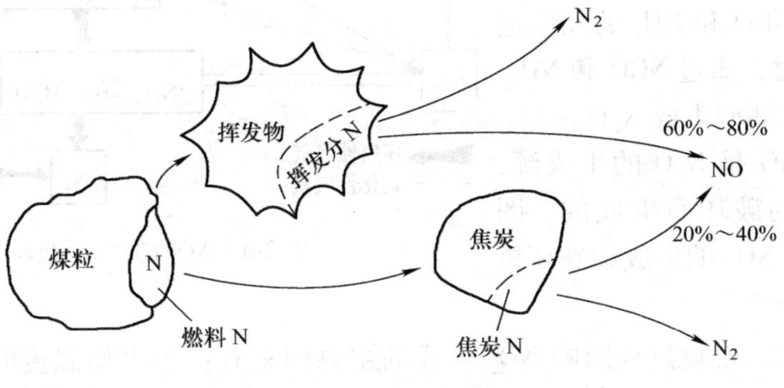

图 2-5　燃烧过程中煤中的氮转化为挥发分N和焦炭N的示意图

2）挥发分N中最主要的氮化合物是HCN和 NH_3，在挥发分N中HCN和 NH_3 所占的比例不仅取决于煤种及其挥发分的性质，而且与氮和煤的碳氢化合物的结合状态等化学性质有关，同时还与燃烧条件（如温度等）有关。

3）挥发分N中HCN被氧化的主要反应途径如下：挥发分N中的HCN氧化成NCO后，可能有两条途径，取决于NCO进一步遇到的反应条件。在氧化性气氛中，NCO会进一步氧化成NO，成为NO的生成源。同时，NCO又能与已生成的NO进行还原反应，使NO还原成 N_2，成为NO的还原剂。

4）挥发分N中 NH_3 被氧化的主要反应途径如下：NH_3 可能成为NO的生成源，也可能成为NO的还原剂。

由此可知，燃料型 NO_x 的生成过程比热力型 NO_x 要复杂得多，而与快速型 NO_x 的生成过程比较接近。煤中氮转换成 NO_x 的量主要取决于过剩空气系数，较少依赖于反应温度。在缺氧状态下，燃料中挥发出来的氮与碳、氢竞争不足的氧气，由于氮缺乏竞争能力，因而

减少了 NO_x 的形成。

4. NO_x 的破坏

由前面的分析可知，在氧化性气氛中生成的 NO_x 当遇到还原性气氛（富燃料燃烧或缺氧状态）时，会还原成 N_2，这称为 NO_x 的还原或 NO_x 的破坏。因此，最初生成的 NO_x 的浓度，并不等于其排放浓度，因为随着燃烧条件的改变，有可能将已生成的 NO_x 破坏掉，将其还原成氮分子。所以，煤燃烧设备烟气中 NO_x 的排放浓度最终取决于 NO 的生成反应和 NO 的还原或破坏反应的综合结果，破坏或还原 NO_x 有三条可能的途径：

1）在还原性气氛中 NO 通过烃根（CH_i）或碳还原。通过 CH_i 和 C 将 NO 还原的过程称为 NO 的再燃烧或燃料分级燃烧。根据这一原理而发展出的将含烃根燃料或煤粉喷入含有 NO 的燃烧产物中的燃料分级燃烧技术，可以有效地控制 NO_x 的排放。

2）在还原性气氛中，NO_x 与氨类（NH_i）或氮原子（N）反应生成氮分子（N_2）。

3）从反应式可以看出，NO 的还原和破坏是通过 NCO 和 NH_i 的反应途径而实现的，同时，通过 NCO 和 NH_i，还可以由 NO 的破坏而生成 N_2O。

由此可见，NO 是 N_2O 的生成源，N_2O 是通过 NO 的破坏而生成的。图 2-6 表示了火焰中 NO_x 的生成和破坏机理。

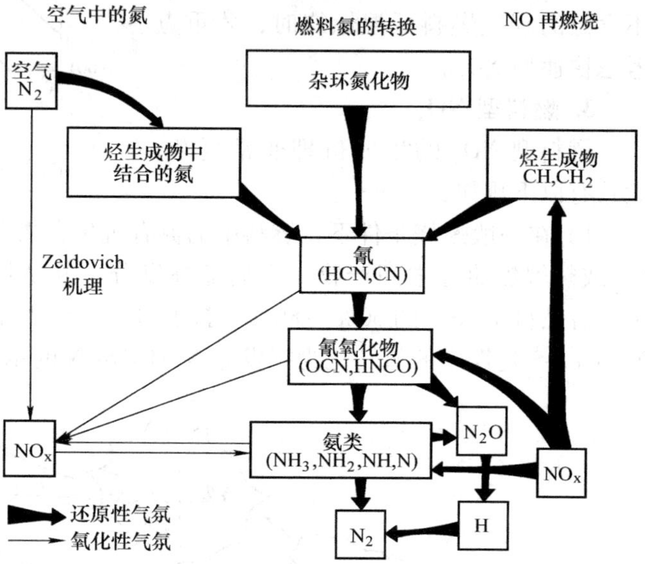

图 2-6 NO_x 的生成和破坏机理

从以上分析知，燃烧过程影响 NO_x 生成的主要因素有：①火焰温度峰值；②燃料的含氮量；③过剩空气系数；④燃烧产物在高温区/高氧区停留的时间。

二、煤燃烧生成的 NO_x 的控制

控制氮氧化物排放的方法有十余种，这些方法大体上可以分为两大类：一级污染预防措施（低 NO_x 燃烧技术）和二级污染预防措施（烟气脱硝技术）。

1）一级污染预防措施。一级污染预防措施是指在 NO_x 生成前的所有控制措施。一级污染预防措施主要是通过改进燃烧方式减少 NO_x 的生成量。

燃烧方式的改进通常是一种相对简便易行的减少 NO_x 排放的措施，但这种措施会带来燃烧效率的降低，不完全燃烧损失增加，而且 NO_x 的脱除率也不够高，因此随着环保要求的不断提高，燃烧后的处理越来越成为必然。

2）二级污染预防措施。二级污染预防措施是指在 NO_x 生成后的控制措施，即对燃烧后产生的含 NO_x 的烟气（尾气）进行脱氮处理，又称为烟气脱硝或废气脱硝。

图 2-7 综合概括了当今世界上为控制 NO_x 排放所涉及的各方面技术措施。

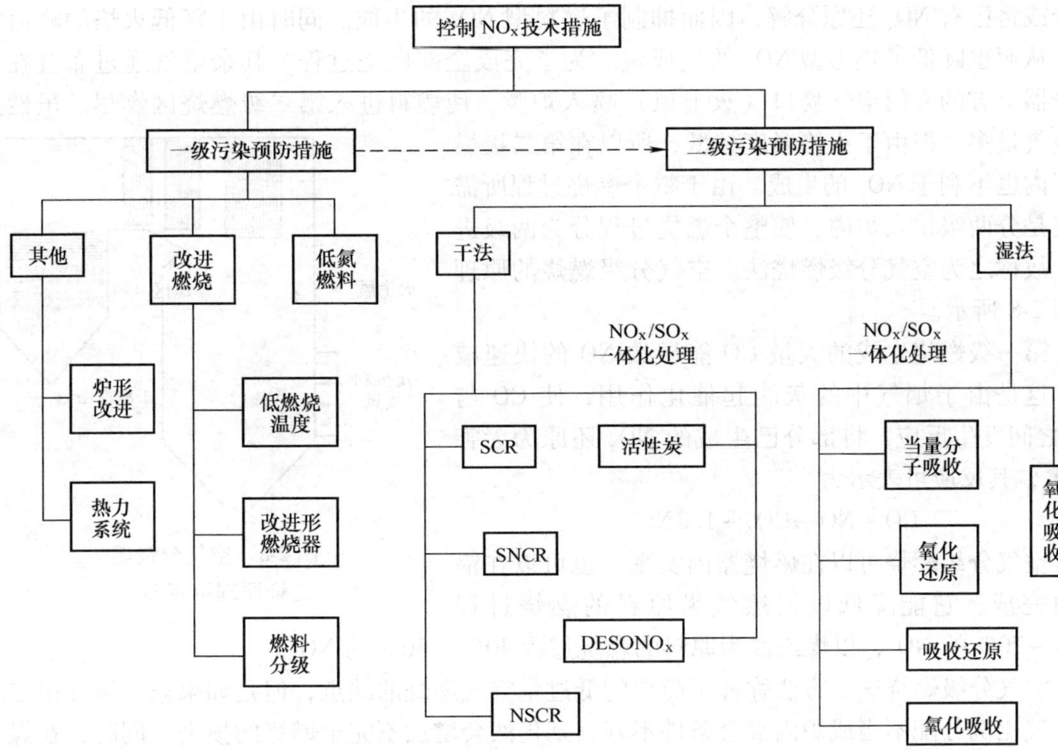

图 2-7 控制 NO_x 排放的技术措施

第二节 低氮氧化物燃烧技术

基于 NO_x 的生成机理，降低燃烧过程中 NO_x 的生成与排放途径主要有：①减少燃料周围的氧浓度，包括减少炉内过剩空气系数，或减少一次风量及减少挥发分燃尽前燃料与二次风的掺混。②在氧浓度较低的条件下，维持足够的停留时间，抑制燃料中的氮生成 NO_x，同时使已生成的 NO_x 被还原分解。③在空气过剩的条件下，降低燃烧温度，以减少热力型 NO_x 的生成。

根据以上途径，产生很多低 NO_x 燃烧技术。这些技术大致可分四类，即空气分级燃烧、燃料分级燃烧（也称为再燃烧）、低 NO_x 燃烧器、烟气再循环燃烧技术。在对 NO_x 排放控制较为严格的地区，通常先采用低 NO_x 燃烧技术，后再进行烟气脱硝，以降低投资和运行费用。

一、空气分级燃烧

空气分级燃烧法是将燃烧用的空气分两级送入，在第一级燃烧区，从主燃烧器供入炉膛总燃烧空气量的70%～75%（相当于理论空气量的80%左右），使燃料先在缺氧的富燃料燃烧条件下燃烧。在第一级燃烧区内过量空气系数 $\alpha<1$，从而降低了第一级燃烧区的燃烧速度和温度水平。由于是缺氧的富燃料燃烧，不但延迟了燃烧过程，而且使燃料在还原性气氛中燃烧，燃烧生成CO，燃料中的氮将分解生成HN、HCH、CN、NH_3 和 NH_2 等，它们相互

复合或将已有 NO_x 还原分解，因而抑制了燃料型 NO_x 的生成。同时由于降低火焰的峰值温度，从而也降低了热力型 NO_x 的生成量。为了完成全部燃烧过程，其余空气通过布置在主燃烧器上方的专门空气喷口（火上风）喷入炉膛，使燃料进入第二级燃烧区燃尽。虽然这时空气量多，但由于火焰温度较低，所以在第二级燃烧区内也不利于 NO_x 的生成。由于整个燃烧过程所需空气是分两级供入炉内，使整个燃烧过程分为两级进行，故称之为空气分级燃烧法。空气分级燃烧的原理如图 2-8 所示。

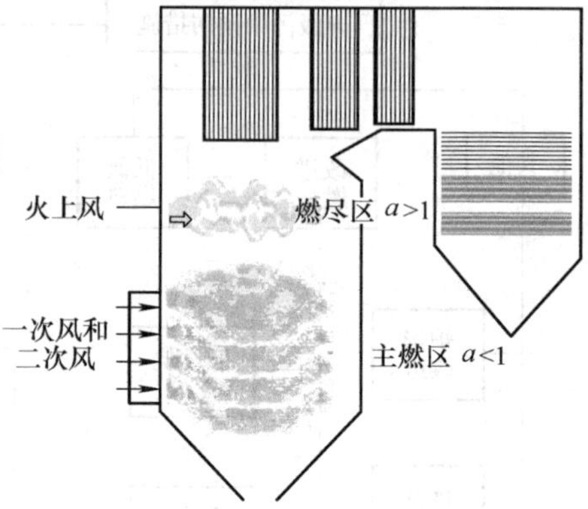

图 2-8　空气分级燃烧原理示意图

第一级燃烧生成的大量 CO 能导致 NO 的快速减少，这是由于烟气中的灰能起催化作用，使 CO 与 NO 之间发生反应，将部分已生成的 NO_x 还原为无害的 N_2，其反应可表示为

$$CO + NO \rightarrow CO_2 + 1/2N_2$$

空气分级燃烧可以在燃烧器内实现，也可以在锅炉内完成。它能降低以天然气为原料的燃烧过程 60%～70% 的 NO_x，以煤或油为原料的燃烧过程 40%～50% 的 NO_x。

空气分级燃烧这一方法弥补了简单的低过量空气燃烧的缺点，但是如果第一级和第二级的空气比例分配不当或炉内混合条件不好，则仍然会增加不完全燃烧的损失。同时，在煤粉炉第一级燃烧区内的还原性气氛也存在着引起结渣或引起受热面腐蚀的问题。

二、燃料分级燃烧

燃料分级燃烧也称为“再燃烧”，是把燃料分成两股或多股燃料流，这些燃料流经过三个燃烧区发生燃烧反应。

由 NO_x 的破坏机理可知，已生成的 NO_x 在遇到烃根 CH_i 和未完全燃烧产物 CO、H_2、C 和 C_nH_m 时，会发生 NO 的还原反应。利用这一原理，将 80%～85% 的燃料送入第一级燃烧区，送入一级燃烧区的燃料称为一次燃料，在 $\alpha>1$ 的条件下燃烧，显然，这一区域的燃烧条件将导致较多的 NO_x 生成。其余 15%～20% 的燃料则在主燃烧器的上部送入二级燃烧区，在 $\alpha<1$ 的条件下形成很强的还原性气氛，使得在一级燃烧区中生成的 NO_x 在二级燃烧区内被还原成 N_2。二级燃烧区又称再燃区，送入二级燃烧区的燃料又称二次燃料，或称再燃燃料。在再燃区的上面还需布置“火上风”喷口以形成第三级燃烧区（燃尽区），以保证在再燃区中生成的未完全燃烧物质燃尽。

再燃烧法的特点是将燃烧分成三个区域：一次燃烧区是氧化性气氛，二次燃烧区是还原性气氛，在二次燃烧区还原一次燃烧区内生成的 NO_x，最终生成 N_2，最后再送入二次风，使燃料燃烧完全。图 2-9 是燃料分级的原理示意图。

和空气分级燃烧相比，燃料分级燃烧在炉膛内需要有三级燃烧区，这就使燃料和烟气在再燃区内的停留时间相对较短，所以二次燃料宜选用容易着火和燃烧的气体或液体燃料，如天然气、甲烷。所以最早煤粉炉采用更多的是碳氢类气体或液体燃料作为二次燃料，近年来开始直接采用煤粉做为二次燃料。分级燃烧时如选用煤粉作为二次燃料，要采用高挥发分易燃的煤种，而且煤粉要磨得更细。

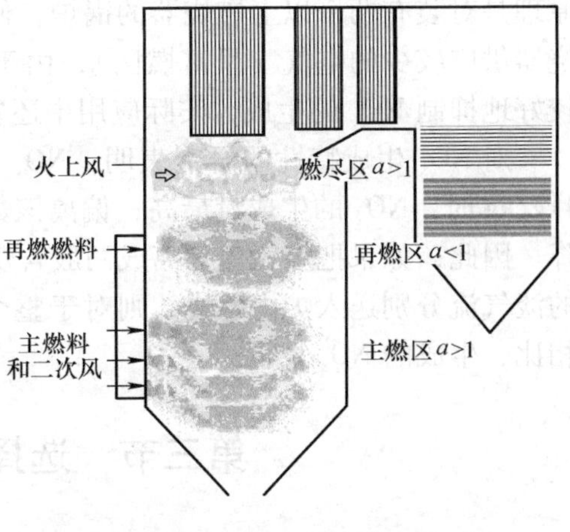

图 2-9　燃料分级的原理示意图

NO 的还原可发生在燃烧器内，也可发生在炉膛内。燃料分级燃烧可减少 50% 的 NO_x 的排放。

三、烟气再循环燃烧

上面所讨论的方法，都是基于将空气和燃料分级以造成浓度偏差来降低 NO_x 的生成量，目前除了这些方法之外，使用较多的还有烟气再循环法。它是在锅炉的空气预热器前抽取一部分低温烟气送入炉内。将烟气送入炉内再循环的方法很多，如通过专门的喷口送入炉内，或用这部分烟气输送二次燃料。但效果更好的方法是采用空气烟气混合器，把烟气掺混到燃烧空气中去与一次风或二次风混合后送入炉内，这样不但可降低燃烧温度，而且也降低了氧气浓度，因而可以降低 NO_x 的排放浓度。烟气循环的运行和改装相对来说比较容易，但改装的费用却很高。图 2-10 为锅炉烟气再循环系统的示意图。

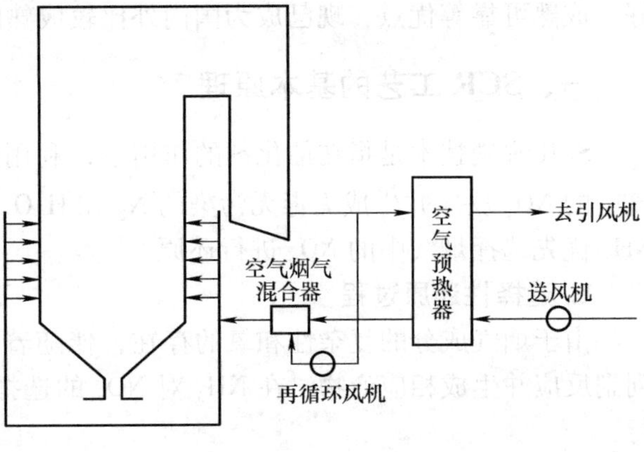

图 2-10　锅炉烟气再循环系统

烟气再循环法的效果不仅与燃料种类有关，而且与再循环烟气量有关。当烟气再循环倍率增加时，NO_x 排放减少，但进一步增大循环量，NO_x 的排放变化不大，趋于一个定值。循环倍率过大，炉温降低太多，会导致燃烧不稳定。因此烟气再循环率一般不超过 30%，一般大型锅炉限制在 10% ~20%，此时 NO_x 可降低 25% ~35%。

四、低 NO_x 燃烧器

低 NO_x 燃烧器通过特殊设计的燃烧器结构，精心组织一次风粉和燃烧辅助空气（二次风、三次风、隔离风）在空间上的布置，精细控制着火、混合、燃尽区域的温度、气氛、停留时间和混合强度，将前述的空气分级、燃料分级和烟气再循环降低 NO_x 浓度的原理用于燃烧器，达到最大限度抑制 NO_x 生成的目的。

目前，锅炉和燃烧器制造商研究开发出名目繁多的低 NO_x 燃烧器，其中双调风燃烧器应用较广泛。双调风低 NO_x 燃烧器将二次风分成内、外两股气流，通过调风器和旋流叶片分别控制各自的风量和旋流强度，以调节一、二次风的混合。

低 NO_x 燃烧器可以与二次风以及烟气再循环燃烧等其他技术措施结合，采用二次风的低 NO_x 燃烧器可实现 35% ~70% 的脱除率。

五、浓淡燃烧法

浓淡燃烧法是近几年国内外采用的一种新的降低锅炉燃烧排放 NO_x 的燃烧技术。此法原理是对装有两个以上燃烧器的锅炉，使部分燃烧器供应较多的空气（呈贫燃区），部分燃烧器供应较少的空气（呈富燃区），由于两者都偏离了理论空气量，因此使燃烧温度降低，较好地抑制 NO_x 的生成，实际应用中还发现，采用此种浓淡燃烧技术还有良好的稳燃作用。

对 NO_x 生成特性的研究表明，NO_x 的生成量与一次风/煤比有关。一次风/煤比为 3 ~ 4kg/kg 时，NO_x 的生成量最高；偏离该数值，不管是煤粉浓度高还是低，NO_x 的排放量均下降。因此，如果把煤粉流分离成两股含煤量不同的气流，即含煤粉量多的浓气流和含煤量少的淡气流分别送入炉内燃烧，则对于整个燃烧器，其 NO_x 生成量与燃用单一浓度的煤粉流相比，生成的 NO_x 要低。

第三节 选择性催化还原脱硝技术

选择性催化还原（Selective Catalytic Reduction，SCR）脱硝技术具有脱除率高、选择性好、成熟可靠等优点，现已成为国内外比较成熟的主流技术。

一、SCR 工艺的基本原理

SCR 脱硝技术是指在催化剂的作用下，利用还原剂（如 NH_3 或尿素）有选择性地与烟气中的 NO_x 反应并生成无毒无污染的 N_2 和 H_2O。“选择性”在这里是指在催化剂的作用下 NH_3 优先选择烟气中的 NO_x 进行还原。

1. 选择性还原过程

由于烟气成分的复杂性和氧的存在，伴随着 NH_3 对 NO_x 还原的主反应，还会发生一系列副反应并生成相应产物，在 NH_3 对 NO_x 的选择性还原过程中主要有以下化学反应同时进行：

$$4NH_3 + 4NO + O_2 \rightarrow 4N_2 + 6H_2O \tag{2-1}$$

$$4NH_3 + 6NO \rightarrow 5N_2 + 6H_2O \tag{2-2}$$

$$4NH_3 + 2NO_2 + O_2 \rightarrow 3N_2 + 6H_2O \tag{2-3}$$

$$8NH_3 + 6NO_2 \rightarrow 7N_2 + 12H_2O \tag{2-4}$$

与此同时存在以下副反应：

$$4NH_3 + 5O_2 \rightarrow 4NO + 6H_2O \tag{2-5}$$

$$2NH_3 \rightarrow N_2 + 3H_2 \tag{2-6}$$

$$4NH_3 + 3O_2 \rightarrow 2N_2 + 6H_2O \tag{2-7}$$

上述反应中，式（2-1）~式（2-4）是 NO_x 还原生成 N_2 和水的反应，是希望发生的反应，是这一过程的主要反应。由于 NO 是烟气中 NO_x 的主要成分，所以主反应中式（2-1）和式（2-2）所代表的反应是最主要的反应。式（2-5）~式（2-7）是不希望发生的反应，此外，烟气中 SO_2 被氧化成 SO_3 继而和过量 NH_3 反应生成硫酸铵或硫酸氢铵，这两种物质对下游设备造成的损害也是不能忽视的问题，所以这些反应都是应该抑制的一类。

2. 选择性催化还原与选择性非催化还原

任何一个化学反应都存在适宜发生反应的温度，通常把适宜发生反应的温度区间称为“温度窗”。NH_3 对 NO_x 的选择性还原在有催化剂存在和没有催化剂存在的情况下，具有不同的温度窗。在不添加催化剂的时候，较理想的 NH_3 对 NO_x 的还原温度窗为 850 ~ 1000℃，

低于该温度区间 NO_x 的还原速度就会变得很慢，而且当温度为 1050～1200℃时，氨本身还会被氧化成 NO。通过添加不同种类的催化剂，上述温度窗可以降低到 250～420℃，甚至可以低到 80～150℃。

不添加催化剂的方法称为“选择性非催化还原法”（SNCR），SCR 法和 SNCR 法的温度窗比较如图 2-11 所示。

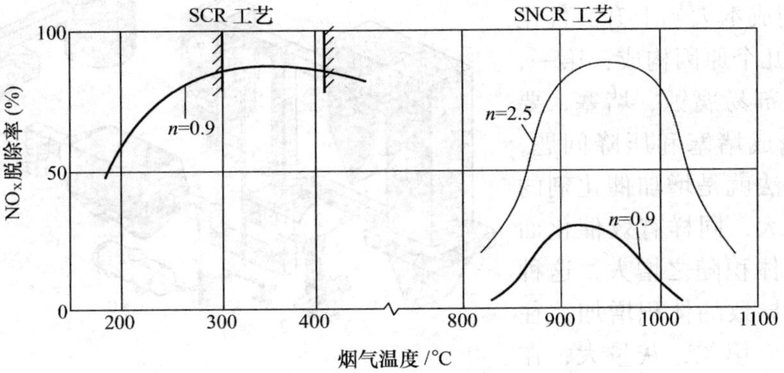

图 2-11　SCR 法和 SNCR 法的温度窗比较

3. 选择性催化还原法的工作原理

选择性催化还原法是通过将氨喷入烟道，并使氨和烟气均匀混合，流过安放有催化剂的反应器，在催化剂的作用下完成还原反应。其工作原理可用图 2-12 表示。

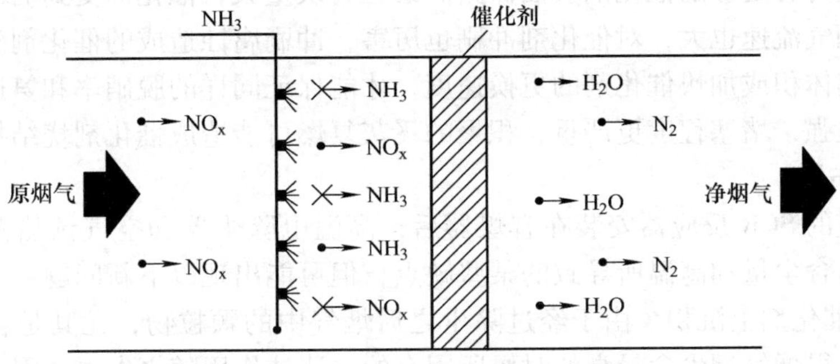

图 2-12　SCR 法的工作原理

SCR 法脱除烟气中 NO_x 的效率很高，在 NH_3 与 NO_x 的摩尔比约等于 0.9 时，效率可达 80%～90%。

二、SCR 反应器的布置

依据 SCR 反应器相对的安装位置不同，SCR 系统有高含尘布置、低含尘布置和尾部布置三种方式。

1. 高含尘布置

SCR 装置高含尘布置系统如图 2-13 所示，SCR 反应器布置在锅炉省煤器和空气预热器之间。由于这段的烟气温度一般为 300～500℃，多数催化剂在此温度范围内有足够的活性。因此，这种布置方式的优点是烟气不必加热就能满足适宜的反应温度。但高飞灰浓度对 SCR 有以下影响：

1）飞灰量高，极易导致堵塞，风机压损增加。

2）飞灰量高，飞灰所含有毒物质量高，催化剂的中毒几率大大增加。

3）催化剂成本大幅上升。催化剂成本上升由几个原因构成：第一，灰量大，催化剂易腐蚀、堵塞，要解决因灰量造成堵塞和压降问题，唯一有效的办法就是增加催化剂的孔径，孔径一大，同样有效催化面积的催化剂总体积随之增大，这种由于孔径增大导致的体积增加往往是非常可观的。第二，灰量大，在吹灰间隔中，大部分的催化剂被灰覆盖，这样，为了保证恶劣情况下的脱硝率和氨逃逸率（假设不需要考虑压降问题），就必须增加催化剂体积，以保证随时有足够的催化剂表面裸露。第三，灰量大，催化剂受到的冲刷和腐蚀几率也大大增加，烟气流速也大，对催化剂冲刷也厉害，冲刷腐蚀造成的催化剂失效快，只有增加初始的催化剂体积或加快催化剂的更换速度，才能保证同样的脱硝率和氨逃逸率。液态排渣炉的灰粘性更强，堵塞程度更严重，积聚的飞灰复燃可能造成催化剂烧结损失。

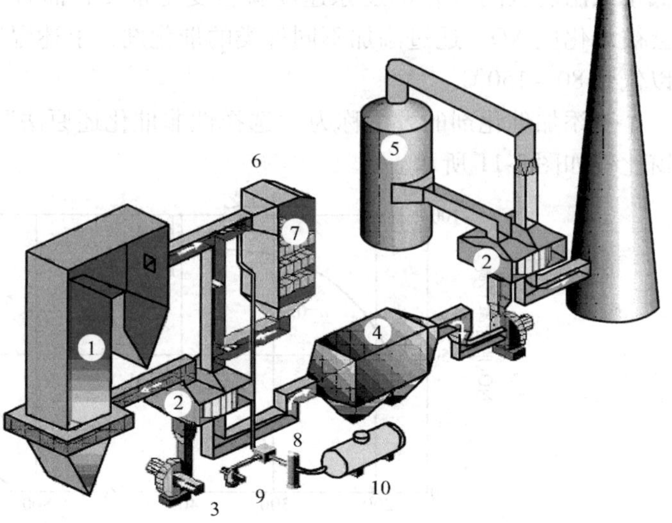

图 2-13　SCR 装置高含尘布置系统

1—锅炉　2—换热器　3—空气　4—电除尘器　5—SO_2 吸收塔　6—SCR 反应器　7—催化剂　8—雾化器　9—氨/空气混合器　10—液氨贮罐

2. 低含尘布置

低含尘布置的 SCR 反应器安装在省煤器后，高温电除尘器和空气预热器之前，该布置方式虽然没有高含尘量和高温所导致的某些缺点，但可能出现以下新问题：

1）飞灰在催化剂上沉积。由于经过除尘之后烟气中的颗粒物，尤其是粒径较大的颗粒物大大减少，使得烟气烟尘含量高的时候所固有的自清洁作用随之失去，因此烟气中未被除去的极细小的烟尘非常容易沉积在催化剂上，降低催化剂的活性。

2）需要采用高温电除尘器，投资费用和运行要求都相应提高。

3）高含尘布置易发生的由于硫酸铵和硫酸氢铵的沉积对空气预热器等下游设备的危害，在低含尘布置方式中依然存在。

3. 尾部布置

尾部布置是将 SCR 反应器安装在脱硫装置之后，即整个烟气净化系统的末端，这种布置的优点是经过除尘和脱硫之后的烟尘可以使催化剂既不受高浓度烟尘的影响也不受 SO_3 等气体的影响，有利于保持催化剂的活性和延长使用寿命。但缺点是烟气温度过低（湿法脱硫系统出口的烟气温度为 50～80 ℃，半干法约为 75 ℃），目前所有 SCR 催化剂都不能适用于如此低的温度，所以必须重新对烟气加热。根据欧共体国家的经验，用天然气加热烟气时，发电功率为 150MW 时所消耗的天然气约为 1000m^3/h。如此大的能量消耗所带来的高额运行成本是这种方式推广的最大障碍。另外，由于 SCR 反应器出来的烟气温度一般都为 350

~400 ℃，所以还需要利用热交换器进行冷却，使烟气温度降为120℃左右以达到排放要求。

三、SCR 工艺流程

典型 SCR 系统装置为高含尘布置，根据还原剂制备的不同，其流程有所区别。液氨作为还原剂的 SCR 系统原则性工艺流程如图 2-14 所示，液氨由槽车运送至液氨贮罐，液氨贮罐输出的液氨在氨蒸发器内蒸发为氨气，氨气经加热至常温后送至缓冲罐备用。氨缓冲罐中的氨气经调压阀减压后，与稀释风机送来的空气混合成氨气体积分数约为 5% 的混合气体，通过喷氨格栅的喷嘴喷入烟气中，然后氨气与 NO_x 在催化剂的作用下发生氧化还原反应，生成 N_2 和 H_2O。

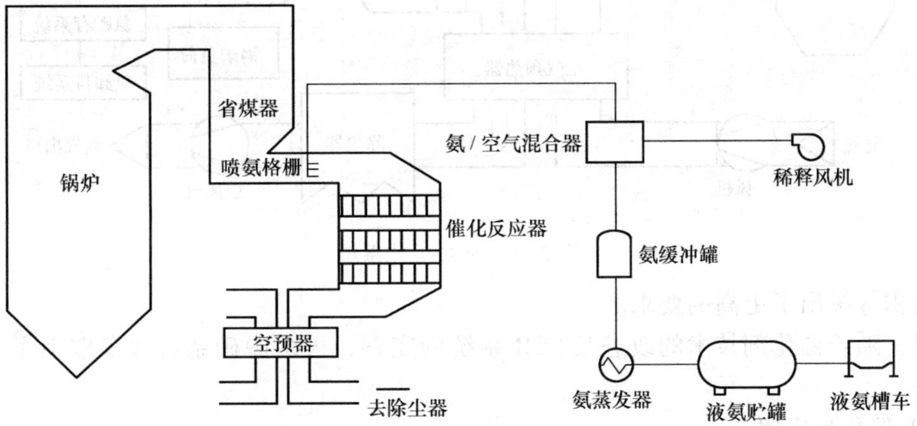

图 2-14　SCR 系统原则性工艺流程

四、SCR 工艺系统

SCR 工艺系统主要包括烟气系统、催化反应器、还原剂贮存及供应系统、控制系统等，对于某些布置方式还有烟气再热系统等附属设施。SCR 工艺系统如图 2-15 所示。

（一）烟气系统

如图 2-15 所示，烟气系统是指从锅炉低温省煤器出口至 SCR 反应器本体入口、反应器本体出口至低温空气预热器入口之间的连接烟道及旁路烟道，包含导流板、烟道支吊架、人孔门、挡板、膨胀节等所有部件。烟道布置要求简洁、流场通顺、烟气阻力小。烟道内布置混合器和导流板等均流装置，可以提高氨气与烟气的混合效果，降低 NH_3/NO_x 摩尔比，降低速度、温度分布的偏差。

频繁启停、长期低负荷运行或超负荷运行的机组，都可能造成排烟温度超出催化剂的适用范围，从而缩短催化剂寿命。SCR 工艺一般需要设置旁路系统，以避免烟温过高或过低对催化剂造成损害。脱硝系统设置省煤器旁路，其主要作用是当机组在低负荷运行时，保证 SCR 入口烟气温度能达到脱硝反应温度窗。设置反应器旁路，其作用是用来在锅炉启动和停运期间或紧急状况下隔离 SCR 反应器，使催化剂不受到损害，机组在长期不脱硝时隔离 SCR 装置，以节约引风机的电耗。

脱硝系统设置旁路的缺点主要为：系统复杂，增加了控制的复杂性；需要设置旁路烟道和挡板门，从而增加了投资；旁路挡板门需要配备密封风机，增加了用电，并且对系统控制

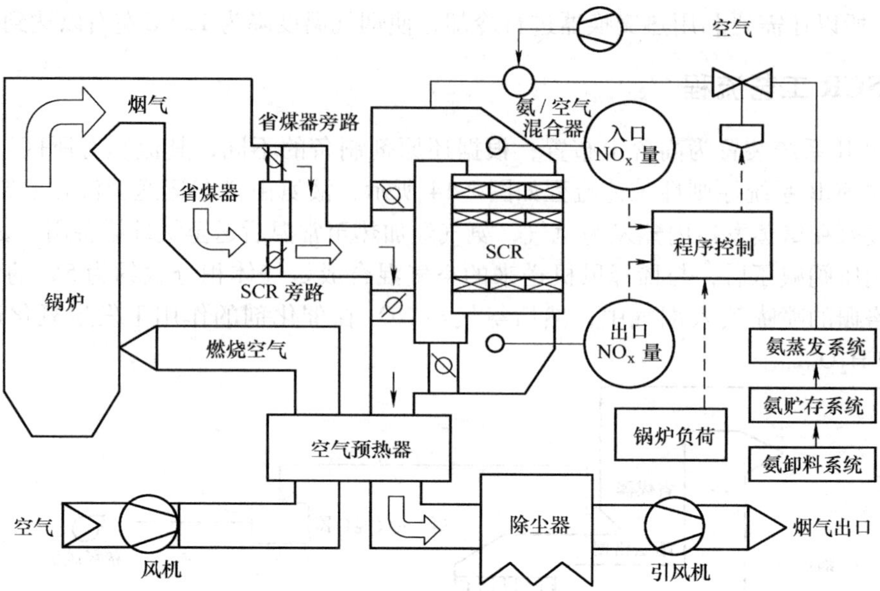

图 2-15 SCR 工艺系统

和场地面积等提出了更高的要求。

所以，随着催化剂技术的改进及 SCR 系统的完善，很多脱硝系统逐渐取消了旁路的设置。

（二）催化反应器

催化反应器是 SCR 系统的主要部分，是一个与尾部烟道相连的安装催化剂和完成脱硝反应的容器，为全封闭的钢结构设备。该反应器的设计参数为脱硝率、最大 NH_3 逃逸量、烟气量及烟气成分、烟气温度、要求的催化剂寿命。通常每台锅炉配两套反应器，每套反应器处理烟气总量的 1/2。

1. 反应器内部结构

SCR 反应器由反应器壳体、流场优化装置、进气和排空罩、整流装置、催化剂模块、吊装设备、支撑框架、密封装置、吹灰器以及在线分析监测装置等组成。其中，催化剂模块是 SCR 系统的关键。反应器有水平和垂直气流两种布置方式，在燃煤锅炉中，烟气中的含尘量很高，一般采用垂直气流布置方式，如图 2-16 所示。

SCR 反应器为直立式焊接钢结构容器，内部设有催化剂支撑结构，能承受内部压力、地震负荷、烟尘负荷、催化剂负荷和热应力等。支撑结构在保证牢固的情况下，还应注意排列合理，尽量减少对烟气的阻碍，并避免产生涡流和烟气回流现象。反应器壳外部设有加固肋及保温层，在反应器侧壁对应催化剂部位应设置催化剂装载门和人孔，前者用于将催化剂模块装入或更换，后者用于机组停运时检修人员进入检查或检测催化剂模块。

每个反应器内装填一定体积的催化剂，催化剂装填量的多少取决于设计的处理烟气量、脱硝率及催化剂的性能。催化剂常被制备成标准尺寸的单元体，再由若干单元组成模块，置于特制的框架内组成箱体，若干只箱体再组成催化剂层。催化剂模块装入钢箱，便于运输、安装和起吊，防止催化剂的破损。催化剂模块与箱体外壳之间以及箱体与箱体顶部间隙之间都装有密封装置，以防止未处理烟气的泄漏以及外部振动的影响。箱体底部有一个用于固定

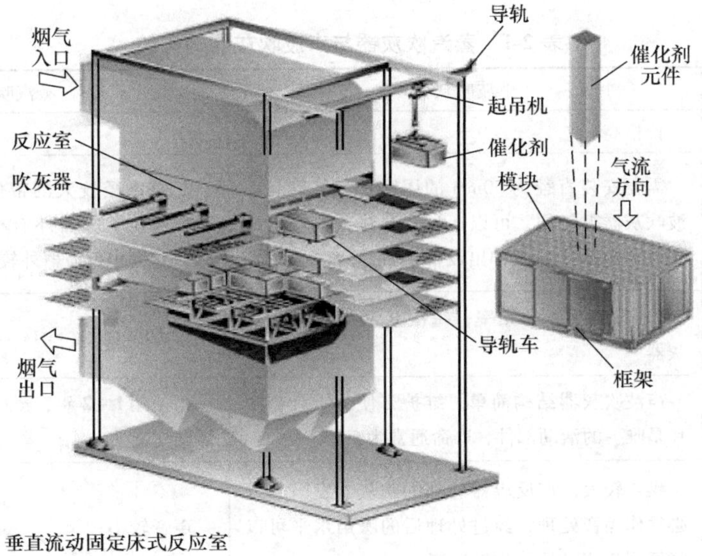

图 2-16　模块化的催化反应器

的支撑格栅，箱体顶部设有不锈钢保护格栅，避免外来物磨损催化剂。

2. SCR 催化剂层的布置及更换方案

催化剂层通常采用 2 + 1 或 3 + 1 的布置方案，即 SCR 反应器初期运行时只填装 2 层（或 3 层）催化剂，运行中催化剂活性逐渐衰减，当脱硝率不能满足设计要求时，填装预留层催化剂。预留层催化剂填装后，运行约 24000h，脱硝率达不到设计要求时更换第一层催化剂，以后根据运行情况依次逐层更换催化剂。这种布置及更换方案可增加脱硝率，有效延长催化剂的寿命，节省 SCR 运行费用。

3. 吹灰器

我国燃煤电厂排放的烟气中灰分含量普遍较高，进入 SCR 系统反应过程中的飞灰对催化剂的活性和寿命都产生不利的影响。为了预防灰粉堆积在催化剂表面，需要设置一套吹灰系统，根据设置的催化剂层数及数量来设置吹灰器台数。吹灰器安装在每个催化剂层的上方，目前普遍应用的是蒸汽和声波两种吹灰技术。

（1）工作原理　蒸汽吹灰是将一定压力和一定干度的蒸汽，从吹灰器喷口高速喷出，对积灰的受热面进行吹扫，以达到清除积灰的目的。蒸汽吹灰的蒸汽压力决定了清灰的有效性。

声波吹灰器是利用金属膜片在压缩空气的作用下弯曲振动产生低频、高能声波，通过扩声筒将声波放大，由空气介质把声能传递到相应的积灰点，产生共振清除设备上的堆积灰尘，再由重力或气流将灰尘带走。

（2）吹灰器的比较　表 2-1 为蒸汽吹灰器与声波吹灰器的比较。

4. 采样装置

在 SCR 反应器入口侧，由于经过过热器和省煤器等管束，可认为烟气中 NO_x 浓度分布均匀，在喷氨格栅处 NO_x 浓度差异性主要受流速和温度分布影响，因此可以认为进口处任意点的 NO_x 浓度相同，NO_x 的浓度测试不采用多点抽气采样混合分析，而是直接进行在线分析。

表 2-1 蒸汽吹灰器与声波吹灰器的比较

项　　目	声波吹灰器	蒸汽吹灰器
吹灰器本体价格	价格高	中等
管道和附件	需要安装直径为50mm的压缩空气气管。声波吹灰器很轻便，可以通过安装法兰很轻易地安装在SCR上，仅伸出设备0.7m	需要直径较大的带保温层的高压蒸汽管道，SCR反应器外有很多管道备件需要安装，它伸出反应器外较长
运行成本	10min吹10s的频率，每次0.368m^3/声波吹灰器	每天吹1次
维护成本	声波吹灰器结构简单、维护方便。钛合金膜片是唯一的活动部件，寿命通常为5年	每使用1~2年，蒸汽吹灰器的一些部件就需要更换
环境影响	噪声较大，在反应器外部的吹灰器发声部分必须作隔音处理，经过处理后的噪声水平可以降低到75dB以下	声音较小

在SCR反应器中催化剂的作用下NO_x被还原，由于催化剂的堵塞与否或喷氨量等的差异，在不同点处的NO_x浓度可能差异较大，所以需要对SCR反应器下游烟气进行多点抽气采样混合后分析测试。由于测试点较多，所需烟气量较大，所以需要设置采样风机。多点抽气采样管的现场拼装示意图如图2-17所示，采样管深入烟道的断面上，由多根采样管组成。这种测试方法可以更准确地表示净化后的NO_x浓度，可以据此准确地计算出脱硝率，并可调整喷氨格栅的喷射量，以保证SCR脱硝装置可以更优化地运行。

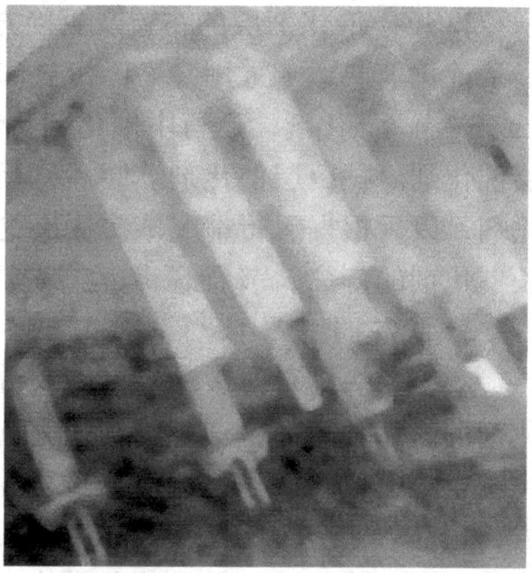

图2-17　采样管的现场拼装示意

反应器入口烟气连续检测装置至少应测量以下项目：烟气流量、NO_x浓度（以NO_2计）、烟气含氧量；反应器出口烟气连续检测装置至少应测量以下项目：NO_x浓度（以NO_2计）、烟气含氧量、氨逃逸浓度。

（三）还原剂贮存及供应系统

1. 还原剂

目前付诸商业应用的SCR还原剂有氨、尿素和苛性氨等，其中应用最广泛的是液氨，其次是尿素。氨在常温常压下呈气态，在标准状态下，密度是0.771g/L，比空气的密度小。气态氨没有颜色，有刺激性气味，与空气混合能形成爆炸性混合物。氨很容易液化，在常压下冷却至-33.5℃或在常温下加压至700~800kPa，气态氨就液化成无色液体，同时放出大量热。液态氨气化时要吸收大量的热，使周围物质的温度急剧下降，所以氨常用作制冷剂。氨极易溶于水，氨水的浓度一般在19%~29%之间。

液氨是强腐蚀性有毒物质，它的危害主要有：①对皮肤和眼睛有强烈腐蚀作用，产生严重疼痛性灼伤。②液氨蒸气强烈刺激眼、鼻、喉等粘膜和眼睛。一旦进入眼睛，就会因刺激而流泪，高浓度的氨，还可能使视力减退，甚至失明。持续吸入会引起食欲减退，并对胃有损害，浓度高的氨气，会引起呼吸困难、支气管炎、肺炎等，严重时会导致死亡。

急救措施如下：①吸入。迅速脱离现场至空气新鲜处，保持呼吸道通畅，如呼吸困难，可给输氧。如呼吸停止，则应立即进行人工呼吸。②眼睛接触。眼眼污染后立即用流动清水或凉开水冲洗。③皮肤接触。皮肤污染时立即脱去污染的衣着，用流动清水冲洗，然后以3%～5%硼酸、乙酸或柠檬酸溶液湿敷，严重时应该送医院治疗或抢救。

2. 安全要求

各国建立了相关的法规，对液氨的贮存、运输和使用进行严格的规范与限制。液氨为高毒性化学品，必须严格按照相关国家法律、规范、规程的要求进行操作。SCR 系统液氨的贮存和制备主要有以下安全要求：

1）液氨具有一定的腐蚀性，在材料、设备存在一定应力的情况下，可能造成应力腐蚀开裂。液氨容器除按一般压力容器规范和标准设计制造外，特别注意选用合适的材料满足抗腐蚀要求。

2）氨液易泄漏处及氨罐区域应安装氨气泄漏检测报警系统，并在控制室显示大气中氨的浓度，操作员可在控制室内监视氨区情况。当检测器测得大气中氨浓度过高时，在机组控制室会发出警报，并启动消防联动系统，打开雨淋阀在设备四周水雾喷淋。通过大量水雾喷淋可使溢出氨在短时间内被吸收，消除火灾隐患。

3）备有氮气吹扫系统。在液氨卸料之前或系统阀门仪表检修之前，通过氮气吹扫管线对管道系统进行彻底吹扫，清除管道内残余的空气或氨，防止氨气和空气混合发生爆炸。

4）安装紧急喷淋系统。在贮罐区域、卸载区域和氨蒸发区域，安装喷水系统用于泄漏时吸收氨气。

5）设置洗眼淋浴站。氨站区域贮罐区内外各布置一套洗眼淋浴装置，其水源由厂区自来水系统供给。

3. 液氨的贮存和制备系统

液氨的贮存和制备系统包括液氨卸料压缩机、液氨贮罐、液氨蒸发槽、氨气缓冲槽、稀释风机、混合器、氨气稀释槽、废水泵、废水池等。

液氨由槽车运送，利用液氨卸料压缩机将液氨由槽车输入液氨贮罐内，利用液氨自身重力将液氨贮罐中的液氨输送到液氨蒸发槽内蒸发为氨气，经氨气缓冲槽控制一定的压力及流量后，在 SCR 区域分成两路进入每一反应器的氨/空气混合器，气态氨与稀释空气混合均匀后再进入安装于每一反应器入口烟道上的喷射装置。系统紧急排放的氨气则排入氨气稀释槽中，吸收氨气后的水排入废水池，由废水泵送至废水处理厂。

液氨蒸发所需要的热量可采用电加热器或蒸汽加热的方式来提供。蒸汽加热器的控制系统较电加热复杂，采用蒸汽加热比采用电加热的投资大；从运行费用上讲电加热器的电耗高，加热元件易损，运行费用高。

4. 氨的喷射装置

氨喷射装置是 SCR 一个十分重要的设备。氨的喷射装置主要由喷氨格栅和喷嘴组成。喷氨格栅固定在催化反应器上游的烟道横截面上，格栅上安装喷嘴。

根据 SCR 催化剂的反应动力学原理，氨和 NO_x 的混合程度对提高 SCR 工艺的脱硝率具有极大的影响。为了达到还原剂和 NO_x 的充分混合接触，最理想的状况是使还原剂的浓度分布与 NO_x 的浓度分布相一致，即在 NO_x 浓度高的位置，喷入的氨也相应多一些，而在

NO_x 浓度低的位置，喷入的氨也相应少一些。而要达到这一要求就需要根据 NO_x 的分布单独调整每一个喷嘴的喷氨量。因此，喷射系统需要做成可以调节的，通过对每一个喷嘴的喷氨量的调节，建立与 NO_x 的通量剖面相一致的氨的喷入剂量，将有助于大幅度提高脱硝率。

喷氨格栅和喷射点的密度是影响混合均匀度的另一个重要因素，很明显，喷射点密度大，所形成的流场均匀度高。

喷嘴数量多有利于形成混合均匀的流场，但数以百计的喷嘴无疑增加了设计、安装与运行维护的复杂性，所以利用较少喷嘴达到同样效果的探索一直是该领域中研究的一个课题。一种通过将氨加到转盘上，然后利用旋转运动使氨均匀扩散开来的喷氨方式可以使喷嘴数目大幅度减少。

（四）控制系统

脱硝控制系统分为 SCR 区控制系统和氨区控制系统，并纳入 DCS 进行控制，现场不设操作员站。脱硝 SCR 区控制系统作为单元机组 DCS 的一个控制站，运行人员通过控制室中单元机组 DCS 操作员站完成对脱硝 SCR 区系统参数和设备的监控，其主要控制对象为稀释空气风机、吹灰器、氨流量控制（脱硝率、氨逃逸率）等，系统的控制目标是在保证 80% 脱硝率的前提下，满足氨的逃逸浓度在 3×10^{-6}以内。脱硝氨区控制系统作为脱硫 DCS 的一个控制站，运行人员直接通过控制室中脱硫 DCS 操作员站完成对脱硝氨区系统参数和设备的监控，其主要控制对象为液氨卸料压缩机、液氨贮罐、液氨蒸发槽、氨气缓冲槽、氨气稀释槽、废水泵及废水池等，实现液氨的贮存、蒸发以及氨气稳定供应等功能。

1. 氨流量的控制

脱硝系统按锅炉 BMCR（锅炉最大连续蒸发量）工况下 80% 脱硝率设计，为适应机组在不同工况下的运行，脱硝系统在反应器入口、出口设置 NO_x 含量在线监测。根据反应器入口 NO_x 含量乘以入口烟气流量得出当前反应器入口 NO_x 流量；依据 DCS 操作员站设置的反应器出口 NO_x 含量计算出理论脱硝率，并将脱硝率转化成 NH_3/NO_x 摩尔比，进行前馈控制；依据 DCS 操作员站设置的反应器出口 NO_x 含量与出口实际测量的 NO_x 含量通过 PID 调节，进行反馈调整。将 NH_3/NO_x 摩尔比与 PID 调节控制输出累加得出修正的 NH_3/NO_x 摩尔比，修正的 NH_3/NO_x 摩尔比与反应器入口 NO_x 流量相乘得出理论上的氨气需求流量。最后将理论上的氨气需求流量与当前氨气实际流量进行 PID 调节去定位氨气流量调节阀，实现对脱硝的自动控制。

脱硝率和摩尔比计算式如下：

脱硝率 =（反应器入口 NO_x 含量 − 反应器出口 NO_x 含量）/反应器入口 NO_x 含量

摩尔比 = 理论脱硝率 − 0.05

当 SCR 系统发生故障时紧急关闭氨气流量截止阀并发出报警信号，以避免氨气继续流入 SCR 系统内。

2. 氨逃逸量的控制

反应器出口氨逃逸浓度控制在 3×10^{-6}以内，当氨逃逸浓度大于 3×10^{-6}时，增大反应器出口 NO_x 含量设定值，以降低脱硝率，减少喷氨量，维持氨逃逸浓度小于 3×10^{-6}。

3. 脱硝率的控制

脱硝率控制在 80%，当锅炉工况发生变化时，若实测的进、出口 NO_x 浓度，通过计算，脱硝率未达到 80% 时，则应减小反应器出口 NO_x 含量设定值，以增大脱硝率；若脱硝率大于80%时，则应增大反应器出口NO_x含量设定值，以降低脱硝率。

4. 催化剂反应器保护单元

催化剂反应器保护单元主要用来保护催化剂及SCR系统操作的安全，其主要逻辑保护包括以下几种：

（1）反应器入口温度太低　入口烟气温度过低，将使脱硝率降低，进而造成过高的氨逃逸率，氨与烟气中水蒸气、SO_3反应生成硫酸氢铵（NH_4HSO_4），硫酸氢铵的粘性较大，易造成飞灰在受热面上沉积，引起催化剂堵塞以及下游设备堵塞和腐蚀。故当温度低于310℃后即关闭控制阀，停止喷氨并发出报警信号，提醒操作人员停止脱硝系统，以避免催化剂遭破坏。

（2）反应器入口温度太高　温度过高，将引起催化剂烧结。一般催化剂的最高耐温约为450℃，故当温度超过430℃后，催化剂反应器保护单元即关闭控制阀，停止喷氨并发出报警信号，提醒操作人员紧急处理，以避免催化剂遭破坏。

（3）反应器压差过高　当催化剂床层压差超过设定值时，发出报警信号，提醒操作人员检查是否有异常情况发生并考虑是否停止SCR系统，以免因压力不足而导致烟气无法排放。

5. 吹灰系统控制

（1）蒸汽吹灰系统控制　每台吹灰器通过现场控制柜的手动按钮进行试车，吹灰器的控制和顺序控制功能均由DCS实现。与锅炉本体的吹灰器同等对待，每台反应器的吹灰器按从上至下的催化剂层依次运行，即上一层催化剂的吹灰器在设定的时间内依次启动运行后，再开始运行下一层催化剂的吹灰器，保证每台反应器每次总是只有一台吹灰器运行。

为保证吹灰效果，吹灰蒸汽从锅炉屏式过热器蒸汽管道减压站之后的一根主管引出，再由支管分别引入反应器的每个催化剂层吹灰器入口的本体控制阀。每台吹灰器配有两个限位开关，当吹灰器耙子完全伸出和完全收回时触发。每台吹灰器配有一对现场按钮，保证在远控失灵的情况下用于现场投、退吹灰器。

在运行过程中，严格控制吹灰汽源压力（1.5～2.5MPa）和温度，防止压力和温度过高损坏催化剂。在吹灰汽源投入时做到充分疏水，防止吹灰蒸汽带水造成催化剂粘灰而影响脱硝率。

（2）声波吹灰系统控制　对SCR使用的声波吹灰器，通过时间定时器功能进行设置，以便每层吹灰器按设定顺序循环动作。

五、SCR工艺脱硝率的主要影响因素

在SCR脱硝工艺中，影响脱硝率的主要因素是反应温度、接触时间、催化剂性能、NH_3/NO_x摩尔比等。

1. 反应温度的影响

在管式固定床反应器中，采用V_2O_5/TiO_2作催化剂，实验研究了反应温度对NO_x脱除率的影响，结果如图2-18所示。从图中可知，反应温度对NO_x脱除有较大影响。在200～310℃内，随着反应温度的升高，NO_x脱除率急剧增加，升至310℃时，达到最大值（90%），随后NO_x脱除率随温度的升高而下降。

SCR系统最佳的操作温度决定于催化剂的组成和烟气的组成。当温度低于SCR系统所需温度时，NO_x的反应速率降低，氨逸出量增大；当温度高于SCR系统所需要温度时，排

放的 NO_x 量增大，同时造成催化剂的烧结和失去活性。对金属氧化物催化剂［V_2O_5 - WO_3（MoO_3）/TiO_2］而言，其最佳的操作温度为 250～427℃。

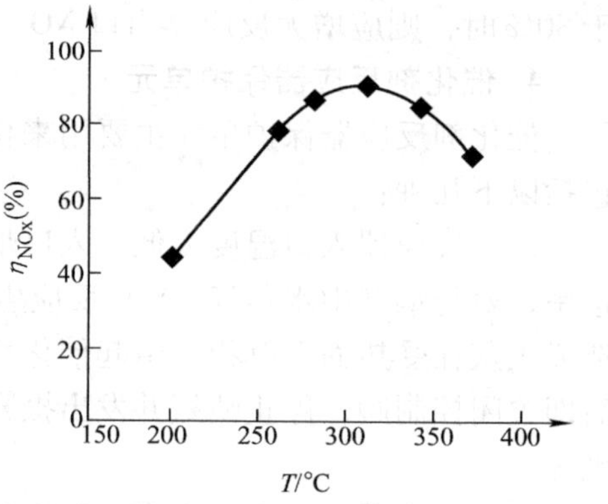

图 2-18　反应温度对 NO_x 脱除率的影响

2. n（NH_3）/n（NO_x）对 NO_x 脱除率的影响

在 310℃下，NH_3 与 NO_x 摩尔比对 NO_x 脱除率的影响如图 2-19 所示。图中表明 NO_x 脱除率随 n（NH_3）/n（NO_x）的增加而增加，n（NH_3）/n（NO_x）小于 1 时，其影响更明显。该结果说明：若 NH_3 投入量偏低，则 NO_x 脱除受到限制；若 NH_3 投入量超过需要量，则 NH_3 的氧化等副反应的反应速率将增大，从而降低了 NO_x 脱除率，同时也增加了净化烟气中未转化 NH_3 的排放浓度，造成二次污染。在 SCR 工艺中，一般控制 n（NH_3）/n（NO_x）在 1.2 以下。

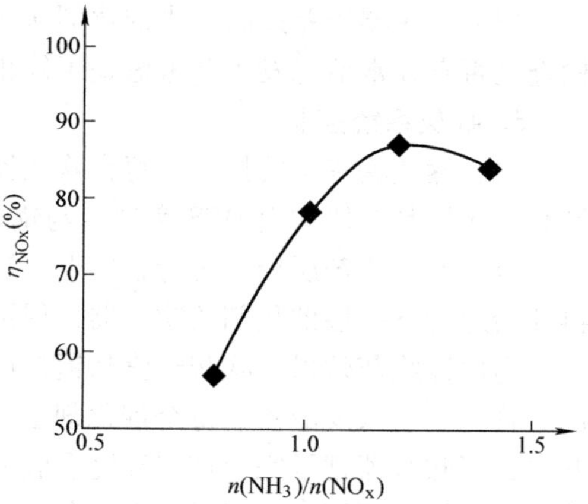

图 2-19　n（NH_3）/n（NO_x）对 NO_x 脱除率的影响

应该特别指出的是，对于高性能的系统设计而言，单纯控制 n（NH_3）/n（NO_x）是不够的，还要保证 n（NH_3）/n（NO_x）分布均匀，才能达到满意的脱氮效果。

3. 接触时间对 NO_x 脱除率的影响

图 2-20 为研究实验中，在 310℃和 n（NH_3）/n（NO_x）等于 1 的条件下，反应气体与催化剂的接触时间与 NO_x 脱除率的关系。结果表明，时间 t 增至 200ms 时，NO_x 脱除率达到最大，随后有所下降。这主要是由于反应气体与催化剂的接触时间增大，有利于反应气体在催化剂微孔内的扩散、吸附、反应和产物气体的解吸、扩散，从而使 NO_x 脱除率提高。但是，若接触时间过大，NH_3 氧化反应开始发生［式（2-5）和式（2-7）］，则使 NO_x 脱除率反而出现下降趋势。

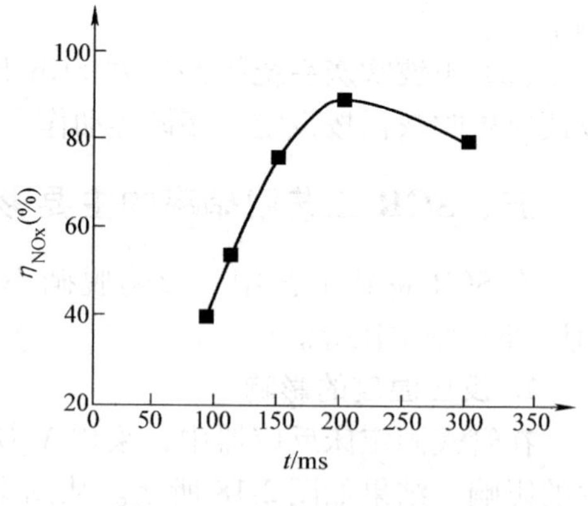

图 2-20　接触时间对 NO_x 脱除率的影响

4. 催化剂的影响

催化剂是 SCR 工艺的核心，催化剂对脱除率的影响与催化剂的活性、类型、结构、表面积等特性有关。其中催化剂的活性是对 NO_x 的脱除率产生影响的最重要因素。

除了上面提及的影响脱硝率的几个因素之外，还有烟气流动状态、烟气中的含氧量、催化剂进口 NO_x 的浓度、燃料种类及特性、催化剂反应器的设计等因素。

六、SCR 催化剂

1. 催化剂的化学组成

SCR 催化剂的活性组分为 V_2O_5，载体为锐钛矿型的 TiO_2，WO_3 或 MoO_3 作助催剂。SCR 催化剂的成分及比例，根据烟气中成分含量以及脱硝性能保证值的不同而不同。表 2－2 列出了典型催化剂的成分及比例。

表 2-2　典型催化剂的成分及比例

催化剂	成分	比例（%）
主要原材料	TiO_2	78
	WO_3	9
	MoO_3	0.5～1
活性剂	V_2O_5	0～3
纤维（机械稳定性）	SiO_2	7.5
	Al_2O_3	1.5
	CaO	1
	Na_2O+K_2O	0.1

活性组分是多元催化剂的主体，是必备的组分，没有它就缺乏所需的催化作用。助催化剂本身没有活性或活性很小，但却能显著地改善催化剂性能。研究发现 WO_3 与 MoO_3 均可提高催化剂的热稳定性，并能改善 V_2O_5 与 TiO_2 之间的电子作用，提高催化剂的活性、选择性和机械强度。除此以外，MoO_3 还可以增强催化剂的抗 As_2O_3 中毒能力。

载体主要起到支撑、分散、稳定催化活性物质的作用，同时 TiO_2 本身也有微弱的催化能力。选用锐钛矿型的 TiO_2 作为 SCR 催化剂的载体，与其他氧化物（如 Al_2O_3、ZrO_2）载体相比，TiO_2 抑制 SO_2 氧化的能力强。

2. 催化剂类型

电厂烟气脱硝催化剂的主要类型有蜂窝式、板式和波纹式，结构如图 2-21 所示。蜂窝式催化剂表面积大、活性高、体积小，目前占据了 80% 的市场份额，板式催化剂的市场份额其次，波纹式的最少。

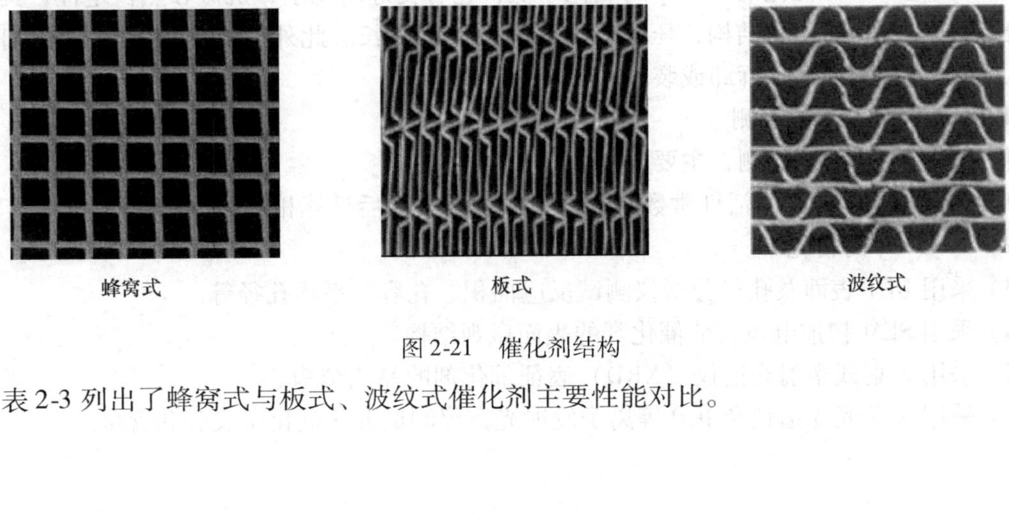

蜂窝式　板式　波纹式

图 2-21　催化剂结构

表 2-3 列出了蜂窝式与板式、波纹式催化剂主要性能对比。

表 2-3 不同类型 SCR 催化剂的性能比较

性能参数	蜂窝式催化剂	板式催化剂	波纹式催化剂
成型	陶制挤压，成型均匀，整体均是活性成分	金属作为载体，表面涂层为活性成分	波纹状纤维作载体，表面涂层为活性成分
特点	比表面积大、活性高、所需催化剂体积小；催化活性物质比其他类型多 50% ~70%；催化剂再生后仍保持选择性	表面积小、催化剂体积大；生产简便，自动化程度高；烟气通过性好，但上下模块间易堵塞；实际活性物质比蜂窝式少 50%	表面积介于蜂窝式与板式之间，质量轻；生产自动化程度高；活性物质比蜂窝式少 70%；烟气流动性很敏感；上下模块之间易堵塞
基材	整体挤压	不锈钢金属板	玻璃纤维板
催化剂活性	中	低	高
SO_2 氧化率	高	高	低
压力损失	高	中	低
抗中毒性（As）	低	低	高
堵塞可能性	中	低	中
模块质量	中	重	轻
耐热性	中	中	中
适用范围	高尘及低尘均适用	高尘及低尘均适用	主要用于低尘，也用于高尘

3. 对 SCR 催化剂的要求

理想的燃煤烟气脱硝催化剂需要满足以下条件：

（1）活性高　为满足国家严格的排放标准，需要达到 80% ~90% 的脱硝率，即要求催化剂有很高的活性。

（2）选择性强　还原剂 NH_3 主要是被 NO_x 氧化成 N_2 和 H_2O，而不是被 O_2 氧化。催化剂的高选择性有助于提高还原剂的利用率，降低运行成本。

（3）机械强度高　燃煤电厂大多采用高含尘布置方式，SCR 催化剂需长期受大气流和粉尘的冲刷磨损，并且安装过程对催化剂的机械强度也有一定的要求。

（4）抗毒性强　烟气和飞灰中含有较多的毒物，催化剂需要耐毒物的长期侵蚀，长久保持理想的活性。

（5）其他　SCR 催化剂对 SO_2 的氧化率低，它有良好的化学、机械和热稳定性，具有较大的比表面积和良好的孔结构，压降低、价格低、寿命长。此外，还要求 SCR 催化剂结构简单、占地面积小、易于拆卸或装填。

4. SCR 催化剂参数检测

催化剂参数应定期检测，主要包括如下项目：

1）测试催化剂的实际活性常数和初始活性常数，然后计算相对活性系数。

2）SO_2/SO_3 的转化率。

3）采用 BET 表面及孔径分析仪测试反应面积、孔容、平均孔径等。

4）采用 SEM 扫描电镜表征催化剂的表面微观结构。

5）采用 X 射线衍射光谱仪（XRD）表征催化剂的晶相结构。

6）采用 X 荧光光谱仪和 ICP 等离子发射光谱仪测试催化剂化学成分和含量。

5. 催化剂的失活

催化剂的失活可分为物理失活和化学失活。典型的 SCR 催化剂化学失活主要是碱金属、碱土金属和 As 等引起的催化剂中毒；物理失活主要是指高温烧结、磨损和堵塞而引起的催化剂活性破坏。

（1）催化剂的烧结　以钛基催化剂为例，长时间暴露在450℃以上的高温环境中，可引起催化剂活性表面的烧结，微晶聚集，导致催化剂颗粒增大、表面积减小，使催化剂活性降低，如图 2-22 所示。

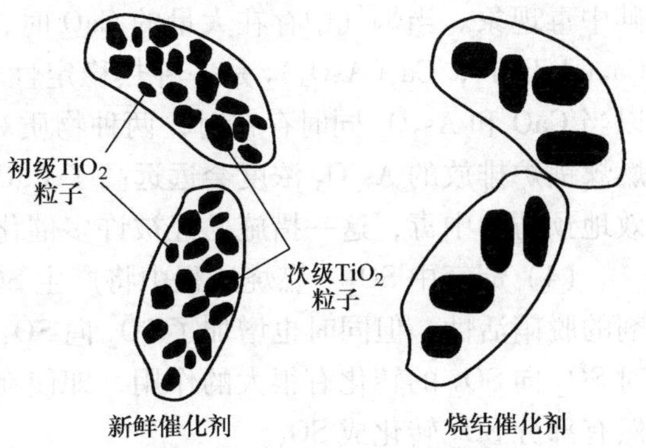

图 2-22　催化剂的烧结

在钛基钒类催化剂配方中加入钨，会最大限度地减少催化剂的烧结。钨含量不同的催化剂所允许的最高运行温度是不同的。SCR 反应器在正常运行温度工作时，烧结现象可以忽略。因此，SCR 反应器的运行温度必须严格遵守厂家的指导要求。

（2）烟气中飞灰（烟尘）　在所有导致 SCR 催化剂失活的因素当中，积灰是最复杂、影响最大的一个。如果催化剂的微孔被烟尘颗粒堵塞，则催化剂表面活性位逐渐丧失，导致催化剂失活。有分析得出：催化剂表面沉积的飞灰主要是一些粒径小于 5μm 的颗粒，与烟气中的飞灰相比，硫酸盐化的颗粒数目明显增加，As 和 Na 等元素更容易在小颗粒上富集，进而对催化剂造成严重毒害。

为减少飞灰对催化剂的影响，可采取以下措施：①在 SCR 工艺中，设置预除尘装置以及在省煤器出口设置大截面灰斗和除灰格栅。②合理吹灰，降低飞灰在催化剂表面的沉积。③采用合适的烟气均布措施。④选择合适的催化剂类型及性能参数。如防止蜂窝状催化剂堵塞应选用合适的催化剂节距和蜂窝尺寸。⑤选择合适的催化剂量，增加催化剂的体积和表面积。⑥通过适当的制备工艺，增加催化剂表面的光滑度，减缓飞灰在催化剂表面的沉积。

（3）烟尘中碱金属、碱土金属、As　飞灰中含有一定的碱金属（一般指 K、Na），其含量一般比 Ca、Mg 少得多。碱金属可以直接与催化剂的活性位反应导致活性位丧失，主要是造成催化剂中 V－OH 的氢键被替换，催化剂的酸性下降，从而使催化剂失活。碱金属与活性位的结合程度相对不是很大，但如果在有冷凝水存在的情况下，催化剂的失活性可能会成倍增加，因为这时它们更易于流动并渗入到催化剂材料的内部。对于蜂窝式催化剂来说，由于碱金属离子的移动性可以被整体式载体材料所稀释，能够将失活速率降低，使用寿命也就更长。SCR 脱硝反应主要发生在催化剂的外表面，因此，催化剂失活的程度取决于可以到达催化剂活性位的飞灰上所含有的碱金属的浓度。为了避免催化剂的碱金属中毒，催化剂应该尽量避免潮湿环境，并且应使用蜂窝式催化剂以减少碱金属的影响。

对于 SCR 脱硝系统，燃煤中 CaO 过高时，催化剂活性将被削弱。我国煤中 CaO 含量相对较高，如电厂广泛使用的神华煤灰分为 9%～24%，而灰中 CaO 含量质量分数为 13%～30%。一般认为，CaO 的碱性使催化剂酸性下降，但并不会造成催化剂活性的大幅下降。催化剂活性下降的主要原因是飞灰中的 CaO 与 SO_3 反应，在催化剂表面形成一层 $CaSO_4$，并覆盖住催化剂的活性位，阻止反应物扩散进入催化剂进行脱硝反应。相对于板式催化剂来讲，蜂窝式催化剂受 CaO 的影响较小，抗 CaO 中毒能力更强。

砷是大多数煤中都存在的成分，SCR 催化剂的砷中毒是由于气态砷的化合物不断积聚，堵塞进入催化剂活性位的通道造成的。烟气中气态砷的主要形态为 As_2O_3，主要沉积并堵塞催化剂的中孔，即孔径为 0.1～1μm 的孔。无论是应用哪一种炉型，催化剂都会出现明显的砷中毒现象。当烟气中存在大量的 CaO 时，As_2O_3 会和 CaO 及烟气中的 O_2 发生反应，生成 $Ca_3(AsO_4)_2$，$Ca_3(AsO_4)_2$ 是一种热稳定性非常高的化合物，并且不会导致催化剂失活，所以当 CaO 和 As_2O_3 同时存在时，两种物质对于催化剂的影响会被大大削弱，但通常情况下，燃煤锅炉排放的 As_2O_3 浓度会远远高于 CaO。通过改变催化剂的微孔结构和微孔分布可以有效地预防砷中毒，这一措施已经被许多催化剂生产商采用。

（4）烟气中 SO_3　燃烧过程中将产生 SO_3。在催化剂中增加氧化钒的比例可以提高催化剂的脱硝活性，但同时也增加了 SO_2 向 SO_3 的转化量，从而增加了烟气中 SO_3 的浓度。温度对 SO_2 向 SO_3 的转化有很大的作用，即使在低氧化钒含量甚至无氧化钒含量的催化剂中，仍然有部分 SO_2 转化成 SO_3。

温度较低时，烟气中 SO_3 与 NH_3 反应产生硫酸铵和硫酸氢铵。硫酸铵和硫酸氢铵是细小的粘性颗粒，硫酸铵为白色固体；硫酸氢铵在 160～220℃时为粘性固体，在烟气温度过低时，易凝结吸附在催化剂表面和空气预热器上，继而沉积造成催化剂的堵塞，使催化剂失活。另外，硫酸氢铵具有腐蚀性，会造成空气预热器的腐蚀。

防止铵盐沉积采取的措施有：①设计合理的催化剂配方，降低 SO_2 的转化率。②减少氨气的逃逸量。如选择合适的 NH_3/NO_x 摩尔比、合适的催化剂体积，以及合理的系统设计，特别是混合装置的设计，使催化剂表面烟气浓度达到均匀分布。③在低负荷情况下，当温度达不到要求时停止喷氨。铵盐的沉积只有在锅炉低负荷运行、温度低于铵盐的凝结温度时才有可能发生。

铵盐沉积引起的催化剂堵塞可以通过加热的方式分解硫酸铵，恢复催化剂的部分活性，但长期低于允许温度会使催化剂活性发生不可逆的变化。对空气预热器进行冲洗可以清除铵盐沉积。

（5）催化剂的磨损　磨损主要是由飞灰对催化剂表面的冲击引起的。催化剂的磨损是烟气速度、飞灰特性、冲击角度及催化剂特性的函数，因此高的烟气流速和颗粒物浓度会加速这种磨损。除了高温烟气的冲刷，SCR 系统中吹灰器的运行也会产生明显的磨损现象。另外，对于蜂窝式催化剂而言，出现磨损的孔道在流经烟气时，流动阻力和压降都会减小，相比之下会有更多的烟气流过，从而进一步加剧这种磨损效果，而那些表面和边缘经过处理的催化剂，抗磨损的能力会高些。

防止催化剂磨损采取的措施有：合理设计催化剂；选用合适的烟气速度；应尽可能地除去烟气中磨损性较强的大颗粒飞灰。在催化剂设计方面主要采取的措施有：①顶端硬化。增加蜂窝式催化剂端部的硬度，以抵御迎灰面的磨损。对于板式催化剂，因其支撑架为金属网，端部被磨损后，其金属基材暴露在迎风面，可阻止烟气的进一步磨损，一般认为板式催化剂的抗磨损性能较好。②增厚。增加整体催化剂的壁厚，提高磨损裕量，以延长催化剂的机械寿命，此举还有利于催化剂的清洗和再生。③使用均质催化剂结构。因为在高含尘布置下，催化剂的迎灰面以及内壁都会发生一定程度的磨蚀，当表面涂层的催化剂在表面发生磨损时，催化剂的活性会大幅度降低。

烧结、磨损和积灰现象都会引发催化剂的失活，其中积灰对于催化剂的影响是最严重的。

6. 失活催化剂回收处理的措施

失活催化剂的处理一般有垃圾掩埋或者再生循环利用。这取决于失活催化剂的寿命与使用情况，同时应综合考虑处理方式的经济成本。催化剂堵塞后，采取适当措施可以使活性得到部分恢复；催化剂产生中毒或烧结后，活性失效，无法再生，一般由催化剂供货商回收，对催化剂的基材处理后再次利用制作新的催化剂。

催化剂回收处理流程为：分解催化剂模块→拆分→模块框金属材料→废料→失效催化剂→粉碎→工艺处理→回收利用。

七、SCR 脱硝系统常见故障和处理方法

催化剂失活是SCR脱硝系统常见的问题，SCR脱硝系统常见故障和处理方法见表2-4，氨供应系统常见的故障和处理方法见表2-5。

表2-4　SCR脱硝系统常见故障和处理方法

常见故障	可能的原因	处理方法
NO_x 脱除率低	氨阀全开而氨量不够	检查氨是否泄漏，检查氨压力
		检查喷嘴是否堵塞，检查氨浓度
	出口 NO_x 设定点太高	调节至正确值
	催化剂寿命衰退	根据催化剂手册适量增加氨喷入量
	氨分布不均匀	重新调节喷管阀门，检查喷嘴是否堵塞
	氨分析仪给出不正确的信号	检查仪表空气压力
		检查取样管是否堵塞
		检查分析仪表的数据
	摩尔比设定点太低	重新设定
氨关断阀门频繁跳闸	仪用空气压力偏低	检查仪用空气
	NH_3/稀释空气比太高	检查稀释空气和氨流量
	烟气流量和烟气温度太低	检查锅炉荷载和性能
		检查烟气温度
SCR压力降偏高	灰尘沉积	用吹灰器进行吹扫
		检查吹灰器耗气量

表2-5　氨供应系统常见的故障和处理方法

常见故障	可能的原因	处理方法
系统紧急停运	按了任何一个安全关闭按钮	1. 检查紧急停运的位置和原因 2. 立即派操作人员到液氨贮罐并戴防毒面具，解决问题并重新启动
	任何一个氨泄漏检测仪出现“高－高”报警	1. 检查空气中氨含量高的位置和原因，并修复泄漏点 2. 立即派操作人员到液氨贮罐并戴防毒面具，解决问题

（续）

常见故障	可能的原因	处理方法
闻到氨臭味	1. 氨泄漏 2. 贮存区液氨泄漏	1. 密封泄漏处 2. 关闭泄漏发生部位，释放压力并密封泄漏处
卸载过程不得不中断	1. 紧急情况罐车须尽量离开现场 2. 两个贮罐的液位都达到了高位，但卸载管道中仍充满了液氨	根据停止卸载过程的相关操作步骤，释放压力并小心地使液氨蒸发
在蒸发器之后发现有液氨	1. 流速过高 2. 蒸发器温度太低 3. 蒸发器中水不足	1. 检查 SCR 系统的进口 NO_x 浓度 2. 检查控制器的设定温度 3. 向水室中注入淡水，使水位高于“低”位报警
氨压不足	1. NH_3 罐已空了 2. 环境温度长时间过低 3. 压力调节阀出故障	1. 根据相关操作步骤切换到另一个贮罐 2. 如果另一个储罐中的液位更高，则切换到另一个贮罐 3. 检查压力调节阀的功能。如有必要，调整设定值或检查垫圈是否变形
NH_3 温度过高	蒸发器水室温度过高	检查设定值和温度控制器的性能
压缩机中没有氨流动	1. 某一阀门关闭了 2. 压缩机的四通阀位置不对 3. 气水分离器的液位过高	1. 检查所有阀门的位置并打开关闭的阀门 2. 根据情况改变阀门位置 3. 释放压力以蒸发液氨，然后重新开始
没有氨供给	1. 某一阀门关闭了 2. 蒸发器因消耗量过高而过流关闭 3. 低水温造成的溢流使蒸发器关闭 4. 液位低，关闭了蒸发器 5. 过高的水温使蒸发器关闭	1. 检查所关阀门的位置，并打开关闭的阀门 2. 重新开启蒸发器，或切换到备用蒸发器并检查流量控制是否正常 3. 检查加热器并重新启动 4. 补充水到最高液位并重新启动 5. 切换到备用蒸发器，并检查温度控制回路

第四节　其他烟气脱硝技术

一、选择性非催化还原脱硝技术

选择性非催化还原（SNCR）法也是当前一种成熟的烟气脱硝技术。目前在火力发电厂，SNCR 是仅次于 SCR 而被广泛应用的烟气脱硝工艺，该工艺适用于烟气的 NO_x 含量和所需还原率都较低的燃烧设备的烟气治理，是一种 NO_x 的脱除率和费用均低于 SCR 法的脱硝工艺。

1. SNCR 工艺原理

选择性非催化还原法是在没有催化剂参与的情况下，以含氨基（NH_x）的物质如氨（NH_3）、尿素[$CO(NH_2)_2$]或苛性氨（NH_4OH）等作为还原剂，将烟气中的 NO_x 还原为 N_2 和水。由于不用催化剂，该法的操作温度比 SCR 法高许多。不同还原剂有不同的温度反应范围，如用氨作还原剂的适宜反应温度为 850 ~ 1000℃。低于该温度范围时反应不完全，易造成氨的浪费和逃逸。而当温度高于 1100℃时，NH_3 本身将氧化成 NO，反而使氮氧化物的排放量增加。主要的化学反应为

$$4NH_3 + 6NO \rightarrow 5N_2 + 6H_2O$$

可能的竞争反应包括式（2-5）、式（2-6）和式（2-7）。

用尿素作还原剂时，总反应式为

$$CO(NH_2)_2 + 2NO + 0.5O_2 \rightarrow 2N_2 + CO_2 + 2H_2O$$

用尿素作还原剂时，适宜反应温度为 950 ~ 1100℃。

用苛性氨作还原剂时，适宜反应温度与氨基本相同，为 850 ~ 1000℃。

加入添加剂可以改变适宜反应温度范围，比如在尿素中加入增强剂可以使操作温度扩大为 500 ~ 1200℃。

2. SNCR 工艺流程

SNCR 工艺的还原过程在燃烧室内进行，不需要另外建立反应室。还原剂通过安装在燃烧室墙壁上的喷嘴喷入烟气中。喷嘴布置在燃烧室和省煤器之间的过热器区域。通过在一定压力下喷射使还原剂和烟气混合，锅炉的热量为反应提供了能量，使一部分氮氧化物被还原，之后烟气流出锅炉。

液氨在喷射前被蒸发器蒸发气化，尿素溶液在喷射后被锅炉加热气化。

还原剂的载体可以用压缩空气、蒸汽或水，在采用上部燃尽风（即火上风）或烟气再循环方法的低氮燃烧技术的锅炉中，还可以用上部燃尽风或再循环烟气作载体。

喷入点的选择必须满足不同还原剂对温度的要求，比如用氨作还原剂时，喷入点应该选择在温度为 850 ~ 1000℃的炉膛空间。由于炉内温度经常会随锅炉负荷波动发生变化，所以有必要在不同高度上开设喷入点，以便根据不同工况调整还原剂的喷入位置，确保处于适宜反应的温度区间。SNCR 方法用于大型燃烧设备时，一般在炉膛内安装 3 ~ 4 层（特殊情况可以有 5 层）喷射层，每层又设若干个喷口。SNCR 工艺流程如图 2-23 所示，图中的锅炉在三层高度上设置了喷入点。

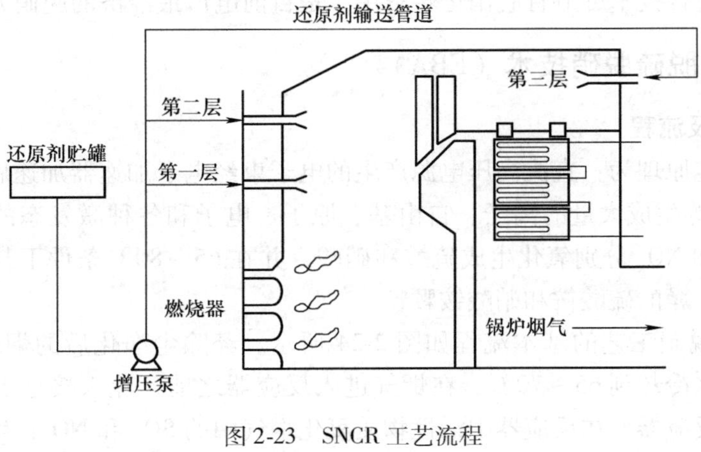

图 2-23　SNCR 工艺流程

3. 与 SCR 工艺的比较

SNCR 工艺与 SCR 工艺的比较见表 2-6。

SNCR 工艺与 SCR 工艺相比运行费用低，旧设备改造少，尤其适用于改造机组，但是存在还原剂消耗量大，NO_x 脱除率低等缺点，适宜温度范围的选择和控制也比较困难。同时根据锅炉炉型和负荷状态的不同需要采用不同的工艺设计和控制策略，设计难度大。

表 2-6 SNCR 工艺与 SCR 工艺的比较

比较项目 \ 工艺名称	SCR	SNCR
NO_x 的脱除率（%）	70 ~ 90	30 ~ 80
操作温度/℃	200 ~ 500	800 ~ 1100
NH_3/NO 的摩尔比	0.4 ~ 1.0	0.8 ~ 2.5
氨泄漏（10^{-6}）	<5	5 ~ 20
总成本	高	低
操作成本	中等	中等

4. SNCR/SCR 组合法

SNCR 技术的最大问题是脱硝率不高，而 NH_3/NO_x 的摩尔比却要求较高，这种情况带来的一个不良后果就是造成氨逃逸量的加大。将 SNCR 技术与 SCR 技术组合，SNCR 阶段未反应完的氨到 SCR 阶段再接着利用，既可以减少 SCR 阶段氨的喷入量和减少氨逃逸量，又可以减少催化剂的用量，而烟气经过两个阶段的脱硝处理后，脱硝率最高可达 90%。因此，SNCR/SCR 组合法可将 SNCR 工艺低费用的特点同 SCR 工艺高脱硝率及低氨逃逸率有效地结合起来。

在组合工艺的设计中，一个重要的问题是将氨与 NO_x 充分混合，SNCR 体系可向 SCR 催化剂提供充足的氨，但是要想控制好氨的分布以适应 NO_x 分布的改变却是非常困难的。对于这种潜在的分布不均，在理论上还没有很好的解决办法，并且锅炉越大，这种分布就越不好。为了弥补这种分布不均的现象，组合工艺的设计应满足氨的供应，如在标准尺寸的 SCR 反应器中安装一个辅助氨喷射系统。准确地实验和调节辅助氨喷射能减少催化剂中的缺氨区域。

SNCR/SCR 组合技术可节省脱硝运转费用，是目前电厂最经济的脱硝方式。

二、电子束脱硫脱硝技术（EBA）

1. 工艺原理及流程

电子束法工艺原理为：直流高压电源产生的电子束经电子加速器加速后辐照烟气，使烟气中的 O_2、H_2O 等生成大量的离子、自由基、原子、电子和各种激发态的原子、分子等活性物质，将 SO_2 和 NO_x 分别氧化生成硫酸和硝酸，并在 65 ~ 80℃ 条件下与注入的氨气发生中和反应，得到干燥的硫酸铵和硝酸铵颗粒。

电子束脱硫脱硝工艺的基本流程如图 2-24 所示。经除尘净化后的烟气进入冷却塔后，在塔中通过喷雾水冷却到 65 ~ 70℃，在烟气进入反应器之前，注入接近于化学计量比的氨气，然后再进入反应器，在反应器中活性物质氧化烟气中的 SO_2 和 NO_x，生成的硫酸铵和硝酸铵颗粒由副产品收集装置回收，净化后的烟气经烟囱排入大气。回收的副产品经造粒处理后可作为肥料。

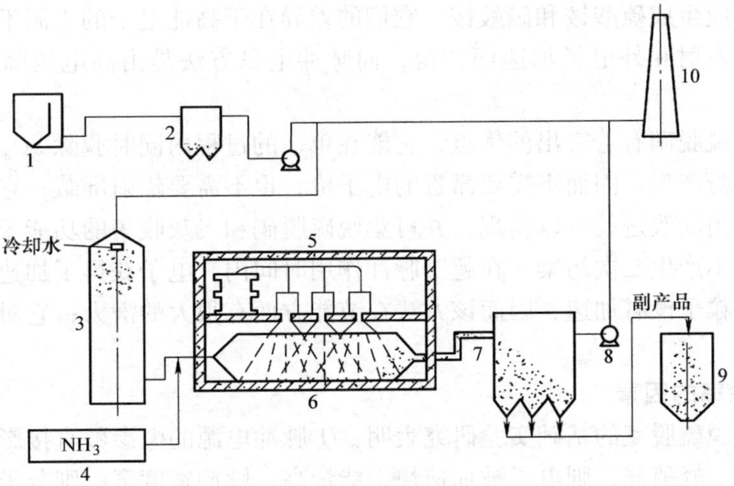

图 2-24　电子束脱硫脱硝工艺的基本流程

1—锅炉　2、7—除尘器　3—冷却塔　4—液氨贮罐　5—电子加速器

6—反应器　8—引风机　9—副产品贮罐　10—烟囱

2. 影响脱除率的因素

影响硫氮脱除率的因素有：烟气温度、含水量、氨投加量、电子辐射剂量及其方式等。其中电子辐射剂量和烟气温度是主要影响因素。有研究表明，脱硫率随烟气温度升高而单调下降，温度每升高 5℃，脱硫率约下降 10%。电子辐射剂量由 0 升到 9kGy，脱硫率显著增加。6kGy 时，脱硫率接近 90%；剂量更高时，脱硫率趋于稳定。NO_x 的去除率主要决定于电子辐射剂量。随着辐射剂量增加，NO_x 脱除率可接近 100%，在 27kGy 时，脱除率达 90%。

3. 技术特点

技术优势：过程为干法，不产生废水废渣；能同时脱硫脱硝，可达 90% 以上的脱硫率和 80% 以上的脱硝率；系统简单，操作方便，过程易于控制；对于不同含硫含氮量的烟气和烟气量有较好的适应性和负荷跟踪性；副产品为硫铵和硝铵混合物，可用作化肥。

存在的问题：电子加速器昂贵，在总投资中所占比例达 15% ~20%；运行费用受液氨供应和硫酸铵、硝酸铵出路的影响很大，在不考虑副产品回收利用时，运行费用高；出口氨浓度的控制、氨的泄漏等问题急需解决。

三、脉冲电晕脱硫脱硝技术（PPCP）

为解决 EBA 存在的问题，1986 年日本东京大学 Masuda 教授基于 EBA 法提出了 PPCP 法。

PPCP 法与 EBA 法均属等离子体法，所不同的是前者利用高电压脉冲电晕放电电场来代替后者的电子加速器及真空密封系统获得高能电子，以克服 EBA 存在的缺点。

1. 工艺原理

脉冲电晕脱硫脱硝的原理和电子束脱硫脱硝的原理基本一致，都是利用高能电子使烟气中的 H_2O、O_2 等分子被激活、电离或裂解，产生强氧化性的自由基，然后，这些自由基对 SO_2 和 NO_x 进行等离子体催化氧化，分别生成 SO_3 和 NO_2 或相应的酸，最终与水蒸气和注入反应器的氨反应生成硫酸铵和硝酸铵。它们的差异在于高能电子的来源不同，电子束方法是通过阴极电子发射和外电场加速而获得，而脉冲电晕方法是由高电压脉冲电晕放电产生的。

脉冲电晕脱硫脱硝有着突出的优点，它能在单一的过程内同时脱除 SO_2 和 NO_x；高能电子由电晕放电自身产生，因而不需要昂贵的电子枪，也不需要辐射屏蔽；它只要对现有的静电除尘器进行适当的改进就可以实现，并可集脱硫脱硝和飞灰收集的功能于一体；它的副产品可用作肥料，不产生二次污染；在超窄脉冲作用时间内，电子获得了加速，而对不产生自由基的惯性大的粒子没有加速，因而该方法在节能方面有很大的潜力；它对电厂锅炉的安全运行没有影响。

2. 影响脱除率的因素

对脉冲电晕脱硫脱氮的基础实验研究表明：①脉冲电源的电参数直接影响脱硫脱硝的效果。脉冲前沿陡、峰值高，则电子被加速快、能量高；脉冲宽度窄，则分子、离子来不及被加速；正高压脉冲电晕放电的流光范围比负高压脉冲大，脱硫脱硝效果明显优于负高压脉冲；脉冲波形对等离子体脱硫脱硝的效率及能耗影响也很大。②SO_2 氧化率随烟气温度的上升而下降，随初始 SO_2 浓度的增加而下降。在一定范围内，湿度大利于去除 SO_2。③烟气停留时间和飞灰的存在对脱硫脱硝具有一定的促进作用。

3. 技术特点

该技术与其他脱硫脱硝技术相比，具有设备简单、操作简便、投资较省（是 EBA 法的 60%）、能量效率较高（是 EBA 法的 3 倍）等优点，同时具有潜在的社会效益。但尚有许多问题，如大功率、窄脉冲、长寿命高压脉冲电源的研究开发、减少电能消耗、占较大比重的亚硫酸铵产物难以回收等需要解决。此外该技术同样受氨的来源和副产品出路的影响。

四、其他烟气脱硝工艺

除了上述脱硝工艺外，还有液体吸收法、活性炭吸附法、微生物吸收法等，详见表 2-7。

表 2-7 其他烟气脱硝工艺特性

工艺	原理	特点	适用性	NO 去除率（%）	投资费用
液体吸收法	NO 难溶于水，用氧化剂将 NO 氧化成 NO_2，生成的 NO_2 再用水或酸、碱、盐的水溶液来吸收，使废气得以净化	工艺设备简单，投资少，收效显著，有些方法可以回收 NO_x，但效率低，副产品不易处理	处理烟气量很小的情况	效率低	较低
活性炭吸附法	利用活性炭的多孔、高比表面积吸附烟气中的 NO_x，达到脱除 NO_x 的目的	可以同时脱硫脱硝，回收 NO_x 和 SO_2，运行费用低；吸收剂用量多，设备庞大，一次脱硫脱硝率低，再生频繁	排气量不大	80～90	高
微生物吸收法	脱氮细菌在外加碳源的情况下，利用 NO_x 作为氮源，将 NO_x 还原为无害的 N_2	工艺设备简单，能耗及处理费用低，效率高，无二次污染；微生物环境条件难以控制，仍然处于研究阶段	适用范围较大	80	低

复习思考题

1. 燃烧过程中 NO_x 生成的类型有哪些？并对其进行解释。
2. 火电厂氮氧化物控制途径有哪些？
3. 什么是 SCR 工艺？
4. SCR 工艺系统由哪几部分组成？还原剂供应系统工作过程是怎样的？
5. SCR 工艺脱除 NO_x 效率的主要影响因素有哪些？
6. 脱硝控制系统分为哪几部分？各自的控制对象是什么？
7. SCR 催化剂的组成成分主要包括哪几部分？各自有何作用？
8. 为减少飞灰对催化剂的影响，可采取哪些措施？
9. 防止铵盐沉积采取的措施有哪些？如何清除？
10. SCR 工艺催化剂失活的主要原因有哪些？
11. 什么是 SNCR 工艺？

第三章　火电厂除尘技术

第一节　除尘技术概述

一、粉尘的来源及性质

粉尘是指在空气中能够较长时间呈浮游状的固体微粒。按胶体化学的观点，粉尘是一种气溶胶，其分散介质是空气，分散相是固体微粒。

粉尘来源于自然过程和人类活动两方面，后者是主要的。人类活动会产生粉尘，而粉尘因某种性质又会危害人类自身健康及各种活动。因此，了解粉尘的来源、性质及危害，研究除尘技术，防止粉尘污染是环保治理的重要任务。

（一）粉尘的来源

在粉尘的来源中，自然过程产生的粉尘一般可靠大气的自净作用去除，而人类活动产生的粉尘则要靠除尘措施来完成。人类活动引起的粉尘主要来源于三个方面，即工业生产污染源、生活活动污染源及交通运输污染源。本章介绍工业粉尘的除尘技术。

生产过程产生的粉尘主要来源可归纳为以下几类。

1）固体物质的破碎和加工：常见于矿石开采和冶炼，铸造工艺，耐火材料、玻璃等工业原料的加工，粮谷脱粒等过程。

2）物质的不完全燃烧：煤炭不完全燃烧的烟尘，烃类热分解产生的炭黑。

3）物质加热时产生的蒸气在空气中凝结或被氧化所形成的粉尘颗粒。

金属熔炼、焊接、浇铸等，如铅熔炼时产生的氧化铅粉尘。

（二）粉尘的性质

粉尘具有形状、粒径、密度、比表面积四大基本特征，还具有磨损性、荷电性、湿润性、粘着性以及爆炸性等重要性质。

1. 粉尘颗粒的形状

粉尘颗粒的形状是指一个粉尘颗粒的轮廓或表面上各点所构成的图像。粉尘颗粒的形状有针状、多角状、枝状、纤维状、片状及粒状等。不同粉尘形状各异，一般都是非球形的。为了评价粉尘颗粒对球形的偏离程度，应用了“球形系数”，球形系数是指同样体积球形粒子的表面积与粉尘颗粒实际表面积之比。球形粒子的系数为1，其他形状粒子系数均小于1。粉尘的形状直接影响除尘器的捕集效果和清灰情况，例如对纤维性粉尘选用机械式除尘器和电除尘器时除尘效果往往不理想，对球形粉尘用各种除尘器都会取得满意效果。

2. 粉尘颗粒的粒径

粉尘颗粒的粒径影响粉尘悬浮、扩散、附着等物理特性，也是粉尘能否被吸入人体的决定因素，为粉尘的重要参量。形状规则的粉尘，如球形颗粒可以用直径表示，正方形颗粒可以用一边边长表示。但工业生产中产生的大多数粉尘颗粒形状是不规则的，只能以一定的几何或物理当量径来表示。颗粒的大小不同，其物理、化学特性不同，对人和环境的危害也不同，而且对除尘装置的性能影响很大，所以颗粒的大小是颗粒物的基本特性之一。

粉尘的粒径分布称为分散度，是指粉尘中各种粒径的颗粒所占百分数。粉尘的分散度不同，对人体的危害、除尘机理和除尘方式也不同，所以它是评价粉尘危害程度、除尘器性能和选择除尘器的基本条件之一。

3. 粉尘的密度

由于粉尘颗粒之间有许多空隙，有些粉尘颗粒本身还有孔隙，所以粉尘的密度有如下表述方法。

（1）真密度ρ_p 这是不考虑粉尘颗粒之间空隙的颗粒本身实有的密度，即在抽真空的条件下测得的密度，称为真密度。若颗粒本身是多孔性物质，则其密度还分为两种：①考虑颗粒本身孔隙在内的颗粒物质在抽真空的条件下测得的密度，称为真密度。②包含颗粒本身空隙在内的单个颗粒的密度，称为视密度或表观密度。对于无孔隙颗粒，其真密度和视密度一致。

（2）堆积密度ρ_h 粉尘的颗粒与颗粒间有许多空隙，在粉尘自然堆积时，单位体积粉尘的质量就是堆积密度，此时粉尘的体积包括颗粒实体积、颗粒内部孔隙和颗粒与颗粒之间的空隙。计算粉尘堆积容积时都用堆积密度。

研究粉尘颗粒运动和进行物理性能测试时，最常用的是粉尘的真密度。真密度与堆积密度之间的关系取决于粉尘堆放体积中的空隙率ε，具体关系式为

$$\rho_h = \rho_p\ (1-\varepsilon)$$

可见，空隙率ε越大，堆积密度ρ_h越小。对一种粉尘来说，真密度ρ_p是一定的，ρ_h则随着ε变化而变化。

4. 粉尘的比表面积

单位质量粉尘所具有的总表面积称为粉尘的比表面积，分外表面积、内表面积两类。比表面积与粒径成反比，粒径越小，比表面积越大。比表面积对粉尘表面活性、附着、吸附、燃烧及爆炸等特性均有影响。

5. 粉尘的安息角

粉尘的安息角也称堆积角、休止角。粉尘自漏斗连续落到水平板上，自然堆积成为圆锥体，圆锥体母线与水平面的夹角就称为粉尘的安息角，表示颗粒间的相互摩擦性能。安息角越大，表示粉尘的流动性越差。安息角是粉尘的动力特性之一，它与粉尘的种类、粒径、形状和含水率等因素有关。粉尘的安息角大小对设计除尘器灰斗的角度具有重要意义。通常设计灰斗的角度比粉尘的安息角小3°~5°。

6. 粉尘的磨损性

粉尘对器壁的磨损问题是很重要的，这种磨损有两类：一类是粉尘颗粒直接冲击器壁所引起的磨损，此时粉尘颗粒以90°直冲器壁时最为严重，对硬度高的金属尤为严重；另一类是由于粉尘颗粒与器壁摩擦所引起的磨损，以30°冲角冲击器壁时最为严重，30°~50°时次之，而75°~85°时不存在此类磨损。这是一种微切割作用，所以采用硬度高的材料为宜。一般情况下，粗尘对器壁的磨损以后者为主；而细尘，则前者占相当比例。此外，粉尘颗粒与器壁材料的硬度差别也很重要，粉尘颗粒较钢软时，磨损不严重。当粉尘颗粒的硬度是钢的1.1~1.6倍时，磨损最严重；粉尘的磨损性还与其速度的2~3次方成正比；气流中粉尘浓度大，对器壁（如管道）的磨损性也大。

7. 粉尘的粘着性

粉尘之间由于存在粘着性而形成团聚，这有利于粉尘的分离和捕集。粉尘颗粒间的粘着力主要有3种：①分子力，也称范德华力。它是作用在分子间或原子间的作用力，实际上是一种吸附力。②毛细粘附力。粉尘颗粒含有水分时，互相吸着的颗粒间由于毛细管作用而生成“液桥”，从而产生使颗粒互相粘着的力。③库仑力。这是颗粒荷电后产生的静电吸力，在电场中，库仑力是主要的，当无外加电场时可忽略不计。

粉尘与器壁间也会产生粘着效应，这对除尘器设计十分重要。粉尘的粘着性直接影响管道与除尘器的堵塞和结垢情况，所以，遇到粘着性大的粉尘，必须采取相应的技术措施，避免堵塞和结垢的发生。使用袋式除尘器处理粘着性强的粉尘时，应适当增加清灰次数和清灰强度，避免滤袋粘附粉尘。灰斗上的振打电动机功率也应稍大一些，使粉尘不至于在灰斗下料口搭桥堵塞。

8. 粉尘的荷电性

粉尘颗粒间的摩擦、粉尘颗粒与器壁间的摩擦都可能使粉尘颗粒获得电荷。在气体电离的电场内，粉尘颗粒会从气体离子获得电荷，较大粉尘颗粒是与气体离子碰撞而荷电的，微小粉尘颗粒则由于扩散而荷电。粉尘颗粒的荷电性对于袋式除尘器和电除尘器都是很重要的。对于直径大于1μm的粉尘，在气体电离的电场内，可获得饱和荷电量。

9. 粉尘的比电阻

粉尘的比电阻包括粉尘颗粒本身的容积比电阻和颗粒表面因吸收水分等而形成的表面比电阻，用电阻率来表示，即每平方厘米面积上厚度为1cm的粉尘层，沿厚度方向测得的电阻值，称为粉尘的比电阻，单位为Ω·cm。粉尘的比电阻也是粉尘的重要性质，其值直接影响电除尘器及荷电滤料的捕尘效果。一般电除尘器处理粉尘的比电阻为$10^4 \sim 10^{11}\Omega\cdot cm$较为合适。

10. 粉尘的湿润性

粉尘颗粒能被水（或其他液体）湿润的现象，叫做湿润性。所有粉尘可根据被水湿润的程度分为疏水性粉尘和亲水性粉尘。粉尘的湿润性随粒径的减小和温度的升高而降低。此外，表面能越小的液体越容易湿润固体表面，反之则不易。粉尘的湿润性是选择除尘方式的依据之一。对于亲水性粉尘，选用湿式除尘方法可能取得较好效果；对疏水性粉尘，则不宜选用湿式除尘方法。对于亲水性粉尘，袋式除尘器的清灰力度可能要加大，否则还可能发生糊粘滤袋问题。

11. 粉尘的爆炸性

含有一定浓度的某种粉尘遇到明火、放电、高温、摩擦等作用，在氧气充足条件下具有爆炸性，这在堆放与输送等过程中要注意。粉尘的爆炸性可分为两大类：一类是含灰分少的，堆积时不易燃烧，但它的悬浮物却易燃而发生爆炸，按其爆炸性强烈次序排列为细木屑、软木粉、细糖粉、细合成树脂粉、萤石粉、麦牙粉、合成橡胶粉、淀粉及植物纤维等；另一类是含灰分多的，堆积时不可能燃烧，其悬浮物只在高温长期作用下才会燃烧，但不是爆炸，如合成赛璐珞、锌粉、天然树脂、炭黑、香料、肥皂粉及油漆雾等。

12. 粉尘的放射性

粉尘的放射性有两个来源：粉尘材料自身含有的放射性核素和非放射性粉尘吸附了放射性核素。一定量的放射性核素在单位时间内的核衰变数，称为放射性活度，单位为贝可

（Bq）。单位质量物体中的放射性活度简称比放射性。单位体积物体中的放射性活度称为放射性浓度。粉尘的放射性可能增加非放射性粉尘对机体的危害。

二、除尘过程

把气溶胶中固相粉尘或液相雾滴从气体介质中分离出来的过程称为除尘过程（亦称为分离捕集过程）。整个除尘过程可分为以下 3 个阶段。

1. 捕集分离过程

捕集分离过程又分为捕集推移阶段和分离阶段。

（1）捕集推移阶段　均匀混合或悬浮在运载介质中的粉尘进入除尘器的除尘空间后，根据不同的除尘器类型承受不同的外力作用，从而将粉尘推移到分离界面。随着粉尘向分离界面推移，浓度也越来越大，故捕集推移阶段实质上是粉尘浓缩的阶段。

（2）分离阶段　高浓度的粉尘流向分离界面后，有两种机理在起作用，运载介质运载粉尘的能力将达到极限状态。悬浮与沉降这对矛盾中，沉降成为主要方面，通过沉降，粉尘颗粒从运载介质中分离出来。另一机理是高浓度尘流，在粉尘颗粒的扩散与凝聚这对矛盾中，凝聚成为主要矛盾。粉尘颗粒可以彼此凝聚在一起，又可能与实质界面凝聚而吸附在其上面。通过这两个机理，粉尘便从运载介质中分离出来。

2. 排尘过程

排尘过程主要是将经分离界面以后已分离出来的粉尘排离排尘口。不同除尘器的排尘作用力也不同。有的除尘器不需再加额外动力就能利用原捕集分离的外力把粉尘排离除尘器，如机械力除尘器及洗涤除尘器；另一些除尘器则需要加额外的动力才能把已分离的粉尘排出，如电除尘器及袋式除尘器的振落清灰装置。排尘过程中，已分离的粉尘有可能重新扩散而悬浮在已弃尘的净化气流中，因而在除尘技术中有返混与二次飞扬等问题。

3. 排气过程

已弃尘相对净化的气流从排气口排出的过程称为排气过程。明显地，前两个过程与除尘器的效率有关，而排气过程与旋风除尘器的压力损失有关。为研究旋风除尘器的整个气流的能量消耗，通常把弃尘前后的压力损失加以比较探讨，以找出压力损失的规律。

根据除尘过程的 3 个阶段，除尘空间也可划分为 3 个不同的区域，即除尘区域、排尘区域与排气区域。

三、除尘器的类型与组成

1. 除尘器的类型

从气体中去除或捕集固态或液态微粒的设备称为除尘装置，或除尘器。目前使用的除尘器多种多样，按作用于除尘器的外力或作用机理，可分为以下四大类：机械除尘器、电除尘器、袋式除尘器及湿式除尘器。

以上四类除尘器中，按除尘过程中有无液体参加作用，又可将除尘器分为两大类：①干式除尘器，即无液体参加作用的。②湿式除尘器，即有液体参加作用的。

此外，有用声波力作为外力的声波除尘器，一些国家（如日本）还将声波除尘器作为除尘器的类型之一，但声波在起到除尘作用时所引起的噪声污染问题尚未得到很好的解决。

2. 除尘器的组成

各种除尘器虽然所受的作用外力不同，但都是由四大部件组成，即将含粉尘气体引入的除尘器进口、实现气尘分离的除尘空间（或称除尘室）、排放捕集粉尘的排尘口和弃尘后排放相对净化气体的出口。除尘器的组成示意图如图 3-1 所示。

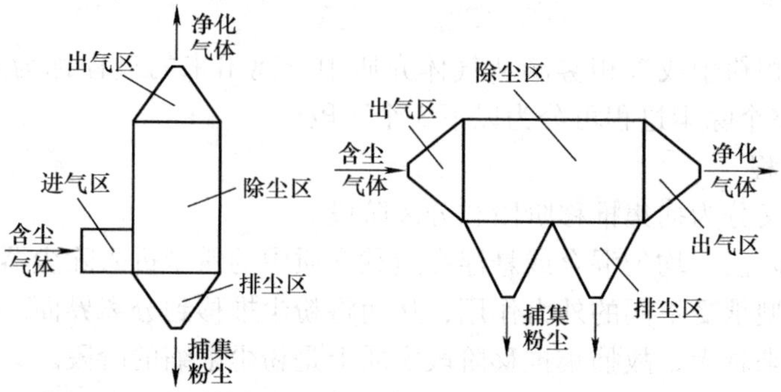

a) 立式除尘器　　b) 卧式除尘器

图 3-1　除尘器组成示意图

四、除尘器的性能指标

除尘器的性能评价一般用压力损失（阻力）和除尘率来表示，同时也应综合考虑处理气体的流量、设备基建投资与运行管理费用、使用寿命、占地面积等因素。

烟气在除尘器内失去的压力，称为压力损失。压力损失（阻力）以除尘器出、入口全压的测定结果之差表示。各类除尘器的阻力有高、中、低之分。电除尘器属于低阻除尘器，其压力损失小于 500Pa；而高阻除尘器的阻力可高达 2000 ~ 20000Pa。

除尘率是指含粉尘烟气通过除尘器时所捕集下来的灰量占进入除尘器的总灰量的百分率。除尘率是衡量与评价除尘器性能最重要的技术指标。根据总除尘率，除尘器可分为低效（除尘率为 50% ~ 80%）、中效（除尘率为 80% ~ 95%）及高效除尘器（除尘率大于 95%）。除尘率除与除尘器的类型及其结构有关外，还取决于烟气、粉尘颗粒的性质及运行条件等因素。各类除尘器的适用范围和性能比较见表 3-1。

表 3-1　各类除尘器的适用范围和性能比较

型式	除尘作用力	除尘设备种类		适用范围				不同粒径效率（%）			投资比较
				粉尘粒径 /μm	粉尘浓度 /(g/m³)	温度 /℃	阻力 /Pa	50μm	5μm	1μm	
干式	重力	机械除尘器	重力沉降室	>40	>10	<400	100 ~ 200	96	16	3	<1
	惯性力		惯性除尘器	>20	<100	<400	400 ~ 1200	95	20	5	1
	离心力		旋风除尘器	>5	<100	<400	1000 ~ 2000	94	27	8	2

（续）

<table>
<tr><th rowspan="2">型式</th><th rowspan="2">除尘作用力</th><th rowspan="2" colspan="2">除尘设备种类</th><th colspan="4">适用范围</th><th colspan="3">不同粒径效率（%）</th><th rowspan="2">投资比较</th></tr>
<tr><th>粉尘粒径/μm</th><th>粉尘浓度/(g/m³)</th><th>温度/℃</th><th>阻力/Pa</th><th>50μm</th><th>5μm</th><th>1μm</th></tr>
<tr><td rowspan="4">干式</td><td>静电力</td><td colspan="2">电除尘器</td><td>>0.1</td><td><30</td><td><300</td><td>200~300</td><td>>99</td><td>99</td><td>86</td><td>6~8.5</td></tr>
<tr><td rowspan="3">惯性力、扩散力、筛分</td><td rowspan="3">袋式除尘器</td><td>振打清灰</td><td rowspan="3">>0.1</td><td rowspan="3">3~10</td><td rowspan="3"><300</td><td rowspan="3">800~2000</td><td>>99</td><td>>99</td><td>99</td><td>6~7</td></tr>
<tr><td>脉冲清灰</td><td>100</td><td>>99</td><td>99</td><td>6~7.2</td></tr>
<tr><td>反吹清灰</td><td>100</td><td>>99</td><td>99</td><td>6~7.5</td></tr>
<tr><td rowspan="4">湿式</td><td rowspan="3">惯性力、扩散力、凝聚力</td><td colspan="2">自激式除尘器</td><td rowspan="3">>0.05</td><td><100</td><td><400</td><td>800~1000</td><td>100</td><td>93</td><td>40</td><td>12.7</td></tr>
<tr><td colspan="2">洗涤式除尘器</td><td><100</td><td><400</td><td rowspan="2">5000~10000</td><td>100</td><td>96</td><td>75</td><td>8.6</td></tr>
<tr><td colspan="2">文丘里除尘器</td><td><100</td><td><800</td><td>100</td><td>>99</td><td>93</td><td>4.7</td></tr>
<tr><td>静电力</td><td colspan="2">湿式电除尘器</td><td>>0.05</td><td><100</td><td><400</td><td>300~400</td><td>100</td><td>99</td><td>98</td><td>6~9</td></tr>
</table>

注“投资比较”一列中的数值是以惯性除尘器的投资为基准1。

第二节　电除尘技术

一、电除尘器的特点

1. 电除尘器的优点

电除尘器与其他类型除尘器相比有如下优点：

1）除尘率高。能有效地清除超细粉尘，达到很高的净化程度，可处理粒径为0.05~20μm的灰尘，除尘率可高达98%~99%，并且基本上不受负荷变化的影响。电除尘器还可以根据不同的效率要求，使其设计效率达到99.5%甚至更高。

2）适应性强。能处理大流量、高温、高压或有腐蚀性的气体。

3）阻力小，电耗小，运行费用低。由于电除尘器对粉尘的捕集作用力直接作用于粒子本身，而不是作用于整个含粉尘气流上，因此，气流速度低，所受阻力小，当烟气经过除尘器时，由于其阻力损失小，相应地引风机的耗电量就小。

4）维修简单，费用低。一台良好的电除尘器的大修周期比锅炉长，日常维护简单，更换的零部件少。

2. 电除尘器的缺点

电除尘器与其他类型除尘器相比也存在着如下缺点：

1）占地面积大，一次性投资大。

2）对各类不同性质的粉尘，电除尘器的除尘效果是不相同的，它一般所适应的粉尘比电阻范围为$10^4 \sim 10^{11}\Omega\cdot cm$。

3）电除尘器对操作人员的水平要求比较高。与其他类型的除尘器相比较，电除尘器的结构较为复杂，要求操作工人对其原理和构造要有一定的了解，并且要有正确维护和独立排除故障的能力。

4）钢材的消耗量大，尤其是薄钢板的消耗量大。例如：一台四电场 240m^2 的卧式电除尘器，其钢材耗量达 1000t 以上。

二、电除尘器的工作原理

电除尘器的基本工作原理是：在两个曲率半径相差较大的金属阳极和阴极（一对电极）上，通以高压直流电，维持一个足以使气体电离的静电场，使气体电离后所产生的电子、阴离子和阳离子吸附在通过电场的粉尘上，从而使粉尘获得电荷（粉尘荷电）。荷电粉尘在电场的作用下，便向与其电极极性相反的电极运动，并沉积在电极上以达到粉尘和气体分离的目的。电极上的积灰，经振打、卸灰、清出本体外，再经过输灰系统输送到灰场或者便于利用贮存的装置中去。净化后的气体便从上部出气管排出，扩散到大气中。电除尘器的工作原理（见图 3-2）可简单地概括为四个过程。

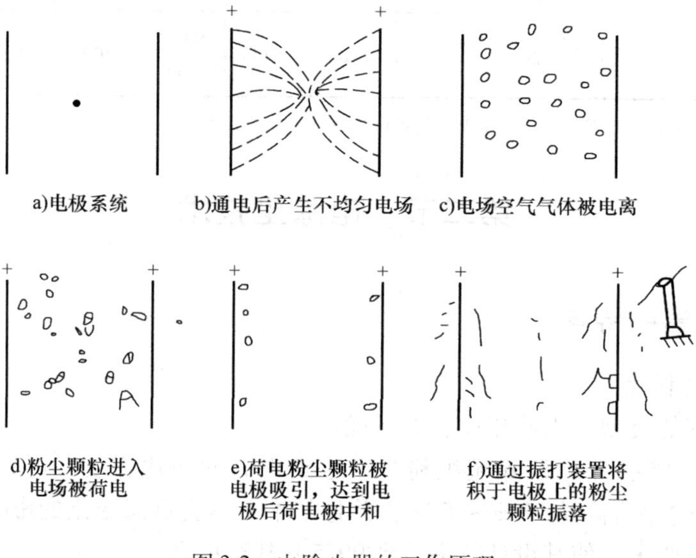

图 3-2　电除尘器的工作原理

1. 气体的电离

在电晕极和收尘极（阴极与阳极）之间，施加足够高的直流电压，使两极间产生极不均匀的电场，电晕极附近的电场强度最高，使电晕极周围的气体电离，产生电晕放电，电压越高，电晕放电越强烈。气体电离生成大量的自由电子和正离子。在电晕外区域（低场强区），由于自由电子动能的降低，不足以使气体发生碰撞电离而附着在气体分子上，形成负离子。负离子在电场力的作用下向收尘极运动，这样在电场空间就充满了大量的负离子。

2. 除尘空间粉尘的荷电（粉尘颗粒荷电）

粉尘荷电是由电晕放电，气体电离产生正、负离子，这些正、负离子依附在粉尘颗粒上，使粉尘带电。它是电除尘器工作过程中最基本和最关键的一个环节。

3. 荷电粉尘颗粒的捕集

粉尘荷电后，在电场的作用下，带有不同极性电荷的粉尘颗粒，则分别向极性相反的电极运动，并沉积在电极上。在电晕区内和靠近电晕区域很近的一部分荷电粉尘颗粒与电晕极的极性相反，于是就沉积在电晕极上。但是因为电晕区的范围很小，所以数量也少。而电晕外区的粉尘颗粒绝大部分带有与电晕极性相同的电荷，所以，当这些荷电粉尘颗粒十分接近收尘极表面时，便沉积在其上，并被捕集。工业用电除尘器多采用负电晕，在电晕区内少量带正电荷的粉尘颗粒沉积在电晕极上，而电晕外区的大量粉尘颗粒带负电荷，因而向收尘极运动。

4. 清灰

荷电粉尘颗粒沉积在电极表面，当电极表面上的粉尘沉积到一定厚度后，通过机械振打清灰、湿式清灰或声波清灰等手段将电极上的粉尘捕集下来，从下部灰斗排出，而净化后的气体从除尘器上部出气管排出，从而达到净化含粉尘气体的目的。及时清除收尘极和电晕极上的积灰，是保证电除尘器高效运行的重要环节之一。

三、电除尘器的基本结构

电除尘器由除尘器本体（除尘）和供电装置两部分组成。

（一）电除尘器本体

电除尘器的本体是实现粉尘净化的场所，通常为钢结构，约占总投资的85%。目前火力发电厂中的大型锅炉应用最广泛的是板、卧、干式的单区电除尘器，其一般结构如图3-3所示。电除尘器本体的主要部分包括：壳体、收尘极、电晕极、清灰装置和气流均布装置等。

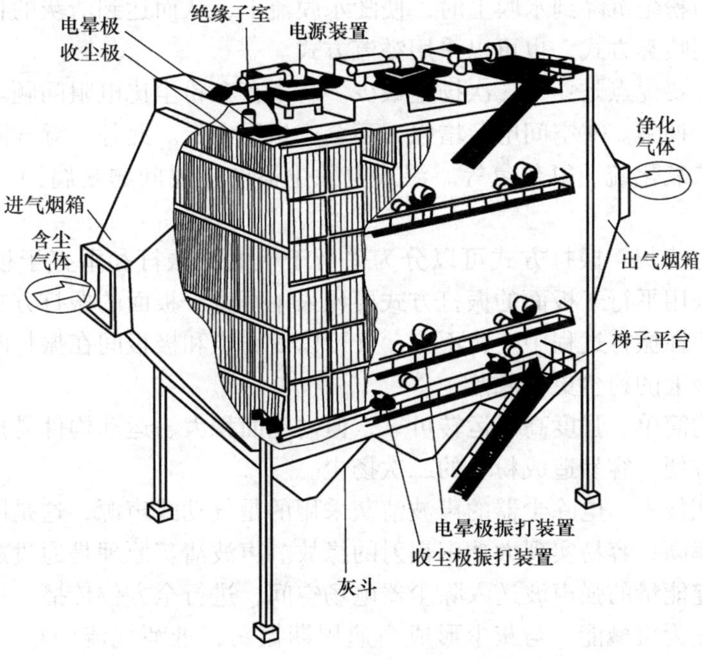

图3-3 电除尘器的结构示意图

1. 壳体

壳体可分成两部分：一部分是承担电除尘器全部结构重量及其外部附加荷载的框架；另一部分是用以将外部空气隔开，形成一个独立的电除尘空间环境的隔墙。因此，电除尘器壳体的作用是支撑电极和振打设备，引导烟气通过电场，形成一个与外界环境隔离的独立的收尘空间。

2. 电晕极

电晕极也叫阴极或放电极，其作用是与收尘极一起形成电场，通过电晕放电，产生电晕电流。电晕极包括电晕线、框架、吊杆及其定位部分。电晕线是电场中产生电晕电流的主要部件，它决定了放电的强弱，并影响烟气中粉尘荷电的强弱，它的性能好坏将直接影响到除尘器的性能。从理论上分析，电除尘器阴极线越细，其电晕电压就越低，同时，它又受材料和机械强度的限制。

3. 收尘极

收尘极又称阳极、沉淀极，其作用是协助粉尘颗粒荷电，捕集荷电粉尘。收尘极设备是由若干块收尘极板排组成的，它与电晕极相间排列，共同组成电场。当收尘极板受到冲击力时，极板表面附着的粉尘成片状或团状脱离板面，并落入灰斗，从而达到除灰的目的。收尘极是粉尘沉积的重要部件，同样直接影响着电除尘器的除尘率。

4. 清灰装置

电极清洁与否将直接影响电除尘器的效率。因此，通过清灰装置使捕集的粉尘落入灰斗并及时排出，是保证除尘器有效工作的重要条件。清灰装置的任务就是随时清除粘附在电极上的粉尘，以保证电除尘器能够正常运行。电极的清灰装置有以下三种。

（1）湿式清灰　湿式电除尘器是广泛采用的一种电除尘器，一般采用水喷淋湿式清灰。在除尘过程中，对于积沉到极板上的固体粉尘，一般是用水清洗收尘极板，使极板表面经常保持一层水膜，当粉尘沉降到水膜上时，便随水膜流下，从而达到清灰的目的。形成水膜的方法，既可以采用喷雾方式，也可以采用溢流方式。

湿式清灰的主要优点是：①二次扬尘最少。②不存在粉尘比电阻问题。③水滴凝聚在小粉尘颗粒上更利于捕集。④空间电荷增强，不会产生反电晕。此外，湿式除尘器还可同时净化有害气体，如二氧化硫、氟化氢等。湿式电除尘器的主要问题是腐蚀、生垢及污泥处理等。

（2）机械振打清灰　振打方式可以分为平行于板面的振打和垂直于板面的振打两种方式。实验表明，采用平行于板面的振打方式要比采用垂直于板面的振打方式更好，因为它既可以保证极板间距在振打过程中变化不大，又可以使粉尘和极板间在振打时产生一定的惯性力，使粘附在极板上的粉尘更易脱落。

机械振打机构简单、强度高、运转可靠，但占地面积大、运动构件易损坏、检修工作量大、控制也不够方便，容易造成粉尘的二次扬尘。

（3）声波清灰技术　电除尘器的声波清灰采用的是气动式声源，这是因为气动式声源较其他声源转换效率高，容易实现大功率辐射的缘故。声波清灰原理是通过声波发生器把压缩空气变为具有一定能量的强声波送入除尘器电场空间，进行全方位传播，声波到达除尘器的极板极线后，转化为机械能，与灰尘形成高速周期振荡，抵消气流中粉尘的聚积力（表面粘附力），以阻止粉尘相互之间结合成一层硬壳。同时，声波还能使已结块的尘层疏松，使粉尘较容易地从极板脱落下来，从而达到声波清除极板极线积灰的目的。

与传统的机械振打清灰相比，声波清灰的机理是“波及”，其作用力是“交流”量，作用力的方向具有多向性。机械振打清灰的作用力是“直流”量，作用力的方向是单向的，由此可见，声波清灰具有更好的效果。

5. 气流均布装置

若电除尘器气流分布不均匀，则意味着电除尘器内部存在着高、低流速区及某些部位存在着涡流和死角。当存在这种现象时，在流速低处所增加的除尘率，远不足以弥补在流速高处除尘率的降低，因而总的除尘率还是降低的。此外，高速气流、涡流会产生冲刷，使极板上和灰斗中的粉尘产生二次飞扬。不良的气流分布，可造成电除尘器的效率降低 20% ~ 30%，甚至更多。

（二）供电装置

1. 供电电源

电除尘器电场内部的直流工作电压一般都在 40kV 以上，它是通过降压配电变压器、低压配电母线、整流升压变压器等几个环节后达到其工作需要的。

电除尘器的供电电源大多都取自于厂用电 6kV 或者 3kV 的高压母线，也叫厂用高压段母线。高压段母线一般都安装在汽机房的零米，而向除尘器供电的 380V 配电母线则布置在电除尘器的附近，高低压母线之间通过电力电缆和交流配电变压器传送和转换电能。

2. 高压控制柜

高压控制柜的主要用途是将 380V、50Hz 的工频电压，通过自动电压调整器控制的一组反并联晶闸管调压，为整流变压器提供可调节的输入电压。高压控制柜为薄板式结构，分上进线和下进线两种。柜内主要由低压操作器件、阻容保护器、反并联晶闸管、一次取样元件及电压自动调整器等组成。

3. 升压整流变压器

升压整流变压器是电除尘器用整流设备的主要部件之一，是一种专用变压器。它将工频 380V 的交流电压升压到 60kV 或更高的电压，其二次侧有若干组绕组，分别接至若干组桥式高压整流器上。每个桥路由四只高压硅堆组成，将桥路的直流输出端串联，得到高压直流电源，这种结构称为多桥式。也有将二次侧若干组绕组串联后，再接至一组桥式高压整流器上，得到高压直流电压，这种结构称为单桥式。负的高压经过阻尼电阻和高压电缆送到电场。

变压器低压绕组通常有三对抽头，对其进行一次电压粗调，可使直流输出的最高电压分别为 50kV、60kV 和 72kV，以适应不同情况的需要，使设备在最佳状态下运行。

在变压器的一次侧还串有电抗器，以限制短路电流和平滑晶闸管输出的交流波形。电抗器有若干个抽头，以便根据不同高压负载电流进行换接。负载电流越大，电抗器应换接匝数越少的抽头；反之，则应换接匝数多的抽头，使供电电源能够稳定运行。

4. 自动电压调整器

电除尘器内部的烟气工况相当复杂，当高压直流电送入到除尘室内以后，由于烟气工况的变化，其极间的耐压程度不同，可能出现火花、闪络、拉弧等现象，这就意味着电场内部被击穿而短路，势必使变压器一、二次电流猛增，这是变压器正常运行所不允许的。为了使电除尘器能够工作在最佳工作状态，就要有一个能自动控制的装置来进行自动调节，这个装置就是自动电压调整器。自动电压调整器的主要作用是：根据输入的各种一、二次信号，判断出电场内部的工作状况，确定其应施加的直流电压，将指令传送给反并联的晶闸管组，反并联的晶闸管组接到指令后，将其导通角调节在所需要的导通角，以此来达到自动调整电压的目的。

自动电压调整器在电除尘器的高压控制装置中是一个关键性的器件，它的调整功能将直接影响电除尘器的效率。不论是电子管、晶体管调压器，还是近几年发展起来的计算机调压器，对其功能的要求是：自动跟踪的性能好，适应性强，灵敏度高；能够向电场提供最大的有效平均电晕功率；具有可靠的保护系统，对闪络、拉弧和过电流信号能够迅速鉴别并做出正确处理；当某一环节失灵时，其他环节仍能协调工作，进行保护，使设备免受损坏，保证其稳定、可靠运行。

5. 低压自动控制装置

低压自动控制装置的作用是指对电除尘器的阴、阳极振打电动机，卸灰、输灰电动机进行周期控制；对绝缘子、支撑电除尘器电晕极的绝缘套管和支柱绝缘子室进行恒温控制；为保证人身安全还应对绝缘子室、开关柜、变压器间、地刀闸的门及各人孔门的自动联锁装置进行控制。该装置主要有程控、操作、显示和低压配电几个部分组成。其控制性能的好坏和控制功能的完善程度，对电除尘器的除尘率、运行维护以及保证人身安全都有直接的影响。

四、电除尘器性能的影响因素

影响电除尘器性能的因素很多，大致可以归纳为以下四个方面：

（一）烟气性质的影响

1. 烟气的温度和压力

烟气的温度和压力影响电晕始发电压、起晕时电晕极表面的电场强度、电晕极附近的空间电荷密度和分子、离子的有效迁移率等。烟气密度随温度的升高和压力的降低而减少。当烟气密度减小时，离子的有效迁移由于与中性分子碰撞次数的减少而增大。因为在外加电压一定的情况下，这将使电晕极附近的空间电荷密度减小，导致在电晕极表面以较低的电场强度获得一定的电晕电流。因此，为了在极板上保持一定的平均电晕电流密度，则外加电压必须降低，以出现较低电场强度，而使离子以较低的速度离开电晕极临近区。

2. 烟气的湿度

由于煤中含有一定的水分，煤中的氢燃烧后生成水蒸气，参与燃烧的空气中也含有水分，因此，燃烧后排出的烟气中都含有一定的水分，这对电除尘器的运行是有利的。一般烟气中水分多，除尘率就高。如果烟气中水分过大，虽然对电除尘器的性能不会有不利影响，但是若电除尘器的保温不好，烟气温度会达到露点，这就会对电除尘器的电极系统以及壳体产生腐蚀。如果烟气中含有 SO_2，则其腐蚀程度就更为严重。

3. 烟气流速

从降低电除尘器的造价和占地面积少的观点出发，应该尽量提高电场风速，以缩小电除尘器的体积。但是电场风速不能过高，否则会给电除尘器运行带来不利的影响。因为粉尘在电场中荷电后沉积到收尘极板上需要有一定的时间，如果电场风速过高，则荷电粉尘来不及沉降就被气流带出；同时电场风速过高也容易使已经沉积在收尘极的粉尘层产生二次飞扬，特别是电极清灰振打时更容易产生二次飞扬。

4. 烟气含尘浓度

随着烟气中含尘浓度的增加，粉尘颗粒的数量也增多，以致由于粉尘离子形成的电晕电流虽然不大，但形成的空间电荷却很大，接近于气体粒子所形成的空间电荷，严重抑制电晕电流的产生，使粉尘颗粒不能获得足够的电荷，从而使除尘率下降。

（二）粉尘特性的影响

1. 粉尘的比电阻

适用于电除尘器的比电阻为 $10^4 \sim 10^{11}\Omega \cdot cm$。比电阻低于 $10^4\Omega \cdot cm$ 的粉尘，其导电性能好，在电除尘器电场内被收集时，到达收尘极板表面后会快速释放其电荷，而变为与收尘极同性，然后又相互排斥，重新返回气流，而且可能在往返跳跃中被气流带出，所以除尘效果差。相反，比电阻高于 $10^{11}\Omega \cdot cm$ 以上的粉尘，电晕电流通过粉尘层就会受到限制，这将影响到粉尘颗粒的荷电量、荷电率和电场强度等，如不采取必要措施，将使除尘率下降。

2. 粉尘的粒径分布、密度和粘着性

（1）粉尘的粒径分布　荷电粉尘的驱进速度随粉尘粒径的不同而变化，即驱进速度与粒径大小成正比。粉尘的粒径对驱进速度的影响，实质上就是对除尘率的影响。

（2）粉尘的真密度和堆积密度　粉尘的真密度对电除尘器的影响虽然不像靠重力和离心力进行分离的机械除尘装置那样重要，但是已经分离出来的粉尘在落入灰斗时也要靠重力，所以，粉尘的真密度对电除尘器的性能也是有影响的。真密度与堆积密度的比值越大，则由于粉尘二次飞扬而对除尘性能的影响也就越大。

（3）粉尘的粘着性　粉尘有粘着性，可使细微粉尘颗粒凝聚成较大的颗粒，这对粉尘的捕集是有利的。但是粉尘粘附在除尘器壁上会堆积起来，这是造成除尘器发生堵塞故障的原因之一。若粉尘的粘着性强，粉尘会粘附在电极上，即使加强振打力，也不容易将粉尘振下来，就会出现电晕线肥大和收尘极板粉尘堆积的情况，影响工作电压升高，从而使除尘率降低。

（三）除灰系统的影响

1. 引风机调节的影响

引风机对除尘器分室内和分室之间的烟流分布也有影响。有时为了调整锅炉两侧过热器的温差，通过引风机控制挡板改变两侧流量分配，致使两侧烟气分配不均，从而影响了电除尘器的运行性能。

2. 灰斗堵塞，排灰不畅

通过清灰装置使捕集的粉尘落入灰斗并及时排出，是保证除尘器有效工作的重要条件。如果除尘器出现较严重的灰斗堵塞，则排灰不畅，将严重影响电除尘器的运行。

（四）运行因素的影响

1. 气流分布

气流分布状况对电除尘器的性能有重要影响，甚至不亚于电场内作用于粉尘颗粒的电场力对除尘率的影响。气流形态决定着粒子回收的特性，被干扰的气流形态呈严重紊流、气喷、旋涡、脉动以及其他不平衡和不稳定状态，会对除尘率造成严重的影响。

2. 漏风

电除尘器一般是负压运行，如果壳体的连接处密闭不严，就会从外部漏入冷空气，使通过电除尘器的风速增大，从而使除尘性能下降。此外，电除尘器捕集的粉尘一般都比较细，如果从灰斗或排灰装置漏入空气，将会造成收尘极下的粉尘产生二次飞扬，也会使除尘率降低。

3. 二次扬尘

粉尘二次飞扬造成的损失主要取决于粉尘的特性、电除尘器的设计、供电方式、电除尘器内的气流状态和性质、振打装置的类型和操作以及收尘极的空气动力学屏蔽性能等。粉尘二次飞扬后，分散的小片状或单个粒子则很容易被气流重新带出电除尘器，从而影响电除尘器的除尘率。

4. 气流旁路

所谓气流旁路，是指电除尘器内的气流不通过收尘区，而是从收尘极板的顶部、底部和极板左右最外边与壳体内壁形成的通道中通过。气流旁路会使气流紊乱，并在灰斗内部和顶部产生涡流，其结果是使灰斗的大量集灰和振打时的粉尘重返气流。

5. 电晕线肥大

电晕线越细，产生的电晕越强烈，但因在电晕极周围的离子区有少量的粉尘颗粒获得正电荷，便向负极性的电晕极运动并沉积在电晕线上。如果粉尘的粘着性很强，则不容易振打下来，于是电晕线上的粉尘越集越多，即电晕线变粗，从而大大降低了电晕放电效果，这就是所谓的电晕线肥大。

第三节　袋式除尘技术

袋式除尘器是将含粉尘气体通过纤维织物过滤材料而使粉尘分离的一种过滤型集尘装置。它是将织物制成滤袋，当含粉尘气体穿过滤料孔隙时粉尘被拦截下来，沉积在滤袋上的粉尘通过机械振动，从滤料表面脱下来，降至灰斗中。新滤袋除尘率较低，使用一段时间后（一般仅为数秒至数分钟），少量粉尘颗粒被筛滤拦截，在网孔之间产生“搭桥”现象并在滤袋表面形成粉尘层后，除尘率逐渐提高，阻力也相应增大。

一、袋式除尘器的捕尘机理

袋式除尘器的捕尘机理包括筛滤捕尘、惯性碰撞、拦截捕尘、扩散效应、重力沉降及静电沉降等。

1. 筛滤捕尘

含粉尘气体通过滤袋时，若粉尘粒径大于滤料纤维孔隙或滤料表面上沉积的粉尘间孔隙，则粉尘即被滤料或粉尘层筛滤下来。由于一般织物滤料纤维间的空隙远大于粉尘粒径，因此筛滤作用很小。但当滤料表面形成了粉尘层时，由于粉尘间孔隙较小，对粗、中、细粉尘的筛滤作用显著增大。筛滤是粉尘层过滤含粉尘气体的主要机制。

2. 惯性碰撞

含粉尘气体接近滤料纤维时，气流就会改变方向，绕过纤维，而粒径大于1μm的粉尘颗粒通过纤维时，则在惯性作用下，粉尘颗粒将不随从流线的弯曲仍保持原运动方向，结果碰撞到纤维上而被捕获。对于粒径大于1μm的粉尘颗粒，惯性碰撞是最普遍、最主要的捕尘机制。随着粉尘颗粒粒径、密度的增大以及气流流速的增加，惯性碰撞的捕尘效果将明显提高。

3. 拦截捕尘

当含粉尘气体接近滤料纤维时，较细的粉尘颗粒惯性较小，因此会随气流改变原方向而绕行；当粉尘颗粒半径大于粉尘颗粒中心到纤维边缘的距离时，粉尘颗粒即被纤维拦截。显然，拦截捕尘与流速无关，而是随粉尘颗粒直径的增加及纤维直径的减小而增高。

4. 扩散效应

含粉尘气体中非常细小的粉尘颗粒（直径小于0.2μm的粉尘颗粒），在气流中受到气体分子的碰撞后，会偏离原来的流线而作无规则的布朗运动，从而增加了粉尘颗粒与纤维的碰撞机会。显然，粉尘颗粒粒径的减小、气流流速的减慢及温度的增加，均会使粉尘颗粒无规则的布朗运动加剧、与纤维的碰撞机会增高，被捕获的概率增大，捕尘效果越显著。

5. 重力沉降

含粉尘气体在低流速状态下，一些粒径、密度较大的粉尘颗粒会因重力作用而自然沉降。但是，高速气流中的细粉尘颗粒很难自然沉降。

6. 静电沉降

袋式除尘器中的纤维和流经过滤器的粉尘颗粒都可能因某种方式而带有电荷，这种电荷对捕尘有很大的影响。双方中若有一方带电，另一方则被感应而产生异性电荷，从而相互吸引，提高除尘率。

二、滤料

滤料是袋式除尘器的核心部件，其造价占设备费用的10%～15%。袋式除尘器的除尘率、压力损失、清灰方式以及使用寿命等均与滤料种类有很大关系。因此，在设计和使用袋式除尘器时必须正确选用滤料。

1. 滤料的性能要求

根据袋式除尘器的除尘原理和粉尘特性，对滤料的要求有：①清灰后能保留一定的永久性容尘，以保持较高的过滤效率。②在均匀容尘状态下透气要好，压力损失要小。③抗皱折，耐磨，机械强度高。④耐温、耐腐蚀性好。⑤吸湿性小，易清灰。⑥使用寿命长，成本低。

2. 滤料的材质

织物的基本结构单元是单根纤维。可以用来做织物滤料的纤维材料可分为天然纤维和非天然纤维两大类，非天然纤维又可分为化学纤维（包括人造纤维和合成纤维）与无机纤维（包括玻璃纤维和金属纤维）两类。以前一般都用棉花、羊毛、蚕丝等天然纤维做滤料，在合成纤维品种增多并日益普及以后，因其具有优于天然纤维的特性，便逐渐改用合成纤维制造滤料，现在几乎已经没有用天然纤维滤料的了。除合成纤维外，在处理高温气体等情况下，使用玻璃纤维滤料的也不少。下面分别介绍这两种纤维。

（1）合成纤维　合成纤维是先将简单的化学物质用有机合成方法制得合成高分子化合物，然后经纺丝加工而制成的。现在用于滤料的合成纤维主要有聚酯、聚丙烯、均聚丙烯腈、偏芳族聚酰胺、聚酰亚胺、聚苯硫醚、聚四氟乙烯，表3-2是以上几种纤维理化性能的比较。

（2）玻璃纤维　玻璃纤维是由熔融的玻璃液拉制而成的，有不同的化学成分。用于制造滤料的玻璃纤维有两类：一类是铝硼硅酸盐玻璃纤维，即无碱玻璃纤维；另一类是钠钙硅酸盐玻璃纤维，即中碱玻璃纤维。表3-3是两种玻璃纤维理化特性的比较。

表 3-2 合成纤维理化特性比较

纤维名称	可连续使用的最高温度/℃	力学性能		化学稳定性				水解稳定性	阻燃性
		抗拉	抗磨	酸	碱	氧化剂	有机溶剂		
聚酯	130	1	1	3	4	2	2	4	3
聚丙烯	90	1	1	1	1	4	2	1	4
均聚丙烯腈	125	3	3	2	3	2	1～2	1～2	4
偏芳族聚酰胺	200	2	1～2	3	2	2	3	3	2
聚酰亚胺	200	2	2	2	3	2	1	2	1
聚苯硫醚	170	2	2	1	1	3	1	1	1
聚四氟乙烯	240	3	3	1	1	1	1	1	1

注：表中 1、2、3、4 代表从优至劣的顺序。

表 3-3 玻璃纤维理化特性比较

纤维	力学性质			化学稳定性					水解稳定性	阻燃性
	抗拉	抗磨	抗折	无机酸	有机酸	碱	氧化剂	有机溶剂		
无碱玻璃纤维	1	2	4	3	3	4	1	2	1	1
中碱玻璃纤维	1	2	4	1①	2②	2	1	2	2	1

注：表中 1、2、3、4 代表从优至劣的顺序。

① HF 除外。

② 苯酚、草酸除外。

三、袋式除尘器的结构

典型的袋式除尘器由收尘室、净气室、滤袋、清灰装置、卸灰装置 5 部分组成。

滤料及其捕集的粉尘对气体的流动是有阻力的。滤料上的粉尘积得越多，对气流的阻力也越大，最终通风机所输送的气体流量就会减小到不能满足需要。因此，当阻力大到一定程度就要采取措施将滤袋上的粉尘清除下来，这就是所谓的“清灰”。执行清灰任务的是清灰装置。

清灰装置虽然花样繁多，但其基本作用不外乎三种，即机械振动、气流反吹和脉冲喷吹。机械振动清灰是最古老的清灰方法，它是利用机械装置使滤袋产生垂直振动、水平振动或扭曲振动而清灰的；气流反吹清灰是以清灰气流逆着过滤气流的方向流过滤袋，使滤袋缩瘪或鼓胀而清灰的；最晚出现的脉冲喷吹清灰是利用压缩空气的短促发射，瞬间逆着过滤气流向滤袋喷吹，使粉尘脱离滤袋的方法。脉冲喷吹袋式除尘器所需要的滤料面积比前两种少，因而设备体积、重量、占地面积小，初投资也少。

下面介绍几种常用袋式除尘器设备结构。

1. 机械振打袋式除尘器

机械振打袋式除尘器由简单的人工振打清灰到机械振打与逆气流联合清灰，具有多种结构形式，但其基本部件结构都是由滤袋、外壳、灰斗和振打机构所组成。

采用振动器清灰的袋式除尘器如图 3-4 所示。振动器设于振动架上，滤袋悬挂于其上，振动架通过橡胶垫圈进行减振以减轻对除尘器外壳体的振动。清灰时，由于振动器的振动，使滤袋产生高频微振，粉尘沿袋面滑至灰斗。

2. 反吹风袋式除尘器

反吹风袋式除尘器结构如图 3-5 所示。在正常过滤时，含粉尘气流由管道进入袋式除尘器下部，通过滤袋净化后由排气管排出。反吹时采用停风清灰，打开反吹阀门，反吹气流进入滤袋，滤袋在逆气流的作用下得到清灰。

反吹风袋式除尘器反吹持续时间通常为 0.5 ~1.0min，间隔时间为 3 ~8min，根据含粉尘浓度及过滤风速而定。清灰越强，阻力越低，但除尘率降低，通常每次以滤料上清下积灰量的 20% ~30% 为宜。

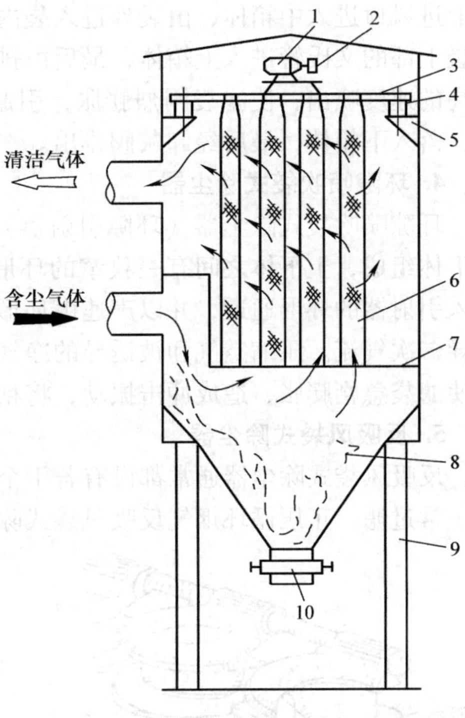

图 3-4　振动器清灰袋式除尘器

1—电动机　2—偏心块　3—振动器　4—橡胶垫　5—支座　6—滤袋　7—花板　8—灰斗　9—支柱　10—密封插板

3. 中心喷吹脉冲袋式除尘器

中心喷吹脉冲袋式除尘器结构如图 3-6 所示。上箱体包括支撑花板、排风管、上盖和喷吹装置。中箱体中主要设置有若干排滤袋和上进风口。下箱体包括灰斗和卸灰阀。含尘气体

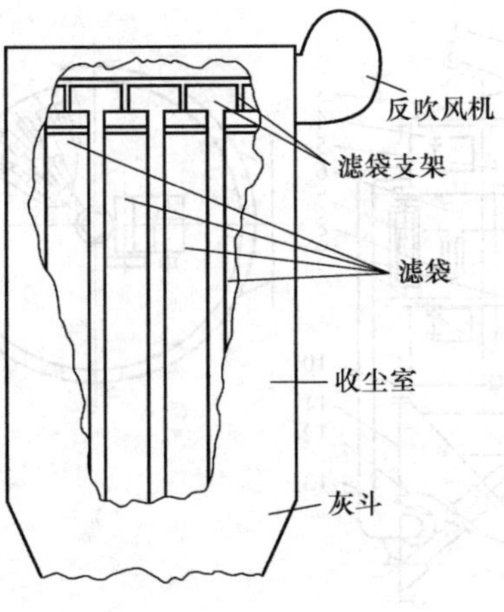

图 3-5　反吹风袋式除尘器

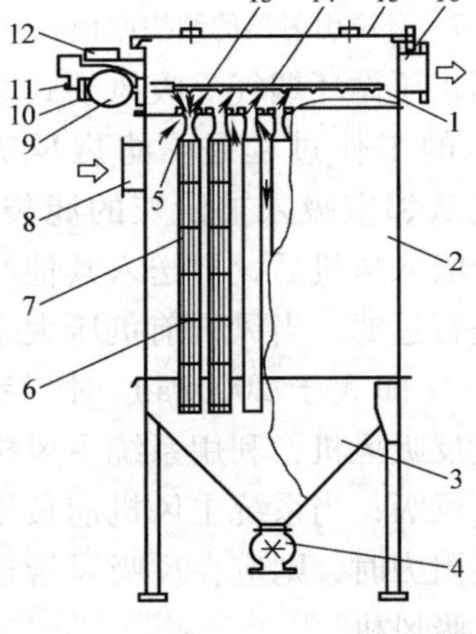

图 3-6　中心喷吹脉冲袋式除尘器

1—上箱体　2—中箱体　3—下箱体　4—卸灰阀　5—上进风口　6—滤袋框架　7—滤袋　8—上进气口　9—气包　10—脉冲阀　11—电磁阀　12—控制仪　13—喷吹管　14—文氏管　15—顶盖　16—排气口

由上进风口进入中箱体，由袋外进入袋内，粉尘被阻留到滤袋外表面，净化后的气体经设在滤袋上部的文氏管进入上箱体，最后由排气口排出。当脉冲阀开启时，高压空气从喷孔中以极高的速度喷出，使滤袋剧烈膨胀，引起冲击振动，将沉积在滤袋外部的粉尘颗粒吹扫下来，落入下箱体，最后经卸灰阀排出。

4. 环隙喷吹袋式除尘器

环隙喷吹袋式除尘器（环隙引射器）由带插接套管及环形通道的上体和起喷吹管作用的下体组成，上下体之间有一狭窄的环形缝隙（见图 3-7）。滤袋清灰时，压缩空气沿切向进入引射器的环形通道，并以声速由环形缝隙喷出，从而在引射器的上部形成一真空圆锥，诱导二次气流。压缩空气和被诱导的净气组成的冲击气流进入滤袋，产生瞬间的逆向气流，并使滤袋急剧膨胀，造成冲击振动，将粘附于袋上的粉尘吹扫下来。

5. 反吸风袋式除尘器

反吸风袋式除尘器通常都设有若干个过滤室，各个过滤室依次进行反吸清灰，其他仍进行正常过滤。正压循环烟气反吸风袋式除尘器结构如图 3-8 所示。

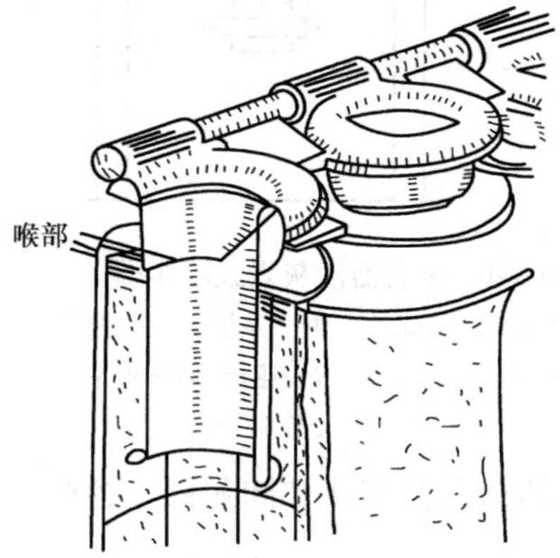

图 3-7　环隙引射器的结构原理

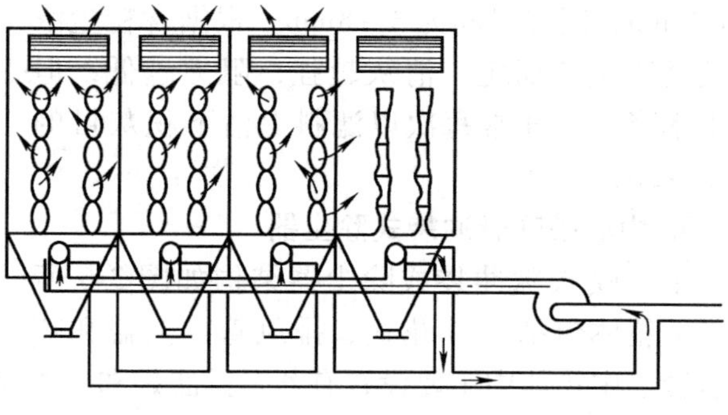

图 3-8　正压循环烟气反吸风袋式除尘器

利用正压循环烟气反吸风袋式除尘器除尘的工作过程是：滤袋反吸时，烟气从邻室吸入被清灰的滤袋，通过灰仓吸入风机后，再送入其他滤袋小室进行过滤。当风机前负压大于滤袋阻力（即大于 2000Pa）时，系统可不设反吸风机，利用系统主风机进行循环反吸；当系统主风机前负压小于滤袋阻力时，则应在反吸风管道上增设反吸风机。

6. 扁袋除尘器

近年来，扁袋除尘器发展较快，形式多样，几乎可以采用圆袋除尘器中所使用的各种清灰方式，回转反吹扁袋除尘器示意图如图 3-9 所示。

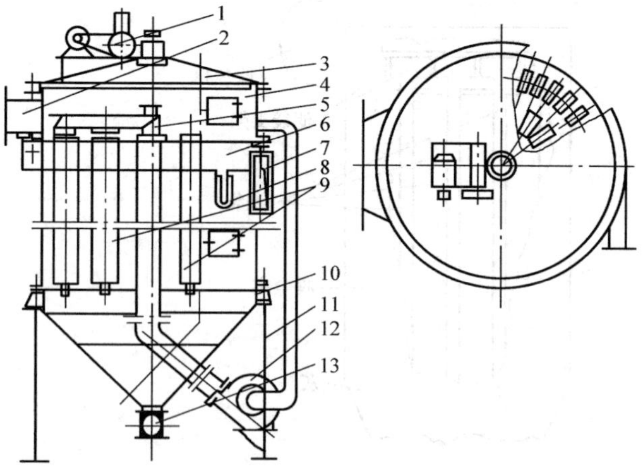

图 3-9　回转反吹扁袋除尘器结构

1—减速机构　2—出风口　3—上盖　4—上箱体　5—反吹回转臂　6—中箱体　7—进风口　8—U 形管　9—扁布袋　10—灰斗　11—支架　12—反吹风机　13—排灰装置

这种除尘器为圆筒体，扁袋呈辐射形布置在圆筒内，根据所需的过滤面积、滤袋的数目分为1圈、2圈、3圈甚至4圈布置。滤袋的断面成梯形或矩形。

含粉尘气体由上部切线入口进入除尘器内，部分粗颗粒在离心力作用下被分离，气流由滤袋外部进入扁袋内，粉尘被阻留在袋外表面，净化后的气体由上部排出。

当滤袋阻力增加到一定值时，反吹风机将高压风自中心管送到顶部旋臂内，气流由旋臂垂直向下喷吹，旋臂每旋转一圈，内外各圈上的每一个滤袋均被喷吹一次，这样旋转一圈的时间即为喷吹周期，而在每个滤袋上停留的时间即为喷吹时间。显然，由于内外各圈的周长不同，设在不同圈上的滤袋的喷吹时间不同，外圈喷吹时间短，内圈喷吹时间长。根据入口含粉尘浓度及过滤风速不同调整旋臂的旋转速度，即可调节喷吹时间和周期。每条滤袋的喷吹时间以0.5s左右为宜，反吹风速取过滤风速的5倍。

四、袋式除尘器的特点

1. 袋式除尘器的主要优点

1）袋式除尘器的除尘机理，除了纤维层的过滤作用外，还有惯性、扩散、静电、重力沉降等作用，因而可捕集到不同粒径的粉尘颗粒，其除尘率可达99.9%。

2）袋式除尘器捕集细小灰粒的能力强，粒径仅为0.0025μm的微尘也能加以捕集，减少了排入大气中的微尘量，特别是对减少大气中重金属污染更有效。

3）袋式除尘器处理烟气量大，可与大型锅炉配套。特别是对高比电阻的粉尘来说，使用袋式除尘器尤为有利。

4）袋式除尘器的除尘率不受粉尘化学成分变化的影响，除尘率稳定。当除尘器阻力小于1000Pa时，入口含尘浓度即使有较大变化，对其阻力及除尘率的影响也不明显。

5）袋式除尘器实行分室过滤，可在运行中检修与换袋，发生故障时一般不必停炉。如果配合喷雾或喷干粉烟气脱硫系统，则分别具有20%及70%～80%的脱硫作用。

2. 袋式除尘器的主要缺点

1）滤袋使用寿命较短。玻璃纤维滤袋占除尘器运行费用的1/5～1/4。高温及潮湿烟气常常会因滤布摩擦产生局部破损、装配不良等而发生泄漏。滤袋材料的耐蚀性、吸湿性、耐热性及机械强度等随滤料不同而不同。

2）设备投资大，消耗钢材多，安装工作量大。

3）袋式除尘器的阻力较电除尘器高，故能耗大，比三电场电除尘器高20%～30%。

第四节 电袋复合除尘技术

一、电袋复合除尘器的工作原理

电袋复合除尘器综合了电除尘器和袋式除尘器的优点，前级电场预收烟气中70%～80%以上的颗粒物量；后级袋式除尘装置拦截收集烟气中剩余颗粒物。其中，前级电场的预除尘作用和荷电作用为提高电袋复合除尘器的性能起到了重要作用。烟尘经过电除尘区后，滤袋阻力上升平稳、清灰周期延长，避免粗颗粒粉尘对滤袋的冲刷磨损；同时，烟尘经过电除尘区后成为荷电粉尘，改变了滤袋表面粉尘沉积结构，在同极荷电粉尘相互排斥的作用下，颗粒之间排列规则有序，粉尘层孔隙率高、透气性好、易于剥落，可降低袋区阻力，延长滤袋的使用寿命。

二、电袋复合除尘器的工作过程

某电厂电袋复合除尘器的工作过程如图3-10所示，烟气流经的路径为：进口烟道→进口烟箱→电除尘区→布袋除尘区→净气室→出口烟道→风机。含尘烟气经进口喇叭内气流分布板的作用，均匀地进入收尘电场，大部分粉尘在电场中荷电，并在电场力作用下向收尘极沉积，当有规律地振打收尘极时，被收集的粉尘会从极板上脱落并落入下部灰斗。含有少量粉尘的烟气小部分通过多孔板进入袋收尘区，大部分烟气折向下部，然后由下而上地进入袋收尘区，当含尘烟气通过滤袋时（外滤式），粉尘被阻留在滤袋表面上，纯净烟气从滤袋内腔进入上部的净气室，再经提升阀进入烟道排出。袋收尘区可划分为若干个独立的收尘室，每个收尘室安装一个提升阀，当采用离线清灰时，可有规律地关闭某个室的提升阀，烟气便不能从该室的滤袋通过。每排滤袋上方安装一根喷吹管，喷吹管上开若干个小孔，每个孔对准下部的滤袋，喷吹管端与气包相连，气包上安装淹没式脉冲阀。当滤袋表面积灰过厚需要清灰时，脉冲控制仪便启动脉冲阀上的电磁阀，打开脉冲阀上的气流通路，压缩空气便通过脉冲阀、喷吹管喷入滤袋。

在进口烟箱中，由不同开孔率的孔板组成进口气流调节装置，保证进入电除尘区的气流均匀分布。在电除尘区和布袋除尘区之间设置了气流分布板，该分布板为孔板形式，并且在高度方向上采用不同的开孔率，调节电除尘区出口气流均布性，保证电除尘的效率，同时防止气流直接冲刷布袋，提高布袋的使用寿命。

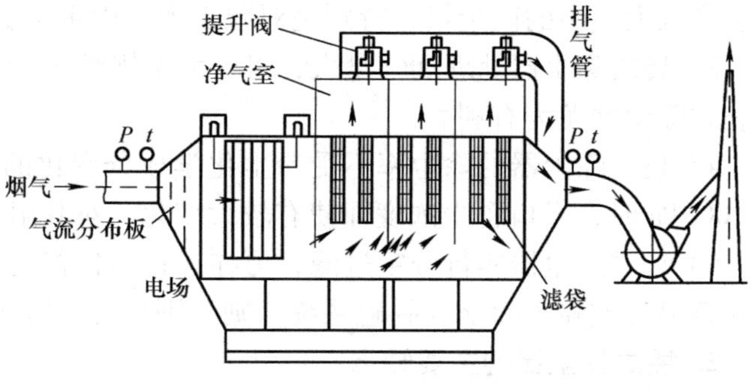

图3-10 电袋复合除尘器的工作过程

三、电袋复合除尘器的主要技术特点

（1）综合采用静电和袋式除尘技术，结构紧凑、除尘总体费用低 对于常规静电除尘器，烟气中的80%~90%的粉尘是在一级电场中除去，其他几个电场仅用来除去其余10%~20%的粉尘，这样不仅占地面积大，而且设备初始投资大。由于电场多，因此能耗大、运行费用高。而电袋复合除尘器在一级电场的后部装设滤袋，较好地解决了剩余粉尘的去除问题。

（2）不受粉尘特性的影响，除尘长期高效、稳定 常规电除尘器受粉尘特性的影响很大，除尘率极不稳定。电袋复合除尘器发挥了袋式除尘器对粉尘特性适应范围广的特点，在滤袋适用范围内，除尘不受煤种、烟气工况、飞灰特性的影响，除尘长期高效、稳定，排放浓度在50mg/m^{3}以下，甚至更低（20mg/m^{3}以下），从而解决了制约除尘率的因素，在整体上提高了除尘率。

（3）运行阻力低，降低能耗 由于电除尘区的预收尘作用，在运行过程中除尘器可以保持较低的运行阻力（正常为800Pa以下，常规袋式除尘器为1500Pa左右）。

由于袋区阻力降低，清灰周期延长，布袋区的能耗比袋式除尘器低得多，其节省的能耗超过了电区高、低压电控设备的能耗，因此电袋复合除尘器与袋式除尘器相比具有显著的节能功效。

（4）滤袋使用寿命长　与常规袋式除尘器相比，电袋复合除尘器延长了滤袋使用寿命。主要因素有：①因电除尘器区收集了80%以上的粉尘，滤袋沉积的粉尘量少，清灰周期长，降低了滤袋的清灰频率，减少了袋壁受清灰气流冲刷的次数。②荷电粉尘蓬松，易于剥落，在线清灰和低压力脉冲气流就能够满足运行要求，降低了清灰气流对袋壁的冲刷力。③滤袋粉饼的透气性能好、运行阻力低，减缓了滤袋疲劳破损。④前级电除尘区收集了大部分粗颗粒粉尘，可以避免粗大颗粒粉尘对滤袋的磨损。

（5）运行可靠性提高　对电除尘器来说，发生各种故障的主要后果是排放超标。对袋式除尘器来说，发生故障的主要后果是破袋造成排放超标或系统阻力大。但在电袋复合除尘器中，即使发生各种故障，造成的后果也大大减轻。

（6）运行、维护费用低　袋式除尘器虽然有较高的除尘率，但存在运行阻力大、滤袋使用寿命短的缺点，随之带来电耗大、运行费用高、更换滤袋维修费用大等问题。与袋式除尘器相比，电袋复合除尘器发挥电除尘器在第一电场能收集烟尘中的大部分粉尘的优点，而在除尘器的后部装设滤袋，使含尘浓度低的烟气通过滤袋，这样可以大大降低滤袋的阻力，节省风机的电耗，降低清灰频率，节省压缩空气消耗量，减少空气压缩机的电耗费用。以上因素可降低滤袋的运行、维护费用，使电袋除尘器的综合费用低于袋式除尘器。

四、除尘设备技术特点的比较

除尘设备技术特点的比较参见表3-4。

表3-4　三种除尘设备技术特点的比较

序号	比较内容	电袋复合	袋式除尘	静电除尘
1	对入口烟尘浓度的适用能力	浓度增大时，阻力变化小，适应能力强	浓度增大时，阻力变化小，适应能力较强	浓度增大时，排放浓度增加，适应能力较弱
2	对烟气的 SO_2 浓度的适应性	中性，有利于除尘但滤袋易腐蚀	滤袋易腐蚀	SO_2 浓度的增加有利于提高除尘率
3	受煤质变化影响	影响小	影响小	影响大
4	出口排放浓度	$<30mg/m^3$	$<30mg/m^3$	与煤种及设备选型规格有关
5	除尘机理	粉尘荷电吸附＋过滤拦截	滤料拦截	粉尘荷电、捕集
6	排放稳定性	高效稳定	高效稳定	受煤种影响大，排放较不稳定
7	系统阻力（平均）	600～850Pa	1200～1500Pa	<300Pa
8	能耗	较小	较大	较小
9	核心部件寿命	滤袋寿命一般达3年以上	滤袋寿命一般2～3年以上	极板、极线寿命20年以上

（续）

序号	比较内容	电袋复合	袋式除尘	静电除尘
10	受烟温影响程度	对烟温要求敏感，滤袋氧化速度与烟温有关	对烟温要求敏感，滤袋氧化速度与烟温有关	对高烟温承受能力强，对烟温不敏感
11	维护工作量	滤袋不易破损，维护量小	滤袋易破损，维护量大	维护简便，工作量小
12	占地面积	小	大	小
13	已投运最大机组	600MW	600MW	1000MW
14	使用历史	较短，约5年时间	较长，几进几出	最长，但技术面临新的挑战

第五节　灰渣与综合利用

一、概述

灰渣是由硅、铝、钙、镁、铁等氧化物组成的矿物残渣。从狭义方面讲，它是指锅炉燃烧时，烟气中带出的粉状残留物，简称灰或者飞灰；从广义方面讲，它还包括锅炉底部排出的炉底渣，简称为渣或大渣。从综合利用角度讲的粉煤灰，一般也包括渣，即灰渣的统称。由于燃烧方式的不同，飞灰和炉渣各自所占的比例也不相同。固态排渣炉的飞灰占灰渣总量的80%～90%，液态排渣炉的飞灰大约占灰渣总量的60%。

我国是产煤大国，同时也是燃煤大国，以煤为主的能源结构在较长的时间内不会发生根本性的变化。在我国电力供应紧张的情况下，大量燃煤产生了惊人的灰渣排放量。2007年，我国产生的粉煤灰超过3亿t，其中循环流化床脱硫粉煤灰年产量大约为7000万t。

以前，灰渣仅作为废弃物堆积，不仅占用土地资源，还污染环境。目前，灰渣综合利用不仅缓解了我国固体废弃物对环境的污染，同时，废弃物的资源化利用还节约了资源，符合可持续发展的理念。

二、火电厂灰渣的形成及特性

1. 火电厂灰渣的形成

总的来说，粉煤灰的形成大致可以分为3个阶段：

第一阶段，煤粉在开始燃烧时，其中气化温度低的挥发分首先自矿物质与固定碳连接的缝隙间不断逸出，使粉煤灰变成多孔碳粒。此时的煤灰，颗粒状态基本保持原煤粉的不规则碎屑状，但因多孔性，使其表面积极大。

第二阶段，伴随着多孔性碳粒中的有机质完全燃烧和温度的升高，其中的矿物质也将脱水、分解、氧化变成无机氧化物，此时的煤灰颗粒变为多孔玻璃体，尽管其形态大体上仍维持与多孔碳粒相同，但比表面积明显的小于多孔碳粒。

第三阶段，随着燃烧的进行，多孔玻璃体逐步熔融收缩而形成颗粒，其孔隙率不断降低，圆度不断提高，粒径不断变小，最终由多孔玻璃转变为密度较高、粒径较小的密实球体，颗粒比表面积下降为最小。不同粒度和密度的灰粒具有显著的化学和矿物学方面的特征差别，小颗粒一般比大颗粒更具玻璃性和化学活性。最后形成的粉煤灰是外观相似、颗粒较细而不均匀的复杂多变的多相物质。

2. 粉煤灰的分类

（1）按性质和脱硫工艺分类　根据粉煤灰性质和脱硫工艺，粉煤灰可被分为硅铝灰和钙硫灰，硅铝灰主要是燃烧普通煤（黑煤或气煤）时产生的粉煤灰，钙硫灰是燃烧褐煤时产生的粉煤灰。其化学成分见表3-5。

表3-5　硅铝灰和钙硫灰的化学成分

灰样	SiO_2	Al_2O_3	CaO	MgO	Fe_3O_4	SO_3	K_2O	Na_2O	烧失量
硅铝灰（%）	50	30	3	2.0	7	0.6	3.5	0.7	0.2
钙硫灰（%）	20	10	44	1.5	7	6.5	2.1	0.6	8.3

（2）按煤种分类　我国国家标准《用于水泥和混凝土中的粉煤灰》（GB/T 1596—2005）中将粉煤灰按其煤种分为F类粉煤灰和C类粉煤灰。C类粉煤灰是由褐煤或次烟煤煅烧收集的粉煤灰，其特征是CaO较高、SiO_2较低，外观偏淡黄—浅灰色。F类粉煤灰是由无烟煤或烟煤煅烧收集的粉煤灰，目前大多数电厂产生的粉煤灰为此类，其主要特征是高硅铝、低钙，外观浅灰—灰黑色。这一类粉煤灰具有火山灰性能。C类粉煤灰和F类粉煤灰化学组成分别见表3-6和表3-7。

表3-6　C类粉煤灰的化学成分

质量分数	SiO_2	Al_2O_3	CaO	MgO	Fe_3O_4	SO_3	Fe—CaO	烧失量
平均值（%）	20~25	10~15	35~45	3~5	9~12	2~4	7~10	2.5
最大值（%）	32	12	17	55	6	5.5	17.8	7
最小值（%）	18	7	8	28	2	1	5	0.5

表3-7　F类粉煤灰的化学组成

煤种	SiO_2	Al_2O_3	CaO	MgO	Fe_3O_4	SO_3	K_2O	Na_2O	烧失量
烟煤（%）	50.6	27.1	2.8	1.2	7.1	0.3	1.3	0.5	8.2

（3）根据粉煤灰的细度和烧失量分类　国家标准《用于水泥和混凝土中的粉煤灰》（GB/T 1596—2005）主要根据粉煤灰的细度和烧失量对用于混凝土和砂浆掺和料的粉煤灰分为3个等级：①Ⅰ级粉煤灰，45μm方孔筛筛余量小于12%，烧失量小于5%。②Ⅱ级粉煤灰，45μm方孔筛筛余量小于20%，烧失量小于8%。③Ⅲ级粉煤灰，45μm方孔筛筛余量小于45%，烧失量小于15%。

（4）根据粉煤灰的状态分类　英国从粉煤灰回填的角度，根据粉煤灰的状态，将粉煤灰分为改性粉煤灰（也称调湿灰）和陈灰。所谓改性粉煤灰，是指将排放的粉煤灰运送至目的地之前加一定量的水，这种粉煤灰密实后的强度随时间的延长有一定增长，因此这种粉煤灰通常被用于回填或土壤加固。由于这种目的，改性粉煤灰应满足一定的强度要求。陈灰通常在使用前存放时间比较长，含有的水分为平衡含水率。一般认为陈灰性质比较差，因此没有强度要求，一般用于回填。

3. 粉煤灰的基本特性

（1）物理特性　粉煤灰的物理特性包括密度、堆积密度、细度、比表面积及需水量等，这些特性是化学成分及矿物组成的宏观反映。由于粉煤灰的组成波动范围很大，这就决定了其物理特性的差异也很大。

粉煤灰的物理特性取决于燃煤的种类、煤粉的细度、燃煤方式和温度，以及电厂除尘率、排灰方式等。粉煤灰的物理特性中，细度和粒度是比较重要的项目。它直接影响着粉煤灰的其他性质，粉煤灰越细，细粉占的比重越大，其活性也越大。粉煤灰的细度影响早期水化反应，而化学成分影响后期的反应。

（2）化学特性 粉煤灰的化学成分是衡量粉煤灰质量的重要指标。它不仅影响粉煤灰的大众化用途，而且制约着粉煤灰高技术应用领域的经济性。电厂通常将烧失量作为燃烧是否完全的标志。商品粉煤灰厂及工程应用部门则将有关化学成分作为粉煤灰品质分类、分级的依据之一。

化学成分是粉煤灰重要性质之一，它对粉煤灰有重要影响。其主要的化学成分有 SiO_2、Al_2O_3、Fe_2O_3 和 FeO，占总量的 80% 以上；次要的化学成分为 CaO、MgO、SO_3、Na_2O 及 K_2O 等。很显然，上述成分中，SiO_2 及 Al_2O_3 为酸性氧化物，而 CaO 及 MgO 则为碱性氧化物，所以作为活性混合物材料的粉煤灰，当粉煤灰以粉状及水存在时，能在常温，特别是在水热处理（蒸汽养护）条件下，与氢氧化钙或其他碱土金属氢氧化物发生化学反应，生成具有水硬胶凝性能的化合物，成为一种强度高和耐久性的材料。

三、火电厂炉渣的特性

1. 炉渣的化学成分

炉渣的化学成分与粉煤灰相似，但含碳量通常比粉煤灰高，一般在 15% 左右，热值一般为 3500 ~ 6000kJ/kg，有的高达 8000kJ/kg 以上。随着锅炉热效率的提高，炉渣的热值会有所降低。炉渣的松密度（旧称容重）一般为 0.7 ~ 1.0t/m^3。炉渣也是一种含硅铝的活性材料，其活性大小主要取决于二氧化硅和三氧化二铝的含量，这些成分含量越高，活性也就越好，对粉煤灰砖强度的贡献也就越大，另外炉渣中的活性成分不但参与形成强度的反应，而且炉渣中未参与反应的颗粒还起到骨料的作用。

2. 炉渣的矿物质组成

炉渣中所含的矿物质与原煤中的矿物质有关，原煤中所含的矿物质主要有铝、硅酸盐、氧化硅、黄铁矿、磷铁矿、赤铁矿、碳酸盐、磷酸盐和氯化物等。煤在燃烧过程中，原生矿物质发生化学变化，形成各种矿物质和玻璃体。因此炉渣主要是由玻璃微珠、海绵状玻璃体、石英、氧化铁及硫酸盐等矿物质组成。

3. 炉渣的理化特性

炉渣是煤在锅炉中燃烧后生成的固体残留物。煤在燃烧过程中随着可燃物质和挥发分的析出，使得炉渣形成多孔结构，表面积增大。但炉渣中含有多种碱性氧化物，被水浸泡一定时间后部分碱性氧化物与酸性气体 SO_2、CO_2 等发生中和反应。

四、火电厂粉煤灰的综合利用

（一）粉煤灰在建筑工程中的应用

粉煤灰在建筑中可作为基础、墙体、楼地面和墙壁等的建筑材料，其中应用较多的是生产混凝土。粉煤灰可作为混凝土的廉价填充剂和补充剂，粉煤灰的火山灰活性、球形颗粒和需水量少的特点，在生产混凝土时具有比普通填充剂更大的胶结活性、更低的渗透率和水化热，同时，掺混粉煤灰可以提高混凝土的表面光滑度、可加工性和抗腐蚀能力。

粉煤灰掺入混凝土中，可使水化热降低，这在大体积混凝土浇筑中非常有利，如大坝混凝土浇筑工程等，同时，混凝土养护简便，加快了施工进度，也降低了成本。

粉煤灰混凝土的抗渗透性好，可提高混凝土的防水性，降低外界水渗透对钢筋的腐蚀，如杭州湾跨海大桥桥墩的混凝土就采用粉煤灰作为防水材料，防止海水渗透进入混凝土内部腐蚀钢筋，使大桥寿命显著提高。同时，添加粉煤灰使得混凝土浇筑过程中具有更好的流动性和可泵性，从而可长距离输送混凝土浆液，方便施工。

粉煤灰混凝土可以提高抗碾压能力，在高等级公路的路面材料中应用，可显著提高混凝土强度，且在建造过程中用水少、造价低、工程进展迅速。

粉煤灰可用来生产蒸压加气混凝土，这种材料可减轻建筑材料的质量，同时具有隔声、隔热等性能。

粉煤灰掺混水泥作建筑砂浆时，可节约水泥用量，且砂浆结合性能好、裂缝少；用作抹面砂浆时，可明显减少因砂浆干缩造成的裂纹，且易于施工。粉煤灰混凝土被用于核电厂的安全壳，如秦山核电厂，壁厚1m的混凝土要求绝对不出现裂缝。

粉煤灰用于建筑结构的回填或者用作地基材料时，可明显提高回填的强度和地基强度，降低基础的沉降，提高地基的承载能力。

（二）粉煤灰在建材制品中的应用

1. 生产粉煤灰砖

目前开发的粉煤灰砖有粉煤灰烧结砖、蒸压粉煤灰砖、免烧粉煤灰砖及空心砖等。

粉煤灰烧结砖是以粉煤灰和粘土为原料混合，经搅拌、成型、干燥、烧结而成。粉煤灰烧结砖具有质轻、绝热、力学性能好等优点，利用粉煤灰生产烧结砖可处理大量粉煤灰并节能和节约土地资源。用粉煤灰制作烧结砖时，由于粉煤灰中含有未燃尽的碳粒，这部分碳燃烧可为砖坯烧结提供热量，因此可减少砖坯中的固体燃料掺混量。

自然养护的粉煤灰砖是将粉煤灰和矿渣混合，再配以适量的水泥、石膏和粘结剂，经混合成型后自然养护而成，不用烧结，能耗少。自然养护粉煤灰砖的技术要求较低，投资少，因此，目前国内城乡建设方面有一定应用。

目前，蒸压粉煤灰砖生产量较大，其原料与自然养护粉煤灰砖基本相同，不同的是蒸压粉煤灰砖是利用蒸汽进行养护，而非自然养护。蒸汽养护粉煤灰砖生产效率较高，比自然养护需要的场地小，因此在国内的生产量大。

2. 生产粉煤灰陶粒

利用粉煤灰为主要原料，加入一定量的胶结料和水，经成球、烧结而成的轻骨料为烧结粉煤灰陶粒。目前，主要有焙烧粉煤灰陶粒和蒸养粉煤灰陶粒两种。焙烧粉煤灰陶粒是由粉煤灰和粘土、页岩、煤矸石等配合固化剂以及固体燃料等，经混合、成球，再高温（1200～1300℃）焙烧而成。蒸养粉煤灰陶粒是在粉煤灰中掺入激发剂（石灰、石膏、水泥等），经混合、成球后自然养护或蒸汽养护而成。

粉煤灰陶粒具有松密度轻、强度高、热导率低、耐火温度高、保温、防冻、抗腐蚀、抗冲击等优点。因此，粉煤灰陶粒代替普通石子，在混凝土中应用能够起到轻骨料作用，并且由于其自身密度小且强度高，因此可显著降低混凝土的松密度并提高混凝土的强度。粉煤灰陶粒可用作混凝土砌块的原材料，生产的空心砌块强度高，保温性能和隔音效果都优于常规空心砌块。此外，粉煤灰陶粒还可用于生产耐火材料，可用于普通窑炉；生产滤料、吸音材料等。

3. 生产粉煤灰砌块

粉煤灰砌块是指以粉煤灰为主要材料，与一定量集料、水泥和水混合，经坯料制备、成型、养护，最终形成的一种新型建筑材料。

粉煤灰砌块具有重量轻、导热系数小、粉煤灰掺量大、成型方便、工艺简单等特点，广泛用于建筑行业。以粉煤灰砌块代替粘土砖，可显著降低墙体的质量，提高建筑的抗振性能，减轻建筑自重，使钢筋混凝土框架结构的安全系数更大。同时，粉煤灰空心砌块可成倍提高施工效率，节约砂浆用量，并且使工程造价减少3%～10%。粉煤灰空心砌块由于其独特的空心结构，具有保温、隔热、隔音作用。

4. 生产粉煤灰水泥

在用粉煤灰作混合材磨制水泥时，可分别生产普通硅酸盐水泥、矿渣和粉煤灰双掺水泥（复合硅酸盐水泥）、与硅酸盐水泥熟料和石膏混合而成的粉煤灰硅酸盐水泥。

粉煤灰水泥的强度（特别是早期强度）随粉煤灰的掺入量增加而下降。当粉煤灰掺入量小于25%时，早期强度下降较小；当粉煤灰掺入量超过30%时，早期强度下降较快。然而，工程实践表明，粉煤灰水泥早期强度虽然比普通硅酸盐水泥强度低，但粉煤灰水泥后期强度却较高，某些情况下甚至会超过普通硅酸盐水泥。

由于粉煤灰水泥的早期强度较低，因此在应用过程中将受到限制，特别是在早期强度要求高的工程中。而粉煤灰早强水泥是一种粉煤灰特种水泥，使用粉煤灰来代替粘土烧制成熟料或用脱碳后的粉煤灰作混合料生产而成的，在生产过程中需要加入石膏、萤石复合矿化剂。这样水泥具有早期强度高的特点，且后期强度稳定，生产成本较低，因此是一种优良的水泥。

（三）粉煤灰在化学工业中的应用

1. 从粉煤灰中提取氧化铝

煤中硅酸盐矿物质大多含有铝元素，在碳燃烧后，铝元素在粉煤灰中的含量提高很多，氧化铝在粉煤灰中的含量仅次于二氧化硅，已达到工业提取的含量要求，因此，从粉煤灰中提取铝将有助于铝业的发展，实现变废为宝并产生良好的社会效益。

2. 从粉煤灰中提取稀有金属

粉煤灰中的金属有Al、Fe、Ti、Mg、Ba、Sr、V、Cr、Ni、Mn、Ge、Ga、Mo等，某些金属元素在粉煤灰中的含量已经达到工业提取的水平，因此，粉煤灰是一种重要的稀有金属资源，从粉煤灰中提取稀有金属能取得较好的经济效益，同时也体现了建设可持续发展社会的理念。目前，从粉煤灰中提取稀有金属的工艺主要有沉淀法、还原法和萃取法等。

3. 制造粉煤灰微晶玻璃

粉煤灰微晶玻璃是近几年发展起来的一种新型建筑装饰材料，具有强度高、色调调和、表面致密光滑、耐腐蚀及耐风化等优点。微晶玻璃的主要组成成分及其含量见表3-8。

表3-8 微晶玻璃的主要组成成分及其含量

组分	SiO_2	Al_2O_3	CaO	MgO	Na_2O+K_2O	Fe_3O_4	B_2O_3	ZnO	BaO
含量（%）	55～65	7～10	13～17	0～8	3～5	0～8	0～3	4～7	4～7

在粉煤灰的矿物组成中，不能较好地符合微晶玻璃的矿物要求，粉煤灰中 Al_2O_3 的含量较高而 CaO 含量偏低，因此，在利用粉煤灰生产微晶玻璃的过程中，需要对粉煤灰中的矿物作适当调整，一般采用向粉煤灰中加入其他原料的方法来调整 SiO_2、CaO 及 Al_2O_3 的含量。

4. 粉煤灰分子筛

分子筛是一种人工制造的筛分材料，其制作工艺为：利用纯碱、氢氧化钠、硅酸钠等原材料混合一定的水，再将混合物加热到一定温度使其脱水，水分子脱去后，就会形成有一定大小空洞的固体材料。这种材料具有巨大的比表面积，并有很强的吸附能力，能把小于空洞的分子吸入孔内，而把大于空洞的分子挡在分子筛外，经过这样的筛分过程，分子筛就能对分子进行筛分分离。在目前的工业应用中，分子筛广泛应用于气体净化、干燥脱水、分离纯化等方面。

应用粉煤灰制作分子筛，主要是由于粉煤灰的矿物组成中含有较多的氧化铝和硅酸盐。在制造分子筛的过程中，需要根据粉煤灰中的矿物含量，适量添加氢氧化铝，以达到分子筛物料的矿物比例。应用粉煤灰制造的分子筛，可显著降低分子筛的制造成本，生产 1t 粉煤灰分子筛可节约 0.4 ~0.5 t 氢氧化铝、1.2 t 硅酸钠和 0.6 t 氢氧化钠，且工艺简单，不需要稀释、沉降、浓缩、过滤等过程，反应设备也较为简单。粉煤灰分子筛质量好，其主要指标甚至优于化工原料合成的分子筛，因此特别适合于氧气分离工艺。

5. 粉煤灰拒水粉

拒水粉是一种建筑用的防水、防漏材料。以粉煤灰为主要原料，混合一定比例的有机硅聚合物和固化剂，加上一些化学助剂，便可生产出粉煤灰拒水粉。生产粉煤灰拒水粉时，粉煤灰颗粒上会生成一种憎水性很强的有机硅高聚合物薄膜，利用这种物质的强憎水性可以得到防水性能很好的粉煤灰拒水粉。粉煤灰拒水粉具有耐水、耐酸、抗氧化及耐老化等优点，可应用于房屋顶层、地面、地下工程等需要防水处，能取得很好的防水效果。

6. 粉煤灰高分子填充材料

将粉煤灰作为填充材料添加到塑料橡胶制品等高分子材料中，可降低成本，且能提高某些方面的性能。粉煤灰应用于塑料，可提高塑料制品的硬度与耐磨性，其中的玻璃微珠能提高塑料熔化时的流动性，从而更易于加工。

（四）粉煤灰在环境保护中的应用

粉煤灰主要通过吸附、絮凝和过滤作用来处理废水中的有害物质。粉煤灰颗粒细小、比表面积大、多孔、表面能高，且其中存在由许多矿物质组成的吸附活性基团，因此通过物理吸附和化学吸附即可处理废水中的重金属离子和有机物。物理吸附取决于粉煤灰的比表面积，比表面积越大，物理吸附能力越强，它能吸附污水中悬浮物、脱除有色物质、降低色度、吸附并除去污水中的耗氧物质；化学吸附主要依靠吸附剂上的吸附活性基团进行。在粉煤灰中，由于存在大量的硅元素和铝元素，因此在粉煤灰表面存在大量的 Si－O－Si 键和 Al－O－Al键。这两种键都能与具有极性的分子形成偶极一偶极键之间的吸附，或者是阴离子与粉煤灰中次生的带正电荷的硅酸铝、硅酸钙和硅酸铁之间形成的离子交换与离子对的吸附。粉煤灰中含有 Fe^{3+} 离子、Al^{3+} 离子和 Ca^{2+} 离子，与水作用呈碱性，这些离子和废水中的重金属离子在水中与 OH^- 结合生成胶体，这些胶体将一起絮凝沉淀，从而达到污水处理的目的。

影响粉煤灰废水处理效率的主要因素有：①粉煤灰的粒径和比表面积，比表面积越大，其物理吸附能力越强。②粉煤灰的化学组成，化学组成中 SiO_2 和 Al_2O_3 含量越高，其化学吸附能力越强。③粉煤灰浸入水中形成的溶液的呈碱性，有利于胶体絮凝沉淀。④温度对吸附效率影响较大，温度低，吸附能力大。

目前，粉煤灰的应用主要是：①处理造纸废水。②处理重金属废水。③处理含氟废水。④处理焦化废水。⑤处理印染废水。⑥处理炼油废水。⑦处理制药废水。

粉煤灰处理废水的过程中，主要是利用粉煤灰处理 COD、浊度和色度，但利用粉煤灰处理的废水并不能达到排放标准，还必须经过其他处理。因此，粉煤灰处理废水只是废水处理过程中的一个环节。在处理废水过程中，要合理利用粉煤灰的特性除去水中的污染物，若粉煤灰处理废水的工艺设计不当，就会在废水中引入粉煤灰中的污染物，对废水处理不利。

（五）粉煤灰在农林牧业方面的利用

1. 粉煤灰用于改良土壤

粉煤灰疏松多孔，比表面积大，能保水，透气好，可以明显改善土壤结构，增加土壤孔隙度、透气性、导水率。提高地温，降低松密度，缩小膨胀率，有利于保持水土，防止水土流失，从而显著地改善粘质土壤的物理性质，促进土壤中微生物活性，有利于养分转化，使水、肥、气、热趋向协调，为作物生长创造良好的土壤环境。

2. 覆土种植

在废弃的采矿地区，植被遭到破坏，进行矿山修复的过程中可采用粉煤灰对采矿坑洼或者塌陷地进行填充，或者用粉煤灰对被制砖企业毁坏的田地进行恢复。粉煤灰覆土种植后，可恢复耕地生产，也可在覆土地上进行林木种植，防止水土继续流失并恢复绿化。

粉煤灰中含有多种植物生长所需的元素，如钙、镁、钠、钾、硼、锌、钼、锰及磷等。并且在种植过程中，粉煤灰中所含的重金属元素在植物中也未造成污染，因此，覆土种植是粉煤灰综合利用的有效途径。

3. 生产粉煤灰肥料

粉煤灰中虽含有多种植物生长所必需的元素，然而直接施用粉煤灰来改善土壤却受到土壤酸碱性和粉煤灰本身性质的影响。因此，将粉煤灰用以生产肥料，不仅解决了上述直接施用粉煤灰造成的困难，还可以减少施用量，使肥力快速见效。

蔬菜实验表明，粉煤灰用量0～12%范围内，随施用量增加，植物组织中铁、锌浓度下降，铝、锰浓度增加，铜、镍浓度保持不变，没有产生植株毒害症状，粉煤灰富含的硼是油料作物的良好肥源。粉煤灰同腐殖酸结合施用，可以提高土壤中有效硅的含量。研究表明，利用粉煤灰为载体，加上有效养分，磁化后便于土壤形成易于作物吸收的营养单元，不仅能提高、改良耕性，而且能增强作物光合作用和呼吸功效，提高作物抗旱抗灾性。现已利用粉煤灰开发出粉煤灰磷肥、硅复合肥等。

4. 农作物增产

粉煤灰作为土壤改良剂，可使农作物增产，在对比研究中，水稻增产7.5%～17%，油菜增产130%～229%，橄榄增产21%～84%。在应用粉煤灰改善土壤的实验中，增产效果在生荒地等贫瘠土地上比较明显，其中，油料作物增产最为明显，其次是水果类作物。

粉煤灰中含有某些有毒、有害元素，如汞、铅、隔、铬、砷等。在使用粉煤灰改善土壤的过程中，这些有害元素可能溶解进入土壤而被作物吸收。目前，对粉煤灰改善土壤的研究重点在于粉煤灰的安全性。实验中，铬、砷、镉含量与对照样相近，汞、铅含量有所上升，铅含量达到轻度污染程度。但是在农作物中，这5种有毒元素并未达到有害量值，并且砷、镉含量有所降低。在对动物的影响中，使用粉煤灰种植作物并未对动物造成明显损害。

（六）粉煤灰用于提取微珠

粉煤灰中的空心微珠是煤粉燃烧过程中矿物质转化以及矿物质形态变化所形成的特有产物。空心微珠是在煤中钙含量较高的情况下形成的，即需要较多的方解石和石灰，其中空部分是由方解石分解过程中产生的二氧化碳造成的。中空使得空心微珠的密度大大降低，从而为微珠的利用提供了有利条件。

粉煤灰空心微珠主要包括漂珠、沉珠和磁珠。如果将粉煤灰中的各种微珠分离出来，则可根据其特定的性质，制作新兴材料。空心微珠具有粒径小、中空、质轻、耐热、耐磨、耐腐蚀、绝缘及保温隔热等优点，因此，在建材、塑料、涂料、化学化工及冶金等行业中都有重要作用。利用浮选等分选措施，将粉煤灰中的各种微珠分离，然后再根据不同微珠的特性，可选择特定的综合利用方式。

（七）粉煤灰综合利用的发展趋势

目前国内外对粉煤灰的综合利用主要向两方面发展：第一方面是以粉煤灰为原料做建筑材料，应用于建筑工程和道路工程等；第二方面是以粉煤灰为原料做吸附材料、絮凝剂等，应用于化工和环保方面。

粉煤灰科学技术是一项综合性、边缘性科学技术，其技术的可持续发展依赖于其他学科的最新进展。若能合理利用，则既能够用来化解粉煤灰所带来的环境问题，又能够将其作为一个新兴的资源以发展多种实用性产品，其前景是非常美好的。

五、炉渣的综合利用

1. 炉渣进行烟气脱硫

煤经燃烧后生成的炉渣，表面疏松多孔，形成具有一定吸附能力的活性基团（Si－O和Al－O），而且炉渣中含有一定量的CaO、MgO、Fe_2O_3、Al_2O_3等碱性氧化物，可与烟气中的SO_2、NO_x等酸性气体进行化学反应，从而达到降低烟气中SO_2、NO_x的目的。

目前国内利用炉渣进行烟气脱硫的方法已十分普遍，有气固接触（炉渣直接吸附中和烟气中的SO_2）和气固液接触（在水中浸泡炉渣，利用过滤后的水中和吸附SO_2）两种。但采用较多的还是利用气固液接触，而且在浸泡炉渣的水中投入一定量的生石灰（10%），主要是增加浸泡炉渣后水的碱度，脱硫率可达到86%～95%。

2. 炉渣制砖

炉渣可用作制砖内燃料，作硅酸盐制品的骨架，用于筑路或做屋面保温材料等。制砖内燃料是将炉渣粉碎到直径为3mm以下，与粘土掺和制成砖坯，在焙烧过程中，炉渣中的未燃碳会缓慢燃烧并放出热量。由于砖的焙烧时间很长，这些未燃碳可在砖内燃烧得很完全。采用内燃烧技术可收到显著的节能效果。通常生产万块砖耗煤1.2～6t，而利用炉渣作内燃料后每万块砖仅需煤0.1～0.2t。据统计，辽宁省凌源县几十个砖厂利用炉渣后煤耗降低了80%。炉渣由于松密度较轻，可作屋面保温材料和轻骨料。四川、河南等地用炉渣代替石子生产炉渣小砌块；北京、武汉等地用炉渣作蒸养粉煤灰砖骨料。炉渣作蒸养制品骨料可提高产品强度，降低产品容重。

3. 炉渣作为混合材

沸腾炉渣有一定活性，可作为水泥的活性混合材，也可以与少量水泥熟料混合，磨细配制砌筑水泥，或与石灰、石膏混合磨细配制无熟料水泥。沸腾炉渣易磨性好，作混合材可起到助磨作用，降低水泥生产电耗。各地沸腾炉渣的成分和性能差别很大，能否作水泥混合材及掺量多少需通过实验确定。沸腾炉渣还可用于生产蒸养粉煤灰砖和加气混凝土，其用法和粉煤灰在这些产品中的应用相似。

复习思考题

1. 粉尘的主要性质有哪些？
2. 除尘过程可分为哪几个阶段？各阶段有何作用？
3. 除尘器常分为哪几类？由哪些部件组成？
4. 电除尘器的工作原理是什么？
5. 电除尘器本体的主要部分有哪些？
6. 电除尘器性能的影响因素有哪些？
7. 袋式除尘器滤料的性能有哪些要求？
8. 袋式除尘器由哪几部分组成？清灰方法有哪几种？
9. 粉煤灰综合利用在哪些方面？

第四章　火电厂脱碳脱汞技术

第一节　火电厂脱碳技术

当前，包括国际能源署、国际能源论坛秘书处等在内的全球主要能源研究机构，以及主要碳减排积极倡导组织和国家已经一致将碳捕集与封存（Carbon Capture and Storage，CCS）技术视为未来的主要碳减排技术。国际能源署研究表明，到2050年将温室气体浓度限制在450mg/m^3的所有减排技术中，仅CCS就需贡献20%。CCS技术主要包括捕集、传输与封存三个环节，其中与发电企业紧密相关的主要是捕集（脱碳）环节，主要有三种技术途径，即燃烧前捕集、富氧燃烧技术（燃烧中捕集）和燃烧后捕集。

一、燃烧前脱碳

燃烧前脱碳是指在碳基燃料燃烧前，先将其化学能从碳元素中转移出来，然后再将碳和携带能量的其他物质分离，这样就可以实现碳在燃料利用前进行捕集。

整体煤气化联合循环（IGCC）是将煤炭气化、煤气净化技术与联合循环发电技术结合在一起的先进洁净煤发电技术，是最典型的可以进行燃烧前脱碳的系统。目前国内外提出的多项降低CO_2排放的洁净煤发电计划中，绝大部分是基于IGCC发电技术。

（一）燃烧前脱碳的工艺流程

燃烧前脱碳的IGCC系统工艺流程如图4-1所示，煤经过气化成为中低热值煤气；经过冷却净化，除去煤气中的硫化物、氮化物、粉尘等污染物；清洁的煤气经过变换反应（$CO+H_2O \rightarrow CO_2+H_2$），使煤气转变为$CO_2$和$H_2$，燃料的化学能转移到$H_2$上；将$CO_2$和$H_2$进行分离，分离后的氢气送入燃气轮机的燃烧室中燃烧，加热燃气工质以驱动燃气透平做功；排气进入余热锅炉加热给水，产生过热蒸汽驱动蒸汽轮机做功。IGCC联合循环动力系统较常规的联合循环系统工质和能量的交换与转换利用更为复杂。

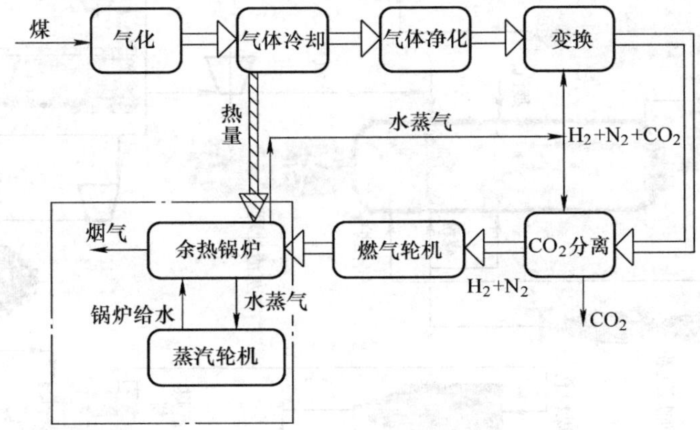

图4-1　燃烧前脱碳的IGCC系统工艺流程

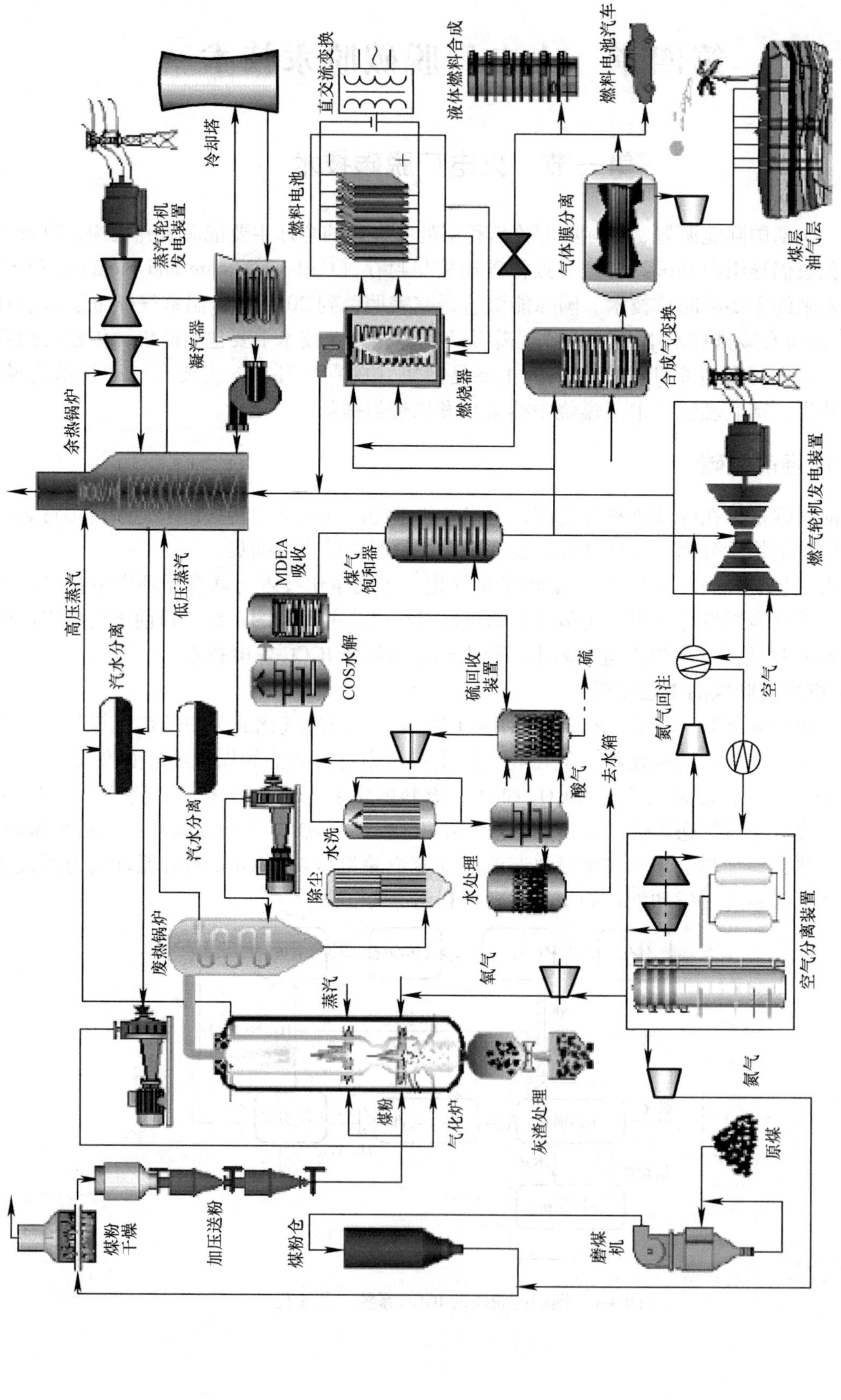

图 4-2 IGCC 电站工艺流程

2009 年 7 月，我国开始建设首座自主开发设计的 IGCC 示范工程项目——华能天津 IGCC 示范电站。IGCC 示范电站研究开发以 IGCC 系统为基础，大幅度提高煤炭的发电效率。最终形成以煤气化制氢、氢气轮机联合循环发电和燃料电池发电为主，并进行 CO_2 分离和处理的煤基能源系统，使煤炭发电达到 CO_2 近零排放。IGCC 电站工艺流程如图 4-2 所示。示范电站主要涉及以下几个关键技术：大型高效煤气化技术、煤气净化技术、氢气轮机发电技术、燃料电池发电技术、膜分离技术、CO_2 封存技术、系统集成技术。

（二）燃烧前脱碳的 IGCC 工艺系统

燃烧前脱碳的 IGCC 工艺系统由两大部分组成，即煤的气化、净化与 CO_2 分离系统部分和燃气—蒸汽联合循环发电系统部分。第一部分主要有气化炉、空气分离装置、煤气净化设备、CO_2 分离设备等；第二部分主要有燃气轮机发电系统、余热锅炉、蒸汽轮机发电系统等。

1. 气化炉

煤炭气化包含一系列物理、化学变化，一般包括干燥、热解（挥发分析出）、燃烧气化三个阶段。干燥属于物理变化，随着温度的升高，煤中的水分受热蒸发；煤在气化炉中干燥以后，随着温度的进一步升高，煤发生热分解反应，生成大量挥发性物质，如 CO_2、CO、H_2、CH_4、NH_3、H_2S、焦油等，同时煤粘结成半焦；煤热解后形成的半焦一部分在燃烧区的氧化气氛下燃烧，产生的高温切断煤中高分子化学键，使其与气化剂反应，生成含有 CO、H_2、CH_4 等可燃气体的合成煤气。在煤气化过程中，当气化剂是氧气时生成中热值煤气；当气化剂是空气时，因其含有大量 N_2，生成低热值煤气。其主要的化学反应有：

碳与水蒸气的反应　$C + H_2O \rightarrow CO + H_2$　$C + 2H_2O \rightarrow CO_2 + 2H_2$

碳与二氧化碳的反应　$C + CO_2 \rightarrow 2CO$

甲烷生成反应　$C + 2H_2 \rightarrow CH_4$　$CO + 3H_2 \rightarrow CH_4 + H_2O$　$CO_2 + 4H_2 \rightarrow CH_4 + 2H_2O$

变换反应　$CO + H_2O \rightarrow CO_2 + H_2$

完全燃烧反应　$C + O_2 \rightarrow CO_2$

气化炉是 IGCC 系统的关键设备之一，炉型有喷流床、流化床和固定床。目前，普遍看好的气化炉主要是以氧气为气化剂的喷流床气化炉，主要包括 Texaco 炉，E-Gas 炉、Prenflo 炉和 Shell 炉。前两者为水煤浆供料方式，后两者为干煤粉供料方式。与水煤浆气化相比，干煤粉加压气化具有更高的冷煤气效率和热效率、较低的比氧耗和比煤耗，是更先进的大型煤气化技术。现已商业化的干煤粉加压气化技术几乎都采用一级气化，气化炉出口的热煤气多采用急冷的方式凝渣，这一过程增加了能量损失，使干煤粉气化过程的冷煤气效率降低。而采用增加辐射受热面来冷却炉内煤气的方法会引起气化炉体积增大，制造成本增加，并易引起炉膛出口结渣。为此，西安热工研究院研究出了两段式干煤粉加压气化炉技术，即气化炉分为两室、气化过程分两段进行。大部分煤粉在第一段喷入，在第二段炉入口处喷入少量的煤粉，利用一段炉煤气显热进行热裂解和部分气化反应，以提高冷煤气效率和气化岛的热效率，使气化炉的耗氧量和自耗功大大减少。目前，该技术已应用于天津 IGCC 电站。

通常，用以下一些技术指标来衡量气化炉工作性能的好坏。

1）碳的转化率，即煤中所含的碳元素在气化炉中转化成为煤气成分中含碳量的百分数。

2）冷煤气效率，即气化生成煤气的化学能与气化用煤的化学能的比值。

3）热煤气效率，即气化生成煤气的化学能、煤气中回收的热能之和与气化用煤的化学能的比值。

此外，还有气化炉的负荷跟踪能力、产气能力、煤气热值及其可靠性等指标。

2. 煤气净化设备

煤气化时，原煤中所含的相当一部分 S、N 以及矿物质等，以不同尺寸的尘粒、H_2S + COS、NH_3 + HCN、Na 和 K 盐的蒸气以及 HCl + HF 等形式转移到粗煤气中。这些有害物质若不除去，则不仅会导致燃气轮机的腐蚀、磨蚀和结垢，影响其使用寿命和工作可靠性，还同样会因燃煤而造成大气污染。因而粗煤气进入燃气轮机之前，必须经过净化处理。

目前，在 IGCC 中使用的粗煤气净化系统有“常温湿法的净化系统”和“高温干法的净化系统”。前者技术较为成熟，后者可提高系统效率 1% ~2%，但正处在研究开发试验阶段，还需要进一步发展。下面介绍广泛应用的湿法除尘常温脱硫净化系统。

从气化炉出来的高温粗煤气经合成气冷却器冷却，温度从 900℃降至 300℃左右，送入过滤器进行初级除尘，然后经过文丘里管湿法洗涤器，使煤气粉尘浓度降至 1mg/L 以下；除尘后的煤气经过 HCN/COS 水解器，将 COS 转为 H_2S，将 HCN 转化为 NH_3，进而进入脱硫设备中脱出 95% ~99% 的含硫化合物；为降低燃气轮机燃烧室内燃烧火焰的温度，控制燃气轮机排气 NO_x 的含量，洁净的煤气在饱和器中与无盐的洁净水接触，使湿煤气中的含水量达到其饱和状态，最后经换热器预热后进入燃烧室内燃烧。

Claus 设备用于回收元素硫，回收率达 94%，对传统的 Claus 工艺进行改进，可使硫回收率提高到 97% 以上。制硫过程中尚剩的某些微量 CO、NH_3 和 H_2S，尚需在尾气处理装置中通过焚烧炉燃烧，成为合乎环保标准的燃气，最后才能排向大气。

3. 空气分离装置

为了提高气化炉的单炉产气率并获得中热值煤气，必须用高浓度的氧或纯氧作气化剂。目前，从空气中分离出 O_2 是大规模获取 O_2 的唯一来源，空气分离制氧大致分为深冷法、变压吸附法（PSA）和膜分离法。

（1）深冷法　深冷法是将空气压缩、冷却，使空气饱和液化，利用 O_2、N_2 组分的沸点差，用精馏的方法实现分离的技术。深冷法是目前应用最为广泛的空气分离方法，在国内外制氧行业中占统治地位。该技术产量大，可同时生产高纯度 O_2 和 N_2，含氧量可达 99.6%（按体积分数计，以下同）以上，含氮量可达 99.999%；投资比较高、能耗大；适宜大规模生产。

（2）变压吸附法　变压吸附法是让空气通过分子筛吸附塔，利用分子筛对空气中的 O_2、N_2 组分选择性吸附而使空气分离获得 O_2 的技术。常用 PSA（超大气压吸附常压解吸）和 VPSA（常压吸附真空解吸）两种方法。该技术主要有以下特点：流程简单，投资少；全自动控制，制氧快速，能耗低；不能同时生产氧和氮，含氧量可达 90% ~93%；分子筛体积大，适用于中、小规模生产。

（3）膜分离法　膜分离法是利用空气中各组分透过高分子膜的渗透率不同（氧透过膜的速度比氮快 2 ~5 倍），在压力差驱动下将空气中的 O_2 富集而获得富氧空气的技术。该技术尚处于研究开发阶段，主要特点如下：可获得含氧量为 28% ~45% 的富氧空气；适用于小规模生产；设备简单，操作方便、安全；启动快，不污染环境；投资少，较深冷法和变压吸附法经济。

在 IGCC 系统中，通常需要制备高纯度的氧（一般在 95% 以上）作为气化剂；对于干煤粉供料的气化装置，还需要制备高纯度的氮（纯度大于99.9%），用于煤粉的输送和飞灰再循环。

4. CO_2的分离

基于燃烧前脱碳的IGCC处理的气体具有高的气体压力和CO_2浓度（约30%～40%），这使得物理吸收法比化学吸收法更能体现出优势。分离CO_2的典型物理吸收法是聚乙二醇二甲醚法（Selexol法）和低温甲醇法。这两种方法都属于低温吸收过程，Selexol法的吸收温度一般为-10～15℃，低温甲醇法的吸收温度一般为-75～0℃。另外，这两种方法能够同时脱除CO_2和H_2S，且净化度较高，可以在系统中省去脱硫单元，但相应需要采用耐硫变换技术。

Selexol法的溶剂由美国Norton公司开发，一些商业应用的数据没有公开，其成本以及投资和操作费用较高，只有像在IGCC进行燃烧前脱碳这种高的CO_2浓度和高压时才能显示其优势。

低温甲醇法在化工行业已得到了多年应用，其主要缺点是工艺流程庞大，而且吸收过程中甲醇蒸气压较高，致使其溶剂损失较大。目前大多数基于燃烧前脱碳的IGCC研究计划都选择Selexol法进行物理吸收。

另外，膜分离技术被公认为是在降低能耗和设备紧凑方面具有非常大潜力的技术。目前各种用于气体分离的无机膜正在被开发，其中，钯基膜产品的开发最迅速。

5. 燃气轮机

燃气轮机是以油、气燃料燃烧产生的高温燃气为工质带动叶轮高速旋转，将燃料的能量转变为有用功的内燃式动力机械，是一种旋转叶轮式热力发动机。燃气轮机一般由压气机、燃烧室、透平、控制系统及必要的辅助设备组成。

燃气轮机的工作过程是：压气机（即压缩机）连续地从大气中吸入空气并将其压缩；压缩后的空气进入燃烧室，与喷入的燃料混合后在定压下燃烧，生成的高温高压烟气进入燃气透平膨胀，推动透平动力叶片带着压气机叶轮一起高速旋转做功，并把余功作为燃气轮机的输出机械功发电。

燃气进口温度（燃气初温）和压气机的压缩比，是影响燃气轮机效率的两个主要因素。提高燃气初温，并相应提高压缩比，可使燃气轮机效率显著提高。但燃气初温的提高受金属材料（喷管、叶片）耐高温能力的限制，由于涂层技术、耐高温材料和冷却技术的进步等，使大幅提高燃气初温成为可能。

燃氢燃气轮机是实现燃烧前CO_2捕捉的关键技术之一，由于一般的燃气轮机是根据天然气等标准燃料设计的，当用于燃氢时，除燃烧室需进行一定改动以适应燃料变化外，压气机与透平匹配的运行工况以及燃气轮机特性将发生变化。目前，对于燃氢燃气轮机应采取掺氮燃烧方式还是纯氢燃烧方式的问题尚无定论。由于氢气的热值远高于天然气，纯氢燃烧容易引起回火，材料的氢脆裂，预混火焰的稳定性，热段材料性能降级，高NO_x排放等问题；掺氮后由于燃气流量增大，又会引起轴系扭矩增大，轴系扭矩过大会对燃气轮机转子造成损伤。因此，究竟采用纯氢燃烧还是掺氮燃烧，还有待进一步研究。

（三）燃烧前脱碳的IGCC系统的特点

燃烧前脱碳的IGCC系统主要有以下特点：

1）燃料适应性强，可利用高硫分、高灰分、低热值的低品位煤以及常规火力发电技术不能接受的劣质燃料（固体或液体）。

2）发电效率高，发电效率可达45%以上，高于同容量的燃煤机组5%以上。

3）环保性能优良，IGCC中处理的对象主要是粗煤气，在相同条件下，煤气的流量只是烟气的1/10量级，而且煤气中污染物的浓度更高，因而可以用更小的代价脱除更多的污染，能实现98%以上的污染物脱除效率。煤炭气化后煤中的硫分主要变成H_2S，它比SO_2的脱除要容易得多。

4）耗水量较少，耗水量只有常规火电厂耗水量的50%~70%。

5）可以实现多联产，能与其他先进的发电技术（如燃料电池等）结合等。

6）装置系统复杂，造价高。IGCC电站的造价较高，是常规燃煤电站成本的2倍左右。相对超临界燃煤电厂，增加CCS将使燃煤发电的成本提高40%~80%，也就是说，IGCC+CCS虽然能减少CCS的成本，却会使发电的总成本增加40%~60%，这无疑大大降低了IGCC的经济性。IGCC的水耗虽然只有常规火电机组的1/3，但在气化之后的废弃产品处理方面成本非常高，这直接导致IGCC的成本难以降下来，推广难度大。

7）国外投产和运行的IGCC示范电站仅有几十台，运行不稳定，缺乏成熟的经验。

8）燃氢燃气轮机、系统的整体优化配置及电站系统的控制技术有待深入研究。

二、富氧燃烧技术

（一）富氧燃烧技术概述

通常空气中大约含有21%的O_2、78%的N_2及少量惰性气体等，在燃烧过程中只有占空气总量1/5左右的O_2参与燃烧，而N_2和惰性气体等非但不助燃，反而随烟气带走大量的热能。人们把含氧量大于21%的空气叫做富氧空气。用富氧空气进行燃烧，称为富氧燃烧。富氧的极限就是使用纯氧。

目前，富氧燃烧的形式大致可分为：微富氧燃烧、氧气喷枪、纯氧燃烧、空—氧燃烧四大类。微富氧燃烧是直接将氧气和空气先混合，使之呈现微富氧状态，之后再送入炉膛燃烧；氧气喷枪是利用氧气喷枪在燃烧室内局部注入氧气；纯氧燃烧是利用氧气直接取代空气进行燃烧；空-氧燃烧是空气和氧气同时供给燃烧器燃烧。

富氧燃烧与普通燃烧相比主要有以下特点：①减少烟气排量及热损失。②提高火焰强度和燃烧速度。③降低燃料的燃点和减少燃尽时间。④降低CO_2、SO_2、NO_x等污染物的排放等。

富氧燃烧作为一种节能技术在锅炉上的应用始于20世纪70年代，80年代美国阿贡国家实验室进行了首次富氧燃煤小型实验，90年代国际燃烧公司研制了第一个大型富氧燃煤燃烧器。我国在20世纪80年代中期开始研究此项技术，并取得了可喜的成果。

（二）燃煤电厂富氧燃烧技术

燃煤电厂富氧燃烧技术采用O_2/CO_2燃烧技术，也称为空气分离/烟气再循环技术，被认为是一种可以实现燃烧污染物近零排放的新型洁净煤发电技术。近年来，随着CCS技术研究的广泛开展，世界各国对O_2/CO_2燃烧技术进行了大量实验室研究与小规模工业示范，全球首个O_2/CO_2燃烧技术实验项目——阿尔斯通的德国黑泵电厂实验装置已于2008年9月投入运行，截至2010年1月，已运行将近4500h。

1. O_2/CO_2燃烧技术的原理

O_2/CO_2 燃烧技术原理如图 4-3 所示。空气分离装置制取的富氧空气（O_2 纯度可达 90% 以上）按一定的比例与锅炉尾部排烟的一部分再循环烟气混合，与煤一起送入炉膛，在炉膛内进行与常规空气燃烧方式类似的燃烧过程，并完成传热过程。锅炉排气中超过 70% 的气体为 CO_2，其余为水蒸气和少量的其他气体，其烟气总量的 70% ~75% 循环使用，以维持安全经济的炉膛温度、合理的锅炉辐射与对流受热面吸热以及固态排渣。余下的烟气产物经净化后压缩冷凝液化，可得浓度为 95% 以上的 CO_2，压缩后可商业利用或深埋，一小部分不凝气体经烟囱排放。

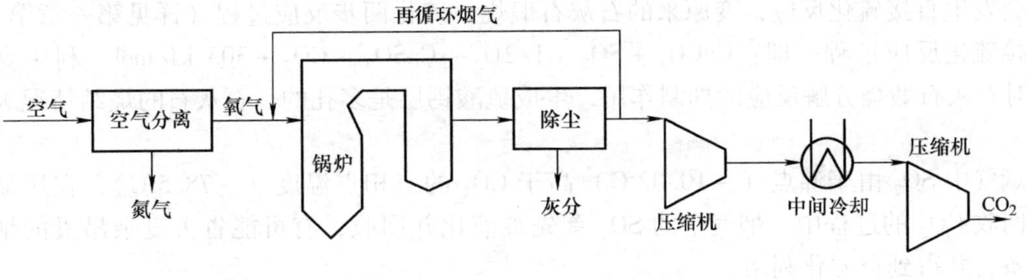

图 4-3　O_2/CO_2 燃烧技术原理示意

O_2/CO_2 燃烧技术按烟气再循环的方式不同又可分为干法循环（烟气脱水后循环）和湿法再循环（烟气不脱水），采用干法的缺点是设备投资和运行费用都高，因此湿法再循环更有前景。

2. O_2/CO_2 燃烧技术特点

O_2/CO_2 燃烧技术的主要特点有：

1）减少锅炉热损失，提高锅炉效率。

烟气中高浓度 CO_2 和 H_2O 的混合气体导致更强的气体辐射，烟气的辐射能力增强，可强化炉内的传热，加速煤粉的燃烧，减少不完全燃烧热损失。

由于相当一部分烟气参与再循环，锅炉的排烟量大幅度减少，使得锅炉排烟损失减少，锅炉的热效率较空气燃烧方式显著提高；另外，锅炉引风机、除尘设备及脱硫设备的容量及电耗也相应下降。

2）增强锅炉燃烧适应性。

实验已证明，当 O_2 含量相同时，在 O_2/CO_2 燃烧气氛下，煤粉燃烧的火焰传播速度较空气燃烧气氛下低，这主要是由于 CO_2 的比热容较 N_2 大，另外还有气体辐射特性的差别。但在组织 O_2/CO_2 燃烧时可以适当提高氧浓度，煤焦着火点提前，火焰温度提高，燃烧时间缩短，燃尽率提高，燃烧性能得到改善。

3）提高烟气中 CO_2 的浓度。

烟气中 CO_2 的浓度达到 90% 以上，对烟气直接压缩处理就可以实现 CO_2 的捕获和封存，达到电厂烟气的零排放。

4）减少 SO_2 的生成，便于脱硫。

研究表明，O_2/CO_2 燃烧介质和温度对 SO_2 的排放没有明显的影响，O_2/CO_2 气氛下 SO_2 排放量较空气气氛有所减小。这是因为 O_2/CO_2 气氛有利于飞灰固硫，对于富含 CaO 的煤种，固硫作用更明显；高浓度 CO_2 条件下 SO_2 可能被还原生成 H_2S、COS 等，SO_2 排放量较低，而另一种含硫有害污染物 COS 浓度相应升高。但是，由于循环烟气的聚积和烟气量大量减少，在实验中发现进行 O_2/CO_2 燃烧时炉膛内 SO_2 的浓度比空气气氛下增大很多，甚至增长了 3 ~4 倍，导致 SO_3 浓度高，加剧了对金属材料的腐蚀，因此在设备选材时需要慎重考虑，或者在进行循环之前对烟气进行脱硫、脱水处理。

当加入石灰石后，O_2/CO_2 气氛下煤燃烧中脱硫效率比空气气氛下高。高浓度 CO_2 对 $CaCO_3$ 分解有抑制作用，孔隙结构分析及 X 射线衍射实验表明高温下 $CaCO_3$ 烧结情况得到明显改善，反应产物 $CaSO_4$ 堵塞情况也很轻微，随着温度的提高，钙吸收剂的微观结构得到改善。另有研究者认为，在高 CO_2 浓度下或煤的加压燃烧状态中，CO_2 的分压超过其平衡压力时会发生直接硫化反应，变原来的石灰石煅烧、硫化两步反应过程（详见第一章第三节）为直接硫化反应过程，即：$CaCO_3 + SO_2 + 1/2O_2 \rightarrow CaSO_4 + CO_2 + 303\ kJ/mol$。利用高浓度 CO_2 对石灰石煅烧分解反应的抑制作用，生成硫酸钙层是多孔的，石灰石的烧结情况大大减轻。

烟气中 SO_2 由于沸点（-10.02℃）高于 CO_2 的三相点温度（-78.5℃），在压缩冷凝液化回收 CO_2 的过程中，烟气中的 SO_2 首先被液化并回收，有可能省去复杂昂贵的烟气脱硫设备，并得到资源化利用。

5）减少 NO_x 的生成。

实验已证明，在富氧燃烧方式下，NO_x 的生成量显著减少，是常规空气燃烧的 1/5 ~1/7。主要原因是：由于 CO_2 代替了空气中的 N_2，避免了热力型 NO_x 和快速型 NO_x（详见第二章第一节）的生成；O_2/CO_2 气氛下高浓度的 CO_2 会与煤或煤焦发生还原反应生成大量的 CO，在煤焦表面发生 NO/CO/Char 的反应，促进了 NO 的分解；烟气再循环增加了 NO_x 的还原反应时间，降低了 NO_x 的排放；烃类物质对 NO 的分解起促进作用；高温下钙基吸收剂的加入导致 NO_x 排放峰值下降。同时研究发现，煤粉热解产生的 NH_3、HCN 是 NO_x 生成的主要因素，NO_x 排放浓度随着 O_2 浓度、温度的增大而增大；煤中氮含量仍是影响 NO_x 排放的重要因素。

三、燃烧后脱碳

（一）燃烧后脱碳技术概述

燃烧后脱碳技术（PCC）是在燃烧设备排出的烟气中捕集或者分离 CO_2。捕集装置往往处于烟气排放的下游，原理简单，也不需要改变电厂原有的发电流程，适用范围广，可运用于绝大多数电厂。但火电厂排放的烟气压力通常接近于大气压，CO_2 的浓度低（10% ~15%），处理量大，投资和运行成本比较高。

目前燃烧后捕集技术主要有吸收法、吸附法、低温蒸馏法和膜分离法。

1. 吸收法

吸收法可分为物理吸收法和化学吸收法。

（1）物理吸收法　物理吸收法是利用原料气中的溶质（CO_2）在吸收剂中的溶解度较大而除去的方法。一般吸收采用低温、高压，解吸时采用减压或升温，减压解吸所需再生能量较少。该法的关键是选择优良的吸收剂，所选的吸收剂必须对 CO_2 的溶解度大、选择性好、沸点高、无腐蚀、无毒性、性能稳定。但是由于 CO_2 在溶剂中的溶解服从亨利定律，因此这种方法仅适用于 CO_2 分压较高的烟气处理，不适合燃煤电厂烟气处理。目前，工业上常用的物理吸收法有加压水洗法、N-甲基吡咯烷酮法、Selexol 法、低温甲醇法（Rectisol 法）、碳酸丙烯酯法（Flour 法）等。

（2）化学吸收法 所谓化学吸收法，指的是采用液相溶液，通过化学反应选择性地自气相中脱除易溶于吸收液成分的方法。化学吸收法脱除 CO_2，实质是利用吸收剂与烟气中的 CO_2 接触并发生化学反应，形成不稳定的盐类，而盐类在一定的条件下会逆向分解释放出 CO_2 而再生，从而将 CO_2 从烟气中分离脱除。常用的吸收剂有醇胺、热碳酸钾和氨等碱性溶液，目前应用广泛的是醇胺吸收剂，即一乙醇胺（MEA）、二乙醇胺（DEA）、甲基二乙醇胺（MDEA）和2-氨基-2-甲基-1-丙醇（AMP）。化学吸收法适合处理 CO_2 浓度较低的烟气，所得 CO_2 纯度可达99.99%。

2. 吸附法

吸附法是利用固态吸附剂对原料混合气中 CO_2 的选择性、可逆吸附作用来分离回收 CO_2。吸附剂在低温（或高压）时吸附 CO_2，升温（或降压）后解析 CO_2，通过周期性的温度（或压力）变化，从而使 CO_2 分离出来。其关键是吸附剂的载荷能力，主要决定因素是温差（或压差），因而吸附法可分为变压吸附法（Pressure Swing Adsorption，PSA）和变温吸附法（Temperature Swing Adsorption，TSA）。常用的吸附剂有天然沸石、分子筛、活性氧化铝、硅胶和活性炭等。工业上较多采用 PSA，该法对原料气适应性广，不需要复杂的预处理系统，无设备腐蚀和环境污染问题。但该法的吸附容量有限，需要大量吸附剂，吸附解吸频繁，要求设备的自动化程度较高。与醇胺吸收法相比，PSA 属干法工艺，工艺过程简单，克服了流体周期性升温、降温的弊病，并且省去了溶剂再生消耗的外供热能。该技术应用于烟气脱碳还有待于进行技术革新和开发新型吸附剂。

3. 低温蒸馏法

低温蒸馏法是利用 CO_2 与其他气体组分沸点的差异，通过低温液化，然后蒸馏来实现 CO_2 与其他气体的分离。由于该方法设备投资庞大，能耗较高，分离效果较差，因而成本较高，适用于 CO_2 浓度高的烟气处理。

4. 膜分离法

膜分离法是利用某些薄膜对不同气体具有不同渗透率来选择分离气体的。膜分离的驱动力是膜两侧的压差，在压力作用下，渗透率高的气体组分优先透过薄膜，形成渗透气流，渗透率低的气体则在薄膜进气侧形成残留气流，两股气流分别引出从而达到分离的目的。按照膜材料的不同，主要有高分子膜、无机膜以及正在发展的混合膜和其他过滤膜。适用于 CO_2 分离的膜材料为乙酸纤维、聚砜、聚酰胺等。膜分离法装置简单、操作方便，投资费用低，是当今世界上发展迅速的一项节能型 CO_2 分离回收技术，但是膜分离法难以得到高纯度 CO_2。美国田纳西州的 Mallet 矿区将膜分离法和溶剂吸收法结合起来，前者做粗分离，后者做精分离，结果表明：该法取得了二者单独操作时所得不到的最佳效果，在所有分离提纯 CO_2 工艺中综合能耗最低。

上述几种 CO_2 的分离回收方法各有特点，视原料气的不同和 CO_2 产品纯度要求的不同，可以选用一种或两种方法联合使用。醇胺吸收法对 CO_2 的吸收效果好，分离回收的 CO_2 的纯度高达99.9%以上，而且可有效脱除 H_2S，是目前技术上比较成熟、适用于燃煤电厂烟气处理的方法，本书作重点介绍。

（二）醇胺吸收法脱碳

目前，国内外对醇胺吸收法脱碳均进行了大量的研究工作，并在化工行业中成功应用，但燃煤电厂醇胺吸收法脱碳仍处于研究开发和示范阶段，尚未达到商业化。2008年7月，我国首座燃煤电厂醇胺吸收法脱碳——华能北京热电厂3000t/年烟气CO_2捕集实验示范工程投入运行。之后，中电投重庆合川双槐电厂、华能上海石洞口第二电厂等也采用了该技术。

下面以北京热电厂脱碳技术为例进行介绍。

1. 工艺系统及流程

脱碳装置与锅炉烟气系统连接如图4-4所示。

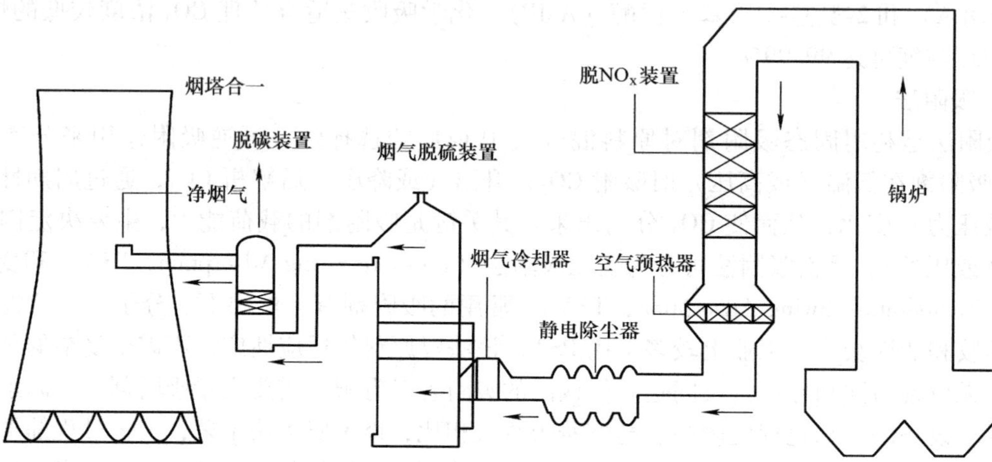

图4-4 脱碳装置与锅炉烟气系统连接示意

脱碳工艺流程如图4-5所示，主要包括吸收、再生和精制部分。

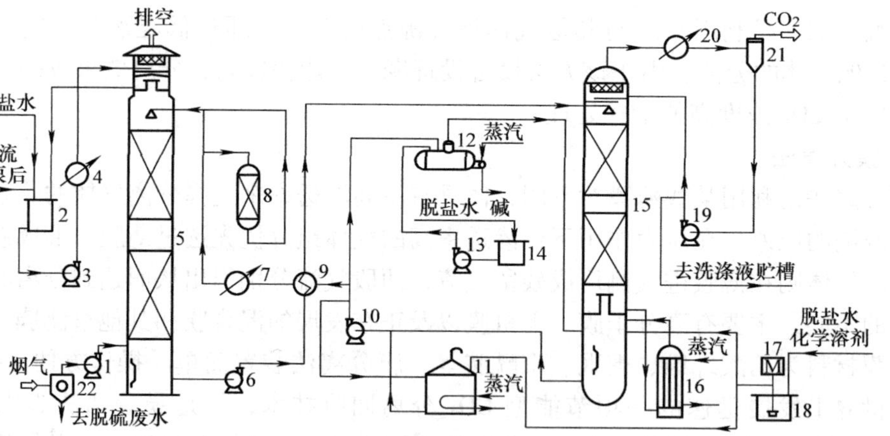

图4-5 脱碳工艺流程

1—引风机 2—洗涤液贮槽 3—尾气洗涤泵 4—洗涤液冷却器 5—吸收塔 6—富液泵 7—贫液冷却器 8—活性炭过滤器 9—贫/富液换热器 10—贫液泵 11—溶液贮槽 12—胺回收加热器 13—碱泵 14—碱槽 15—再生塔 16—煮沸器 17—自吸泵 18—地下槽 19—回流补液泵 20—再生气冷却器 21—再生气分离器 22—旋风分离器

（1）吸收 在一般情况下，从除尘、脱硫后引来的烟气温度约为40~50℃，正好处于MEA理想吸收温度，烟气通过鼓风机加压后直接进入CO_2的吸收塔；在吸收塔中，烟气自下向上流动，与由塔顶喷射的吸收液形成逆流接触，烟气中的CO_2与吸收剂发生化学反应而形成弱联结化合物，脱除了CO_2的烟气从塔顶排出；富含CO_2的吸收液（简称富液）经富液泵抽离吸收塔，在贫/富液热交换器中与贫 CO_2 吸收液（简称贫液）进行热交换，回收热量后送入再生塔的顶部。

由于 MEA 具有较高的蒸汽压，为减少 MEA 蒸汽随烟气带出而造成吸收液损失，通常将吸收塔分成两段，下段进行酸气吸收，上段通过水洗，降低烟气中 MEA 蒸汽含量。洗涤水循环利用，为防止洗涤水中 MEA 富集，需要将一部分洗涤水并入富液中送去再生塔进行再生，损失的洗涤水通过补给水（除盐水）来保持。

（2）再生　富液从再生塔顶部喷头喷淋而向下流动，经塔下部上升的热蒸汽加热，汽提解吸出部分 CO_2（因此也常将再生塔称为汽提塔），此时吸收液可称为半贫液；半贫液进入煮沸器内进一步解吸，残余的 CO_2 分离出来，吸收液变为贫液；贫液由再生塔底流出，经贫/富液换热器、贫液冷却器冷却，冷却后的贫液进入吸收塔循环吸收。吸收剂往返循环构成连续吸收和解吸 CO_2 的工艺过程。

系统正常运行时，从再生塔解吸出的 CO_2 连同水蒸气（称再生气或产品气）经再生气冷却器和再生气分离器分离，水通过回流补液泵打回再生塔上部，产品气送至精制工序。

为维持吸收液的清洁，在贫液冷却器后设立旁路，约 10% ~ 15% 的贫液经过活性炭过滤器，脱除吸收液中的铁锈等固体杂质；为处理系统产生的热稳定盐，设置胺回收加热器，需要时将部分贫液送入回收加热器中，加入 NaOH 或 Na_2CO_3 溶液，通过蒸汽加热再生回收 MEA 溶液。

由于 SO_2、NO_x 等气体与 MEA 反应生成不能再生的化合物，净化后的烟气也会带走部分 MEA 蒸气，因此，在工艺过程中设置 MEA 溶液贮槽，通过吸收剂补充泵进行补充。

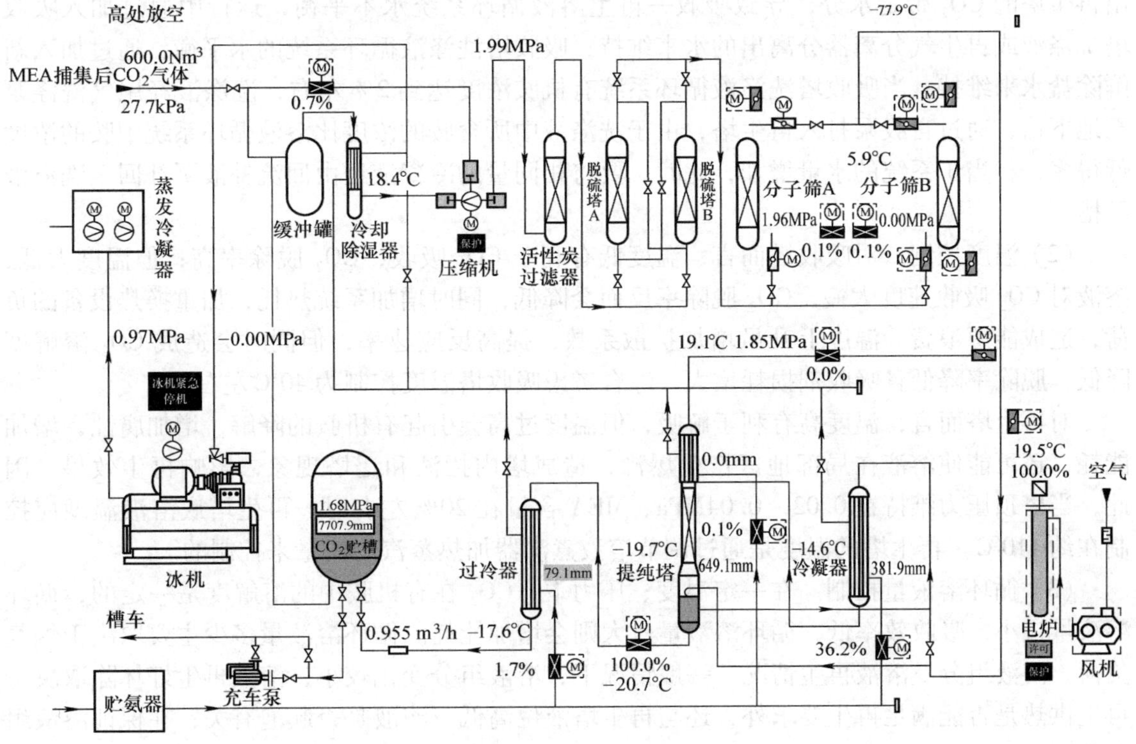

图 4-6　食品级 CO_2 精制系统

（3）精制　生产食品级 CO_2 精制系统如图4-6所示，主要工艺流程为：原料气→缓冲罐→冷却除湿器→压缩机→活性炭过滤器→脱硫塔→分子筛→冷凝器→提纯塔→过冷器→CO_2 低温贮槽→充装泵充装。

原料气在冷却除湿器内与低温气态氨进行热交换，冷凝分离出水分，而后送入压缩机冷却并分离出饱和水，原料气再依次进入活性炭过滤器、脱硫塔，脱除原料气中的 SO_2 和微量 NO_x，总硫合格的原料气送入除水干燥工序。

通常干燥系统设置两台分子筛，1台运行，1台再生，由 DCS 实现远程自动控制。分子筛再生可分为两阶段：第一阶段，用热空气对分子筛床层进行再生。热空气由罗茨风机将空气送至电加热器加热后提供，当分子筛出口热空气温度超过环境温度100℃以上时结束；第二阶段，用提纯塔低温放空尾气对分子筛床层进行降温。两阶段切换由 DCS 程序自动控制，当床层温度降至常温后结束，分子筛作备用。

除水干燥后的原料气进入一级氨冷器进行低温液化，液化后的 CO_2 进入提纯塔。利用提纯塔的精馏原理，进入提纯塔的液体 CO_2 与热段上升气体进行传热传质，将低沸点杂质蒸发后流入塔底，提纯后的液体 CO_2 产品由塔底部放出，进入过冷器过冷，经计量后进入液体 CO_2 贮槽。N_2 等不凝性气体由提纯塔顶部经冷凝分离夹带的液体 CO_2 后，用于分子筛再生过程中的降温。热段热源采用分子筛出口气体，保持塔底温度为 -15℃左右。

在整个 CO_2 精制过程中，系统中的能量——冷热资源得以充分综合利用。

2. 捕集系统主要参数控制

（1）系统水平衡控制　由于吸收塔烟气排出带走水分，贫/富液泵机械密封不好泄漏及出再生塔的 CO_2 带走水分，导致吸收—再生溶液循环系统水不平衡，运行中通过加入吸收塔洗涤液或再生气分离器分离出的水来维持；吸收塔洗涤液循环系统的水平衡，通过加入新鲜除盐水来维持；当吸收塔洗涤液循环系统有机胺浓度达到2%左右，洗涤液经尾气洗涤泵至地下槽，通过自吸泵打入再生塔，由于洗涤液中所含胺的浓度比溶液循环系统中胺的浓度低得多，相当于系统的水量增加，此时，要将相同量的冷凝液经由回流补液泵补回至洗涤液贮槽。

（2）温度控制　对吸收塔而言，温度低有利于 CO_2 吸收，CO_2 脱除率高；但温度太低，溶液对 CO_2 吸收速度太慢，CO_2 脱除率反而会降低，同时增加系统热耗，加重换热设备的负荷，造成能源浪费。温度上升虽增加扩散系数，提高反应速率，但同时会造成 CO_2 溶解度降低，脱除率降低且吸收剂损耗增大。综合考虑吸收塔温度控制为40℃左右。

对再生塔而言，温度高有利于解吸，但温度过高会引起有机胺的降解，增加腐蚀，增加能耗，还可能使溶液在局部地区产生爆沸，造成塔内拦液和泛塔现象，影响再生效果。因此，当塔顶压力维持在0.02～0.04MPa、MEA 含量在20%左右时，再生塔底溶液温度应控制在约110℃。再生塔的温度是通过调节溶液煮沸器加热蒸汽的流量来控制的。

（3）循环溶液量控制　在一定温度、压力下，CO_2 在有机胺中的溶解度是一定的，循环溶液量过小，吸收效率低，循环溶液量过大则会增加能耗。循环溶液量多少主要取决于烟气负荷、溶液组分及溶液再生情况。一般情况下，溶液组分变化较小；溶液再生好坏除取决于再生供热是否能满足再生要求外，还与再生塔液位高低及溶液是否起泡有关；在保证溶液组分和再生良好的情况下，循环溶液量通常不随负荷的变化而频繁调节，除非出现烟气负荷特低的情况。

循环溶液量是通过调节吸收塔入口贫液的流量，即调节吸收塔入口调节阀开度来控制的。

（4）液位控制　吸收塔液位过高，溶液易灌入烟道内；再生塔液位过高，CO_2 和水蒸气从溶液中释放的空间减小，导致溶液再生不好；当液位过低时，将使贫液泵入口压头不足，导致泵入口发生汽蚀，损伤设备。因此吸收塔液位应控制为 1/3 ~ 2/3，这是通过调节吸收塔出口的富液流出量来维持的。

3. 工艺特点

醇胺吸收法脱碳主要优点有：吸收速度快、净化度高，CO_2 回收率高，吸收压力对吸收能力影响不大等。

醇胺吸收法脱碳主要缺点为：①吸收剂的再生能耗大。②MEA 易与氧气、二氧化碳、硫化物等发生化学降解，也易发生热降解，使吸收剂的吸收效率降低且损失大。为减少 MEA 溶剂的降解，需要在吸收液中加入抗氧化剂。③吸收剂溶液对系统有腐蚀作用，其主要原因是由于 MEA 与二氧化碳反应生成的氨基甲酸盐及 MEA 的化学降解产物所引起。抑制 MEA 的化学降解并加入防腐剂，可降低吸收液对设备的腐蚀速率。

燃煤电厂配备醇胺吸收法脱碳系统后，电厂的初投资和发电成本将会大幅上升，电厂发电效率将会降低。

四、CO_2 的运输与封存

1. CO_2 的运输

CO_2 的运输主要有管道和罐装两种方式。管道运输是一种成熟的技术，也是运输 CO_2 最常用的方法，一次性投资较大，适宜运输距离较远、运输量较大的情况。罐装运输主要通过铁路或公路进行运输，仅适合短途、小量的运输，大规模使用不具有经济性。

2. CO_2 的封存

CO_2 是一种重要的工业气体，可以广泛用于制造碳酸饮料、烟丝膨化处理、金属保护焊接、合成有机化合物、灭火及制冷等。但电厂捕集的 CO_2 量非常巨大，而化工、食品和材料等行业的需求相对非常少，因此大量的 CO_2 只能通过封存来处理。

CO_2 的封存技术包括海洋封存、地质封存和生物封存等。

海洋封存是将火电厂分离得到的 CO_2 通过海上管道或者轮船输送到封存地，然后经过高压注入到海洋中。CO_2 的性质使之非常适于海洋处置。因为在水下 500 m 深处水温 10℃左右时，CO_2 就能变成液态，在 3000km 以下，CO_2 密度大于海水便能沉入海底，相当安全地保存起来，而且海洋贮存 CO_2 的潜力很大，即使把人类排放的全部 CO_2 存入海中，海洋含碳量每年仅增加 0.016%。深海贮存有可能是实现大规模长期贮存 CO_2 的理想方式，但涉及技术、经济、环境影响等一系列复杂的问题有待解决，故目前尚处于探索阶段。

地质封存利用类似自然界中地质封存天然气等气体的原理对 CO_2 进行封存，主要有含盐咸水层、油气层和煤气层封存。①咸水层封存，指将 CO_2 封存于距地表 800m 以下的咸水层当中。通常咸水层空气体积大，可封存相当多的二氧化碳。目前我国缺少咸水层地质情况的数据资料，而且这项技术的投资也较大。②油气层封存，分为废弃油气层封存和现有油气层封存。利用现有油气田封存称为 CO_2 强化采油技术，即将 CO_2 注入油气层，起到驱油作用，既可以提高采收率，又实现了碳封存，兼顾了经济效益和减排效益。这项技术起步较早，最近 10 年发展很快，实际应用效果得到了肯定，被认为是未来的主流方向，也是我国优先发展的技术方向。③煤气层封存，指将 CO_2 注入比较深的煤当中，置换出含有甲烷的煤气。这项技术具有一定的经济性，但必须选在较深的煤层中，以保证不会因开采而造成泄漏。

生物封存主要指陆地和海洋生态环境中的植物、自养微生物等通过光合或化学作用来吸收和固定大气中游离的 CO_2，并在一定条件下实现向有机碳的转化，从而达到封存 CO_2 的目的。微生物在封存 CO_2 的同时，可获得许多高营养、高附加值的产品，在环境、资源及能源等方面将发挥极其重要的作用。利用生物法封存 CO_2 具有非常广阔的应用前景，但是在微生物封存 CO_2 机理方面，尚需做大量的研究工作。

第二节　火电厂脱汞技术

一、燃煤电厂汞排放特征

煤中汞的存在形态是影响汞排放的重要因素。燃煤烟气中主要存在 3 种形态的汞：气态单质汞（Hg^0）、气态二价汞（Hg^{2+}）以及颗粒态汞［Hg（p）］。不同形态汞的物理、化学性质差异较大，一般 Hg^{2+} 易溶于水，并且易被烟气中的颗粒物吸附，因此易被湿法脱硫或除尘设备分离；颗粒态汞也易被除尘器分离；相反，气态单质汞不溶于水，除尘或脱硫设备很难捕获，几乎全部释放到大气中。因此目前研究的重点是如何将单质汞有效地转化为二价汞，以便于捕捉和控制。

燃烧过程中，煤中的汞在炉膛里释放出来，在高温环境下几乎全部以气态 Hg^0 的形式存留于烟气中，据估计残留在底灰中的汞含量占总汞的 2% ~7%。随着烟气流出炉膛，温度逐渐降低，Hg^0 经过以下几种不同的变化：①部分 Hg^0 被氧化成 Hg^{2+}。目前，学术界认为含氯物质对 Hg^0 的氧化起主要作用，烟气中 Hg^{2+} 大部分是气态 $HgCl_2$。②部分 Hg^0 在烟气温度降至一定范围时受到飞灰和未燃碳颗粒表面物质的催化氧化作用，被氧化成 Hg^{2+}。③当温度下降到 400K 以下时，各种形态汞部分被飞灰通过物理吸附、化学吸附和化学反应几种途径吸收、转化为 Hg（p）。④部分 Hg^0 保持不变，随烟气排出。

燃煤电站的汞进入飞灰、炉渣和大气中的比例与以下因素有关：①煤中汞的存在形态及含量，其他元素（S、Cl、O）的赋存比例和形态。②灰渣中可燃物碳的含量。③烟气从燃烧至排出过程中的温度变化规律。④静电除尘器的结构和效率。⑤炉型和燃烧方式。研究表明：燃煤电站原煤中的汞，随着锅炉容量的增大，有向烟气中转移的趋势，更大比例的汞将以气态汞的形式排放。汞在飞灰中的富集因子基本上随着电厂机组容量的减小而增大，锅炉容量对飞灰中汞的富集因子的影响体现在飞灰中含碳量的大小。锅炉容量越小，碳颗粒在炉内的停留时间越短，则飞灰中含碳量越高，从而导致飞灰中汞的富集因子增大，气态汞的排放比例减小，反之则增大。此外，EPA 在 84 个燃煤电站（燃用不同煤种和配备各种烟气清洁装置）的测试结果表明：约 40% 的汞迁移到飞灰中被颗粒控制装置捕捉或存在于湿法洗涤装置的残留浆液中，60% 的汞则随烟气排入大气。

二、燃煤电站汞排放控制技术

汞排放控制技术主要包括燃烧前脱汞、燃烧中脱汞和燃烧后脱汞（烟气脱汞），其中以燃烧后脱汞技术的应用最为广泛。

（一）燃烧前脱汞

燃烧前脱汞主要包括洗煤技术及煤的热处理技术。

1. 洗煤技术

洗煤是一种物理清洗技术，是减少汞排放的最简单而有效的方法之一，其原理是基于煤粉中有机物质与无机物质的密度、有机亲和性等性质的不同。由于汞元素与其他矿物质类似，主要存在于无机物中，洗煤过程降低灰含量以及硫含量时，汞与其他重金属元素也被部分去除。根据 EPA 对伊利诺斯、宾夕法尼亚、肯塔基、阿拉巴马 4 个州的调查，洗煤对煤中汞的去除率为 0% ~64%，平均值为 21%。洗煤技术存在的主要问题是洗煤后产生的浆的处理，目前还没有足够的数据评价浆中汞的释放及其对环境的污染。

2. 煤的热处理技术

由于汞的高挥发性，在煤加热的过程中，汞会由于受热而挥发出来。有研究表明，在 400℃范围内最高可以达到 80% 的脱汞率。然而在此温度范围内煤也发生了热分解，导致挥发性物质减少，产物的热值降低。热处理脱汞目前处于实验阶段，有待进一步研究。

对比洗煤脱汞和热处理脱汞两种工艺，前者技术相对成熟。目前，我国原煤入洗率只有 22%，发达国家为 40% ~100%。因此，我国应尽快提高原煤入洗率。

（二）燃烧中脱汞

燃烧中脱汞主要是通过改变燃烧工况或向炉膛中喷入固体吸附剂达到目的。

1. 流化床燃烧

流化床燃烧能降低烟气中汞和其他微量重金属的排放。其原因有：①较长的炉内停留时间致使微颗粒吸附汞的机会增加，对于气态汞的沉降更为有效。②流化床燃烧的操作温度较低，导致烟气中氧化态汞含量的增加，同时抑制了氧化态汞重新转化成 Hg^0。

在流化床燃烧方式进行的高氯烟煤燃烧实验中，汞几乎全部被氧化为 $HgCl_2$，绝大部分 Hg^{2+} 被飞灰及后续脱硫设施除去。因此认为氯元素的存在大大促进了汞的氧化，降低烟气中汞排放。此外，燃煤中添加石灰石后，可使烟气中汞由气态向固态转化，降低气态汞的含量。

2. 低氮燃烧

低氮燃烧技术通常采用降低火焰温度、降低 N_2 和 O_2 浓度的方法来控制 NO_x 的排放。此法由于操作温度较低，增加了烟气中氧化态汞的含量，因此有利于汞排放的控制。

3. 炉膛喷入固体吸附剂

实验表明，炉膛喷入溴化活性炭或溴化添加剂（如溴化钙）后脱汞效率明显优于普通活性炭吸附剂。溴化活性炭或溴化添加剂使烟气里的 Hg^0 转化为 Hg^{2+}，从而使汞能被静电除尘器和脱硫装置所捕获。溴化活性炭或溴化添加剂可在输煤皮带上或给煤机里加入，也可直接喷入锅炉炉膛。此技术喷射系统简单，除汞成本低。目前较多装备了 WFGD 和 SCR 的美国燃煤电厂正在测试这种脱汞技术，其中一些电厂已取得很好的汞控制效果。

（三）燃烧后脱汞

燃烧后脱汞（烟气脱汞）将是燃煤电厂汞污染控制的主要方式。燃烧后脱汞技术的主要工艺包括两种：一种是通过在烟气中喷入吸附剂脱汞，这需加强各种吸附剂的研究；另一种是通过改进现有的烟气净化设备，使其具有脱汞的性能，从而实现脱硫、脱硝、脱汞一体化。利用现有的烟气净化设备脱汞可提高设备利用率，降低控制成本，给电厂带来经济效益，其应用前景广阔。

1. 吸附剂脱汞技术

（1）活性炭吸附剂　活性炭对汞的吸附是一个多元化的过程，它包括吸附、凝结、扩散以及化学反应等过程，与吸附剂本身的物理性质（颗粒粒径、孔径、表面积等）、温度、烟气气体成分、停留时间、烟气中汞浓度、活性炭与汞摩尔比等因素有关。

目前，用活性炭吸附烟气中的汞可以通过两种方式实现：一种是将粉末活性炭直接喷入烟气中，吸附了汞的活性炭经过除尘器时被除去；另一种是将烟气通过颗粒活性炭吸附床。活性炭喷射方式投资小，但活性炭与飞灰混杂在一起，不能再生，且汞浓度很低，汞与粉末活性炭接触机会少，活性炭利用率低，耗量大，脱汞成本很高；活性炭吸附床一般安装在脱硫装置和除尘器后，作为烟气排入大气的最后一个清洁装置，其除汞效果好，但当颗粒尺寸较小时会引起较大压降，且需要增加设备，占地和初投资也大。目前认为活性炭喷射方式比较有应用潜力，但这项技术仍有一些问题需要考虑，如活性炭吸附存在低容量、混合性差，汞在吸附剂中随飞灰一起处置时的稳定性是否污染环境等。

改进吸附剂的性能是活性炭喷射脱汞研究的重点，对炭基吸附剂进行化学改性的方法有很多，主要有渗硫、渗氯、渗碘、渗溴及载银等。吸附剂经化学改性后，汞吸附能力增强，但大量吸附剂的改性成本很高，若不能实现再生循环使用，则除汞成本将变得更高，因而限制了其应用前景。

（2）飞灰再注入　烟气中的飞灰能吸附一部分的气态汞，飞灰对汞的吸附主要包括物理吸附、化学吸附及化学反应三种作用。实验表明，将飞灰重新注入烟气后通过袋式除尘器，在135～160℃附近，汞脱除率随含碳量增加而升高，在13%～80%内变化。飞灰吸附汞主要受温度、飞灰粒径、碳含量、烟气成分等因素影响，此外，飞灰中MnO、MgO和Fe_2O_3在一定温度、有碳参与的情况下对Hg^0氧化有着明显的催化作用。

利用飞灰吸附方法脱除汞可减少80%的活性炭使用量，但是碳含量过高（大于1%）会限制飞灰作为混凝土添加剂的商业应用，不利于飞灰再注入技术的发展。

（3）钙基吸附剂　钙基吸附法主要以CaO、$Ca(OH)_2$、$CaCO_3$、$CaSO_4 \cdot 2H_2O$等吸附剂替代活性炭，以降低烟气脱汞的成本，但是钙基吸附剂对汞的脱除效率不太高。主要原因在于钙基吸附剂虽然对Hg^{2+}有较高的脱除效率，但是对于Hg^0的脱除率比较低，影响了对汞的总的脱除效果。

钙基类物质容易获取，而且价格低廉，同时又是脱除烟气中SO_2的有效脱硫剂，如果能够在除汞方面取得一定突破，那么将会在多种污染物同时脱除方面具有重要意义。因而，如何加强钙基类物质对单质汞的脱除能力，已成为实现同时脱硫、脱汞的技术关键和研究热点。目前，主要从两个方面进行研究：一方面是增加钙基类物质捕捉单质汞的活性区域；另一方面是往钙基类物质中加入氧化性物质。

（4）其他吸附剂　调制硅酸盐对汞具有一定的吸附能力，美国环保署（EPA）在某电厂进行实验，取得了较好的脱汞效果。在喷射时长为2h、喷射量为$64mg/m^3$时，调制硅酸盐的脱汞效率为80%。虽然其吸附效果不如活性炭，但由于其成本较低且不影响粉煤灰的销售，因此具有较强的应用前景。

矿物类吸附剂由于具有储量丰富、价格低廉、对环境无毒害等优点而备受人们关注，包括沸石、蛭石、高岭土、膨润土、硅土及钒土等，这些物质本身的吸附性能不高，但经过改性处理后的吸附性能会大大提高，是寻找廉价吸附剂的一种重要选择。

2. 利用现有的烟气净化设备脱汞

（1）脱硝装置　SCR 脱硝装置对于烟气中汞的总量基本上没有脱除，但对汞的存在形态有着很大的影响。在 SCR 系统中，有超过 80% 的 Hg^0 被氧化成 Hg^{2+}，主要原因是 SCR 工艺中的 V_2O_5-WO_3/TiO_2 催化剂参与了汞的催化氧化作用。当烟气中 Hg^0 经过催化剂的表面活性中心时，在烟气中 HCl 及 O_2 的参与下，Hg^0 被催化氧化成气态 Hg^{2+}。提高气态 Hg^{2+} 的含量有利于后续湿法烟气脱硫系统对汞的脱除。

（2）除尘设备　研究表明，运行良好的除尘设备可以有效去除烟气中的颗粒态汞，但是对气态的 Hg^0、Hg^{2+} 的含量影响不大。除尘设备脱汞主要是依靠飞灰对气态汞的吸附作用，然后再通过对飞灰的捕集来脱汞。飞灰对气态汞吸附作用受到飞灰的比表面积及温度的影响，吸附量随飞灰比表面积的增大而增大，随吸附温度的提高而降低。研究指出，袋式除尘器的脱汞效率高于电除尘器，一般认为，以颗粒形式存在的汞占煤燃烧中汞排放总量的比例较低，且这部分汞大多存在于亚微米级颗粒中，而一般电除尘器对该粒径范围内的颗粒脱除效率很低，所以电除尘器的除汞能力有限。过滤式布袋除尘器在脱除微细粉尘方面有其独特的效果，可获得 58% 的平均脱汞率。

（3）脱硫装置　美国能源部的现场测试数据显示，用石灰石作吸收剂的湿式脱硫系统对总汞的去除效率为 10% ~84%，烟气中汞的形态决定了汞的脱除率。Hg^{2+} 易溶于水，易被 WFGD 的吸收液吸收，无论是石灰石或石灰作为吸收剂，均可将烟气中 80% ~95% 的 Hg^{2+} 吸收。但由于 Hg^0 不溶于水，使得 WFGD 对 Hg^0 的脱除效果不明显。研究表明，在 WFGD 系统中有捕集的 Hg^{2+} 被还原成 Hg^0 的现象发生，这可能与浆液中 HSO_3^- 和金属离子有关。虽然这种还原转化的汞量少于 8%，但是这种还原效应仍被视为将来 WFGD 作为多污染控制装置的潜在障碍。通过改进 WFGD 的方法，如在烟气进入脱硫塔前，加入某种催化剂以促使 Hg^0 氧化形成 Hg^{2+}，能提高汞脱除率；在脱硫过程中，使用 H_2S 和加入少量乙二胺四乙酸（EDTA）试剂，并控制各运行参数，烟气中的汞成为 HgS 沉淀后将大部分汞隔离成不可溶的固体物质，可显著增加 WFGD 系统的汞脱除率。

3. 其他脱汞技术

（1）化学沉淀法

1）碘化钾溶液洗涤法。这是我国自行研发的方法。含汞烟气进入脱汞塔，与塔内的碘化钾溶液接触，生成碘汞络合物，从而将烟气中的汞除掉。此法可达到 97% 的脱汞率。

2）氯化法。该法由挪威公司开发。烟气进入脱汞塔，在塔内经喷淋的 $HgCl_2$ 溶液逆流洗涤，烟气中的汞蒸气被 $HgCl_2$ 溶液还原生成 Hg_2Cl_2 沉淀。将生成的部分 Hg_2Cl_2 沉淀用 Cl_2 氧化成 $HgCl_2$ 溶液，以便循环使用。

3）硫化钠法。该法为日本开发。烟气进入洗涤塔，洗涤塔内喷入硫化钠溶液，95% ~98% 的汞与硫化钠生成硫化汞沉淀而得以分离。

（2）氧化法　在烟气进入脱硫塔前，采用卤素类单质或其化合物作为氧化剂，加入某种催化剂，如靶类、碳基类物质，可促使 Hg^0 氧化成 Hg^{2+}，从而提高汞的脱除率。

（3）光化学氧化法　美国能源部国家能源技术实验室采用模拟燃煤烟气，在实验室内研究了紫外线照射烟气脱汞技术。在 536 ~662℃下、采用波长为 253. 7nm 的紫外线照射烟气，这种波长的紫外光能促进汞与烟气中的其他组分发生反应，生成固相硫酸亚汞和氧化汞，然后通过除尘器将固相汞化合物捕集脱除。

光化学过程有望成为低成本处理烟气中 Hg^0 的新型技术，如武汉凯迪电力环保有限公司开发的一种基于两级氧化反应的湿法烟气脱硫脱汞工艺。该工艺包括如下步骤：

1）采用紫外线作为初级氧化的光触媒，用其照射燃煤锅炉机组所排放出的烟气，使烟气中大部分的 Hg^0 与二氧化硫和氧气发生充分的氧化反应，生成固相汞化合物硫酸亚汞和氧化汞。

2）对经过紫外线照射的烟气进行静电除尘处理，脱除烟气中所含有的尘粒和所生成的固相汞化合物。

3）采用卤素类单质或其化合物作为深度氧化剂，将其喷射到经过静电除尘处理的烟气中，使烟气中残存的单质汞 Hg^0 与卤素类单质或其化合物发生充分的氧化反应，生成易于脱除的气相 Hg^{2+}。

4）将经过深度氧化的烟气导入石灰石-石膏湿法脱硫系统，使烟气中的二氧化硫和气相 Hg^{2+} 分别与钙基吸收剂浆液发生反应，生成亚硫酸氢钙和液相 Hg^{2+}，同时在钙基吸收剂浆液中添加液相 Hg^{2+} 稳定剂，使液相 Hg^{2+} 转化为稳定的硫化汞（HgS）沉淀，防止液相 Hg^{2+} 还原释放 Hg^0。

5）对经过脱硫脱汞反应的钙基吸收剂浆液进行强制氧化，使其中的亚硫酸钙转化成硫酸钙，再通过旋流分离和脱水处理，获得副产品石膏，并排出脱硫废水。

6）对经过脱硫脱汞反应的烟气进行除雾处理，脱除烟气中所携带的液滴，同时分离出洁净烟气。

值得注意的是，虽然汞大部分存在于烟气中，但在锅炉中的底灰、除尘器捕获的飞灰、烟囱残留灰以及湿式洗涤后所产生的污水中都含有少量的汞，采用直接填埋或作为建筑材料，会使汞重新进入环境而造成二次污染，所以需对其加以适当处理，使其无害化而达到填埋要求或做它用。

复习思考题

1. 什么是燃烧前脱碳？
2. 试述燃烧前脱碳的工艺流程。
3. 试述燃烧前脱碳的 IGCC 工艺系统的组成。
4. 为什么粗煤气要进行净化？如何净化？
5. 目前从空气中分离出 O_2 有哪些技术？
6. 燃煤电厂富氧燃烧技术的工艺原理是怎样的？该技术有何特点？
7. 燃烧后捕集 CO_2 主要有哪些方法？各有何特点？
8. 醇胺吸收法脱碳工艺流程是怎样的？主要参数如何控制？
9. 燃烧后脱汞的控制技术有哪些？

第五章　火电厂废水处理

水是宝贵的自然资源，是人类赖以生存的必要条件。水资源的保护、利用和研究已成为当今世界最热门的课题之一。我国是水资源缺乏的国家，随着工业的飞速发展，用水量越来越大，水资源短缺和水污染问题已成为缺水国家和地区发展的主要问题。

火电厂是用水大户，同时也是排水大户。废水回用是火电厂节水减排的重要途径。通过火电厂使用再生水和自身的废水回用，既可以替代大量的新鲜水，又可以减少电厂的外排废水量，减轻对环境的污染。因此，对废水进行综合利用，实现废水资源化，已经成为电力行业实现可持续发展的必由之路。

第一节　火电厂废水类型及特性

一、火电厂废水的类型、来源及排放标准

1. 废水的种类

火电厂废水的种类很多，水质、水量差异较大。根据废水的排放频率，废水分为经常性废水和非经常性废水。经常性废水是指一天中连续或间断性排放的废水，而非经常性废水是指定期检修或不定期检修发生的废水。按照废水的来源划分，废水主要包括循环冷却水排污水、冲灰（渣）水、机组杂排水、脱硫废水、化学水处理废水、煤泥废水、生活污水、化学清洗废水等。火电厂的废水种类和主要污染因素见表5-1。

表5-1　火电厂废水种类和污染因素

种类	废水名称	污染因素
经常性废水	生活、工业水预处理装置排水	悬浮物（SS）
	循环冷却水排污水	SS、总溶解固体值（TDS）
	锅炉补给水处理再生废水	pH、SS、TDS
	凝结水精处理再生废水	pH、SS、TDS、Fe、Cu等
	锅炉排污水	pH、PO_4^{3-}
	取样装置排水	pH、盐
	实验室排水	pH（与所用试剂有关）
	主厂房地面及设备冲洗水	SS
	输煤系统冲洗煤场排水	SS
	烟气脱硫系统废水	pH、SS、重金属、Fe
非经常性废水	锅炉化学清洗废水	pH、油、COD、SS、重金属、Fe
	锅炉火侧清洗废水	pH、SS
	空气预热器冲洗废水	pH、COD、SS、Fe
	除尘器冲洗水	pH、COD、SS
	油区含油污水	SS、油、酚
	停炉保护废水	NH_3、N_2H_4

2. 废水的来源

火电厂废水的来源主要是水在使用过程中的污染或浓缩，包括以下几种形式：

（1）悬浮物含量升高　电厂的冲灰（渣）水、输煤系统喷淋水等，煤灰、煤粉等混入水中，例如含煤废水、冲灰废水。

（2）含盐量升高　设备运行水被浓缩，造成水的含盐量增加，例如循环冷却水、反渗透浓水等。

（3）水质变化　在水处理或水质调节过程中加入了化学试剂，使水质发生了变化，例如锅炉化学清洗废液、离子交换器再生废液、水处理中的加酸、加稳定剂、杀菌处理等。火电厂生产过程中主要用水和排水如图 5-1 所示。

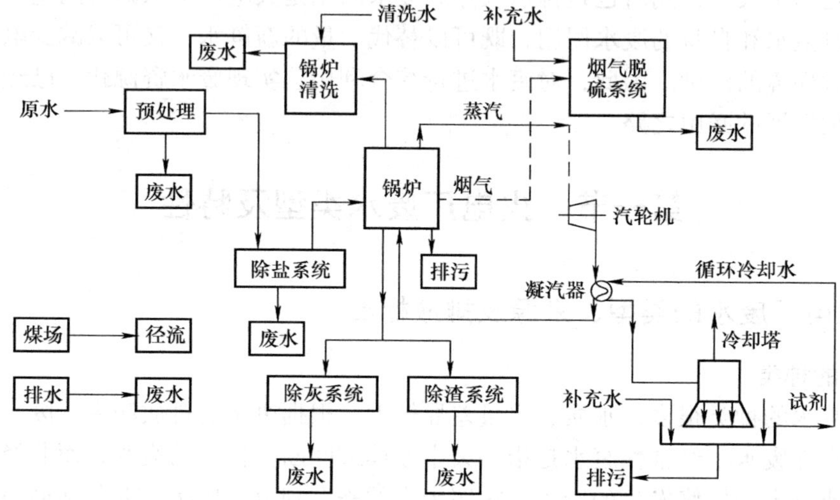

图 5-1　火电厂主要用水和排水

3. 废水排放标准

火电厂工业废水集中处理排放标准应符合《污水综合排放标准》（GB 8978—1996）。火电厂排放的废水属该标准规定的第二类污染物，即在排污单位排除口取样，其最高允许排放标准必须符合表 5-2 的规定。

表 5-2　第二类污染物最高允许排放浓度　（单位：mg/L）

序号	污染物	适用范围	一级标准	二级标准	三级标准
1	pH	一切排污单位	6～9	6～9	6～9
2	色度(稀释倍数)	一切排污单位	50	80	—
3	悬浮物(SS)	采矿、选矿、选煤工业	70	300	—
		脉金选矿	70	400	—
		边远地区砂金选矿	70	800	—
		城镇二级污水处理厂	20	30	—
		其他排污单位	70	150	400
4	五日生化需氧量(BOD_5)	甘蔗制糖、苎麻脱胶、湿法纤维板、染料、洗毛工业	20	60	600
		甜菜制糖、酒精、味精、皮革、化纤浆粕工业	20	100	600
		城镇二级污水处理厂	20	30	—
		其他排污单位	20	30	300

（续）

序号	污染物	适用范围	一级标准	二级标准	三级标准
5	化学需氧量（COD）	甜菜制糖、焦化、合成脂肪酸、湿法纤维板、燃料、洗毛、有机磷农药工业	100	200	1000
		味精、酒精、医药原料药、生物制药、苎麻脱胶、皮革、化纤浆粕工业	100	300	1000
		石油化工工业（包括石油炼制）	100	150	500
		城镇二级污水处理厂	60	120	—
		其他排污单位	100	150	500
6	石油类	一切排污单位	10	10	30
7	动植物油	一切排污单位	20	20	100
8	挥发酚	一切排污单位	0.5	0.5	2.0
9	总氰化合物	电影洗片（铁氰化合物）	0.5	5.0	5.0
		其他排污单位	0.5	0.5	1.0
10	硫化物	一切排污单位	1.0	1.0	2.0
11	氨氮	医药原料药、染料、石油化工工业	15	50	—
		其他排污单位	15	25	—

二、火电厂废水的特点和一般处理方法

1. 循环冷却水排污水

循环冷却水排污水是指循环冷却水系统在运行过程中为了控制冷却水中盐类杂质的含量而排出的高含盐量废水。其水质特点是含盐量高、水质安定性差，容易结垢，有机物、悬浮物也比较高。循环冷却水排污水的流量与蒸发量、系统浓缩倍率等因素有关。从排放角度来看，除了总磷的含量有可能超标外，循环水中的其他污染物一般都不超过国家污水排放标准的规定，大部分废水可以直接排放。

随着水资源的紧缺，循环冷却水排污水是火电厂废水回用的主要对象之一，目前主要回用于循环冷却水、锅炉补给水以及直接用于冲灰（渣）水等。一般回用处理流程为：

循环冷却水排污水→软化（药剂法、反渗透处理法等）→循环冷却水补充水；

循环冷却水排污水→混凝、沉淀、过滤处理→超滤→反渗透除盐＋电除盐（Electro-deionization，EDI）或离子交换除盐→锅炉补给水。

2. 冲灰（渣）废水

大多数电厂的冲灰废水来自灰场的溢流。随着粉煤灰综合利用技术的提高和干灰需求量的增加，大部分电厂根据干灰需求量改造成干除灰，相应减少了冲灰（渣）废水量。

冲灰废水特点主要有：①含盐量高。粉煤灰（渣）经过长时间的浸泡，其中的无机盐充分溶入水中，灰水的含盐量很高。②pH 值高、安定性差。燃煤中的钙、硫等元素的含量对灰水的 pH 值影响很大。钙含量越高，pH 值越高；硫含量越高，pH 值越低。pH 值较高的冲灰废水不断地吸收空气中的 CO_2，在含钙量较高的条件下，会在设备或管道表面形成碳酸钙的垢层。③悬浮物含量高。厂内闭路灰浆浓缩系统的溢流水或排水，由于沉降时间短，

悬浮物含量比较高。

冲灰（渣）废水成分复杂，一般只回用于冲灰水。

常用处理工艺为：

（1）厂内闭路循环处理　灰水→灰浆浓缩池→浓灰浆送往灰场→清水进入回收水池，循环使用。

（2）灰场返回水　灰水→灰场→澄清水进入回收水池（一般需要加酸或加阻垢剂处理）→回收水泵→厂内回收水池或冲灰水前池，然后可循环使用。

近年来，灰水炉烟处理得到了较多的应用，使烟气经过冲灰水，利用冲灰水的碱性中和烟气中的二氧化硫，在除去烟气中二氧化硫的同时降低了灰水的 pH 值，解决或缓解了冲灰水系统的结垢问题。但具体烟气和灰水量的处理比例需要实验验证，避免处理后水 pH 值降得过低，对灰水系统造成腐蚀。

3. 机组杂排水

机组杂排水的来源较复杂，包括锅炉排污、蒸汽系统疏水、工业冷却水系统排污、厂房的地面冲洗排水等经常性废水，这部分废水水质、水量和水温波动很大，水中经常含有油及悬浮物，而且含量波动较大。

此外，空气预热器冲洗、省煤器冲洗、锅炉化学清洗等非经常性排水也包括在机组杂排水中，这些废水的特点是悬浮物、COD、Fe 含量很高，Fe 甚至会达到 10000mg/L。

4. 化学水处理废水

化学水处理废水主要来源于锅炉补给水处理系统和凝结水精处理系统的再生废水以及反渗透水处理系统产生的浓缩水。这部分废水的悬浮物、COD 等一般都不高，但含盐量很高，pH 值可能超标，参见表 5-3。

化学车间的再生废水一般设有单独的中和池处理装置，包括中和池、酸贮槽、碱贮槽、在线 pH 计、中和水泵和空气搅拌系统等。离子交换设备再生时应合理安排阳床和阴床的再生时间以及再生酸碱用量，尽量使阳床排出的废酸与阴床排出的废碱相匹配，使其能够相互中和，以减少直接加入中和池的新鲜酸、碱量。运行方式大多为批量中和，即当中和池中的废水达到一定容量后，再启动中和系统。

反渗透水处理系统废水主要是浓缩水，一般设计反渗透回收率为 75% 左右，浓水量为进水流量的四分之一，含盐量约为原水的 4 倍，水质基本无超标项目，可以直接排放或用于绿化等。

5. 煤系统废水

煤系统废水来源于煤场、输煤栈桥等处的雨水、融雪以及输煤系统的喷淋、冲洗排水等，水中煤粉含量很高，收集点比较分散。

煤泥废水处理系统包括废水收集、废水输送、废水处理等系统，处理后回用于煤系统。

煤泥废水处理的一般流程为：系统废水→沉煤池→澄清器→过滤器→清水贮水池→回用。

由于煤粒属于憎水颗粒，混凝处理效果往往不理想，电厂主要采取逐级沉降的处理方法，先将废水中携带的大尺寸的煤粒沉淀下来，然后再将其上清液送至煤泥废水池，经过混凝、澄清和过滤处理后回用。

6. 生活污水

在火电厂，生活污水是一种特殊的废水，主要来自生活区排水，有臭味，有机物、悬浮物、细菌、油、洗涤剂等成分含量较高，含盐量略高于自来水。生活污水处理需要进行沉淀、氧化、杀菌等处理，去除水中的悬浮物、有机物和有害病菌。目前，很多电厂将生活水深度处理后用于循环水系统。此外，作为再生水回用的一个重要内容，经过处理的城市中水越来越多地应用于电厂生产中，大多作为循环水的补充水。

生活污水回用的处理流程一般为：生活污水→格栅→调节池→初沉池→接触氧化池→杀菌→出水池→回用。

7. 脱硫废水处理

脱硫废水处理见第一章第二节。

火电厂一部分经常性排水和非经常性排水的水质参见表5-3和表5-4。

表5-3　某2×300MW电厂经常性排水水质

废 水	pH值	废水主要污染成分			
		悬浮物 /（mg/L）	COD /（mg/L）	Fe /（mg/L）	油 /（mg/L）
化学除盐系统再生废水	6~9	50~200①	10~30	1	—
凝结水精处理再生废水	2~12	20~80	5~15	1	1
主厂房设备地面和设备的疏水和排水	6~9	5~10	1~3	—	1~2
取样排水	5~9	1~5	1~20	0.5~2.0	—
锅炉连续污水	8.8~10.0	1~2	<1~20	1~3	—

① 化学除盐系统的再生废水的悬浮物含量一般不高，通常小于50mg/L，但如果混入了过滤器的反洗排水或其他高悬浮物废水后则会很高。

表5-4　某2×300MW电厂非经常性排水水质

废 水	pH值	废水主要污染成分			
		悬浮物 /（mg/L）	COD /（mg/L）	Fe /（mg/L）	油 /（mg/L）
锅炉化学清洗废水（无机酸）	2~12	100~2000	2000~4000	50~6000	1
除尘器冲洗水	2~6	3000	1000	500~5000	1~2
空气预热器冲洗水	2~6	3000	1000	500~10000	1~2
炉管冲灰排水	3~6	10~50	10~20	10~20	1~2
凝汽器管泄漏检查排水	6~9	1~5	1~10	1~3	—
烟囱冲洗水	2~6	3000	1000	500~5000	1~2

第二节　废水处理工艺及主要设备

火电厂废水处理工艺包括混凝、澄清、气浮、过滤、石灰处理、超滤和反渗透等，实际生产中废水处理工艺需要根据废水中污染物的种类和处理出水水质要求进行选择、组合。

一、混凝处理

1. 混凝原理

水中大颗粒的悬浮物在重力作用下比较容易沉降，但粒径微小的悬浮物和胶体在水中能长期保持稳定分散状态，无法自由沉降去除，一般采取向水中加入混凝剂和助凝剂的处理方法，使水中微小的悬浮物以及胶体结合成大的絮凝体，并在重力作用下沉淀分离出来。

在混凝处理中，起混凝作用的是混凝剂电离、水解、桥联的中间产物。这些产物可通过吸附架桥、电性中和、压缩双电层、网捕等作用，和水中悬浮物和胶体颗粒形成共沉淀，使水质得到净化，如图5-2所示。

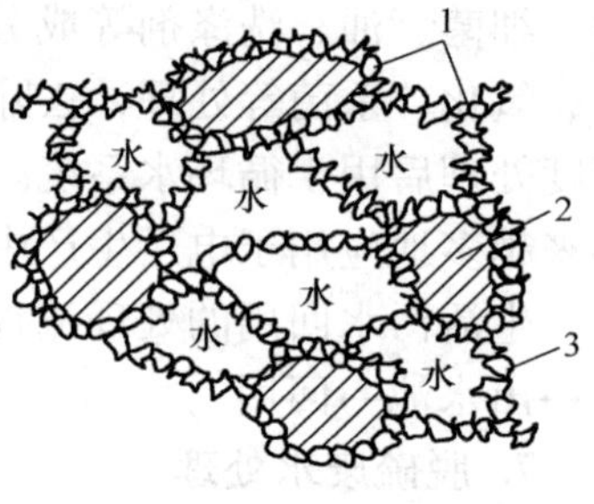

图5-2 絮凝体的形成
1—架桥 2—悬浮物 3—自然胶体

为了提高混凝处理的效果，必须选用性能良好的混凝剂。目前电厂常用的混凝剂分为铝盐、铁盐两类，铝盐以聚合铝（PAC，又称碱式氯化铝）为主，铁盐主要为聚合硫酸铁（PFS）。其分子式和特点见表5-5。

表5-5 常用混凝剂及特点

名称	分子式	特点
聚合铝（PAC）	$Al_n(OH)_mCl_{3n-m}$	（1）为无机高分子化合物，有液体和固体两种产品形式 （2）适用原水浊度范围广。在pH值为5～9的范围内，对于低浊度水、高浊度水、有色水和某些工业废水等，都有优良的混凝效果 （3）加药量少、净化效率高、出水水质好 （4）腐蚀性小，操作容易
聚和硫酸铁（PFS）	$[Fe_2(OH)_n(SO_4)_{3-n/2}]_m$	（1）为无机高分子化合物，有液体和固体两种产品形式 （2）适用于有机物含量较高的原水和有机废水的处理 （3）处理水质pH值为4.5～10，与铝盐相比，铁盐生成的絮凝物密度大，沉降速度快，最优pH值范围比铝盐宽，受温度的影响比铝盐小 （4）缺点是运行一旦不正常，用铁盐处理的出水中的铁离子会使水带色
聚丙烯酰胺（PAM）		（1）是高分子类长链结构的水溶性聚合物，水溶性好，水溶液为粘稠、均匀、透明的液体 （2）目前应用的有阳离子型、阴离子型和非离子型三类产品 （3）在水处理中作助凝剂使用，提高混凝效果

混凝处理的主要目的是降低水中胶体、硅化合物以及有机物的含量，一般用出水的浊度来评价混凝处理效果。混凝处理包括电离、水解、形成胶体、吸附和聚沉等许多过程，任何一个干扰这些过程的运行工况都会反映到混凝效果上。所以，水的pH值、混凝剂的加入量、混凝剂与水的混合速度、水温和接触介质等因素都会影响混凝效果。

2. 混凝设备

如果将混凝和沉淀两个过程在同一个设备中完成，那么这种处理工艺就是常说的水的澄清处理，它是电厂水处理中常见的处理工艺。澄清处理的技术特点：一是利用活性泥渣与原水进行接触混凝；二是将反应池和沉淀池合在同一个设备内，以充分发挥混凝剂的作用和提高单位容积的产水能力。电厂水处理中应用的澄清设备，一般把钢制的称为澄清器，把混凝土结构的称为澄清池。火电厂废水处理系统中，应用较广的是机械搅拌澄清池。

机械搅拌澄清池由钢筋混凝土制成，横断面呈圆形，结构如图5-3所示。

机械搅拌澄清池工作原理是：原水由进水管进入环形进水槽，再从槽下出水孔或缝隙进入第一反应室，在这里由于机械搅拌器上的叶片搅动，使进水和回流泥渣（为进水量的2～4倍）均匀混合，并将带有泥渣的水流提升到第二反应室，在此进行凝絮长大的过程。然后，水流经设在第二反应室上部四周的导流室（改变水流方向，消除水流的紊动），进入分离室，在分离室中，由于分离室的截面积较大，水流速度很慢，泥渣与水分离。分离出的清水经集水槽均匀收集流入清水箱内。分离出的泥渣大部分再回流到第一反应室，进行下一个循环；部分泥渣进入泥渣浓缩室，浓缩后的泥渣定期排掉。池底还设有排污管供排空用。在大容量的机械搅拌加速澄清池内，其底部还设有刮泥装置。

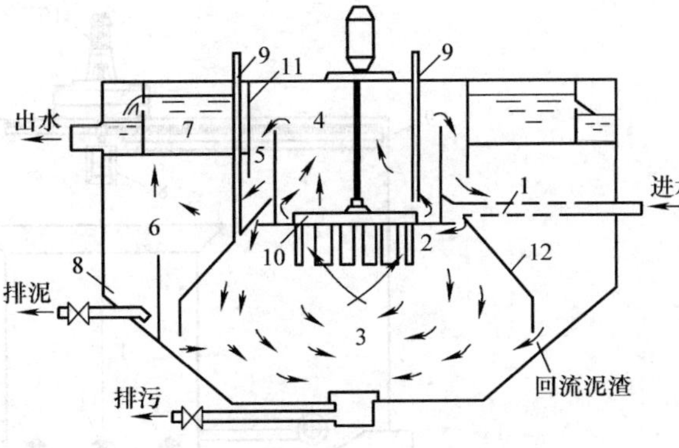

图5-3　机械搅拌澄清池结构

1—进水管　2—进水槽　3—第一反应室（混合室）　4—第二反应室　5—导流室　6—分离室　7—集水槽　8—泥渣浓缩室　9—加药管　10—机械搅拌器　11—导流板　12—伞形板

机械搅拌器的结构：上部为涡轮，它的结构与作用类似于泵，用于将夹带泥渣的水提升到第二反应室；下部叶片的作用是搅拌，搅拌速度一般为每分钟一至数转，可根据需要调节。涡轮的提升能力除了与其转速有关外，还可以用改变开启度（涡轮与第二反应室底板间的距离）的办法来调整。

混凝处理时，混凝剂可直接加入到进水管中，也可加在水泵吸水管或配水槽中，这可根据具体运行效果而定。澄清池有混凝和石灰处理时，石灰可加至进水槽中，混凝剂可加在第一反应室中。

此外，在环形进水槽的上部还设有排气管，排出进水带入的空气。

水在分离室的上升流速为0.8～1.2mm/s，在池中总的时间为1.0～1.5h。

二、气浮

1. 气浮原理

气浮工艺过程是在气浮澄清池反应罐前加入混凝剂，在混凝剂的作用下，水中的胶体和悬浮物脱稳形成细小的矾花颗粒；水流进入气浮池接触室后，矾花颗粒与溶气水中大量的微细气泡发生吸附，形成密度小于水的絮体并且上浮，在水面上形成浮渣层；清水则由气浮澄清池下部汇集进入出水槽。

2. 气浮设备

常用的气浮澄清池采用的是部分回流加压溶气气浮法，将接触室和分离室设计为一个整体，设备结构紧凑，回流比控制在20%～30%之间。其附属设施包括气浮反应罐、压力溶气罐和溶气水泵等。

在出水槽内设置水位调节管，可调节气浮澄清池内的水位，以方便刮渣。气浮澄清池顶安装1台旋转式刮渣机，池底部设有接触室、分离室排污管，如图5-4所示。

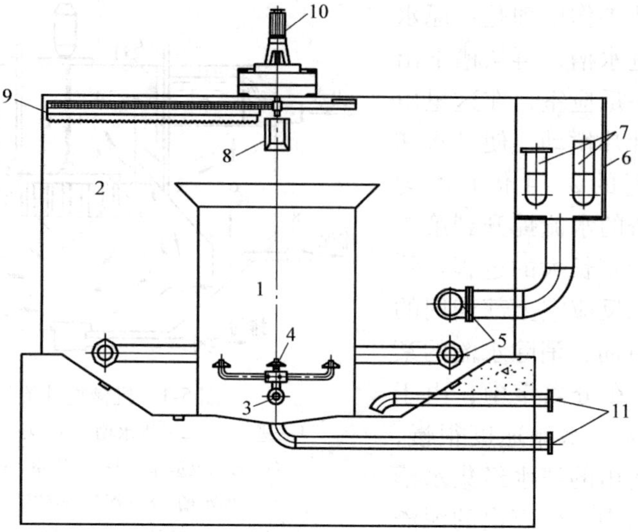

图 5-4 气浮澄清池结构

1—接触室 2—分离室 3—进水管 4—溶气释放器 5—集水装置
6—集水斗 7—出水装置 8—排渣槽 9—刮泥机
10—电动机及减速机 11—接触室、分离室排污管

三、软化处理

硬度是指水中某些易形成沉淀的金属离子含量，在水中形成硬度的物质主要是钙、镁离子，所以通常认为硬度就是指水中这两种离子的含量。软化处理的目的是去除水中钙、镁离子，避免结垢。目前火电厂用水的软化处理主要有：①药剂软化法（沉淀软化法），基于溶度积原理，加入某些药剂，把水中钙、镁离子转变成难溶化合物使之沉淀析出。②离子交换软化法，基于离子交换原理，利用离子交换树脂与水中钙、镁离子进行交换反应，去除水中的硬度离子。③反渗透处理，利用反渗透水处理技术去除水中绝大部分的各种盐类离子。

火电厂废水处理应用较广的软化处理是石灰处理，将生活污水、城市中水等经过石灰处理，用于循环冷却水系统补充水，代替部分新鲜原水。石灰软化一般与混凝处理联合应用。

1. 石灰软化处理

石灰软化处理是将石灰石（$CaCO_3$）经过煅烧制取生石灰（CaO），加水消化成为消石灰[$Ca(OH)_2$]乳液。按照一定浓度加入水中，发生下列反应：

$$CO_2 + Ca(OH)_2 \rightarrow CaCO_3\downarrow + H_2O$$

$$Ca(HCO_3)_2 + Ca(OH)_2 \rightarrow 2CaCO_3\downarrow + 2H_2O$$

$$Mg(HCO_3)_2 + Ca(OH)_2 \rightarrow CaCO_3\downarrow + MgCO_3\downarrow + 2H_2O$$

$$MgCO_3 + Ca(OH)_2 \rightarrow CaCO_3\downarrow + Mg(OH)_2\downarrow$$

消石灰虽然能与水中非碳酸盐的镁硬度起反应生成氢氧化镁，但同时又产生了等量的非碳酸盐的钙硬度。反应如下：

$$MgSO_4 + Ca(OH)_2 \rightarrow CaSO_4 + Mg(OH)_2\downarrow$$

$$MgCl_2 + Ca(OH)_2 \rightarrow CaCl_2 + Mg(OH)_2\downarrow$$

综上所述，单纯的石灰软化是不能降低水的非碳酸盐硬度的。不过，通过石灰处理，还可去除水中部分铁和硅的化合物。石灰软化主要是去除水中的碳酸盐硬度以及降低水的碱度。但过量投加石灰，反而会增加水的硬度。经石灰处理后，水的剩余碳酸盐硬度可降低到0.25～0.5mmol/L，剩余碱度为0.8～1.2mmol/L，硅化合物可去除30%～35%，有机物可去除25%，铁残留量约为0.1mg/L。石灰软化往往与混凝同时进行，有利于混凝沉淀。

2. 石灰—苏打软化

石灰处理无法去除水的非碳酸盐硬度，所以，对于非碳酸盐硬度较高的水需要同时投加石灰和苏打（Na_2CO_3）。此时，石灰用以降低水的碳酸盐硬度，苏打用于降低水的非碳酸盐硬度。软化水的剩余硬度可降低到0.15～0.2mmol/L。非碳酸盐硬度与Na_2CO_3有关的化学反应表示如下：

$$CaSO_4 + Na_2CO_3 \rightarrow Na_2SO_4 + CaCO_3\downarrow$$

$$CaCl_2 + Na_2CO_3 \rightarrow 2NaCl + CaCO_3\downarrow$$

$$MgSO_4 + Na_2CO_3 \rightarrow Na_2SO_4 + MgCO_3\downarrow$$

$$MgCl_2 + Na_2CO_3 \rightarrow 2NaCl + MgCO_3\downarrow$$

$$MgCO_3 + Ca(OH)_2 \rightarrow CaCO_3\downarrow + Mg(OH)_2\downarrow$$

四、过滤

1. 过滤原理

废水经过澄清处理后，往往浊度仍然比较高，需要过滤处理来去除水中细小悬浮杂质颗粒。过滤不仅可以降低水的浊度，还可以去除部分有机物、细菌和病毒。过滤设备通常位于澄清池或沉淀池之后，待过滤水的悬浮物含量一般在15mg/L以下，滤出水的悬浮物含量一般在2mg/L以下。当原水悬浮物低于100mg/L时，也可以采用原水直接过滤或接触混凝过滤。

用于过滤的材料称为滤料，水处理对于滤料的要求一般是：有足够的机械强度，以减轻在运行和冲洗过程中因摩擦而磨损、破碎的程度；具有足够的化学稳定性，在过滤过程中不发生溶解；价格便宜等。水处理中常用滤料包括石英砂、无烟煤等颗粒滤料和纤维软滤料。

一般把装有滤料的钢筋混凝土构筑物称为滤池，装填滤料的钢制设备称为过滤器，运行时相对压力大于零的过滤器称为机械过滤器。滤池（器）按水流方向分，有下向流、上向流、双向流等；按滤池（器）中的滤料种类分，有单层滤料、双层滤料和三层滤料滤池（器）；按阀门分，有单阀滤池、双阀滤池和无阀滤池。过滤工艺分类及说明参见表5-6。

表5-6　过滤工艺分类及说明

分类方法	工艺类型	简要说明
按进水水质分类	直接过滤	原水不经过混凝澄清而直接通过滤池（器）。这种过滤形式只能除去水中较粗的悬浮杂质，对于胶体状态的杂质去除能力低。适用于原水常年浊度低，对胶体杂质的去除要求不高的情况
	混凝澄清过滤	原水经混凝处理后，絮凝物主要在澄清设备中除去，滤池（器）进水中只含微量絮凝物。在澄清良好时，滤池（器）进水是近乎恒定的低浊度水。过滤速度一般为5～20m/h。适用于各种水源
	凝聚过滤（接触凝聚）	原水经过滤料层前，向水中投加混凝剂（有时同时投加絮凝剂），使水中胶体脱稳凝聚形成初始矾花。水进入滤料层前的凝聚反应时间一般为5～15min。这种过滤形式的特点是省去了专门的混凝澄清设备，混凝剂投加量少。适用于常年原水悬浮物小于50mg/L、有机物含量中等以下的水源和地下水除铁、锰、胶体硅

（续）

分类方法	工艺类型	简 要 说 明
按水流方向分类	下向流过滤	运行时进水自上而下通过滤料层，清洗时冲洗水向上通过滤料层。因为反冲洗时的水力筛分作用，这种形式的滤池（器）的滤料层粒度分布是由小到大自上而下排列的。这是一种最常见的工艺形式，其优点是设备结构简单，运行管理方便。缺点是单层滤料时过滤周期较短，滤料层的截污能力不能得到充分利用
	上向流过滤	运行时进水自下而上经过滤层，清洗时冲洗水和空气也是自下而上。这种滤料层粒度分布是由小到大自上而下排列的，运行时进水先通过较粗的滤料，因而阻力小，运行周期长，滤料层的截污能力高。缺点是运行流速必须严格控制在滤料层膨胀流速以下，并要求滤速稳定，因而对运行管理要求严格
	双向流过滤（对流）	这种滤池（器）同时采用向下和向上流的过滤方式，过滤水从滤层中部引出，因而相当于两个并列的滤池（器），出水量相当于单向流滤池（器）的 2 倍。反洗时冲洗水和空气自下而上。要求反洗后的滤料层粒度分布均匀，避免细滤料集中于滤层上部致使上下部配水不均
按滤层结构分类	单层非均质过滤	见下向流过滤
	单层均质过滤	在整个滤层深度内滤料粒径分布是均匀的。这种过滤工艺在反冲洗时增加了滤料混合过程（常用压缩空气）和不使滤层膨胀的漂洗过程，而使反冲洗后的滤料层粒度分布均匀。所谓变空隙或变粒度过滤就属于这种类型。运行时杂质可渗入滤层深部，水流阻力小，过滤周期较长
	多层过滤	采用不同材质的滤料组成双层或三层滤料层（极少用三层以上），密度较小的滤料在上层，密度较大的滤料在下层。双层滤料一般采用无烟煤和石英砂，三层滤料一般采用无烟煤、石英砂和磁铁矿砂。反冲洗时因为滤料密度不同而自动分层。这种过滤方式具有截污能力大，过滤周期长，出水水质好，允许采用较高的滤速等优点

2. 过滤设备

重力式无阀滤池和高效纤维过滤器是电厂废水处理中常用的过滤设备，过滤运行一般由反洗、正洗和过滤过程组成，循环运行。

（1）重力式无阀滤池　重力式无阀滤池由钢筋混凝土制成，因系统中没有阀门而得名，结构如图 5-5 所示。工作过程如下：混凝沉淀处理后的水，由进水槽、U 形进水管送至虹吸上升管，上升管中的水经进水挡板加以缓冲后，均匀地通过滤层，进入下部集水室，经连通管流至上部冲洗水箱中，当冲洗水箱的水位达到出水管处时，便开始向外送水。

滤池运行中，滤层不断截留杂质，造成滤层的水流阻力逐渐增大，虹吸上升管内的水位便相应地升高。当水位上升到虹吸辅助管管口时，水流即由此管快速流下，于是借助此快速水流的夹气作用，通过抽气管将虹吸上升管和下降管中的空气抽走。因而在虹吸管中产生负压，使虹吸上升管和下降管中水位很快上升，当两上升水流汇合后，便形成虹吸，这时过滤室内的水被虹吸管迅速抽走，滤层上部压力急剧下降，促使冲洗水箱中的水倒流至过滤室，经虹吸管排走，这便是滤层的反冲洗。在反冲洗过程中，冲洗水箱中的水位逐渐下降，当水位降到虹吸破坏管以下时，管口与大气相通，大量空气进入虹吸管内将虹吸破坏，冲洗结束，过滤过程立即重新开始，进入下一个运行循环。

在整个冲洗过程中，不停止进水。重力式无阀滤池运行的允许压力损失为 15 ~ 20kPa。重力式无阀滤池的冲洗强度随冲洗水箱水位下降而不断降低，这对冲洗效果颇为有利。冲洗强度的大小可用调节锥形挡板的高低来改变。重力式无阀滤池反洗后，不能进行正洗排水，而是把这些水积存在冲洗水箱，这对初期的出水水质有一些影响。

重力式无阀滤池开始滤水到虹吸管中开始抽气之间的时间，称为工作周期，一般为几小时至十几小时，冲洗形成时间为 2～3min，冲洗时间为 4～5min。

在重力式无阀滤池的虹吸辅助管上，常设有强制反洗装置，这就是用一个压力水管，以 15°夹角通入虹吸辅助管。当滤池刚投入运行（或出水不合格）时，可利用此装置对滤料进行强制冲洗。

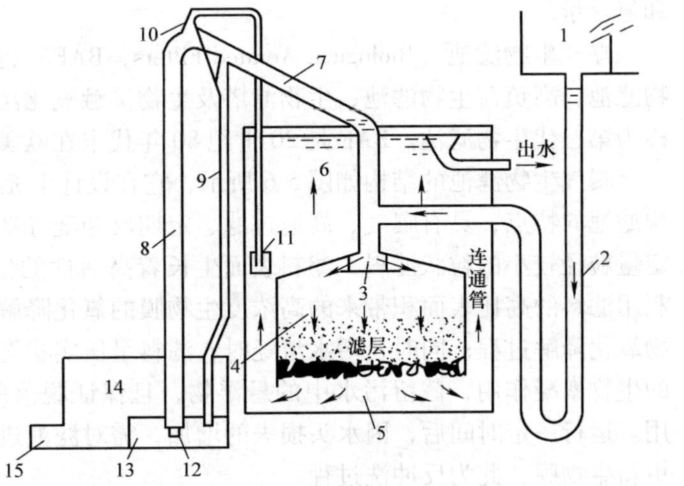

图 5-5　重力式无阀滤池结构

1—进水槽　2—进水管　3—挡板　4—过滤室　5—集水室　6—冲洗水箱　7—虹吸上升管　8—虹吸下降管　9—虹吸辅助管　10—抽气管　11—虹吸破坏管　12—锥形挡板　13—水封槽　14—排水井　15—排水管

重力式无阀滤池进水管为 U 形管，以防止冲洗时进空气破坏虹吸；滤池在进水悬浮物量不大于 100mg/L 时，出水悬浮物量可保证小于 5mg/L。

（2）高效纤维过滤器　高效纤维过滤器采用了软填料——纤维束作为滤元，其滤料单丝直径可达几十微米甚至几微米，具有巨大的比表面积，而且过滤阻力较小，打破了粒状滤料的过滤精度由于滤料粒径不能进一步缩小的限制。微小的滤料直径极大地增大了滤料的比表面积和表面自由能，增加了水中杂质颗粒与滤料的接触机会和滤料的吸附能力，从而提高了过滤效率和截污容量。由于纤维束由纤维长丝制成，几乎不磨损，使滤料寿命较长。

高效纤维过滤设备按滤层密度调节方式可划分为加压室式和无加压室式两大类。对于加压室式，在滤层内部设有加压室，通过加压室对纤维的挤压，使滤层沿水流动方向的截面逐渐缩小，密度逐渐加大，相应滤层孔隙直径和孔隙逐渐减小，实现了理想的深层过滤。当滤层被污染需清洗再生时，可将加压室内的水排出，使纤维束处于放松状态，有利于清洗。对滤料的清洗采用气-水混合擦洗的工艺，能有效恢复滤元的过滤性能。

对于无加压室式，在过滤设备内部设置自助力式纤维密度调节装置，装置不需额外动力和附加操作，仅在正常过滤操作和反洗操作过程中通过水力完成对纤维滤层的压缩和放松。在过滤操作时，能迅速将滤层压缩至所需状态，在反洗操作时，能迅速将滤层彻底放松并将泥渣排出。

某厂将工业废水和生活污水处理后回用做循环冷却水的处理工艺流程如下：

工业废水＋生活污水→废水池→提升泵→生化池→沉淀池→提升泵→高效纤维过滤器→循环冷却水补充水。

五、生化处理

电厂生活污水处理和城市中水深度处理时，都需要用到生化处理工艺，降低水中有机物和氮含量。

曝气生物滤池（Biological Aerated Filters，BAF）也叫淹没式曝气生物滤池，是在普通生物滤池、高负荷生物滤池、生物滤塔及生物接触氧化法等生物膜法的基础上发展而来的，被称为第三代生物滤池。BAF 是 20 世纪 80 年代末在欧美发展起来的一种新型污水处理技术。

曝气生物滤池的结构如图 5-6 所示，它在设计上充分借鉴了污水处理接触氧化法和给水快滤池的特点，具有曝气、高速过滤、定期反冲洗等功能。其工艺原理为：在滤池中装填一定量粒径较小的粒状滤料，滤料表面生长着高活性的生物膜，滤池内部曝气。污水流经时，利用滤料的高比表面积带来的高浓度生物膜的氧化降解能力，对污水进行快速净化，此为生物氧化降解过程；同时，污水流经时，滤料呈压实状态，利用滤料粒径较小的特点及生物膜的生物絮凝作用，截留污水中的悬浮物，且保证脱落的生物膜不会随水漂出，此为截留作用。运行一定时间后，因水头损失的增加，需对滤池进行反冲洗，以释放截留的悬浮物以及更新生物膜，此为反冲洗过程。

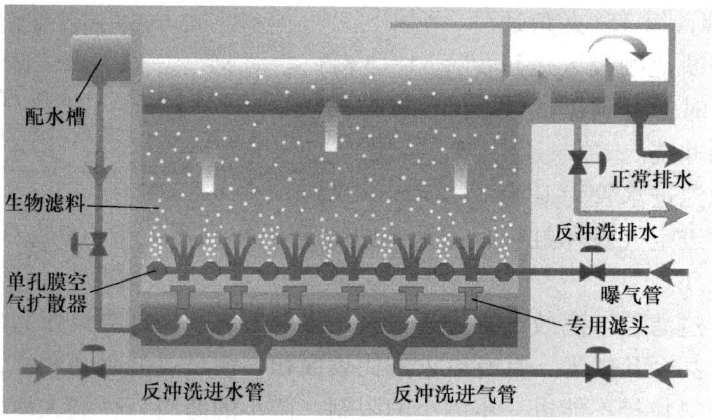

图 5-6 曝气生物滤池的结构

在 BAF 工艺中，作为生物膜载体的填料（滤料）是该工艺的核心。目前，BAF 所用的滤料，根据其采用原料的不同，可分为无机滤料和有机高分子滤料。常见的无机滤料有陶粒、焦炭、石英砂、活性炭、膨胀硅铝酸盐等，有机高分子滤料有聚苯乙烯、聚氯乙烯、聚丙烯等。有机高分子滤料与微生物间的相容性较差，所以挂膜时生物量少，易脱落，处理效果并不理想，且价格昂贵。

曝气生物滤池可以去除水中的 SS、COD、BOD、氮、磷等物质，集生物氧化和截留悬浮固体于一体，节省了后续沉淀池（二沉池），具有容积负荷高、水力负荷大、水力停留时间短、所需基建投资少、出水水质好、运行能耗低等特点，在电厂的生活污水处理和城市中水深度处理中得到了广泛应用。

六、杀菌

水中微生物大都粘附在悬浮颗粒上，因此，在水的混凝沉降和过滤处理中可以除去 40% ~50%，剩余的需要杀菌剂杀灭。废水的杀菌处理分为物理法和化学法，物理法包括加热和紫外线处理等，化学法主要包括加氯、次氯酸钠、二氧化氯、臭氧、季铵盐等。以加氯杀菌为例，杀菌剂的使用量包括杀死各种菌藻的需氯量和防止残存的微生物再度繁殖的余氯量。

目前应用的杀菌剂可以分为两大类：氧化性杀菌剂和非氧化性杀菌剂。前者是一些氧化性较强的氧化剂，而后者则是一些非氧化剂。

1. 氧化性杀菌剂

常用的氧化性杀菌剂有氯、次氯酸盐、二氧化氯、臭氧、溴及溴化物等。

（1）氯　氯是一种强氧化性杀菌剂，用于水处理中杀菌消毒的历史最为悠久。由于氯具有杀菌力强、价格低廉、来源方便等一系列优点，所以至今仍是应用最广泛的一种杀菌剂。

氯进入冷却水中，水解生成盐酸和次氯酸：

$$Cl_2 + H_2O \longrightarrow HCl + HClO$$

次氯酸在水中发生电离，生成 H^+ 和 ClO^- 两种离子：

$$HClO \longrightarrow H^+ + ClO^-$$

作为微生物杀菌剂，次氯酸（HClO）的杀菌效率比次氯酸根离子（ClO^-）要高 20 倍。次氯酸是一种极强的氧化剂。它容易扩散通过微生物的细胞壁，与原生质反应，与细胞的蛋白质生成化学稳定的 N-Cl 键。

（2）次氯酸盐　冷却水系统中常用的次氯酸盐有次氯酸钠（NaClO）、次氯酸钙［$Ca(ClO)_2$］和漂白粉，它们都是氧化性杀菌剂。这些多用于小规模生活饮用水的杀菌消毒，现也在循环冷却水中有些应用，但主要用于处理或剥离设备或管道中的粘泥，因此，次氯酸盐也是一种粘泥剥离剂。

由于次氯酸盐在冷却水中能生成次氯酸，所以它们的杀菌作用及使用性能与氯极为相似。

（3）二氧化氯　二氧化氯（ClO_2）是一种有效的氧化性杀菌剂，它的杀菌能力比氯强、比氯快，且剩余剂量的药性持续时间长。它不仅具有和氯相似的杀菌性能，而且还能分解菌体残骸，杀死芽孢和孢子，控制粘泥生长。

二氧化氯在 pH 值为 6～10 的范围内能有效地杀灭绝大多数微生物。二氧化氯的用量小，用 2.0mg/L 的二氧化氯作用 30min 时能杀灭几乎 100% 的微生物，而剩余的二氧化氯浓度尚为 0.9mg/L。

二氧化氯是一种黄绿色或橙色的气体，它有类似于氯的刺激性气味。不论二氧化氯是液态（沸点 11℃）还是气态，两者都是不稳定的，运输时容易发生爆炸事故。因此，二氧化氯必须在现场制备和使用。

（4）臭氧　臭氧（O_3）是一种氧化性很强但又不稳定的气体，在水溶液中，臭氧保持着很强的氧化性。和氯不同的是，因为臭氧在光合作用下会分解生成氧，用臭氧作杀菌剂不会增加水中的氯离子浓度，冷却水排放时不会污染环境或伤害水生物。

臭氧是通过将氧或干燥空气经过臭氧发生器中的放电管而生成的气体，添加臭氧时，首先将它溶解在水中，然后把溶解有臭氧的水注入冷却水中。

2. 非氧化性杀菌剂

常用的非氧化性杀菌剂包括氯酚类、有机锡化合物、季铵盐、有机硫化合物和有机胺类等，在某些方面，非氧化性杀菌剂比氧化性杀菌剂更有效或更方便。非氧化性杀菌剂与氧化性杀菌剂常常联合使用，这能产生更好的杀菌效果。

七、超滤和反渗透

1. 超滤

超滤是以孔径为0.005～1μm的不对称多孔性半透膜作为过滤介质，在0.1～1.0 MPa的压力推动下，溶液中的溶剂、溶解盐类和水分子透过膜，而各种悬浮颗粒、胶体、蛋白质、微生物和大分子等被截留，以达到净化水的一种膜分离技术。

超滤装置是指将若干个超滤膜组件并联组合在一起，并配备相应的水泵、自动阀门、检测仪表、支撑框架和连接管路等附件，能够独立进行正常过滤、反洗、化学清洗等工作的水处理装置。超滤装置是超滤系统的核心设备，有平板式、管式、螺旋卷式和中空纤维式等多种组件形式，在电厂水处理中常用中空纤维式超滤装置。

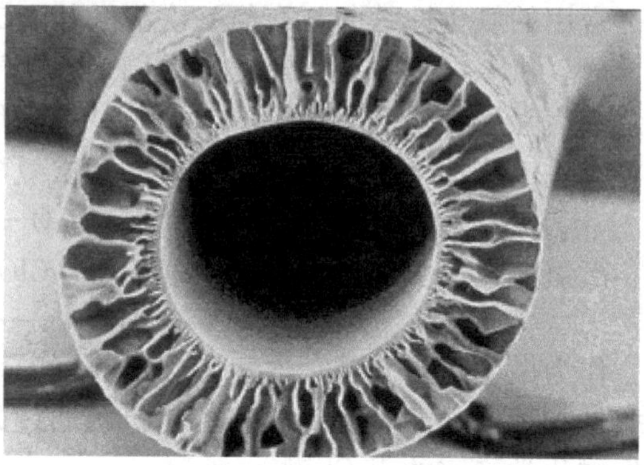

图5-7 中空纤维膜断面

中空纤维实际上是很细的管状膜，一般外径为0.5～2.0mm，内径为0.3～1.4mm。中空纤维膜断面如图5-7所示。中空纤维膜填充密度高，单位膜面积价格低，但容易堵塞，抗污染能力差。反渗透装置中也使用中空纤维膜，相对于反渗透中空纤维膜，超滤中空纤维膜要粗得多，故有人称超滤中空纤维组件为毛细管组件。

中空纤维组件有内压式和外压式两种。

1）内压式。内压式中空纤维组件如图5-8所示。该组件是将数千根甚至数万根空心纤维平行地装入耐压容器中，两个端头用环氧树脂密封（纤维的空心不能堵塞），进水从容器的一端进入纤维丝内，并在丝管内流动，直至到达容器的另一端，以浓水的形式排出，透过膜的产水则在膜丝外侧汇集并引出外壳。内压式中空纤维组件的特点是丝内水的流动分布比较均匀，不易产生死角。因为外部流动的是产水，所以污垢不会在膜丝之间堆积。

2）外压式。外压式中空纤维组件如图5-9所示。进水通过一只多孔中心管均匀地向纤

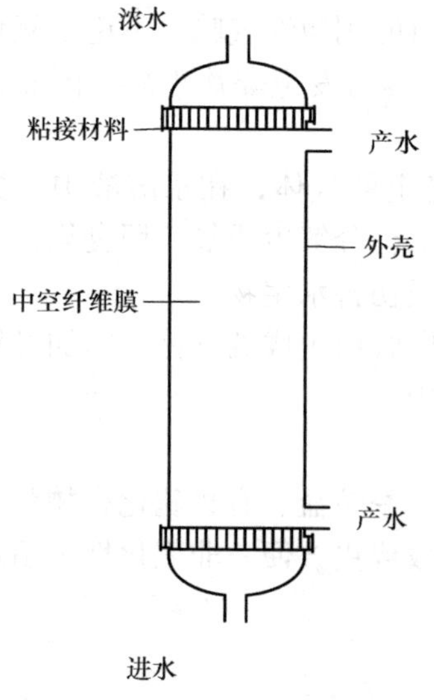

图5-8 内压式中空纤维组件

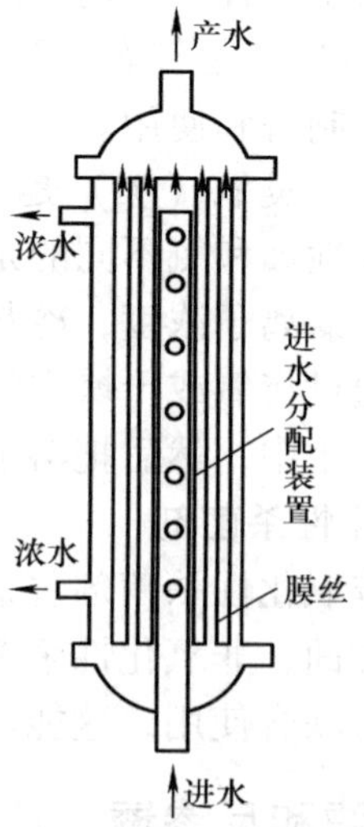

图5-9 外压式中空纤维组件

维束布水，进水在膜丝管的外侧流动，产水则在纤维管内汇集并从另一端引出，浓水从外壳排水口排出。因为膜丝壁厚的影响，外压式比内压式的过滤面积大。另外，反洗时由于水力分布均匀而更为有效。但进水在纤维束之间流动，流动分布有可能不均匀，易产生堵塞和死角。

2. 反渗透

在高于原水渗透压的压力驱动下，反渗透膜只允许水分子通过，截留无机盐类等其他杂质离子，从而完成进水的除盐处理，反渗透膜结构如图5-10所示，反渗透膜除盐原理如图5-11所示，产水可以直接用于循环冷却水补充水，也可以经进一步除盐处理后用于锅炉补给水。

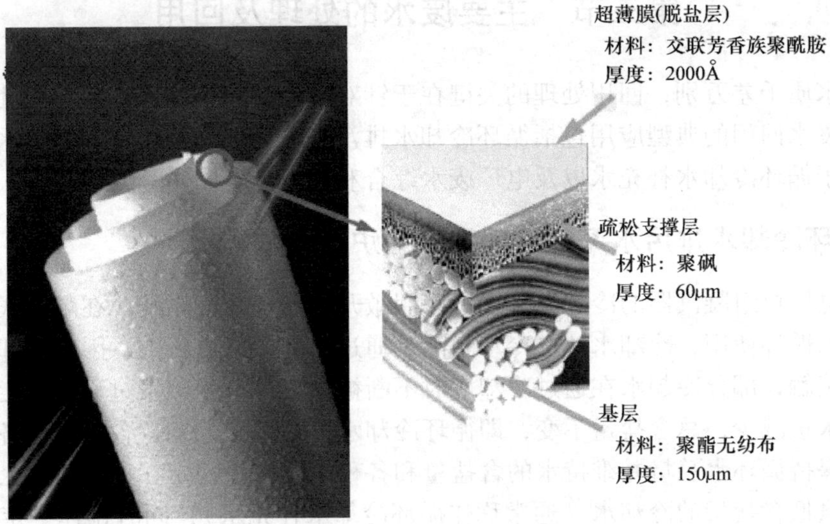

图5-10　反渗透膜结构示意图

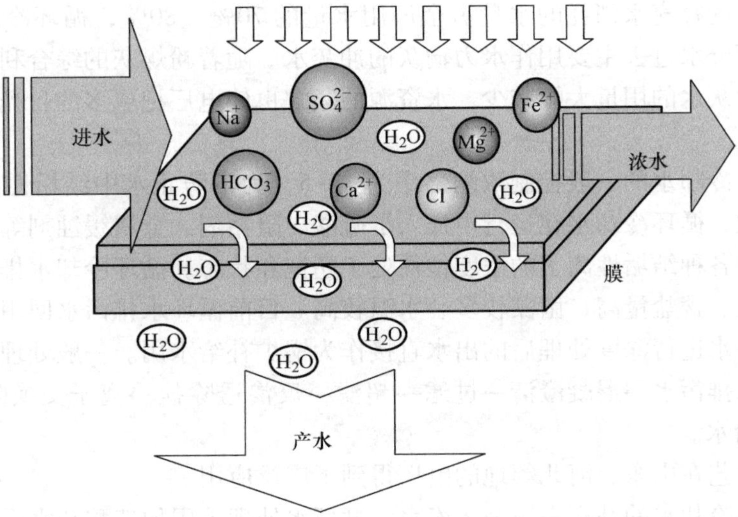

图5-11　反渗透膜除盐原理图

电厂废水处理系统中，超滤和反渗透水处理的进水大多是经过混凝、澄清、过滤的机组循环水冷却水排污水，或经过氧化、杀菌、氨氮处理的城市中水等，一般水量大，水质稳定。

采用超滤和反渗透对工业废水或城市中水等再生水深度处理的技术，近年已经在火电厂中得到了大量应用，需要注意的是，这两类水源水质相对复杂，菌藻含量高，需要选择抗污染的超滤和反渗透膜，严格控制进水水质，适当降低产水率，防止膜的污堵。

再生水作为反渗透进水水源，需要进行严格的混凝、沉淀、过滤等预处理，一般将超滤作为反渗透进水的保障性处理设备。此外，为了应对废水中较高的菌藻含量，往往需要添加较高剂量的杀菌剂，当杀菌剂残留量较高时会对反渗透膜造成不可逆的氧化性破坏，导致出水脱盐率降低、水利用率下降。

第三节 主要废水的处理及回用

废水的水质千差万别，回用处理的关键在于针对废水中污染物采取相应的处理工艺。目前，火电厂废水回用的典型应用包括循环冷却水排污水深度处理用于锅炉补给水、城市中水深度处理用于循环冷却水补充水以及电厂废水综合利用等。

一、循环冷却水排污水深度处理用于锅炉补给水

内陆火电厂机组凝汽器的冷却方式大多采用敞开式循环冷却系统。在敞开式循环冷却系统中，冷却水循环使用，冷却水的再冷却降温是通过冷却塔来进行的，因此冷却水循环过程中要与空气接触，部分冷却水在通过冷却塔时不断被蒸发掉，水蒸发过程不带走盐，因此蒸发过程中总水量减少，总含盐量不变，即循环冷却水不断地被浓缩，含盐量和各种离子浓度增加。为了保持循环水总量并维持水的含盐量和各种离子含量稳定在一定数值上，必须对系统补充一定量低含盐量的冷却水（通常称作循环冷却水补充水），同时排掉一定量高含盐量的循环水（通常称为循环冷却水排污水）。

循环冷却水的补充水消耗的水量占全厂用水量的70%～80%，循环冷却水排污水的水量比较大，这部分水过去主要用作水力输灰的冲灰水。随着粉煤灰的综合利用和干除灰技术的普及应用，冲灰水的用量大幅减少，水资源的紧缺也使电厂把更多的目光投向了这部分废水的处理回用。

火电厂循环冷却水的一般控制浓缩倍率为3～5，为了防止水中结垢性离子结晶析出和金属材料的腐蚀，循环冷却水在运行中加入了硫酸、阻垢剂、金属缓蚀剂等水处理药剂，所以循环冷却水中各种结垢性离子的浓度往往处于超饱和状态。循环冷却水排污水的主要特点是水质成分稳定、含盐量高、菌藻较多、水温较高。目前循环水排污水回用的一个趋势是将循环冷却水排污水进行深度处理后的出水直接作为锅炉补给水用。一般处理流程为：

循环冷却水排污水→混凝澄清→过滤→超滤→反渗透除盐→离子交换除盐（或EDI除盐）→锅炉补给水。

这种处理工艺在山东、河北等地的电厂得到了广泛应用。

如某厂循环冷却水的补充水源为水库水，循环水处理采用加硫酸和水质稳定剂的联合处理方式，运行浓缩倍率控制在3～4。一期4×300MW循环冷却水排污水做深度处理后作为二期2×600MW机组锅炉部分补给水。循环水排污水的浊度、硬度、碱度和有机物含量较高，需首先采用石灰软化、混凝、过滤处理，去除硬度、悬浮物和大部分有机物。软化处理

采用石灰+苏打，混凝剂和助凝剂分别采用聚合硫酸铁和聚丙烯酰胺，加药量分别为30mg/L、1.0mg/L。

经软化、混凝、过滤处理后的出水水质，外观澄清透明，但反渗透（RO）进水的关键指标之一SDI（淤塞指数）达不到要求，需要进一步进行过滤处理，目前主流的处理工艺采用超滤处理。超滤处理出水的各项指标可以满足RO系统长期安全稳定运行的要求。

循环冷却水排污水经过上述处理，去除了悬浮物、胶体等杂质，但含盐量依然较高。锅炉补给水是去除了几乎全部杂质的除盐水，因而循环冷却水排污水只经过上述处理远达不到锅炉补给水的要求，必须经过除盐处理才能用于锅炉补给水。传统的电厂水处理除盐工艺采用离子交换除盐，其缺点是树脂再生需要消耗大量的酸、碱，对这种高含盐量的水非常不经济。目前，对这种高含盐量水的除盐工艺大多采用反渗透处理工艺，反渗透出水进一步用离子交换混床或电除盐（Electro-de-ionization，EDI）工艺去除残余的杂质离子，达到锅炉补给水的要求。

二、城市中水深度处理用于循环冷却水补充水

“中水”一词起源于日本，对应给水、排水的内涵而得名，是指洁净程度介于给水与排水之间的水。中水在工业利用方面称为“回用水”（或“再生水”），主要是指城市污水或生活污水经处理达到一定的水质标准后，可在一定范围内重复使用的非饮用水。中水回用可以减少城市污水的排放，降低水环境的污染负荷，同时污水资源化回用，也是解决水资源短缺的重要途径。

目前，我国对中水用于循环冷却水补充水应达到的水质指标尚无正式的国家标准。受污水来源、处理工艺等因素影响，各城市污水处理厂出水水质不尽相同。城市污水经二级处理后（中水）的水质虽然可以达标排放（符合《污水综合排放标准》（GB 8978—1996）的要求），但其水质远不能满足火电厂循环冷却水的补充水要求，因此必须进行深度处理。

同以地表水或地下水作为补充水的循环水水质相比，中水具有含盐量高、有机物含量高、氨氮含量高、细菌种群复杂、腐蚀和结垢倾向性高的特点。污水处理厂的功能主要是去除磷、氨氮、颗粒杂质和以耗氧量为指标的有机物，水的含盐量基本没有改变。为防止或缓解电厂循环冷却系统的腐蚀、结垢和微生物繁殖，循环冷却水水质要根据电厂冷却系统换热设备的结构形式、材质、工况条件、污垢热阻率、腐蚀速率以及所采用的水处理配方等因素综合确定。因此，以城市中水为火电厂循环冷却水补充水，除了常规生产中的结垢、腐蚀和杀菌问题外，磷、氨氮带来的问题也需要格外关注。中水回用于循环冷却水补充水深度处理的主要目的就是去除或降低碳酸盐硬度、二氧化硅等结垢性成分以及氨氮、有机物、细菌、微生物等有害成分，保证设备系统长期安全稳定运行。

以某厂2×1000MW机组循环冷却水补充水采用城市中水为例。

污水处理厂处理工艺流程为：城市污水→总闸→粗格栅→提升泵→二级格栅→悬流沉砂池→内、中、外氧化沟→二次沉淀池→蓄水池→提升泵→电厂中水深度处理站。

中水深度处理工艺采用石灰混凝处理+生化深度处理+杀菌+加硫酸水质调节。石灰混凝处理加入消石灰、聚合硫酸铁和聚丙烯酰胺，加入量依据水质不同而不同，针对上述水质，三者分别为6~15 mg/L、理论加药量的1.05~1.10倍、0.8~1.1 mg/L。

中水生化处理采用曝气生物滤池（BAF）进行，杀菌采用次氯酸钠，加药量约为5 mg/L，

维持水中余氯为0.4～0.5mg/L，杀菌后BOD_5小于2，满足回用要求。

经过上述处理后，基本达到了循环冷却水补充水水质要求。需要注意的是，实际生产中需要对中水深度处理后用于循环冷却水系统的水质做动态模拟实验，验证在所选阻垢剂、缓蚀剂等条件下设备的结垢、腐蚀倾向，以及水中硫酸根、氯离子对混凝土结构的腐蚀影响评价，保证机组安全稳定运行。

三、电厂废水综合利用实例

某厂总装机容量为4×300MW，原生产废水经处理后达标排放。自来水供电厂化学除盐水和生活用水，西部水厂水水质较差，经预处理系统处理后供应全厂杂用水。为了对处理后的废水重新利用减少新鲜水用量，进行了废水系统改造。废水回用工程实施后，回用水用作全厂的杂用水水源，不足部分由西部水厂水补充。

废水回用工程由收集、回用系统和废水处理系统组成。收集系统通过泵和管道将位于电厂不同位置的废水收集到废水处理厂，回用系统对废水进行深度处理，并将处理后的废水送至原生水预处理系统。改造后全厂用水概况见表5-7。

表5-7 改造后全厂用水概况

名称	水源	备　注
化学除盐用水	自来水	直接进除盐水系统
生活用水	自来水	
循环水	西部水厂水和回用水	水取自过滤水池
冲灰水	循环水排污水	
消防用水	杂用水系统	水取自过滤水池
绿化用水	杂用水系统	水取自过滤水池
主厂房冲洗水	杂用水系统	水取自过滤水池
空气预热器冲洗水	杂用水系统	水取自过滤水池
油库用水	杂用水系统	水取自过滤水池
输煤系统用水	杂用水系统	水取自过滤水池
炉底灰系统用水	杂用水系统	水取自过滤水池
其他用水	杂用水系统	水取自过滤水池
杂用水系统	回用水和西部水厂水	经预处理系统处理后送到过滤水池

1. 废水收集与回用系统

收集与回用系统包括以下几部分：

（1）回收系统　用管路将化学除盐废水改送到低压冲灰水前池，与原冲灰海水混合后用于冲灰。

（2）生活污水收集系统　用管路将原生活污水处理站处理后的生活污水送至锅炉废水池。

（3）含油废水收集系统　用管路将原含油废水处理站出水改送至锅炉废水池。

（4）含煤废水收集系统　建一条管路，将原输送含煤废水的管道改至新建的煤场沉淀池。

（5）清水回用系统 建一条管路，用于将废水处理厂合格出水送至生水预处理系统的反应池。

2. 废水处理系统

废水处理系统工艺流程如图5-12所示。

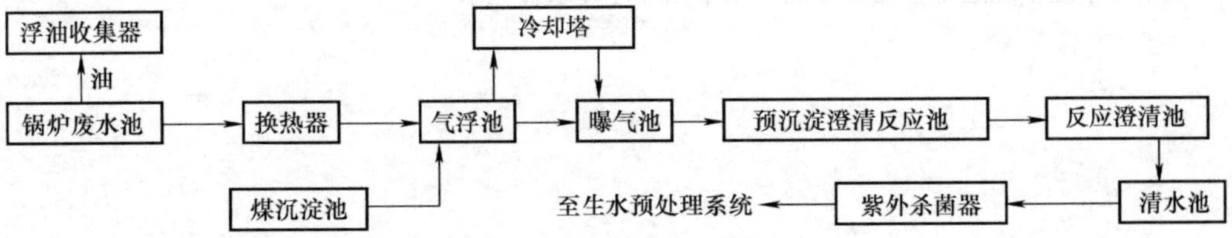

图5-12 废水处理系统工艺流程

废水处理主系统处理工艺为换热器降温、气浮、冷却塔降温、曝气、澄清、消毒杀菌。辅助系统用于对含煤废水进行沉淀处理，经处理的废水送至气浮池。气浮池所加絮凝剂根据水量大小按比例自动投加。在清水池设置温度、pH值、浊度在线仪表，异常情况下，当水质指标超过回用标准时，废水自动排放。

（1）废水降温工艺 废水降温采用强制冷却塔降温工艺。锅炉废水池用来收集锅炉排污水、含油废水、生活污水及部分地面冲洗水，为全地下钢混结构，在机组正常运行（无机组大小修、酸洗）时，该池水温约为60℃。废水经过强制冷却塔降温，出塔水温小于35℃，再经过曝气池的曝气和澄清池的停留，自然冷却使水温下降1～2℃。

（2）废水除油工艺 对废水中油的去除采用二级除油工艺：①一级除油工艺用来去除非乳化状态的油，除油后的废水送到锅炉废水池。车间产生的含油废水通过下水道流入锅炉废水池，含少量油的生活污水也收集到锅炉废水池。在锅炉废水池中经过一定时间的停留，废水中大部分非乳化态油会漂浮到水面，通过浮油收集器收集去除。②二级除油工艺采用气浮技术（部分回流溶气气浮法）处理废水中呈乳化态油和相对密度约为$1g/cm^3$的微小悬浮颗粒。

（3）废水除悬浮物工艺 对悬浮物的去除贯穿整个工艺流程。高悬浮物含量的废水主要包括煤场喷淋水、输煤传输带冲洗水、地面环卫冲洗水以及煤场雨水。悬浮物含量高达每升几百毫克。含煤废水先经沉淀去除大部分大颗粒悬浮物，再送到气浮池中除去相对密度约为$1g/cm^3$的微小悬浮颗粒，最后再经预沉淀澄清反应池和反应澄清池进一步去除剩余悬浮物。沉淀池为平流式，花墙布水、溢流堰出水。经沉淀处理后，废水中悬浮物含量约为20mg/L。

（4）杀菌消毒工艺 废水处理的最后一道工序是消毒杀菌，以防止水中微生物的滋长和细菌的繁殖。消毒杀菌使用1台带自动清洗功能的紫外线杀菌器，杀菌效果达99%以上。

杀菌处理后，废水送至生水预处理系统。

复习思考题

1. 火电厂废水有哪几类？
2. 试述火电厂废水的特点和一般处理方法。
3. 什么是混凝处理？其主要目的是什么？
4. 气浮原理是什么？
5. 软化处理方法有哪些？

6. 重力式无阀滤池的工作过程是怎样的?
7. 废水的杀菌处理常用哪些方法?
8. 超滤是怎样的一种膜分离技术?
9. 反渗透除盐原理是什么?
10. 城市中水通常经过哪些处理才能回用于循环冷却水补充水?

第六章　核电厂环境保护

核电是一种安全、清洁、经济、可靠的能源。自从1951年美国在加利福尼亚州海边希平港建成世界上第一座试验性核电厂以来，全世界在役核电厂已有439座，总装机容量超过387GW，发电量约占世界总发电量的16%。核电已成为30多个国家能源组成中不可或缺的部分。其中，法国、日本、英国、美国、俄罗斯核电占其国内总电力的比例分别为75.0%、34.7%、28.9%、19.8%和14.4%，而我国仅为2.0%。目前我国能源结构仍以煤炭为主体，清洁优质能源的比重偏低。加大能源结构调整力度，积极发展核电、风电、水电等清洁优质能源已刻不容缓。但是，核电厂运行和维修过程中存在着放射性危害，核电厂放射性物质对环境的污染一直是公众敏感的话题，因此环境保护工作是核电发展的生命线。

第一节　放射性物质的来源与废物管理

一、核电厂概况

1. 核能特征

1938年，德国放射化学家和物理学家奥托·哈恩发现了核裂变现象，随后实验证明在核裂变时释放出巨大的能量，即核能。

核裂变反应就是一个重原子核吸收了一个中子之后分裂成为两个轻原子核的过程。例如：

$$^{235}_{92}U + ^{1}_{0}n \rightarrow ^{140}_{56}Ba + ^{94}_{36}Kr + 2^{1}_{0}n + 200MeV$$

这个过程的两项产物使它具有很大的利用价值，即每一次核裂变一方面释放出的大量能量可以加以利用，另一方面又产生2~3个新的中子（平均产生2.43个中子）。新产生的中子又继续引起更多的重原子核裂变，这样就可以连续发展下去，形成链式核裂变反应，从而不断地释放出大量的能量。

实验证明，^{235}U每次裂变所释放出的能量约为200MeV，按照$1MeV = 1.6\times10^{-13}J$计算，$1g\ ^{235}U$完全发生核裂变后放出的能量为82000MJ，相当于燃烧2.5 t煤所产生的能量。

铀核吸收一个中子以后，按30多种不同的方式发生裂变，裂变产生的两轻原子核可以是各种不同的核素，称为裂变碎片或裂变产物。核裂变反应形成的新原子往往是不稳定的。按原子核是否稳定，可把核素分为稳定性核素和放射性核素两类。放射性核素能够自发地从不稳定的原子核内部放出粒子或射线（如α射线、β射线、γ射线等），同时释放出能量，最终衰变形成稳定的元素而停止放射。这种性质称为放射性，这一过程叫做放射性衰变。人们把放射性核素的原子核有半数发生衰变所需的时间定义为半衰期。

可以人为地控制核裂变反应速度并能维持链式核裂变反应的装置叫做反应堆。目前，世界上核反应堆的种类很多，有以轻水为慢化剂和冷却剂的轻水堆（包括压水堆和沸水堆），有以重水为慢化剂和冷却剂的重水堆，还有以石墨为慢化剂、以气体（二氧化碳、氦气、氦气）为冷却剂的石墨气冷堆，以及不需要慢化剂、以液态金属钠（导热性好而且不容易减慢中子速度）为冷却剂的快中子增殖堆等。目前，我国广泛采用的是压水堆，本书以压水堆为例进行介绍。

2. 能量转换

压水堆核电厂一、二回路系统流程如图 6-1 所示。在核电厂中，反应堆的作用是进行核裂变，将核能转化为热能。水作为冷却剂在反应堆中吸收核裂变产生的热能，成为高温高压的水，然后沿管道进入蒸汽发生器的 U 形管内，将热量传给 U 形管外侧的汽轮机工质水，使其变为饱和蒸汽。被冷却后的冷却剂再由主泵打回到反应堆内重新加热，如此循环往复，形成一个封闭的吸热和放热的循环过程，这个循环回路称为一回路，也称核蒸汽供应系统。一回路的压力由稳压器控制。由于一回路的主要设备是核反应堆，通常把一回路及其辅助系统和厂房统称为核岛。

汽轮机工质水在蒸汽发生器中被加热成蒸汽后进入汽轮机膨胀做功，将蒸汽焓降放出的热能转变为汽轮机转子旋转的机械能。汽轮机转子与发电机转子两轴刚性相连，因此汽轮机直接带动发电机发电，把机械能转换为电能。做完功后的蒸汽（乏汽）被排入凝汽器，由循环冷却水（如海水）进行冷却，凝结成水，然后由凝结水泵送入低压加热器，再由给水泵将其输入蒸汽发生器，从而完成了汽轮机工质的封闭循环，我们称此回路为二回路。二回路系统与常规火电厂蒸汽动力回路大致相同，故把它及其辅助系统和厂房统称为常规岛。

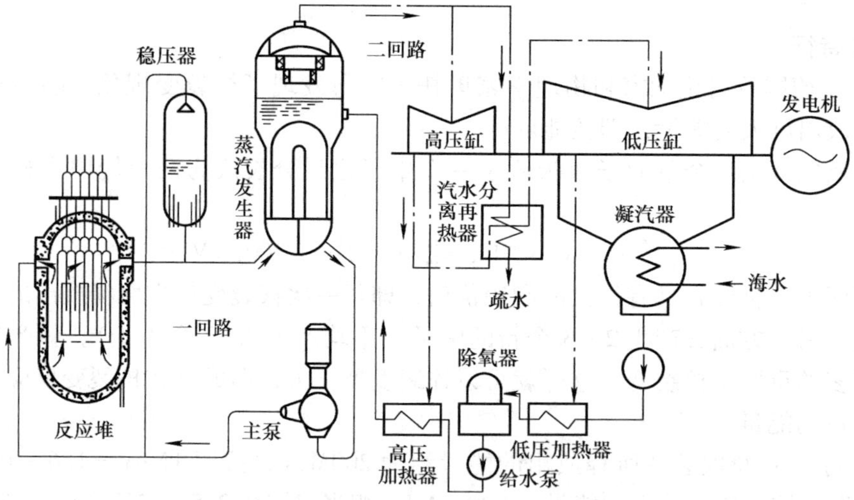

图 6-1　压水堆核电厂一、二回路系统流程

二、放射性物质的来源

核电厂放射性物质中的核素主要来源于裂变过程和活化过程。

1. 裂变过程

在反应堆运行过程中，堆芯燃料元件中的核燃料（^{235}U 或^{235}U 和^{239}Pu 混合）发生链式核裂变反应，产生大量的裂变产物和中子。其中，各种放射性裂变产物（包括重核裂变产物的中子吸收反应形成的一系列更重的新核）将各自按其衰变规律变成稳定的核素，于是堆芯就成了一个产生各种粒子或射线（包括中子）的巨大放射源。在堆芯里，功率放射性核素不断地由裂变和中子活化反应生成，又不断地因衰变而减少，因此燃料元件中各种放射性裂变产物的量一开始是随着燃耗的增加而增加，在产生与衰变相平衡时达到最大，然后将随着燃耗的增加而减少；停堆后，由于大部分裂变产物半衰期很短，因此堆芯放射性剂量很快降低（相对于运行时），但也有一些较长或很长寿命的放射性核素，如^{85}Kr、^{90}Sr、^{137}Cs、^{99}Tc、^{129}I等。

裂变产物一般被包容在燃料元件的包壳中，只有极少量在燃料元件破损时会泄漏到冷却剂中（大多数压水堆燃料元件锆包壳的破损率小于0.1%）。在所有的裂变产物中，只有氚能够在一定温度下穿透燃料包壳进入冷却剂。此外，应该指出，在燃料元件的制造过程中，不可避免地会有极少量的铀（或钚）燃料粘附在包壳的外表，而且堆芯结构材料本身也含有微量的天然铀，它们无疑也参加了裂变反应，其裂变产物会直接进入冷却剂。

冷却剂中的放射性裂变产物主要有惰性气体（占90%以上）、碘（占3%以上）、铷（占1%）、钼（约占1%）和铯（小于1%）。通过对冷却剂放射性核素的分析，可以判断燃料元件破损情况，这是对燃料元件监测的主要方法之一。

2. 活化过程

中子照射某些元素，产生核反应，使这些元素转变为放射性核素的过程，称为活化。活化过程包括结构材料及其腐蚀产物和化学添加剂的活化等。冷却剂中溶解或悬浮的腐蚀产物流经堆芯或在堆芯沉积时，会被中子活化。堆芯活化沉积物不仅能够通过溶解——沉积的运动方式离开堆芯返回到回路中，还能通过与溶液中金属离子发生同位素交换重新回到回路中。这些过程使活化的腐蚀产物逐渐布满整个回路。活化的腐蚀产物主要产生的放射性核素有^{58}Co、^{60}Co、^{55}Fe、^{59}Fe、^{51}Cr、^{54}Mn、^{57}Mn、^{59}Ni、^{63}Ni、^{65}Ni、^{65}Zn、^{94}Nb、^{124}Sb等。

在燃料元件无破损或破损极微时，冷却剂的放射性主要由活化腐蚀产物所贡献。

三、电离辐射常用量及单位

放射性核素所释放出来的粒子流可以使物质引起电离或激发，故称为电离辐射。电离辐射又分直接致电离辐射和间接致电离辐射。直接致电离辐射包括α、β、质子等带电粒子产生的辐射；间接致电离辐射包括光子（γ射线和X射线）、中子等不带电粒子产生的辐射。

下面介绍电离辐射常用量及单位。

1. 放射性活度及单位

放射性活度是指给定时刻处于一给定能态的一定量的某种放射性核素，在单位时间内的衰变数。单位是“贝可勒尔”，简称贝可，符号为Bq。常用单位是居里（Ci）。

2. 辐射术语及单位

（1）照射量　照射量是指X射线或γ射线在单位质量空气中产生的正离子或负离子的总电量。照射量是根据其对空气电离本领的大小来度量X射线或γ射线的一个物理量。照射量的国际单位用每千克空气中的电荷量表示，即C/ kg(库仑/千克)。

（2）照射量率　照射量率是指单位时间里的照射量。照射量率的国际制单位是C/(kg · s)。照射量率通常是指场所X射线、γ射线的辐射强度，而不是人体受照射量。

（3）吸收剂量　吸收剂量是指电离辐射授予某一体积元中的物质的总能量除以该体积的质量的商。吸收剂量可理解为电离辐射给予单位质量物质的能量，适合于γ射线、β射线、中子等任何电离辐射。吸收剂量的国际制单位是J/kg(焦耳每千克)，即Gy（戈瑞）。

(4) 当量剂量　当量剂量是指辐射在器官或组织内产生的平均吸收剂量与辐射权重因数的乘积。当量剂量是反映各种射线或粒子被吸收后引起的生物效应强弱的辐射量，它不仅与吸收剂量有关，而且与射线种类、能量有关，因此要根据其他因素进行修正，修正后的吸收剂量叫“当量剂量”。当量剂量国际制单位是希沃特（Sv），每千克人体组织吸收1J能量为1Sv。

四、放射性物质的危害及防护

（一）放射性物质的危害

一定量放射性物质进入人体后，既具有生物化学毒性，又能以它的辐射作用造成人体损伤，这种作用称为内照射；体外的电离辐射照射人体也会造成损伤，这种作用称为外照射。辐射损伤是各种电离辐射作用于人体所引起的各种生物效应的总称。这是由于各种电离辐射引起电离、激发等作用而把能量传递给机体，造成各组织器官的病理变化。射线特性不同，对生物体产生的作用也不同。

α射线对人生理上的影响是显著的。由于它的电离作用很大，能在很薄的吸收层（约1μm）内产生这种作用，所以生物细胞一死便是一团，且不易恢复。在α射线外部辐射时，因它不能透过皮层，致伤程度减至很小，但能引起皮肤烧伤或发炎。可是，当α射线通过呼吸道、食道与皮肤伤口进入人体内部时危害就很大。

β射线的电离本领很大，对人生理影响也很明显，但小于α射线。它的危害程度之所以小于α射线，主要是因它电离作用的范围在几毫米之内，对人体伤害不像α射线那样集中。当受β射线外部辐射时，因被皮层与皮下的一些细胞吸收可引起皮炎等疾病，但危害小于γ射线。

γ射线、X射线主要的特点是穿透性很强，电离作用基本是均匀的。通常，γ射线外照射危害程度最大，易引起人体内的各种疾病。不过，γ射线内照射的危害却小于α、β射线。

实验表明，当人体遭受到一定的当量剂量照射后，便可观察到躯体效应。早期效应（受照射后几分钟到几周之内出现的效应）的临床表现有白细胞减少、食欲衰退、呕吐、恶心、发烧、腹泻、出血、脱发、感染、惊厥、震颤、嗜睡，直至死亡。躯体的早期效应除明显地与辐射的性质或类型、生物机体的吸收量率与生物受照射的部位有关外，也与受照射个体的年龄、性别与身体的状况有关。多年分析研究得出表6-1所示的辐射早期损伤与当量剂量的关系。

表6-1　辐射早期损伤与当量剂量的关系

当量剂量/Sv	躯体效应
小于0.25	仅在实验室中可以检验出有少许变化
小于1	稍有或没有寿命缩短
小于2.5	出现急性辐射病和可以察觉到寿命缩短，极个别出现死亡
3.5	在辐照后60d内有一半受辐照者死亡，其余一半逐渐恢复，但带有永久性损伤
10	不到30d内全部死亡

虽然目前还不能准确地得出早期死亡与当量剂量之间的关系，但实验发现，辐射的早期效应是有明显阈值的，大约为2Gy。当人体接受超过阈值的剂量时，死亡的可能性就随剂量

的增加而增大，例如，死于骨髓放射病或肠型与脑型等放射病。此外，死亡的可能性还与射线类型、照射的不均匀性、照射时间以及治疗措施有关。

受辐射的机体晚发效应主要指各种癌症、白内障、不育症及早亡等。晚发效应通常有较长的潜伏期，很容易与其他因素（如一般工业对空气或水的污染）混淆，不能准确地判明效应引起的原因。

实验与统计资料说明核辐射增加了遗传基因突变的发生概率，但尚不能确定遗传效应是否存在一个临界值。

应当指出，核电厂排出的放射性物质一般放射活性很低。大部分放射性核素以废物形式被处理，遗留下来的很快分解，残存剂量多在检测水平以下，正常情况下，不会对人体造成危害。

（二）放射性物质的防护

放射性防护可分成内照射防护和外照射防护。

1. 内照射防护

内照射与外照射的显著差别是，即使不再进行放射性物质的操作，已经进入体内的放射性核素仍然在体内产生有害影响。造成内照射的原因，通常是因为吸入放射性物质污染的空气，饮用放射性物质污染的水，吃了放射性物质污染的食物，或者放射性物质从皮肤、伤口进入体内。由于核素的种类不同、毒性不同，带来的危险程度也不同。因此，根据放射性核素摄入体内产生危害作用的大小和在空气中的最大容许浓度，把它们分成极毒、高毒、中毒和低毒四组。操作不同毒性的核素时，对操作设备和建筑物的设置地点等都有不同的要求。

在役核电厂中，应着重考虑氚、氪-85、氙-133、锶-90、碘-131、钴-60、铯-137 等具有较大危害的放射性核素。核电厂排放的放射性核素的特征及照射途径见表 6-2。

表 6-2　核电厂排放的放射性核素的特征及照射途径

核　素	半衰期	毒性分类	排放形式	主要照射途径	关键器官
氚	12.3 年	低毒	大气稀释	吸入、暴露在空气中	全身、皮肤
			水	饮水、食用食物	全身
氪-85	10.3 年	低毒	大气稀释	暴露在空气中	全身
			水	饮水、食用鱼等	骨
氙-133	2.27 年	低毒	大气稀释	暴露在空气中	全身
			水	饮水、食用鱼等	骨
锶-90	27.7 年	高毒	大气稀释	暴露在空气中	全身
			水	饮水、食用鱼等	骨
铯-137	30.0 年	中毒	由空气携带	地面沉降	全身
				吸入、草-牛-奶（或肉）	全身
			水	饮水、食用鱼类等	全身
钴-60	5.26 年	高毒	水	饮水、食用鱼类	胃、肠道
碘-131	8.05 天	高毒	由空气携带	地面沉降	全身
				吸入空气、草-牛-奶、蔬菜	甲状腺
			水	饮水、食用鱼及其他生物	甲状腺

内照射防护的基本原则是尽可能地隔断放射性物质进入人体的各种途径，常采取以下基本措施。

（1）防止放射性物质经呼吸道进入人体内　基本防护措施是：①空气净化，通过空气过滤、除尘等方法，尽量降低空气中放射性粉尘或放射性气溶胶的浓度。②换气稀释，利用通风装置不断排出被污染的空气，并换以清洁空气。③密闭操作，把可能成为污染源的放射性物质放在密闭的手套箱或其他密闭容器中进行操作，使它与工作场所的空气隔绝。④加强个人防护，操作人员应戴高效过滤材料做成的口罩、医用橡胶手套，穿工作服，在空气污染严重的场所，操作人员要戴头盔或穿气衣作业。

（2）防止放射性物质经口腔进入人体内　严禁工作人员用可能被污染的手接触食物、衣服或其他生活用具。防止放射性物质不经过处理而大量排入江河、湖泊或注入地质条件差的深井，造成地面水或地下水源的污染。

（3）建立内照射监测系统　应对工作环境和周围环境中的空气、水源和有代表性的农牧产品进行常规监测，以便及时发现问题，改进防护措施。

2. 外照射防护

外照射的特点是只有当机体处于辐射场中时，才会引起辐射损伤，当机体离开辐射场后，就不再受照射。对人体而言，外照射引起的辐射损伤主要来自 γ 射线和 X 射线、中子，其次是 β 射线。由于 α 射线在空气中的射程短，能被一张纸或衣服挡住，一般来说，α 射线不会造成外照射辐射损伤。

外照射防护通常可采用下列三种方式。

（1）缩短受照射时间　受照射的累积剂量和受照射时间成正比。在一切接受电离辐射的操作中，应以尽量缩短受照射时间为原则。例如，在用 X 射线进行胸部透视时，病人所受照射量随检查时间而增加，医生应当在查清病灶情况下，尽量缩短透视时间。

（2）增大与辐射源间的距离　增大操作人员与辐射源间的距离，可以降低受照射的剂量。对于点状放射源，人体受照射量率与距离二次方成反比。在实际操作中常使用远距离操作的工具，如长柄钳、机械手、远距离自动控制装置等以降低照射量率。

（3）在人和辐射源之间加屏蔽物　根据辐射通过物质时被减弱的原理，在人与辐射源之间加一层足够厚的屏蔽物（减弱材料），把外照射量减少到容许水平以下。当缩短受照时间和增大与辐射源间的距离仍不能达到安全操作时，就必须考虑采用屏蔽防护。合理的屏蔽防护必须注意：①屏蔽方式。根据放射性防护要求和放射源的不同，屏蔽方式分固定式和移动式两种。固定式的屏蔽物有防护墙、地板、天花板、防护门和观察窗等；移动式的有包装容器、各种结构的手套箱、防护屏和铅砖等。②屏蔽材料。对不同的电离辐射，应采用不同的屏蔽材料。γ 射线和 X 射线的常用屏蔽材料有水、土壤、岩石、铁矿石、混凝土、铁、铅、铅玻璃、钨等。β 射线能引起组织表层的辐射损伤，还能产生轫致辐射，所以对 β 射线防护应采用两层屏蔽。第一层用低原子序数的材料屏蔽 β 射线，并可减少轫致辐射，常用材料有烯基塑料、有机玻璃及铝等；第二层用高原子序数材料屏蔽轫致辐射，常用生铁、钢板和铅板等。由中子源发射出来的快中子，在屏蔽层中主要通过弹性散射和非弹性散射损失能量，被物质吸收后一般放出 γ 射线。因此，对中子的屏蔽，除考虑快中子的减弱过程和吸收过程外，还应考虑 γ 射线的屏蔽。常用的中子屏蔽材料是各种含氢材料，如饱和硼酸水溶液、石蜡、含 1% ~2% 硼的石蜡等。对具有强 γ 本底的中子源则应考虑两层屏蔽，第一层用石蜡和吸收中子的物质等屏蔽中子，第二层用铅吸收γ射线。

五、放射性废物管理

放射性废物管理的总目标是在考虑社会和经济因素的基础上，采用妥善的方式管理放射性废物，使人和环境不论现在和将来都免受任何不可接受的损害，并尽量减少后代的剂量负担。废物管理系统和设施的可接受性应以辐射防护及环境保护的基本要求为判断的准则。

废物管理应遵循辐射防护的基本原则，即正当化、最优化和剂量限值体系。废物管理必须在考虑到经济和社会因素的同时，保证工作人员和公众的照射满足“合理、可行、尽量低”（ALARA）的原则。工作人员和公众所受剂量不得超过国家规定的剂量限值。对于最优化和个人剂量限值两者的实际应用，都必须考虑由当前的实践所引起的将来的剂量，即将来某个时期可能造成人类受照射的剂量。

废物管理应满足环境保护要求，即应防止核电厂产生的放射性废物和某些非放射性废物对环境的有害影响。因此，核电厂在排出或再利用这些放射性废物质之前，一定要采用必要的工艺对它们进行处理，经监测符合有关标准后再进行排放或回收再利用。放射性废物应分类收集，以便于以后的处理和处置。

1. 放射性废物分类

放射性废物的分类如图6-2所示。

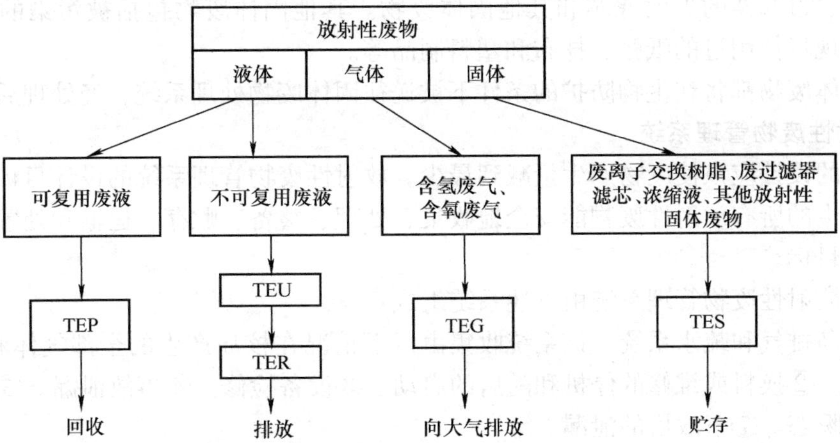

图6-2　放射性废物的分类

TEP—硼回收系统　TEU—废液处理系统　TER—废液排放系统

TEG—废气处理系统　TES—固体废物处理系统

（1）废液的分类　废液按其不同来源，在收集时就分离为可复用的和不可复用的两种废液。

可复用的废液是指从一回路排出的未被空气污染的含氢和裂变产物的反应堆冷却剂。这部分废液由核岛排气和疏水系统（RPE）收集并送往硼回收系统，经处理后供一回路重新使用。

不可复用的废液又分为工艺排水、地面排水和化学废液三类。其中，工艺排水是指从一回路排出的、已暴露在空气中的、低化学杂质含量的放射性废液；地面排水是指来自地面的、化学杂质含量不定的低放射性废液；化学废液是指被化学物质污染的，并可能含有放射性的废液。这三种废液都是由 RPE 系统收集，就地分类，分别送往废液处理系统的工艺排水箱、地面排水箱和化学废水贮存箱，经处理后通过废液排放系统排放。

除了上述三种不可复用的废液外，还有一种公用废液，即淋浴、洗涤和热加工车间使用去污剂去污的废水，这些废水通常会有较弱的放射性。公用废液由联系核岛、机修车间和厂区实验室的放射性废水回收系统收集，经监测直接排放，或被送往废液处理系统的地面排水箱或化学废水贮存箱，再进行处理和排放。

(2) 废气的分类　放射性气载废物为含有放射性气体或放射性微尘和气溶胶的气态废弃物，常简称废气。按照废气的化学性质，将废气分为两类：一类是含氢废气，另一类是含氧废气。

含氢废气是指那些由稳压器卸压箱、化学容积控制系统的容控箱、核岛排气和疏水系统的冷却剂排水箱以及硼回收系统的前置贮存箱和除气器排出的气体。这些气体都含有氢气和裂变气体。这些废气将被送往废气处理系统的含氢废气分系统，经压缩贮存和放射性衰变后排往大气。

含氧废气是指那些来自反应堆厂房通风系统和通大气的各种水贮存箱的排气，这种废气是被轻度污染的空气。含氧废气将被送往废气处理系统的含氧废气分系统，经过滤后直接排往大气。

(3) 固体废物的分类　固体废物被分为四类，即各种离子交换器的废树脂、蒸发处理产生的浓缩液、过滤器的失效滤芯和其他固体废物。其他固体废物包括被污染的零部件和工具，以及在现场使用过的纸张、抹布和塑料制品等。

所有固体废物都将在生物防护的条件下被送往固体废物处理系统，经处理后贮存。

2. 放射性废物管理系统

核电厂的设计应该使废物产生量减到最少。放射性废物管理系统的设计目标是保证核电厂运行中产生的所有放射性废物能安全地收集、处理、整备、贮存、运输和处置，以达到废物管理的总目标。

核电厂放射性废物管理系统由下述系统组成：

(1) 核岛排气和疏水系统　该系统收集由以下情况在核岛产生的全部气体和液体废物：①正常运行。②换料或维修的停机和随后的启动。③设备检修。④事故泄漏。⑤设备检修前的疏水。⑥瞬态。⑦事故后的泄漏。

根据废物是液体（可复用的或不可复用的）还是气体（含氧或含氢）的情况，通过独立的管线将其送到硼回收系统、废液处理系统和废气处理系统（位于核辅助厂房内）。在事故之后，本系统将高放流体送回到反应堆厂房。

(2) 硼回收系统　这是压水堆核电厂的特有系统，主要作用是对一回路排出的冷却剂和核岛含硼废液进行贮存、净化处理、硼水分离和检测。有些核电厂将硼回收系统划入核辅助系统，不作为放射性废物系统。

(3) 废液处理系统和废液排放系统　主要作用是接受、处理、检测和排放不可复用的放射性废液。

(4) 废气处理系统　主要是接受、处理、检测和排放放射性工艺废气。

(5) 固体废物处理系统　主要作用是收集、处理和暂时贮存核电厂所产生的固体废物。

3. 排放管理标准

根据国家环境保护部《核动力厂环境辐射防护规定》（GB 6249—2011）规定，核动力厂应采取一切可合理达到的措施对放射性废物实施管理，实现废物最小化（即 ALARA 原则），包括在核动力厂的设计、运行和退役的全过程。废物管理应采用最佳可行技术实施对所有废气、废液和固体废物流的整体控制方案的优化和和对废物从产生到处置的全过程的优化，力求获得最佳的环境、经济和社会效益，并有利于可持续发展。

《核动力厂环境辐射防护规定》中指出，正常运行工况下，任何厂址的所有核动力堆向环境释放的放射性物质对公众中任何个人造成的有效剂量，每年必须小于 0.25mSv 的剂量约束值；核动力厂营运单位应根据经审管部门批准的剂量约束值，分别制定气载放射性流出物和液态放射性流出物的剂量管理目标值；核动力厂必须按每堆实施放射性流出物年排放总量的控制，对于 3000MW 热功率的反应堆，其控制值参见表 6-3、表 6-4，对于热功率大于或小于 3000MW 的反应堆，应根据其功率按照表 6-3、表 6-4 适当调整；核动力厂的年排放总量应按季度和月控制，每个季度的排放总量最高不应超过所批准的年排放总量的 1/2，每个月的排放总量最高不应超过所批准的年排放总量的 1/5。若超过，则必须迅速查明原因，采取有效措施。

表 6-3 气载放射性流出物控制值

	轻水堆	重水堆
惰性气体	6×10^{14} Bq/a	
碘	2×10^{10} Bq/a	
粒子（半衰期≥8d）	5×10^{10} Bq/a	
碳 14	7×10^{11} Bq/a	1.6×10^{12} Bq/a
氚	1.5×10^{13} Bq/a	4.5×10^{14} Bq/a

表 6-4 液态放射性流出物控制值

	轻水堆	重水堆
氚	7.5×10^{13} Bq/a	3.5×10^{14} Bq/a
碳 14	1.5×10^{11} Bq/a	2×10^{11} Bq/a（除氚外）
其余核素	5.0×10^{10} Bq/a	

第二节 核电厂放射性废气的处理

一、放射性废气处理方法

放射性废气处理主要采用贮存衰变法、活性炭吸附法和过滤法。放射性废气经处理后排入大气，被大气的运动过程稀释。

1. 贮存衰变法

实验证明，核电厂放射性废气贮存到衰变箱中 3d 后，其中只剩下 ^{133}Xe（占 90% 左右）、^{85}Kr 和 ^{85}Sr 等核素，经 60d 后，废气的放射性强度就会衰减为原来的千分之一。因此，将放射性废气压缩注入衰变箱中贮存 60 ~ 100d，使废气中的短寿命核素基本衰变完，然后将净化气体排入大气中。贮存衰变法目前被各国广泛采用。

2. 碘吸附器

碘吸附器又称碘过滤器。挥发性碘可能以无机碘、有机碘化物等多种形式存在。无机碘容易去除，而有机碘则较难去除。核工业中多用固体吸附法去除碘。常用碘吸附剂如浸渍硝酸银硅胶、活性氧化铝、活性炭和浸渍银的有机聚合物等。各类吸附剂的吸附效果不相同，如果把活性炭、掺银分子筛、载银沸石、氧化铝－金属铋的混合物作为吸附过滤材料，则碘去污因子可达 $10^4 \sim 10^5$。

3. 预过滤器

预过滤器对微米级及大于微米级的粉尘颗粒具有很高的捕集效率，而对于亚微米级的较小颗粒，捕集效率很低。预过滤器的滤材一般采用细孔泡沫塑料、玻璃纤维或无纺布等，通常为格栅形结构。

安装在高效空气过滤器前的排风预过滤器，过滤效率至少为 85%，用来保护高效空气过滤器不受灰尘或其他不良环境条件的损害。

4. 高效过滤器

高效过滤器又称绝对过滤器，是一种用来过滤亚微米级微粒的干式过滤装置。过滤器采用合成纤维、玻璃纤维为过滤介质，可以滤除废气中 99.97% 以上的直径大于 0.3μm 的气溶胶微粒。其过滤机理是通过碰撞、扩散、惯性、重力和静电等多种效应实现微粒捕集，达到净化目的。过滤器通常使用框架式、折叠式等类型，两端设置压差计，用来检测过滤器是否失效，及时发现排风系统的问题等。

为了防止废气中水汽形成水雾，把过滤介质浸湿降低过滤效果并增加阻力，进入高效过滤器之前，应将进气加热升温到露点以上。为了延长高效过滤器的使用寿命，常在它的前面设置预过滤器、除雾器。

除以上方法外，对放射性废气的净化还可以采用低温蒸馏法等。

我国环保部门推荐采用贮存衰变法、活性炭吸附法去除放射性废气中的惰性气体。采用浸渍活性炭或载银沸石吸附法脱除碘蒸气，采用预过滤法和高效过滤法脱除放射性微粒。

本书以某核电厂为例进行介绍。

二、放射性废气处理流程

放射性废气处理系统用于处理由核岛排气和疏水系统分类收集的、在两个机组正常运行和预期运行事件中产生的放射性含氢废气和含氧废气。含氢废气经压缩贮存，使放射性裂变气体衰变后，排到核辅助厂房通风系统（DVN），再经放射性监测、过滤除碘和稀释后排入大气；含氧废气经过滤除碘后由 DVN 系统排入大气。

某核电厂放射性废气处理系统流程如图 6-3 所示。

1. 含氧废气处理流程

含氧废气处理系统接收的废气主要是核岛系统盛装放射性液体的贮水箱等一些容器排气。废气排入本系统后，由闸板上的平衡锤调节空气进入量，以维持系统中的负压（表压）为 4kPa。加热器将回路内的废气加热，使相对湿度小于 40%，以保证碘去除率。废气最后再进入活性炭碘吸附器，由风机送入 DVN 系统，排入烟囱。

2. 含氢废气处理流程

含氢废气由缓冲箱接收盛装，主要是来自稳压器卸压箱、化学容积控制系统容控箱、核

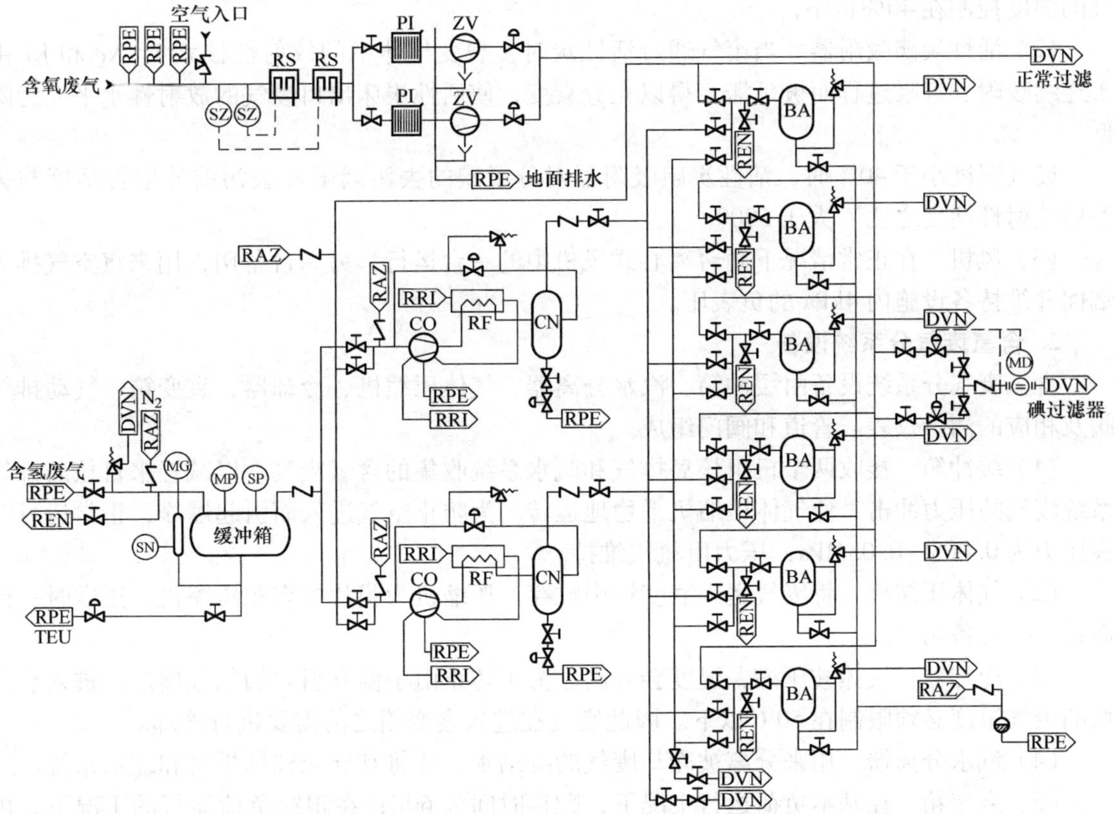

图 6-3　某核电厂放射性废气处理系统流程

RS—加热器　PI—活性炭碘吸附器　ZV—风机　CO—气体压缩机　RF—冷却器　CN—汽水分离器　BA—衰变箱　RPE—核岛排气和疏水系统　REN—核取样系统　TEU—废液处理系统　DVN—核辅助厂房通风系统　RRI—设备冷却水系统　RAZ—核岛氮气分配系统　SZ—其他物理测量通/断信号　SN—标高测量通/断信号　MG—物理-化学分析　MP—压力测量　SP—压力测量通/断信号

岛排气和疏水系统水箱、硼回收系统脱气器的排气。废气进入气体压缩机，经冷却器、汽水分离器分离出凝结水后，被压缩进入衰变箱。衰变箱内的待排放废气通过一条共用的排气管排气。排气管上装有两个并列的气动阀，将废气排入 DVN 系统，经除碘和稀释后排入烟囱。

六个衰变箱之间有管道连接，可以利用压缩机将任一个衰变箱内的废气输送到另一个衰变箱。为保证在系统内不发生爆炸事故，含氢废气分系统还设有氮气吹扫和排放的管道系统。

在缓冲箱上游装有一个测氧仪，连续测量废气中的氧浓度。缓冲箱上游废气的凝结水由汽水分离器分离后排出。

三、放射性废气处理主要设备

1. 含氧废气分系统设备

含氧废气分系统由加热器、活性炭碘吸附器、风机及相应测量仪表、管道和阀门组成。

（1）加热器　含氧废气的主要成分是带有饱和蒸汽的空气和少量放射性气体，废气的湿度比较大。为保持活性炭碘吸附器高的吸附效率，一定要降低废气的湿度。加热器可使废气的湿度控制在40%以下。

（2）活性炭碘吸附器　当废气通过活性炭时，裂变气体中的放射性核素I、Xe和Kr由于连续吸附、解吸过程而被延滞，得以充分衰变，使活性炭床出口废气的放射性水平大为降低。

废气湿度小于40%时，活性炭碘吸附器对分子碘的去污因子（去污前放射性活度与去污后放射性活度之比）大于5000。

（3）风机　在正常情况下两台离心式风机中的一台运行，另一台备用，用来将空气排入烟囱并维持各设施内4kPa的负表压。

2. 含氢废气分系统设备

含氢废气分系统设备由缓冲箱、汽水分离器、气体压缩机、冷却器、衰变箱、气动排气阀及相应的测量仪表、管道和阀门组成。

（1）缓冲箱　接收两个机组核岛排气和疏水系统收集的含氢废气，以减轻来自核岛排气系统废气的压力冲击，使气体压缩机平稳地运转。为防止空气进入而引起爆炸，正常运行时表压力为0.005～0.03MPa，压力由氮气维持。

（2）气体压缩机　将废气送入衰变箱中贮存。压缩机为膜片式容积压缩机，正常时一台运行另一台备用。

（3）冷却器　气体被压缩，温度会升高。为了防止由于温升引起的氢气爆炸，进入衰变箱的废气温度必须限制在50℃以下。因此废气在进入衰变箱之前需要进行冷却。

（4）汽水分离器　用来分离被冷却废气的凝结水，并将其导入核岛排气和疏水系统。

（5）衰变箱　在基本负荷运行工况下，贮存时间为60d；在跟踪负荷运行的工况下，由于废气量增加，贮存时间可缩短为45d。

几台衰变箱的连接方式可以是一台在充气、一台处于衰变贮存、一台在排气、其余各台都处于备用状态。当废气过多时，也可向备用衰变箱充气。必要时，还可用气体压缩机将一台衰变箱中的废气转送到另一台衰变箱中去。

衰变箱的运行温度低于50℃。运行表压力为0.02～0.7MPa，衰变贮存时，表压力被控制在0.65MPa。充气的衰变箱，当表压力达到0.47MPa时会给出信号，以提示准备空箱。当表压力达到0.65MPa时，气体压缩机将自动停运，停止充气。排气的衰变箱，当表压力降到0.02MPa时，排气将自动停止，以避免压力过低时空气进入衰变箱。

（6）气动排气阀　一台衰变箱的废气排放控制时间是5～84h，只开一个阀或两阀全开，以保证大气有足够的稀释能力和DVN系统的风道内氢含量小于4%。

第三节　核电厂放射性废液的处理

目前，常用的放射性废液处理方法有混凝、沉淀、过滤、离子交换、蒸馏、电渗析和反渗透等。废水来源不一，放射性各异，成分复杂。即便是同一来源的废水，放射性和成分变化也很大，因而不能用单一的方法来对待。但随着环境保护要求的提高以及电厂的大型化，也在逐渐形成一套较为规范化的流程。废水处理系统应具备较为灵活多样的工艺手段和高度的净化能力，在严格区别收集不同来源废水的基础上，应根据原水水质和放射性水平，采用不同的处理方法。

本书以某1000MWe级压水堆核电厂为例进行介绍。

一、可复用放射性废液的回收处理

可复用的放射性废液由核岛排气和疏水系统收集并送往硼回收系统，经过滤和离子交换、除气和硼水分离后，向反应堆硼和水补给系统提供除盐除氧水和硼浓度为7000~7700μg/g的硼酸溶液。另外，硼回收系统还具有以下辅助功能：①与化学容积控制系统下泄管路连接，用于压力容器开盖前的堆冷却剂除气。②将来自核岛除盐水分配系统的除盐水脱氧后补给硼和水补给系统。③硼和水补给系统贮水箱水质不合格时，应进行再处理。④以排放蒸馏液的方式实现堆冷却剂的排氚。

1. 硼回收系统工艺流程

硼回收系统工艺流程如图6-4所示。堆冷却剂排出液收集在有密封和氮气覆盖的前置贮存箱内。贮存箱内设专用泵，可以搅拌箱内液体，以便取样和避免悬浮固体在箱底沉积。正常运行时，由输送泵将贮存箱内液体经过滤、离子交换后泵入除气装置。氢气和放射性裂变气体等不凝结气体通过核岛排气和疏水系统管道送往废气处理系统的含氢废气分系统处理。已除气的堆冷却剂用泵送到中间贮存箱。再将中间贮存箱内的液体送往蒸发装置，产生的蒸馏液送往监测箱，取样分析，将合格的蒸馏液泵入硼和水补给系统补给水箱贮存备用。硼浓度超过5μg/g时，用除硼床处理，化验合格后再送至补给水箱。蒸发产生的浓缩液送至硼酸监测贮存箱，化验合格后送至硼和水补给系统硼酸贮存箱贮存备用。必要时，可以用蒸馏液来调节浓缩液的硼浓度。

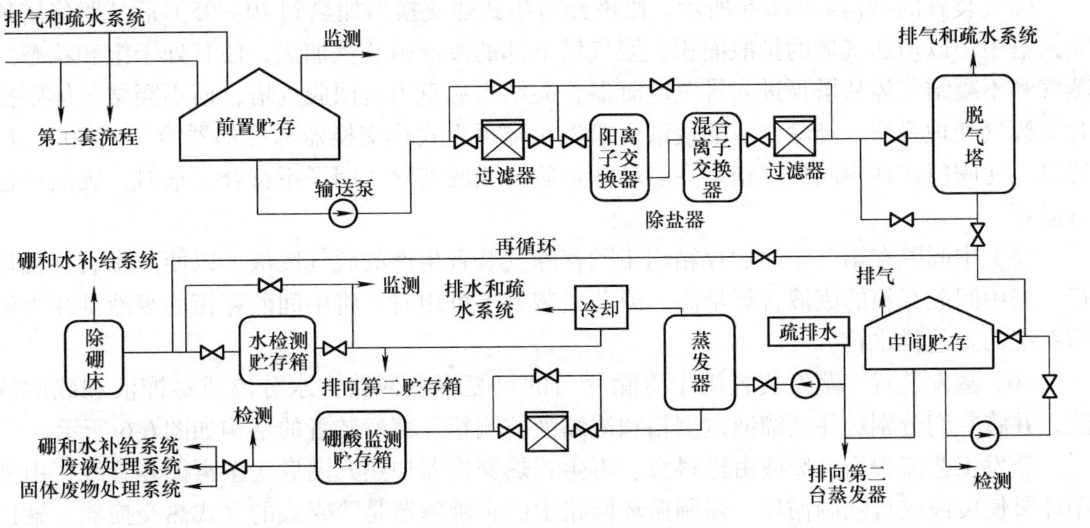

图6-4　硼回收系统工艺流程

2. 硼回收系统主要设备

（1）前置贮存箱　正常运行时，前置贮存箱用来收集来自机组化学容积控制系统和核岛排气和疏水系统的可复用一回路冷却剂。箱内采用氮气覆盖，以防氢气和氧气混合发生爆炸的危险。

（2）过滤器　过滤器为细网眼机械过滤器。离子交换器（常称离子交换床或除盐床）进料过滤器用于去除排出液中直径大于5μm的悬浮固体物质；离子交换器后置过滤器用于截留细小树脂，防止树脂或碎树脂进入脱气器。过滤器的滤芯可远距离操作进行更换。

（3）离子交换器　离子交换法去除离子必须用一种称为离子交换树脂（离子交换剂）的物质来实现。这种物质遇水时，可以将其本身所具有的某种离子与水中带同类电荷的离子相互交换，如H型阳离子交换树脂（写作RH，R为树脂的骨架，为有机高分子聚合物）、OH型阴离子交换树脂遇到含有放射性核素$^{90}Sr^{2+}$、$^{131}I^{-}$的水时，就发生如下的交换反应：

$$2RH + Sr^{2+} \rightleftharpoons R_2Sr + 2H^{+} \quad （阳离子反应）$$

$$ROH + I^{-} \rightleftharpoons RI + OH^{-} \quad （阴离子反应）$$

反应结果：水中$^{90}Sr^{2+}$、$^{131}I^{-}$被吸着在离子交换树脂上，离子交换树脂转变成Sr型、I型，树脂上原有的H^{+}、OH^{-}进入水中，这样水中的$^{90}Sr^{2+}$、$^{131}I^{-}$就被除去了。转变成Sr型、I型的离子交换树脂，通常在核电厂不进行再生，送往固体废物处理系统。

离子交换法的去污系数较大，通常在$2\sim10^{5}$之间。硼回收系统设置有阳离子交换器和混合离子交换器，用于净化前置贮存箱收集的可复用一回路冷却剂。阳离子交换器内装核级强酸性氢型树脂，主要去除回收液中的阳离子态的放射性核素和化学杂质。混合离子交换器内按一定的比例装入核级强酸性氢型阳树脂和核级强碱性氢氧型阴树脂，主要去除各种阴离子和漏出阳离子交换器的阳离子放射性核素。另外，硼回收系统还设置除硼床。除硼床是内装核级强碱性氢氧型阴树脂的阴离子交换器，一是用于燃料循环后期（一回路硼浓度小于150μg/g）一回路冷却剂的除硼；二是用于回收蒸馏液的除硼。

（4）除气装置　除气装置主要用于去除堆冷却剂废液中的氢气、氮气和放射性裂变气体，也用于反应堆压力容器开盖前堆冷却剂的除气。除气装置采用的是热力学除气法。

除气装置的结构如图6-5所示。废液经再生式热交换器加热到70～95℃后从脱气塔顶部喷入塔中，以增加气体的扩散面积。脱气塔下部的废液由蒸汽加热，使其处于饱和状态。水蒸气和不凝结气体从塔顶进入排气冷凝器，凝结水靠重力流回脱气塔，而不凝结气体则排往含氢废气处理系统。经除气后的废液由输液泵经再生式热交换器和冷却器冷却到50℃以下，通过三通阀门送往中间贮存箱。在启动加热阶段或废液除气因子不符合要求时，废液可进行再循环。

（5）中间贮存箱　中间贮存箱用于贮存除气装置生产的脱气废液，以便蒸发装置批量运行。当中间贮存箱的废液含氧量高，或蒸发装置不可用时，将中间贮存箱的废液排往废液处理系统的工艺排水箱。

（6）蒸发装置　蒸发装置用于将除气后的可复用一回路排水分离成蒸馏液和硼的浓缩液，并将它们分别送往蒸馏液监测箱和浓缩液监测箱。蒸发装置的结构如图6-6所示。

蒸发工艺流程为：废液由进料泵、再生式热交换器加热升温后送至再循环管线，由强制循环泵使废液进行强制循环。强制循环回路中的再沸腾器是管壳式的立式热交换器，辅助蒸汽在壳侧加热，循环液在上升管内升温，在下降管内部分汽化，最后循环液进入蒸发器。蒸发形成的上升蒸汽流由塔顶引入凝汽器，壳侧用设备冷却水冷却，蒸汽在管内冷凝为蒸馏液，不凝结气体排往含氧废气分系统。蒸馏液由输送泵经再生式热交换器和蒸馏液冷却器冷却到温度低于50℃，送往蒸馏液监测箱。蒸发器的蒸发率受再沸腾器辅助蒸汽流量控制。当蒸发器中浓缩液的硼浓度达到7000μg/g时，由泵将浓缩液经浓硼酸冷却器冷却后间断送往浓缩液监测箱。

在蒸发装置生产准备阶段，冷凝液由蒸馏液输送泵抽送，经再生式热交换器和蒸馏液冷

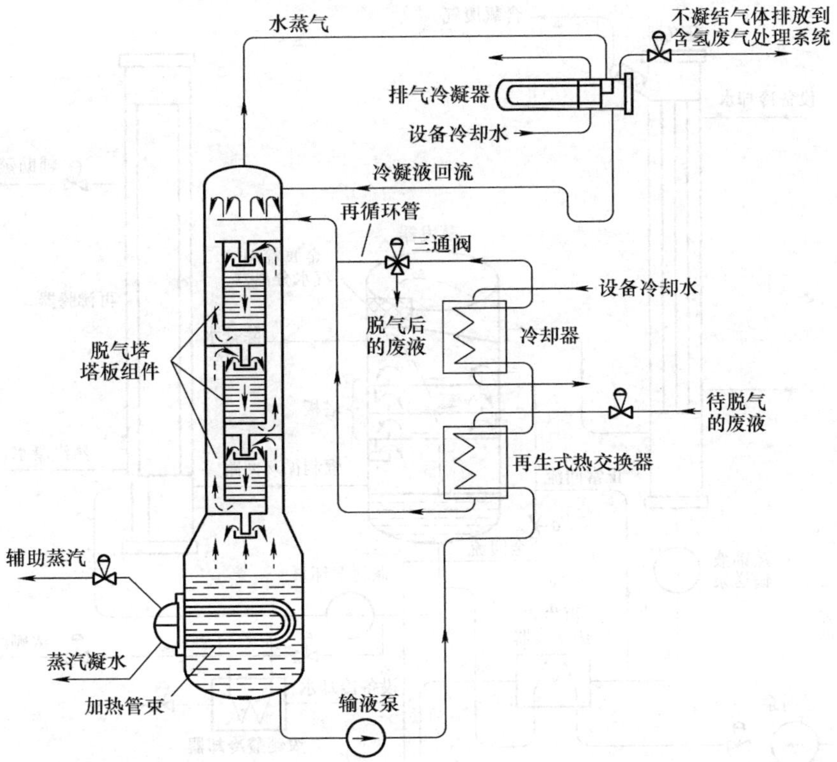

图 6-5　除气装置的结构

却器冷却后返回蒸发器，形成全回流。正常生产时，全回流关闭，只有正常回流。回流液在蒸发器孔板上与上升蒸汽逆流接触，洗去蒸汽中夹带的循环液滴。蒸发器内的上部设有金属筛网汽水分离器，进一步除去蒸汽夹带的液滴，从而保证蒸馏液低含硼量的要求。

（7）蒸馏液监测箱　蒸馏液监测箱用来接收及监测蒸发器送来的蒸馏液。将硼浓度低于 5μg/g、氧含量低于 0.1mL/m^3 的合格蒸馏液直接送往硼和水补给系统补给水贮存箱；当蒸馏液硼浓度高于 5μg/g 时，将蒸馏液送去除硼和过滤后再送往补给水贮存箱；硼浓度高于 5μg/g、氧含量高于 0.1mL/m^3 不合格蒸馏液需再处理时，可将蒸馏液返回中间贮存箱。

另外，由于放射性裂变产物氚的渗透能力强，甚至能穿透燃料包壳和蒸汽发生器的传热管，因此必须控制一回路的氚浓度。当一回路冷却剂中的氚浓度高于 15 000MBq/m^3 时，须排放含氚蒸馏液，从而控制一回路氚的累积。

（8）浓缩液监测箱　浓缩液监测箱用来接收及监测蒸发器底部的浓缩液。将硼浓度为 7000～7700μg/g、含氧量小于 0.1mL/m^3 的合格浓缩液送往硼和水补给系统硼酸贮存箱；将硼浓度小于 7000μg/g、含氧量大于 0.1mL/m^3 的不合格浓缩液返回中间贮存箱再蒸发，或送往废液处理系统工艺排水箱，或送往固体废物处理系统浓缩液贮存罐。

二、不可复用放射性废液的处理

不可复用放射性废液处理系统用于接收并处理机组不可复用的放射性废液。废液经过滤、离子交换或蒸发处理，监测后送往放射性废液排放系统，蒸发产生的浓缩液送往放射性固体废物处理系统装桶固化。

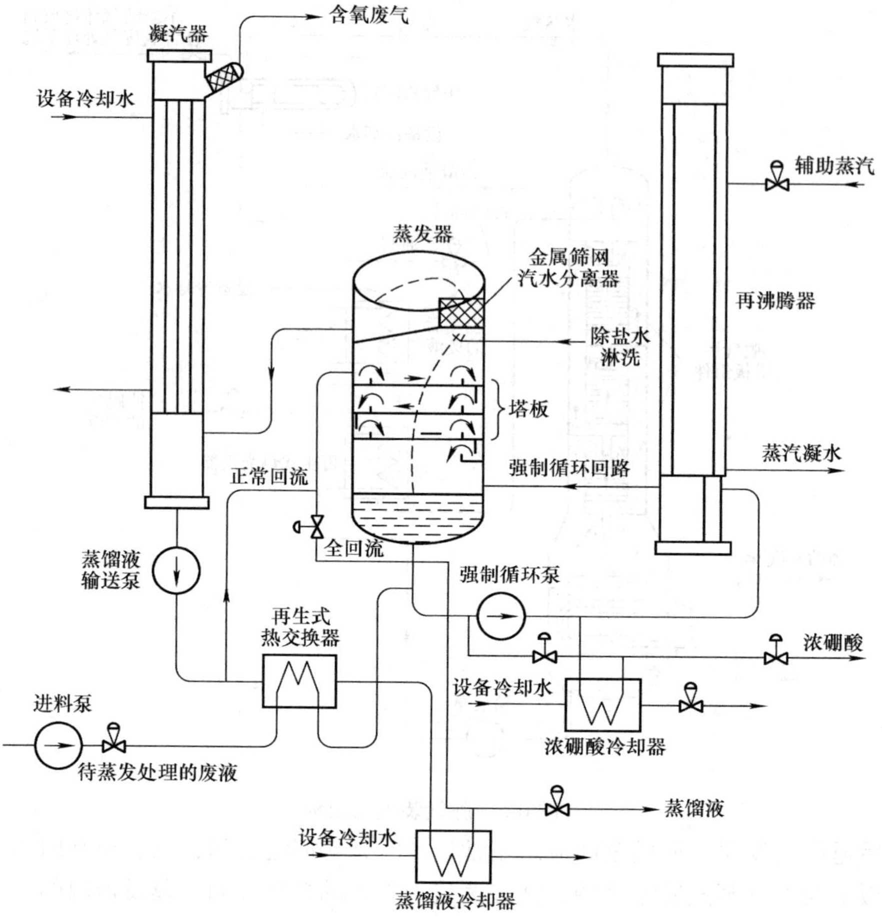

图 6-6 蒸发装置的结构

1. 不可复用放射性废液处理原则

根据废液化学成分和放射性活度，在排放前通常应进行如下处理：①对化学成分含量低、放射性水平低的废液进行过滤处理。②对化学成分含量高、放射性水平低的废液进行过滤处理。③对化学成分含量低、放射性水平高的废液进行过滤 + 离子交换处理。④对化学成分含量高、放射性水平高的废液进行过滤 + 蒸发处理。废液处理原则见表 6-5。

表 6-5 废液处理原则

化学成分含量	放射性活度	
	$\leqslant 1.85\times10^{7}$ Bq/m³	$>1.85\times10^{7}$ Bq/m³
低	过滤	过滤 + 离子交换
高	过滤	过滤 + 蒸发

2. 不可复用放射性废液处理流程

不可复用放射性废液处理流程如图 6-7 所示。工艺疏水、地面疏水和化学疏水部分各设有两台贮存箱，其中一台水箱用于收集废水，当这一水箱收集满后切换至另一台水箱收集。满的这一箱废水则经混合均匀和取样后进行处理。三种废液（疏水）均可采用过滤处理，排出的废液直接送往排放系统；也均可采用蒸发处理，蒸馏液送到监测箱，浓缩液送固体废物处理系统装桶固化。工艺疏水还可以采用离子交换处理，然后将已处理的废液送到监测箱。监测箱内的废液取样分析合格后送往排放系统。

放射性废液处理系统还设有化学中和站（图中未标出），包括40%的NaOH碱罐以及65%的HNO_3酸罐。化学中和站一个重要的功能就是向前置贮存箱中注入经预先计算所确定的NaOH溶液，以保证废液在蒸发器中蒸发浓缩后，常温下不致结晶。调节废液前置贮存箱中的酸碱度，可以增加浓缩液的溶解度，改善废液的质量以有利于水泥固化；同时，可以为直接排放的废液调节pH值为5.5~9，使其在可接受的限值以内。对于给定硼浓度的浓缩液，只要K（废液中氢氧化钠与硼酸浓度的比值）保持在一定范围内，浓缩液就不会结晶。如对于30℃、40000μg/g硼浓度的溶液，K的可能变化范围为0.2~0.25，K小于0.2时会出现硼酸结晶，它在水中溶解速度很慢。若K大于0.25，则会出现$Na_2B_4O_7$结晶，这种结晶体只有在50℃以上的高温下，用硝酸方能溶解。

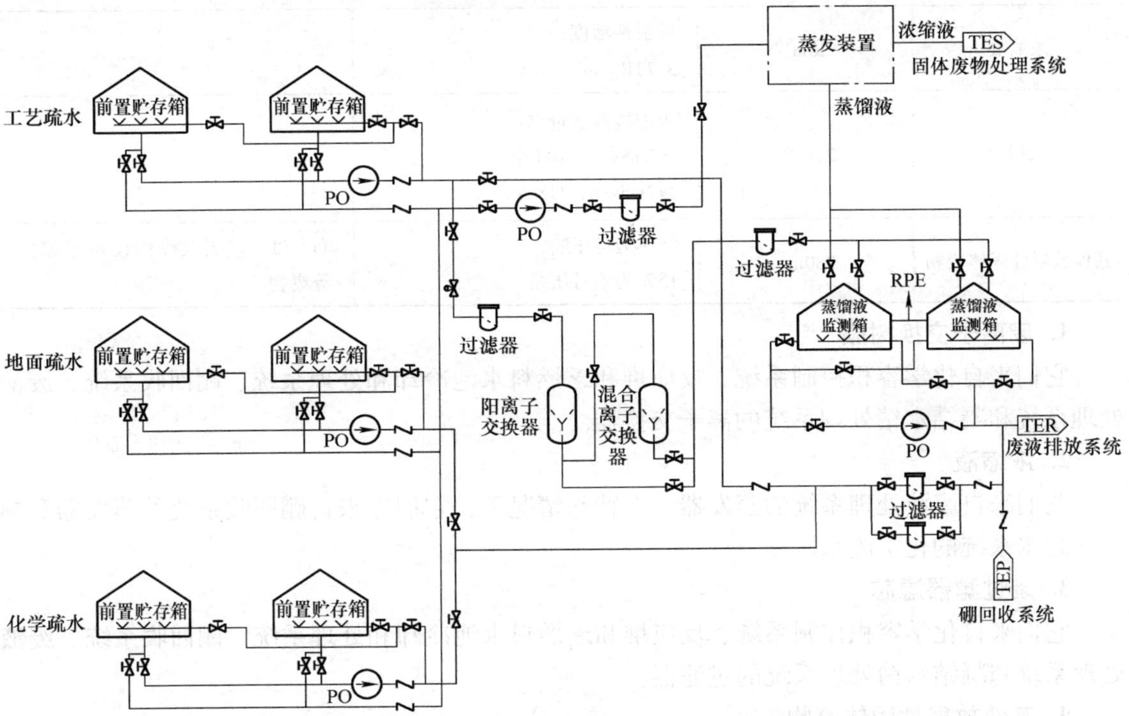

图6-7 不可复用放射性废液处理流程

送往放射性废液排放系统的处理后的废液，在监测放射性水平和pH值合格后，通过放射性废液排放系统有控制地向外排放。

第四节 核电厂放射性固体废物的处理

放射性固体废物处理与处置主要包括：控制产生，分类收集，减容固定，可靠包装、就地暂存，安全运输，区域处置。处置采用多重屏障来实现，如废物固化体、包装容器、贮存库构筑物、回填物和围岩或土层等。废物处置后一般不需要专门管理，但要求在一定时间内进行监测或监督。

一、放射性固体废物来源

核电厂放射性固体废物主要来源于机组正常运行年度换料大修及预期运行事件中产生的放射性固体废物。根据需处理的固体废物的特点，将其分为四类，即废离子交换树脂、浓缩液、废过滤器滤芯和其他放射性固体废物。

2 台 1000MWe 级压水堆核电机组放射性固体废物年产生量及其放射性水平见表 6-6。

表 6-6　2 台 1000MWe 级压水堆核电机组放射性固体废物年产生量及其放射性水平

种类	设计年产生量	物理特性	备注
废离子交换树脂	$34m^3$	低水平：$20.5m^3$ 中水平：$7.5m^3$ 高水平：$6m^3$	低水平：$<0.37TBq/m^3$ 中水平：$0.37\sim3.7TBq/m^3$ 高水平：$>3.7TBq/m^3$
浓缩液	$20m^3$	放射性活度： $3.7TBq/m^3$	
废过滤器滤芯	218 个	表面接触剂量率： $<2mSv/h$，100 个； $\geqslant2mSv/h$，118 个	
其他放射性固体废物	$280m^3$	85% 为可压缩， 15% 为不可压缩	布、纸、塑料及废的设备零部件等废物

1. 废离子交换树脂

它们来自化学容积控制系统、反应堆和乏燃料水池冷却和处理系统、硼回收系统、废液处理系统和凝结水精处理系统的离子交换器。

2. 浓缩液

它们来自废液处理系统的蒸发器。在特殊情况下，它们也来自硼回收系统的蒸发器和热车间疏水系统的化学废水。

3. 废过滤器滤芯

它们来自化学容积控制系统、反应堆和乏燃料水池冷却和处理系统、硼回收系统、废液处理系统和凝结水精处理系统的过滤器。

4. 其他放射性固体废物

这类固体废物又称技术废物，主要产生于检修过程，处理量较大。它们可分为三种：①可压缩废物，如纸、塑料用品、抹布、手套、口罩、防护鞋套及防护服等。②低放射性固体废物，如金属块、小工具和金属管等。③接触剂量率超过 2mSv/h、放射性强的固体废物。

二、放射性固体废物的处理

本书重点介绍某核电厂放射性固体废物的处理工艺。

根据放射性固体废物的特性，某核电厂主要采用水泥固化、混凝土固定和压缩减容三种工艺。放射性固体废物处理的工艺流程如图 6-8 所示。整备后的废物在专门建造的厂房暂存，等待最终处置。

某核电厂放射性固体废物处理采用的包装容器为四种型号的混凝土桶和两种型号的钢

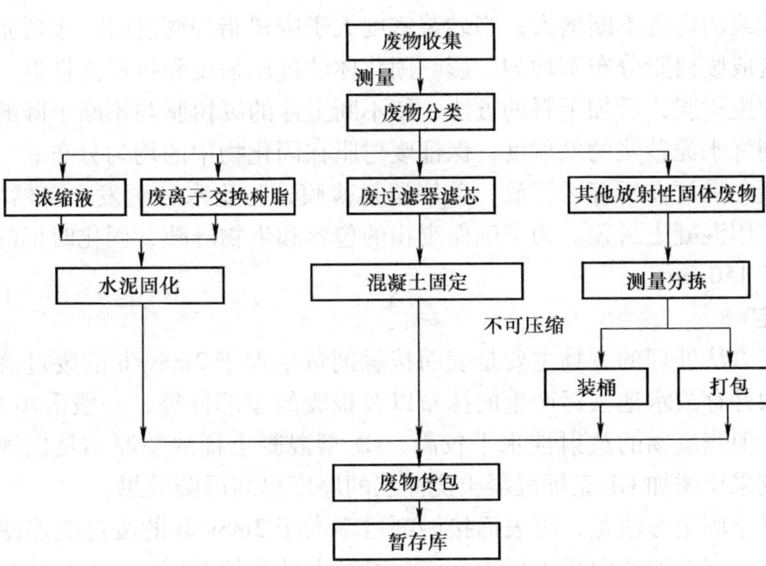

图 6-8　某核电厂放射性固体废物处理的工艺流程

桶，它们的有关参数列于表 6-7 中。

表 6-7　某核电厂废物包装容器参数

类别	型号	外径/mm	内径/mm	高度/mm	壁厚/mm	可容纳废物体积/L	适用范围
混凝土桶	C1	1400	1100	1300	150	864	浓缩液、废离子交换树脂、淤积物、废过滤器滤芯
	C2	1400	800	1300	300	308	浓缩液、废离子交换树脂
	C3	1400	600	1300	400	118	废离子交换树脂
	C4	1100	800	1300	150	502	废过滤器滤芯
钢桶	200L	590	560	900	1.25	200	检修产生的技术废物
	400L	772	700	1080	1.5	400	超级压实后的废物饼

1. 水泥固化

用水泥固化方法处理的放射性废物有浓缩液、淤积物以及废离子交换树脂。浓缩液、淤积物和废树脂一般采用 150mm 壁厚的 C1 型混凝土桶作为包装容器，但当废物的放射性水平较高，表面接触剂量率超过 2mSv/h 时，150mm 的壁厚不足以屏蔽，则采用 300mm 壁厚的 C2 型桶或 400mm 壁厚的 C3 型桶。由于投产以来没有发生严重的燃料包壳破损，所产生的废物放射性水平较低，而 C2、C3 型混凝土桶单桶处理量少，增容比大，所以实际生产中只使用了 C1 型混凝土桶。

在浓缩液或废树脂固化前，先将称量好的熟石灰放入混凝土桶内，然后将计量好的浓缩液（或废树脂）放入桶中搅拌，使其与熟石灰混合 15min，然后将配制好的干料（水泥、砂子的混合物）缓缓加入，边加入干料边搅拌，直到加完为止。整个搅拌过程可通过监视器进行观察，如果发现水泥砂浆偏干，则可补加适量的除盐水到合适的粘稠度，但须防止水泥砂浆过稀，造成固化物不均匀并产生大量泌水。搅拌桨还可以边搅拌边提升或下降，使固化物均匀混合。废树脂的密度略大于水，会沉于水的底部，但在废树脂固化过程中随着干料的不断加入，水泥砂浆的密度不断增大，当砂浆密度大于废树脂的密度时，废树脂又会浮于水泥砂浆的上部，造成废树脂分布不均匀，影响固化体的抗压强度和抗浸泡性能。某核电厂的固化工艺采用先加废树脂，后加干料的方法，使不断上浮的废树脂与不断下降的干料在桶内均匀混合，并控制好水泥砂浆的粘稠度，保证废树脂在固化物中的均匀分布。

固化好的混凝土桶放在暂存区存放，盖好塑料薄膜，防止水分蒸发，自然养护 7 天后，运到厂房封装站，用混凝土封盖。为了确保废物的包容和生物屏蔽，固化时桶的上部预留空间的高度不得小于 150mm。

2. 混凝土固定

用混凝土固定方法处理的废物主要是表面接触剂量率大于 2mSv/h 的废过滤器滤芯，反应堆水池、堆内构件存放水池去污产生的抹布以及报废的零部件等，一般采用 C4 型混凝土桶作为包装容器。但当废物的放射性水平较高，C4 型混凝土桶的壁厚不足以屏蔽时，则采用加铅皮屏蔽，或采用增加 C1 型桶混凝土浇注层的厚度提高屏蔽效果。

废滤芯的混凝土固定方法是，将表面接触剂量率大于 2mSv/h 的废过滤器滤芯用铅容器封装并转移到带有固定支架的混凝土桶中，浇注混凝土砂浆使其固定，24h 后运往终端封装站封盖。对于气温较高的地区，尤其是夏天，混凝土桶封盖后，如果不洒水养护，则封盖混凝土砂浆中的水分很快被蒸发，上表面将出现裂纹，所以必须在初凝、收浆后给混凝土桶上表面加覆盖物并洒水养护 5 天，存放 28 天，等其完全凝固后运往暂存库。

3. 压缩减容

压缩减容是将可压缩的技术废物用 10t 压实机压缩于 200L 钢桶中，而不可压缩废物则直接装入钢桶。为了进一步减少固体废物产生量，有的核电厂还安装了压力为 1500t 的超级压实机，可以将经过预压缩的固体废物再压缩减容处理，压缩后的废物饼装入 400L 钢桶，用混凝土固定。

三、放射性固体废物的其他处理

1. 焚烧处理

焚烧是一种有效的、应用广泛的废物处理技术，它具有以下优点：①可获得最大的减容效果（≥40:1）和减重效果（≥10:1），大大降低包装费用和后处理、处置费用。②燃烧后的灰烬是稳定的无机物，既可消除放射性扩散导致污染环境的隐患，又可将其送至回收处理设施回收铀，转变为适合安全、经济、方便处置的废物形式。

近年新建的焚烧炉多为热解焚烧炉，既可焚烧易燃废物，如棉布类、纸类、木类废物，又可焚烧难燃废物，如塑料、橡胶、树脂类废物。焚烧的过程分为废物热解与热解产物燃烧两步，分别在热解炉内和燃烧炉内进行。将易燃、难燃废物按比例配料进行打包，打包成型的废物定时投入热解炉内，在一次风量供应不充分的情况下，亦即低氧的条件下受热分解，产生热解气（含焦油气）与热解焦，热解温度为 300～650℃，烧焦温度为 400～700℃。热解焦与从炉排下方送入的一次风中的 O_2 反应，得到灰烬并释放热量；热解气由立式热解炉上方进入混气嘴，与一定量、一定温度的二次风充分混合，喷吹入预热到 900℃以上的燃烧炉内充分燃烧。焚烧排出的烟气，温度在 900℃以上，含有少量的放射性烟尘及非放射性有害酸性气体 HCl、NO_x、SO_2 等。这些烟气经挡板除尘进入布袋高效过滤器进行过滤净化，然后再经洗涤液为 5% 的 Na_2CO_3 的湿式洗涤吸收装置吸收酸性气体，洗涤后的尾气经汽水分离器、除沫器进入再热器与二次风加热器分流来的一定量的热风混合，然后通过排风机由烟囱排入大气。焚烧产生的灰渣送到回收处理设施进行铀的回收处理，处理后最终剩下少量不溶渣，放射性活度小于 7.21×10^5 Bq/kg，废渣装入衬胶钢桶，送废物库暂存。

2. 固化处理

对放射性废物进行有效的固化处理可以达到三个目的：一是使液态的放射性物质转变成便于安全运输、贮存和处置操作的固化体；二是将放射性核素固结，阻挡放射性核素进入人类生物圈；三是减少废物的体积。对固化体的要求是：放射性核素的浸出率低，化学耐久性和耐撞击，在辐射及温度、湿度等变化的情况下不变质。放射性废物固化处理方法有很多，对于中低放射性废物，除前面介绍的水泥固化外，还有沥青固化和塑料固化；对于高放射性废物，主要有玻璃固化以及目前极具发展潜力的人造岩石固化。

（1）沥青固化　沥青固化是将放射性废物与溶化的沥青在边混合边加热的情况下，不断蒸发水分，形成不溶于水的固化物的一种工艺。沥青固化工艺通常包括废物预处理、沥青和废物的掺和、二次蒸汽净化处理三部分，其中掺和是关键部分。

沥青固化工艺的主要优点有：①原料易得且便宜。②固体浸出率低。③减容性能好。④可处理的放射性废物种类较多。

该工艺的主要缺点是操作工艺及设备比水泥固化法复杂，特别是在固化放射性废物时会产生放射性废气。

（2）塑料固化　目前国内外较成熟的塑料固化工艺有热塑性塑料固化法、热固性塑料固化法和水泥-塑料固化法等。热塑性塑料固化与沥青固化相似，是利用热塑性塑料与放射性废物在一定温度下混合，产生皂化反应，将放射性废物包容在热塑性塑料中，形成稳定固化体。热固性塑料固化是利用热固性塑料在加热条件下通过交链聚合过程使小分子变成大分子，并由液体转变为固体，同时将放射性废物包容在固化体中。塑料固化所用的设备是通常的化工设备，根据辐射防护的要求，需要设屏蔽和气密系统，产生的尾气和二次废液需要适当的去污净化。

塑料固化有以下优点：①核素浸出率较低，比沥青固化略低，比水泥固化低 2 ~ 4 个数量级，这对实现长期安全隔离有着重要意义。②包容废物量较高，固化产品数量少，处置费用减少。③固化物体积小，重量轻。

塑料固化也有以下缺点：①工艺和设备相对复杂，固化处理的成本较高。②与沥青固化一样，塑料固化体的化学稳定性和抗老化性能均较差。③固化工艺的安全性较差。

（3）玻璃固化　玻璃固化是将无机物与放射性废物以一定的配料比混合后，在高温（900 ~ 1200℃）下煅烧、熔融、浇注，经退火后转化为稳定的玻璃固化体。经过几十年的发展，玻璃固化高放射性废物的技术已发展了四代熔制工艺：①感应加热金属熔炉，一步法罐式工艺。②回转炉煅烧 + 感应加热金属熔炉两步法工艺。③焦耳加热陶瓷熔炉工艺。④冷坩埚感应熔炉工艺。

玻璃固化的优点是：①可以同时固化高放射性废物的全部组分。②高放射性废物的玻璃固化技术比较成熟。

其缺点主要有：①玻璃属于介稳相，在数百摄氏度高温和潮湿条件下，玻璃相会溶蚀、析晶，浸出率迅速上升，这要求对处置库做降温和去湿处理，以保证固化体的安全，使处置成本大大增加。②一些偶然因素造成玻璃固化体碎裂或粉化后，浸出率会大幅度提高。③处理过程中会产生大量的有害气体。

（4）人造岩石固化　人造岩石是利用矿物学的类质同象替代，通过一定的热处理工艺获得热力学稳定、性能优异的矿物固溶体，将放射性核素包容在固溶体的晶相结构中，从而获得安全的固化体。高放射性废物的大部分元素直接进入矿相的晶格位置，少数元素被还原成金属单质，包容于合金相中，晶粒小于 1μm（一般为 20 ~ 50nm）。人造岩石固化工艺过程中，均匀混料对固化体的物相组成及性能的影响很大，混料方法有机械研磨法、醇盐法和溶胶法等。煅烧方法有回转炉煅烧、喷雾煅烧和流化床煅烧等，澳大利亚采用回转炉煅烧。煅烧过程中还原条件的控制对防止形成可溶性铯相是特别重要的。烧结方法主要有单向压力烧结、热等静压烧结和空气热压烧结等。

与玻璃固化相比，人造岩石固化有以下优点：①固化体孤立隔离放射性核素的能力强、浸出率低。②固化体能耐潮湿和高温，在潮湿和高温环境中，人造岩石固化体不会受到严重损害，自退火作用增强，浸出率不会显著增加。③固化体的高放射性废物荷载量高，最终固化体体积小。④人造岩石固化体地质处置的防护要求较低，处置成本低。

但它也有以下缺点：①人造岩石的单一矿物只能固溶部分的高放射性废物组分，固化介质材料在处理放射性废物时存在一定的局限性。②人造岩石属于结晶物质，部分矿物辐射损伤（主要为辐射）较大，浸出率升高，体积膨胀，这给地质处置带来了一定困难。

四、放射性固体废物最终处置

1. 选址

最终处置是指放射性固体废物不再被回收，所以对处置场地有特殊要求。放射性固体废物处置的首要工作是处置场地的选择，好的场地是提高放射性固体废物处置安全系数极其重要的一个因素，选择场地必须有一套相应的规范准则。然而拥有核能国家的具体条件不同，选择标准也不尽相同。

核废物处置，无论浅埋还是深层贮存，其处置场地选择都需要综合考虑以下因素：①区域地壳稳定性。应选择相对稳定地带，远离活动地带、地震易发区等。美国规定场址应远离大裂隙、构造活动地带至少 300m。②岩层（或岩体）完整性。岩层应厚度稳定，工程地质性质优良，节理裂隙少，抗热变性强，阻滞核素迁移能力强。③水文地质条件适宜。浅埋处置时，要求地下水位深，饱水带渗透性弱；对于深层处置场，则要求无导水断层，透水性差，地下径流微弱，地下水补给量少，水质少腐蚀性。④地表水体小，径流少，腐蚀作用微弱，无洪水淹没场地可能。⑤气候干旱少雨，强蒸发。⑥易于保护生物圈，不会伤及自然保护区或珍稀动植物群，一定时期不伤及人。⑦人口稀疏，远离大、中城市人口稠密区。⑧可利用的自然资源少，远离人类区（如建筑、旅游、采矿）。⑨交通相对方便，新建专用运输线易于施工，易于修建核设施、运输核废料。⑩易于解决法律及土地所有权问题，还应考虑各级政府与公众舆论的因素。

2. 放射性固体废物最终处置方法

（1）浅地层埋藏　浅地层埋藏通常采用混凝土壕沟、混凝土井、混凝土结构的地下窑洞等作为放射性固化物的最终处置地。当壕沟填满放射性固化物时，在沟上铺设 1 ~ 3m 的土壤覆盖层。覆盖层通常堆积成山形，还设有集水沟，必要时可将水排出。为安全管理与使用处置场地，需采取以下措施：①每条壕沟设立永久性标志，记录总体积与放射性废物的填埋情况。②壕沟覆盖后可铺设植被，以防止水土流失与侵蚀。③在场地周围设置安全篱笆及缓冲区，控制人口进出。④设废物的接受和人员照射情况记录。当场地停止填埋封场后，还需提出一个有效持久的管理计划，其中包括维护、检修与环境监测的项目。

浅地层埋藏具有投资少、简单方便、易于处置以及安全性能颇高等优点。

（2）深地层埋藏　深地层埋藏通常利用地下盐矿以及地下核爆炸实验形成的洞穴等埋藏放射性废物。该法除要求场地地质构造十分稳定外，还要求被埋藏的放射性废物与周围环境、土地、水源和空气之间具有很好的隔离岩层，使放射性废物不致泄漏。但是矿区所处地区的水文、地质条件通常较复杂，开采后的废矿井可能存在裂缝、间隙和地下水，这显然不适合埋藏放射性废物，所以要选用地质条件良好的废矿井，同时还应注意预防放射性废物对地下水的污染。

深地层埋藏具有费用低、容量大、占地少、安全性高等优点，是一种可以推广应用的核废料处置方法。

（3）海洋处置　大量科学研究表明，向海洋投弃放射性固体废物的海洋处置会对环境形成潜在危害，放射性废物将会污染大片海区，且范围不断扩大。虽然核电厂正常运行时产生的放射性废物大多为中低等放射物，但是固化后进行了一定放射性浓集，所以利用该法进行核电厂废物的处置需谨慎从事。海洋处置法在国际上有争议，到 1982 年已基本终止采用。

（4）浓缩液深地层固化处置　浓缩液深地层固化处置方法分为两种：一种是深地层注入法，即将液体废物注入孤立的深含水层，使之长期被禁锢在地下；另一种是深地层注浆固化法，即将液体废物与水泥和其他添加剂混合以后注入深部地层的不含水的岩石裂缝中，使之长期与岩石固结。

深地层注浆固化法的基本原理，是借用油气开采技术（水力压裂岩石法）和钻孔中的应力测量技术，在地下 500～1000m 深度内，用高压水使围岩产生裂隙，将高放射性废物蒸发浓缩，与粘土、水泥和其他添加物混合成灰浆，用高压泵注入到钻孔中，使其沿裂隙面扩散。注入的浆液在岩层中凝固成一层纵横数十米乃至数百米的薄的、几乎是水平的固化浆片，永久固化在深部岩层中，在深部不透水岩层的屏蔽下，与生态隔绝，使其自然衰变。

目前，深地层固化处置被国际上认为是一种安全、经济的处置中低放射性废液的理想方法，并认为有进一步研究、开发处置高放射性液体废物的可能。

复习思考题

1. 核电厂放射性物质来源于什么？
2. 放射性物质如何防护？
3. 核电厂放射性废物分哪几类？
4. 核电厂放射性废物管理由哪些系统组成？各有何功能？
5. 废气处理主要采用哪些方法？
6. 试述硼回收系统工艺流程。
7. 试述废液处理原则及工艺流程。
8. 核电厂放射性固体废物通常分为哪几类？
9. 核电厂放射性固体废物有哪些处理工艺？

第七章　水电厂环境保护

目前，由于世界化石能源资源的有限性和化石能源使用造成的环境污染问题，已经对人类社会的可持续发展构成了严重的威胁，世界各国都在积极地开发利用可再生能源。水能作为一种可供持续开发的清洁能源，利用的最普遍形式是建设水电厂。

水力发电工程需要在河道上修筑水坝，通过水库蓄水或隧洞等引水来取得发电的动能（水流的流量和落差），故而改变了河流流域的生态环境，产生非污染性的环境影响。

第一节　水电厂对水环境的影响

水电厂的建设和使用使流域的水环境发生很大的变化，对水文、水温、水质、淤积与冲刷以及气候等产生多方面的影响。

一、水文影响

1. 径流式水电厂

径流式水电厂在引水时往往将水全部引走，使江河出现了一段完全断流的区域，造成水流消失，河床裸露。区域内水生植物在水流断绝后完全死亡，鱼类也将无法在此区域通行。因此应严格禁止将全部天然径流引用为发电水流，必须留出一个最低流量给天然河道，以确保天然河流的水域景观和水生生物的生长条件。

2. 坝式水电厂

坝式水电厂通过修建一定高度的水坝来提高上游的水位，引起河道上、下游的水文状态显著变化。主要有：①水位明显升高，水深增加，库容增大。②水面积增大，浸没面积增加。③水流速度变小，水面比降变缓，局部有回流。④水流携带的泥沙在库区容易产生淤积。⑤筑坝蓄水后使下游水的流量、流速等水文特性发生改变，也改变了下游河床的冲淤特性，出现海水倒灌等情况。

因此在水电厂的工程设计中，就要全面考虑防洪、发电、灌溉、航运与供水等方面的要求，以确定下泄流量。一方面在不同的季节，根据需要调节下泄水量，使下泄水流恰好满足下游冲淤平衡，又尽量减少对下游河床的水文、水力特性的改变。另一方面，在确定下泄的最小流量时，要从水资源的综合利用、维持生态环境、经济效益等多方面考虑。

二、淤积与冲刷影响

1. 淤积

淤积产生于输水工程的渠道、蓄水工程的水库库区、水电厂的前池、引水口与尾水放流处等区域。淤积程度受下面因素的影响：①岩石风化程度、崩坍情况。②植被的种类与分布、覆盖层厚度、地形高度与坡度。③河流的流量、河床的坡降及输沙特性。④森林采伐、道路兴建、植树造林、拦河与治山等人类活动。

淤积的产生会使：①水库有效容积逐年减少，蓄水调节性能相应降低。②水库末端河床抬高，引起回水上延，造成对水库上游工程的影响，同时威胁沿河两岸工农业生产安全。③输水工程的有效引水量减少。④发电厂的发电量降低。⑤对下游河道冲刷下降，造成水库管理工作困难等问题。

例如埃及的阿斯旺大坝，兴建大坝时形成巨大的纳赛尔湖，由于泥沙的自然淤积，水库的有效库容逐渐缩小，因而导致水库的储水量下降。大坝工程的设计者未能准确估计库区泥沙淤积的速度和过程。根据阿斯旺大坝水利工程设计，这个水库26%的库容是死库容，按照尼罗河水含沙量计算，500年后泥沙才会淤满死库容，认为淤积问题对水库的效益影响不大。可是大坝建成后的实际情况是，泥沙并非在水库的死库容区均匀地淤积，而是在水库上游的水流缓慢处迅速淤积。结果水库兴建后不久，上游淤积的大量泥沙在水库入口处形成了三角洲，其有效库容明显下降，水利工程效益大大降低。

2. 冲刷

冲刷主要产生在输水工程的渠道、蓄水工程的下游及水电厂的尾水放流处。冲刷能导致渠系建筑物的废弃和沿程下切，造成两岸淘刷，发生崩岸等险情，最终破坏输水工程。

水库下游河道冲刷的程度主要和水电厂的运行管理方式、河道形态和结构有关。水电枢纽对下游生态环境的影响非常复杂，并且要经过数十年的运行才能显现出来。流量变化、来水泥沙含量和河底成分是长期影响河床变化的主要因素。对于河水中高含沙和河底淤积层强度较低的河流，建坝后对下游河道冲刷较为严重。如美国的胡佛大坝，运行9年内从大坝以下145m内的河床中冲走1.1亿m^3的沉积物，河床降低4m多。位于埃及阿斯旺大坝下游的尼罗河河床是由较细和松散的淤泥组成，在水电厂运行的头几年，河床就降低了2~3m。如果水电项目结合下游河道具体情况，进行合理的运行管理，下游河道的冲刷则可以明显改善。

三、水温影响

高坝水库会改变天然河流水温，坝前库区水在垂直方向的水温呈现出明显分层现象，水温随着水深而不同，同时又随着季节的变化和流入水量的不同而发生改变。

水温自上而下分为三层：库面动荡层（混合层）、变温层（即跃温层）、库底静水层（滞温层）。库面动荡层水温受气候的影响年变化幅度最大，随水的深度的递增，变化幅度逐渐减小，库底静水层水温几乎常年维持在较稳定的低温状态。各层的水温不同，造成所发生的化学变化不同。实质上，库面动荡层是营养物质生成层，而静水层是营养物质分解层。

水库的低温水下泄对农作物、鱼类和珍稀濒危水生生物将会造成不利影响，有时会严重影响水坝下游水生动物的产卵、繁殖和生长。特别是连续的高坝大库梯级开发，将使河道的水温更难以恢复。

为了缓解水库分层现象带来的生态影响，可采取的措施有：①在工程设计时考虑采用分层取水措施，如在表层取水。②合理利用水库洪水调度运行方式。③采用防空洞泄洪，改善库区水体水温结构。④尽量采用宽浅式过水断面的灌溉渠道。

四、水质影响

水电工程能使水质某些指标得到改善。例如，水进入库区后，流速降低，滞留时间长，有利于悬浮物的沉降，浊度降低；水的流动性小，透明度高，藻类活动频繁，光合作用消耗大量CO_2，对矿物质的溶解减弱，降低了水体硬度。但是，对水质也会产生以下不利影响：①库内流量减小，使水体稀释自净能力减小，物理变化、化学反应速率减慢，生成物容易积聚。②库水按温度分层后，使底部冷水层变成因终年得不到光合作用缺氧的“死水”，此层成为厌氧微生物层。③随着库区内水体中不溶固态物质的不断沉降，其中有毒物质和放射性物质沉积使水质恶化，如砷、铬、汞、氰、锌、镍等，在库内停留时间越长，积累越多，对人体和水生生物的危害就越严重。④库区内进出水交替缓慢，停留时间比江河水长，含有较多的氮、磷等营养元素时，易使水体富营养化。⑤大坝拦水以后会形成面积广阔的水库，与天然河道相比，大大增加了曝晒于太阳下的水面面积，由于水的不断蒸发，含盐量上升。⑥较清的下泄水，使下游农田得不到含有有机质的肥水，从而影响农作物的产量。

五、气候影响

一般情况下，地区性气候状况受大气环流所控制，但修建大、中型水库及灌溉工程后，会对局部小气候产生一定的影响。

1. 对降雨量的影响

（1）降雨量有所增加　这是由于修建水库形成了大面积蓄水，在阳光辐射下，蒸发量增加引起的。

（2）降雨地区分布发生改变　水库低温效应的影响可使降雨分布发生改变，一般库区蒸发量加大，空气变得湿润。实测资料表明，库区和邻近地区的降雨量有所减少，而一定距离的外围区降雨则有所增加，一般来说，地势高的迎风面降雨增加，而背风面降雨则减少。

（3）降雨时间的分布发生改变　对于南方大型水库，夏季水面温度低于气温，气层稳定，大气对流减弱，降雨量减少；但冬季水面较暖，大气对流作用增强，降雨量增加。

2. 对气温的影响

水库建成后，库区的下底面由陆面变为水面，与空气间的能量交换方式和强度均发生变化，从而导致气温发生变化。从季节分析，春季气温回升，水体吸收热量升温较慢，水面温度低于陆地气温；秋冬季节气温下降，水体贮存了大量的热量，水温下降，同时向大气输送大量热能，使空气增温，水面温度高于陆地温度。从年平均气温看，蓄水后库区平均气温略有升高，并且年温差、日温差减小。同时，水库建成蓄水后形成了一个广阔的水域，水库的蒸发量大，能得到太阳辐射热的调节，使库区及邻近区的气温和温度场等要素发生改变，从而引起区域小气候变化。

3. 对风向、风速的影响

平滑的水面代替了起伏不平的陆地，使摩擦减少，因而风速一般增加；风向沿水库淹没的谷地走向发生改变；无风天数明显减少。

4. 对雾的影响

库区水汽充足，相对湿度增高，稍有辐射降低，空气就会达到饱和，有利于雾的产生，导致雾日增多。一般库区附近有雾天数将增加10%以上。

水电工程对周围气候的影响在很大程度上取决于水面的大小和当地的气候条件。水库水面越大，影响范围越大；反之，影响甚微。例如，俄罗斯西伯利亚永久冻土地带的高70m车尔尼雪夫斯基大坝，在上游形成400km长的水面，库容为400亿m^3，使该地区的年平均

气温由 -8.5℃上升至 -7.0℃，冬季最低气温由 -60℃上升至 -50℃以上；夏季的湿度提高33%，气候变得较温和了，夏令季节变长了，使永久冻土的上层土壤解冻，水库沿岸动、植物明显增加。

第二节　水电厂对生态环境的影响

一、概述

水利工程在防洪、灌溉、供水和发电等方面起重要作用的同时，对河流生态系统结构和功能产生多种影响，破坏了生物群落的多样性。对生态系统产生影响的主要原因是，水利工程在不同程度上造成河流形态的均一化和不连续化。

可能产生的消极影响主要为以下六个方面。

（1）水坝阻隔的影响　水坝对河流的阻隔，使江河水的自然流态发生变化，打破了河流自然生态系统平衡。出现洄游生物迁徙途径破坏、上游泥沙淤积、下游河道冲刷、河口后退、水体自净能力下降等情况。

（2）水库淹没的影响　水库蓄水对上游的淹没，导致土地、历史文物遗产、自然景观、动物栖息地、生物物种多样性等的损失和破坏，移民的搬迁和安置。

（3）水库调蓄的影响　水库调蓄对库区及其周边地区的地质构造、地下水位、气候等产生影响，可能会诱发地震、山体滑坡、地下水位抬升，引起土地盐碱化和沼泽化、水质富营养化、水面蒸发量增加等。

（4）溃坝风险的影响　因洪水、地震、战争等可能导致溃（垮）坝，使下游地区的人民生命和财产安全的风险增加。

（5）调水工程的影响　跨流域调水，对调出流域的下游因水量减少产生的生态影响，如供水安全、河道断流、河口萎缩等；对调入流域的可能影响，主要有工程沿线的移民安置、水质污染、水生微生物传播疾病等。

（6）灌溉的影响　主要是灌区的过量引水，导致河道断流，河流生态退化，地下水位下降，以及不当的灌溉方式带来的土壤次生盐渍化等。

在这些影响之中，因大坝阻隔、淹没而导致的生物物种多样性破坏等问题，是水利工程生态影响中最为突出的问题。

二、对微生物的影响

广阔的水域由于含有可溶性无机盐、有机物以及具备微生物生长繁殖的其他条件，因此成为微生物栖息的重要场所。

1. 水中微生物的分布和种类

微生物在水中的分布受到许多环境因素的影响，最重要的一个因素是营养物质，其次是溶解氧和温度等。水体内有机质的含量高，则微生物的数量大；中温水体中的微生物数量比低温水体中的多；深水层内的好氧微生物较少，厌氧微生物较多，而表层水内好氧微生物较多，厌氧微生物较少。

微生物的种类和数量在不同水域中的情况不一样，一般在清洁的湖泊、池塘和水库中，有机物含量少，微生物也少，每毫升水中含有几十至几百个细菌，大部分是以自养方式为主的清水型微生物种群；在停滞的塘水、污染的江河水以及下水道的沟水中，有机物含量高，微生物的种类和数量都很多，每毫升可达几千万至几亿个，其中以能分解各种有机物的一些腐生型细菌、真菌和原生动物为主。

在水体不同深度分布的微生物种类也不同。从水面到水面下 10m 处的上层水体中，溶解氧含量高，生活的微生物以好氧性细菌、真菌和藻类为主；在水深 20～30m 的中层水体中，主要分布着光合细菌；在 30m 以下的底层水体及湖底泥中，微生物种群则以厌氧性细菌、原生动物及一些鞘细菌为主。

在水流缓慢的浅水区域，常有丝状藻类和丝状细菌及真菌生长。由于藻类可以合成并积累有机物，形成有机质丰富的微环境，因而腐生型细菌和原生动物也随之大量繁殖。在流动的水体中，水的上层只有单细胞藻类与细菌生长，水的底层淤泥中厌氧性细菌较多，淤泥表层可能有些原生动物，水底层的泥土是水生放线菌的主要生存场所。

2. 微生物受到的影响

在自然环境内，水体中微生物的变化相对平衡。筑坝建库后，自然流动的水体变成了人为流动的水体，流量与流速都按照人的意志改变，导致微生物也产生相应变化。例如，在太阳热辐射下，库水温度升高，有利于微生物生存繁殖，特别是库岸周围表现得最为明显。若河流上游来水中含有大量氮、磷物质，则水体内浮游生物及水生植物就会大量繁殖，使水体趋于富营养化；若上游来水中含较多酸、碱、无机盐与无机悬浮物等，则会对水生生物产生不良影响，抑制微生物的生长；若上游有热污染源，则使来水水温升高，水中溶解氧减少，除不利于水生物的生存外，还会加速细菌繁殖，助长水草丛生，从而影响河水流动；若上游来水中含有有病原微生物的粪便、垃圾及生活污水，则会污染库水水体和危害人体健康。

水利水电工程对微生物的影响，还与库区周围的植被与底质有很大关系。例如，若蓄水之前淹没区与水位变幅区有大量植物存在，那么蓄水之后，这些植被就会成为微生物的饵料被微生物慢慢地吞噬，使微生物大量繁殖。而另一方面，不同的底质又对微生物的变化起抑制作用。

3. 富营养化

微生物既是水体自净过程中的主角，又在水生环境的食物链中起关键作用，为维持生态系统正常的物质循环、能量流动和生态功能发挥着重要作用。

水体接纳过量的氮、磷等植物性营养物质，使藻类以及其他水生生物异常繁殖，水体透明度下降，溶解氧变化剧烈，造成水质恶化，加速水体老化，从而使水生生态系统和水体功能受到影响和破坏，严重的甚至发生“水华”，这种现象称为水体富营养化。

水体富营养化的危害主要表现在以下几个方面：

1）藻类在过度繁殖之后，又大量衰败死亡，为厌养微生物的生长提供了丰富的基质。好氧微生物的大量繁殖，很快耗尽了水体中的溶解氧，同时由于湖面被藻类封住，大气回复氧含量受到严重阻碍。水体缺氧，使鱼类等水生动物面临窒息死亡的威胁，鱼卵的孵化受到严重影响，给渔业生产造成严重损失。另外，水体的富营养化，往往使一些优质鱼种减少或消失，而低、劣质鱼种数量增加，使得水产养殖业的经济效益大幅度下降。

2）许多藻类能产生毒素，不仅危害动物，而且对人类健康产生严重影响。

3）影响水厂的供水系统和自来水水质是水体富营养化最大的危害之一。蓝藻的过度繁殖，会使饮用水产生霉味和臭味。同时，随着水体富营养化的发展，在湖泊底层将会出现缺氧层，致使底质中铁、锰等溶出释放到水中，引起饮用水水质下降，洗涤物变色。

4）影响水体旅游区的观光价值。一旦发生富营养化，因藻类大量繁殖，水体透明度下降，水体浑浊，沉积物在厌氧微生物作用下释放甲烷气体，硫酸盐还原形成硫化氢气体，臭味弥漫，大煞风景，使水体旅游观光的价值大减，甚至丧失旅游功能。

5）水体的富营养化将加速湖泊的衰亡，促进其向沼泽生态演变。营养化的湖泊中，浮游藻类大量繁殖，会导致水生原生动物的大量增殖，它们的排泄物、残体和过剩的浮游植物残体伴随流入湖泊的泥沙，不断在湖底堆积，使湖床逐渐升高，湖水变浅，湖泊的衰老和沼泽化进程被大大加速。中国目前富营养化程度较为严重的湖泊，淤积现象十分明显。

三、对植物的影响

1. 浮游植物

水库中的浮游植物主要是自养型藻类。随着水库充水，进入库区的江河浮游植物复合体被破坏，蓝绿藻、甲藻等在数量上逐渐增多，最后形成稳定的、单一化的湖泊型浮游植物，其生长受营养元素、温度、光照、流速等因素的影响。

水文地质条件的改变有利于浮游植物的生长。建库后，水体由河流相变为湖泊相，蓄水后形成数量众多的库湾，水流速度减慢，其水域可能相对静止，水温也比较稳定，这种环境更有利于浮游植物的生长发育。

水环境的改变有利于浮游植物的生长。水库淹没区内营养物质不断释放，外源性营养物质随地表径流不断汇入水库，营养盐类浓度较大，给浮游生物创造了生存和繁衍的必要条件。

库区内浮游植物的数量随季节呈现周期性变化。春季，浮游植物的生长主要受控于温度和光照，在春末随温度的回升浮游植物的数量开始增大；到了夏季，浮游植物的生长繁殖达到最高值，在水中呈垂直分布，数量随水的深度增加而减少；秋末至冬季，水的表层温度降低，浮游植物的生长变缓，新陈代谢降低，一部分被带到深层或落入底泥，导致数量减少；进入春季后数量又开始增加，周而复始。

不同水域浮游植物数量和种类不同。上游段以河流浮游藻类复合体为主，生物量较低；中游段以蓝藻类较为明显，生物量逐渐增大。

水库的梯级效应是指浮游植物对河流上、下游水库产生的影响。当水库调节库容大时，地表径流的汇集不能改变水库的水温特性，对浮游植物的影响不大；若上游水库下泄量变化频繁，且水位波动范围大，则上游水库的浮游植物就有可能下泄到下游水库中，使下游水库出现不均匀性；上游水库下泄量越少，梯级效应的作用就越低。

2. 高等水生植物

水库中常见的高等水生植物有空气水生植物、浮叶植物与潜水植物三大类。

（1）空气水生植物　这类水生植物在水库浅水区的植物覆盖中占主导地位，且到处可见。例如，芦苇群落就是浅水区的典型代表。

（2）浮叶植物　这类水生植物有白睡莲、黄萍蓬等，以叶子浮在水面上为特征，占据一片水面。

（3）潜水植物　这类水生植物在浅水区能够生长，有穿叶眼子菜、深绿色松藻等。

高等水生植物可吸收水体中的营养元素，因而可净化水体，同时还可与引起“水华”的各种藻类抗衡。但是，水生植物会因阻碍阳光照射，使水中缺氧，造成水质急剧恶化，影响渔业和航运业的发展。

应加强对高等水生植物的管理，使其发挥最大的生态效益和经济效益。进入夏季，应实施保护性措施，促进高等水生植物的生长，吸收更多的营养元素，减少“水华”的发生；到了秋天，应尽量多的收割和捞出高等水生植物，避免产生负面影响。

影响水库水生植物生长的因素有水深、水体形态及特征、水位状况、淹没地的特征、库龄、浅水区的防浪程度、水库的地理位置、冲刷过程的衰减速度以及水体与土壤的物理、化学性质等。

水库高等水生植物生长情况还与下列因素有关：首先是水库的运行方式，高等水生植物的生长与水库的运行方式有密切关系，水位变化幅度大，高等水生植物的种群与生长都会受到一定限制；其次是人类活动因素，在库区周围，如人类活动影响强烈，将影响高等水生植物的生长。

3. 陆生植物

水库的建设对陆生植物的影响主要有：①水库蓄水后，淹没区生态破坏，而引发植被破坏，物种消失。②库区建设移民，人类活动对生态环境产生破坏，影响植物生长。③由于蓄水，导致下泄水量减少，甚至断流，使得下游河床干枯，湿地消失，植物死亡。

对此，要采取相应的措施：①对珍惜植物进行保护性抢救培植。②在建设移民过程中尽量避免对环境的破坏。③对水量合理调配，在考虑经济效益的同时也要考虑生态效益。

四、对动物的影响

1. 浮游动物

浮游动物作为水生环境中食物链的重要组成部分，与其他水生生物如浮游植物、捕食性鱼类、底栖动物等有密切关系，同时浮游动物还受水环境的制约。

1）水库中浮游动物的分布与水位变化的关系很大。当水库水位变化时，会造成一些浮游生物的灭亡。特别是在水位涨落大的山谷型水库，因水流速度大、库底小，一些浮游生物将从库中泄出，留在库内的也因水位突变而失去生存条件。相反，在温带地区吞吐量大的水库内，浮游动物的生存条件比较好。

2）水库浮游动物的分布与水质也有密切关系。当库底缺氧并有 CO_2 与 H_2 等气体时，只有水面才有浮游动物。

3）浮游动物受季节变化的影响相当明显。从春季库水增温开始，一些轮虫类与喜冷的浮游动物开始大量繁殖，很快达到高峰。当水温升至 10 ~ 15℃时，枝角类等浮游动物也迅速繁殖起来。到了夏季，除轮虫类外，甲壳类的浮游动物也大量出现，生物量持续增长。到了仲夏，水温达到最高，有些浮游动物会减少。夏末秋初库水与强烈的风力发生混合作用，使含氧状况得到改善，从而使细菌含量增多，又出现轮虫类的第二次高繁殖期。

4）蓝绿藻大量繁殖会抑制浮游甲壳动物生长。这是由于蓝绿藻与高等水生植物的细菌分解作用增强了水库的次生富营养化的缘故。

除水库的地理位置、水温、气候与水位的因素外，影响浮游动物繁殖还有下述人为因素：①工业与生活污水使浮游动物的种类与数量明显减少，特别是轮虫类与枝角类。②化肥与农药能使浮游动物的种类濒于灭绝。③火力发电厂或核电厂的冷却水排入水库将使水库浮游动物组成结构异变。

2. 底栖动物

按照摄食方法分类，底栖动物可以分为滤食类、碎屑摄食类与食肉类三种。它们的生物量大小取决于营养物质丰富的程度。

底栖动物在库内的分布是不均匀的。当水文情势变化较大时，因淤泥与库底的有机物质发生变化，给底栖动物的繁殖与发育带来一定影响。另外，水库的富营养化也将会对底栖动物产生不良的影响。

3. 野生动物

水利水电工程改变了野生动物的生活环境，特别是一些陆生动物被迫迁移出原栖息地。水库能否有利于野生动物的生长，主要取决于水库地形、库区土质、食物来源及水库的运行方式。在进行水库设计时，应考虑野生动物的价值及野生动物原有的生活环境。

在水库施工过程中，应采取补救措施挽回人为因素给野生动物保护工作带来的不良影响。

五、对鱼类的影响

水电厂蓄水发电对鱼类的影响具有有利和不利的两重性。

1. 影响

（1）氮气过饱和影响　所谓氮气过饱和，是指水体中溶解的空气超过了在一定温度与压力条件下的正常含量，这会对鱼类产生危害。例如，过饱和的空气通过呼吸系统进入血液与组织，若此时鱼游水体表层因压力变小与水温变高，则鱼体内的一部分空气便从溶解状态恢复到气体状态而出现气泡，使鱼类产生气泡病致死。由于氮气是空气的主要成分，故称为氮气过饱和。鱼类受氮气过饱和影响，和潜水员不能从深水里一下子出来，而要渐渐出来的道理类似，在水库底下气体溶度比较高，鱼从水库底层出来可能会患气泡病，造成血液循环的障碍。

氮气过饱和是水流通过溢洪道或泄水闸冲泄至消力池时产生巨大压力而带入大量空气造成的。对梯级水电厂，因通过多个溢洪道反复溶解空气，情况更为严重。在库区下游也容易形成氮气过饱和。鱼从水的高压区到低压区，容易形成气泡病。所以，对于通过泄洪闸门出来的鱼来说，都有引发这种病的可能。

三峡大坝在汛期蓄水，枯水期放水，改变了长江流态和季节变化规律。蓄水后，库区最大深度可达175m，高坝流下的水溶解了空气中大量的氮气，而水体氮气过饱和对鱼类影响比较大。葛洲坝水利水电枢纽抬高水位后，从上游江河段漂流来的鱼苗都要随江水的泄流到达坝下江河段。这样，在枢纽下游附近捞起的鱼苗或幼苗，腹腔内（特别是肠道内）充满气泡，极易死亡。

（2）水文条件影响　水库蓄水后，大坝上游的流速变缓，引起了库区鱼类种群结构的变化。

建库前，对于比较大的河流，水流湍急，底多砾石，鱼类的食料主要是藻类和爬附于石上的无脊椎动物。在这种条件下生存的鱼类是适应于流水条件、摄食底栖生物的鱼种。水库建成后，库水流动显著减慢甚至静止。此时，泥沙沉积，在底层藻类与水草难以生长，使得底栖无脊椎动物减少，适应流水的鱼类难以生存。而浮游植物却大量滋生，浮游动物也相应增多。这为适应于静水和以浮游生物为食的鱼类提供了良好的生存环境。

在水库的坝下河段，一些在流水中繁殖的鱼类所要求的涨水条件，有可能因水库蓄洪而得不到满足。例如，多数鱼类的繁殖期在春末夏初（即4月上旬至7月上旬），若此阶段只蓄洪而不溢洪，则鱼类难以繁殖。

2006年，三峡大坝蓄水期间的监测发现，大坝上游蓄水前适应激流环境的鱼类占多数，蓄水后适应静水环境的鱼类占了多数，像鲤鱼等在静水里生存的鱼类明显增加了。而在坝下，以前长江水夹带了大量的泥沙，颜色浑黄。蓄水后长江上游来的一部分泥沙在库区沉积，从三峡大坝出来的水变清了。结果，坝下喜欢浑浊的鱼减少，喜欢清水的鱼增加了。

（3）水温影响　蓄水较深、水流极缓的分层水库内，库底静水层水温常年基本不变，维持在10℃左右。

我国的鱼类以温水性鱼为主。这些鱼类常活动于水温较高的水域，即栖息于库水的上、中层或沿岸的水域。

在坝下的河段，发电厂进水涵管的开口常设在深水层，故从发电厂泄出的水体也保持了深水层的低温状态。因此，坝下河段的水温产生了明显变化。事实上，在春、夏、秋三季（3～10月）都呈现月平均水温比建坝前降低的现象。越是在高水温的月份，水温降低值越大；反之，冬季水温比原来的有所升高，且越是在最冷月份水温升高值越大。水温与鱼类的生长密切相关，特别是在鱼类繁殖期，要求有一定的水温条件。若这一水温条件出现的时间推迟，则鱼类就会推迟产卵，这对渔业资源发展是不利的。

（4）洄游的阻碍作用　水库蓄水运营后，库水主要通过发电厂或泄流闸下泄。下泄的水流具有巨大的能量与很高的流速，对鱼类洄游产生巨大的阻力；同时大坝也阻断了洄游鱼类的通道，破坏洄游鱼类产卵和孵化栖息地。

许多鱼类需要在江、湖之间进进出出，才能繁殖、摄食与越冬。江河的深水河槽是多数鱼类的越冬场所，江河为流水中产卵的鱼类提供产卵场所；而湖泊不仅是鱼类良好的摄食增肥场所，也是静水产卵（特别是产粘草性鱼卵）鱼类的产卵场所。因此，若鱼类不能适时地到达这些场所，便很难生存、发展，导致种群量减少，资源衰退。

（5）发电调峰影响　发电厂在调峰发电过程中，随时都可能使下游的水流产生剧烈的波动，这种变化经常会导致河道内鱼类和大型无脊椎动物等无法适应。影响栖息地的分布和质量，给生物体的生活条件带来极大制约。水电厂发电泄流期间，人工控制的流量加大会导致河床冲刷、生物体和生物繁殖载体剧烈漂游和频繁的迁移；在发电泄流峰值过后的水流减少期，鱼类和大型无脊椎动物会被搁浅在干涸的河床或与河流水体隔绝的低洼处，随池中含氧浓度的降低而窒息。不同鱼类对水电厂激烈变化的泄水承受能力不同，对于某些鱼类，例如白鲈鱼和梭子鱼，水流的激烈波动使得它们更易受到伤害，因为这种鱼类是沿着河岸和在浅水处产卵。暴露在空气中的这些鱼的鱼卵可能被冻死和脱水。

2. 保护措施

水电水利工程拦河建筑物使河流水生生境片断化，阻隔鱼类洄游通道，阻碍上下游鱼类种质交流。库区水深、流速等水文情势的变化会造成原有水生生境的改变甚至消失，致使鱼类区系组成发生变化，特别是珍稀物种、特有物种的消失。水电水利工程泄流可造成水体溶解气体过饱和，对部分鱼类特别是幼鱼造成严重影响。

针对水电水利工程对鱼类的影响特点，可采取以下保护措施。

1）在珍稀、特有、具有重要经济价值的鱼类洄游通道建闸、筑坝，需采取过鱼措施。对于拦河闸和水头较低的大坝，宜修建鱼道、鱼梯、鱼闸等永久性的过鱼建筑物；对于高坝大库，宜设置升鱼机，配备鱼泵、过鱼船，以及采取人工网捕过坝措施。同时应重视掌握各种鱼类生态习性和水电水利工程对鱼类影响的研究，加强过鱼措施实际效果的监测，并据此不断修改过鱼设施设计，调整改建过鱼设施，优化运行管理。

2）工程建成运行会造成鱼类资源量减少，应实施人工增殖放流措施。对于大中型水电水利工程，应在截流前，在工程管理区范围内适当的地点建立鱼类增殖站，长期运行，由工程业主承担费用，负责建设和管理；对于增殖鱼类苗种已市场化的，可定期购买鱼苗放流；对于流域梯级开发项目，可统筹考虑几个相互联系紧密的梯级联合修建增殖站，但其规模应满足全部梯级的增殖保护要求。重点增殖放流国家、地方保护及珍稀特有鱼类和重要经济鱼类。适当提高放流规模和规格。没有成熟繁殖技术的需开展鱼类保护关键技术研究。建立水生生态环境监测系统，长期监测鱼类增殖放流效果。

3）工程建设会使鱼类“三场”和重要栖息地遭到破坏和消失，应尽量选择适宜河段人工营造相应水生生境。可在社会和自然条件适宜河段设立鱼类保护区和禁渔区，为鱼类提供一个良好的栖息、繁衍空间，使它们能够正常的繁衍生息，从而使珍稀、特有鱼类得到良好的保护。

4）工程建设会造成珍稀、特有鱼类资源量下降，影响鱼类种群稳定，因此必须采取人工繁殖和增殖的方式来补救。建立珍稀和特有鱼类人工驯养繁殖场，对当地一些珍稀、特有鱼类和重要经济鱼类进行人工驯养、繁殖研究，一方面为今后的人工增殖放流恢复资源打下基础，另一方面为发展渔业养殖提供新的品种。

5）对存在气体过饱和影响的水电水利工程，需采取对策、措施，如调整泄流建筑物形式；在保证防洪安全的前提下，适当延长泄流时间，降低泄流量；多种设施合理组合泄流措施等。

六、对土壤的影响

水库蓄水可能引起库区土地浸没、沼泽化和盐碱化。

1. 浸没

在浸没区，因土壤中的通气条件差，而造成土壤中的微生物活动减少，肥力下降，影响作物的生长。

2. 沼泽化、潜育化

水位上升引起地下水位上升，土壤出现沼泽化、潜育化，过分湿润致使植物根系衰败，呼吸困难。

3. 盐碱化

由库岸渗漏补给地下水，再经毛细管作用升至地表，在强烈蒸发作用下使水中盐分浓集于地表，形成盐碱化。土壤溶液渗透压过高，可引起植物生理干旱。

4. 湿地消失

湿地是位于陆生生态系统和水生生态系统之间的过渡性地带，在特定的环境下，生长着很多带有湿地特征的植物，拥有众多野生动植物资源，是重要的生态系统。很多珍稀水禽的繁殖和迁徙离不开湿地，因此湿地被称为“鸟类的乐园”。湿地具有强大的生态净化作用，因而又有“地球之肾”的美名。水坝将上游水拦截用来蓄水，使下泄水减少甚至断流，下游的湿地将会干涸，冲积平原原本肥沃的土壤也会逐渐流失。

第三节　水库诱发地震及地震对水库的影响

水库诱发地震是一种特殊类型的地震活动，它是蓄水初期在人工水库及其影响范围内出现的、与当地天然地震规律明显不同的地震运动。据统计水库诱发地震虽然仅占世界已建水库的2‰~3‰，但对周边居民正常生产生活的影响和对水力工程（水库、水电厂、水坝等）造成的不同程度破坏，是不容忽视的。而且随着大型电厂的建设，发生水库诱发地震的概率也相应增加。

一、水库诱发地震

1. 水库诱发地震的特点

（1）地震范围　震中仅分布在水库及其周围5km范围内，震源深度大多在5km以内，很少超过10km。震源深度与水库库容有一定的相关性，一般库容越大，震源越深。

（2）发震时间　主震发震时间一般与水库蓄水密切相关。蓄水早期地震活动与库水位升降变化有较好的相关性。较强地震活动高潮大多出现在第一、二个蓄水期的高水位季节、水位回落或低水位时。但发震时间也无一定规律性，如我国湖南的南冲水库，1964年夏蓄水，随即发震；而美国哥伦比亚河大古力水电厂，1941年蓄水发电，至今已66年，尚未发生较大地震。

（3）发震趋势　由于水库蓄水引起内外条件变化，水库蓄水初期发震较多，随着时间的推移，逐步得到调整后趋于平衡。因而地震频度和强度将随时间的延长，呈明显下降趋势。

（4）地震强度　水库诱发地震以弱震和微震为主，从国内外水库诱发地震统计资料看，6.0~6.5级强震仅有4例，占4%，即印度的柯依纳6.4级（1967年12月10日）、希腊的克里马斯塔6.3级（1966年2月5日）、赞比亚的卡里巴6.1级（1963年9月23日）和我国的新丰江6.1级（1962年3月18日）。诱发地震中5.0~5.9级中强震占14%，4.0~4.9级中强震占24%，3.0~3.9级地震占25%，小于3.0级弱震和微震占32%。

由于水库诱发地震震源较浅，与天然地震相比，具有较高的振动频率，较高的地面峰值加速度和震中烈度，但极震区范围很小，烈度衰减较快。

2. 诱发地震条件

（1）水库规模　从国内外水库诱发地震统计资料看，诱发地震的发生概率随着坝高、蓄水深度和库容的增大而明显增高。蓄水深度大于92m，库容大于100亿m^3的世界大型水库，发震概率为12%。我国坝高100m以上的高坝大库，发震概率约为32%，高于世界平均水平。

据统计资料，全世界共有大中型水电厂及水库上万座，但发生诱发地震的比例不到3/1000。我国现有坝高15m以上的水库18000座，其中仅有十几座发生诱发地震，约占7.2/10000。库容小于0.1亿m^3的小型水库，其发震概率小于1/10000；0.1~1.0亿m^3的中型水库，发震概率小于1/1000；1.0~10亿m^3的大中型水库，发震概率大于1/100；大于100

亿 m^3 的大型水库，发震概率大于 1/10。

（2）岩性条件　据统计资料分析，组成库盆的岩性与水库诱发地震有一定的相关性。碳酸盐岩地区易于诱发岩溶性水库地震，其次为花岗岩、玄武岩和片麻岩等坚硬脆性的结晶类岩石区域，易于诱发微弱的水库地震。碎屑岩和砂页岩构成库盆的水库，则不易诱发地震。

（3）构造条件　水库地震与大地构造、活动性断层、断块之间差异运动最强烈的地段有关，往往发生在活动断裂的端点、交点闭锁区、拐点等地方。张性断裂或张扭性断裂更利于库水向深部渗透，易于诱发地震。现代构造活动较强烈的地区，由于活动断裂常常随地应力的局部集中，易诱发较强的水库地震。

（4）渗透条件　水库诱发地震的发生，必须有库水渗透参与，因此，库盆岩体的渗透条件是诱发地震的重要条件之一。渗透性好的岩体，如碳酸盐岩、多裂隙脆性岩体等构成的库盆，较易诱发地震，而不利于库水渗透的砂页岩库盆，则不易诱发地震。

（5）构造应力　构造应力越大的库区，越易诱发水库地震。水库诱发地震是由水库蓄水荷载引起的地应力和构造应力叠加及水库能量和构造地震能量叠加而引起。库盆及周围地区的天然地应力状态、水库附加荷载及库水渗透压力等综合作用，将使岩体中不连续面上的应力条件改变，导致不连续面破裂而诱发水库地震。库盆地应力水平较高的地区，诱发水库地震的强度可能较高。

（6）区域地震活动水平　区域地震活动水平总体上反映该区域稳定状态，若地震活动水平较高地区，则可能诱发较强的水库地震。

（7）水库地区的地热状况　水库诱发地震与地热存在一定的联系。目前世界上所有发生过大于等于 6 级地震的水库区附近都有强烈的地热异常显示。印度柯依纳水库位于一条温泉带上。我国新丰江水库周围，也有数处与构造有关的温泉。此外，如美国的米德湖、日本的黑部湖、中国湖北的丹江口、江西柘林与广东南水等发生地震的水库附近，都有温泉。地热对水库区发生地震之所以能起作用，可能是库水沿已有的断裂、裂隙、节理渗入地下深处，产生热化学作用和其他热影响以及水温升高、汽化、引起热迁移而形成新的局部热异常，使热弹性应力产生相对集中，从而导致岩体沿原有较软的一面滑动。

3. 地震类型

根据水库蓄水后是立即发生地震还是存在滞后，可把地震分为：

（1）快速响应型　这种地震在水库首次注水后立即发生，主要由低震级的震群活动组成，并且震区都在库区，因此与水库内的水位变化有着密切关系。快速响应型地震的成因之一是岩溶塌陷或气爆，多发生于溶洞发育的石灰岩库段。

（2）滞后响应型　这类地震在首次注水之后滞后一段时间才发生，经常与大级别地震有关，可能扩展到水库范围以外，因此不可能显示出与水库水位的主要变化有直接相关性。滞后响应型水库地震释放构造能，它的发生与库水沿断层渗透、断层面摩擦系数降低和岩石抗剪强度降低有关。

根据地震序列的特征，可把水库诱发地震分为：

（1）震群型水库地震　其特点是水库蓄水以后不久，立即出现诱发地震活动。通常震级小，震源浅，属于快速响应型的地震活动。

（2）前震—主震—余震型水库地震　其特点是水库蓄水之后，或立即或滞后一段时间，首先诱发微小地震，经过数月以至数年的持续地震活动之后，然后出现主震和缓慢衰减的余震。

根据水库的地质环境和释放应变能的类型，水库诱发地震分为：

(1) 构造型　构造应变能聚集于活动断层的活动地段（拐点、几组构造线交汇处、断块间差异运动明显的特殊构造部位），初始应力较高的状态下，由于库水的各种物理、化学作用而诱发的。这种构造型的水库地震往往具有震级大、频度高、延续时间长、震源较深等特点。在地震序列上多属前震—主震—余震型。

构造型水库地震的发生需要有三个主要的前提条件：第一，库区存在发震断层的地质结构；第二，库区虽有发震断层存在，但发震断层的应力积聚没达到其临界状态，水库蓄水也不会发生地震；第三，水库有向构造型发震断层深部渗水的深层渗透通道。具备了这三个条件，水库蓄水才会触发构造型水库地震。

(2) 非构造型（岩溶塌陷型或重力型）　巨厚的碳酸盐岩层在长期的地质历史期间形成了多层大小不等的溶洞。由于水库蓄水改变了外力地质作用的条件，导致地表和深度不等的局部岩体或岩块失稳，发生相对位移破坏而伴生的地震现象。这种水库地震并不需要很高的初始应力，在活动区的稳定地段或弱震区均可以发生。它往往具有震级小、频度低、延续时间短、震源极浅等特点。在序列上，多属震群型。

构造型水库地震，蓄水只是起“触发”作用，非构造型地震才是由蓄水“诱发”。构造性水库地震和非构造型水库地震的性质有所不同。

(3) 混合型　即在同一水库区同时或先后发生构造型和非构造型的地震，其特点兼而有之。该类水库地震既可发生于强震区，亦可发生于弱震区。

4. 水库诱发地震实例

20 世纪 60 年代以后，随着一系列高坝大库的兴建，水库诱发地震的报道越来越多。目前，有 30 多个国家近百座水库发现了地震活动，其中 4 级以上的水库地震有 38 起。尽管在已建的水库总数中所占比例不大（全世界约 3‰，我国约 1.5‰），但有 4 座水库发生了大于 6 级的破坏性地震，它们的坝高都大于 100m，库容大于 20 亿 m^3。此外，尚有 13 座水库诱发了 5.0～5.7 级较强烈的地震，其中 8 座水库坝高大于 100m，库容大于 20 亿 m^3。因此研究者认为，高坝大库易于诱发震级较高的地震。通常，6 级以上的地震对水工建筑物（如大坝、厂房和变电站等）会有一定程度的损坏，包括产生裂缝、变形、沉陷、地基液化或渗水等。有些地震则引起库水涌浪或山体滑坡，造成人员伤亡和财产损失。但也有些建于强地震区的水库蓄水后地震活动反而减弱或强度降低，如美国的格兰峡水库、土耳其的凯班水库、巴基斯坦的曼格拉水库都属于高坝大库，但大坝建成蓄水后地震明显减少，最大震级仅为 3.6 级左右。

水库蓄水后引发微小地震的现象，是全世界普遍存在的问题。然而，科学研究和大量的观测事实表明，水库蓄水本质上是一种地应力的调整过程，总体上会有利于减小地震灾害。

地震对大型水坝、水电厂安全性的影响一直是水库水坝建设最关注的问题之一。作为世界上水电资源最丰富的国家，水坝的抗震在我国是非常重要的研究领域。目前，我国已经制订了一系列的水坝工程抗震设计规范，每个大型水坝工程的修建都必须达到这方面的技术标准。另一方面，公众对于地震对大坝安全性的影响，也不必过分担心。就人类现有对地震的研究水平来看，人们总能够通过已有的地震资料分析和地质勘探，让准备修建的水库坝址避开强烈的地震断裂带。同时，通过对坝址的地基处理和坝形选择，也可以大大降低地震对大坝工程的危害。

二、地震对水库环境的影响

1. 地震对坝体的影响

在地震过程中，地壳岩石破裂的结果，不仅产生断层引起地表裂缝和错动，而且由于地壳岩石破裂时释放出来的巨大能量将转化成地震波的形式，由震源向四面八方传出。当地震波到达地表时，就会出现地面的颠簸、摇晃和扭转等现象。建造在地球表面的大坝及其地基也将随之受到地震力的作用。当大坝及其地基不能适应这种特殊的地震力作用时，就会出现不同形式和不同程度的损伤和破坏。

大坝的地震危害来源于地基方面的有：断层的错动、地表的裂缝、地基的滑动、山体滑坡、地基沉陷、饱和砂土地基的液化或流塑失稳、坝基的漏水、管涌等。发生在上部结构的破坏主要有：坝身裂缝、结构断裂、建筑物倒塌、坝渗漏水、滑坡、失稳等。大坝的地震危害，轻的可能只是建筑物本身出现裂缝或渗水，而严重的则可能导致坝体的崩塌溃决、洪水泛滥，从而造成下游巨大生命与财产损失的次生灾害。因此，在大坝的设计、施工中，必须十分重视建筑物的抗震安全，对于修建在高烈度地震区的工程，这一点尤其重要。

世界上受大于6级强烈地震（大部分是天然地震）影响的混凝土坝有22座，但受损的只占30%。受损的程度取决于震中与大坝的距离，震中距大坝10km范围内，大坝都有可能受到损坏。唯一例外的是美国下克里斯特尔斯普林斯坝，1906年该坝顶住了圣弗朗西斯科8.3级地震，虽然震中距大坝只有0.4km。后来检查其原因，是由于该坝为一座雄厚的宽梯弧形重力坝，原考虑后期加高，所以断面大大超过了原设计的尺寸，过大的安全系数使其免于崩溃。

地震时坝顶最易遭到破坏，坝顶上附加的非结构建筑物和过坝公路极易被破坏。

混凝土坝受地震破坏的有：①103m高的印度戈依纳重力坝于1967年遭受6.5级地震破坏，其距震中只有3km。在坝顶下6m断面变化处出现贯穿坝体的连续水平裂缝。②日本的丰捻池连拱坝和美国加利福尼亚州的帕科依马拱坝。后者距1971年圣费尔南6.6级地震造成的断层只有5km，地震造成其坝体微倾斜及左坝肩一条14m长的裂缝，另外一些裂缝在震后愈合。在坝区还出现岩崩现象。③我国的新丰江支墩坝水坝和伊朗的塞菲德卢德水坝。新丰江水坝由于在6.1级主震前进行了加固，受损程度较轻。塞菲德卢德支墩坝于1990年6月21日在距坝极近的地区发生了7.3~7.7级地震，损失惨重。附近有4万人丧生，10万座建筑物倒塌。坝的顶部出现水平裂缝、错位和扭转，永久性位移达10mm，支墩间出现的顶部差动位移横贯坝体。

相对而言，土坝较能适应地震，受损坏较小。如果土坝建在松散的无凝聚性的地基上，则地震时易使地基液化而溃坝，特别是水力充填坝，受液化的危险性更大。

总之，地震对大坝的影响主要有两个方面：一是地震引起地基失效，包括不均匀沉陷、变位、裂缝、增大渗透压力、坝基渗漏及边坡失稳和断层错动；二是地震对结构的振动和影响等。

2. 地震对环境的影响

地震对环境的影响主要是次生灾害。在斜坡陡峻的山区发生地震，极易引起滑坡、岩崩、泥石流等地质灾害，因而毁坏房屋、农田和矿井。而在水库地区发生地震，则由于滑坡可能引起涌浪危及大坝的安全。例如，意大利瓦依昂水库于1963年9月16日发生4级地震，时值暴雨，引起左侧库岸山体大滑坡，体积达3亿m^3，激起70m高的涌浪，使3000万m^3库水越过271m高的拱坝坝顶冲向下游，使大坝下游的郎加仑镇夷为平地，2000多人丧生。

另外，一些岩溶地区发生水库诱发地震后，常引起地面塌陷，形成新的岩溶漏斗，并使库岸滑坡和蚕食农田；地裂缝破坏道路并使房屋开裂而倾倒；地下河洞顶塌落，堵塞水流，使上游岩溶谷地被洪水淹没。在峡谷地区，由于重力能释放而发生浅源地震，可能导致谷坡岩体滑动和崩塌，甚至堵塞河道。

复习思考题

1. 水电厂的建设和使用对水环境的影响表现在哪些方面？
2. 水电厂的建设和使用对生态系统产生的影响主要为哪些方面？
3. 水电厂的建设和使用使微生物受到怎样的影响？
4. 水电厂的建设和使用对植物有何影响？
5. 水电厂的建设和使用对动物有何影响？
6. 水电厂的建设和使用对鱼类有何影响？可采取哪些保护措施？
7. 水库诱发地震有何特点？
8. 诱发地震需要哪些条件？

第八章 输变电环境保护

输变电系统的环境问题主要包括：工频电场和磁场、无线电干扰、生态、噪声等几个方面。由于输变电工程占地规模小，其生态影响不突出，噪声在下一章介绍，本章主要介绍工频电场、工频磁场、无线电干扰对环境的影响及防护。

第一节 输变电环境问题及控制标准

一、工频电场、磁场与电磁辐射

在当今世界上，我国及部分国家的电力频率采用的是50Hz，另外有部分国家采用的是60Hz，因此，在电力或动力领域中，通常将50Hz（或60Hz）频率称为工业频率（简称工频）。在临近输电线路或电力设施的周围环境中，将产生工频电场与磁场。工频电场与磁场不会像高频电磁场那样以电磁波形式形成有效的电磁能量辐射或体内能量吸收。

《电磁辐射防护规定》（GB 8702－1988）明确指出，电磁辐射防护限值的使用频率范围为100kHz～300GHz，50Hz的工业频率并不包括在内。电磁辐射分为两类：一类是X射线、γ射线等电离辐射；另一类是射频、微波等非电离辐射。国际“电磁兼容”标准中规定，9000Hz以上的频率称为“射频”，微波的频率更高，在300MHz～300GHz之间。9000Hz以下频率因辐射量太小，可以认为基本不会发射电磁波。

我国电网输变电设备的频率为50Hz，远小于9000Hz的“射频”，其辐射完全可以忽略。国际权威组织在极低频领域内，只涉及电场与磁场分析，而不使用电磁辐射这一笼统、模糊的概念及术语，将输变电的电磁场称为“电磁环境”。

1. 工频电场的产生

带电导体周围的电场是由导体上载有的电荷所产生的。我们周围的低频电场（一般指0～300Hz频率范围）通常与电力的传输与应用有关。当电气设备接通电源时，其导体就带有低频的交变电荷，同时在导线与大地之间的周围空间中就形成一个低频电场。电场的强度是用沿某方向单位距离内的电位差（即“电压”）来度量的，电场强度的计量单位为V/m（伏/米）或kV/m（千伏/米）。

2. 工频磁场的产生

运动电荷或电场的变化产生磁场。电气设备工作或运转时需要电流来做功，上述电流必然会在载流导体周围感应出低频磁场。表征电流产生磁场能力的物理量称为磁场强度（H），以A/m（安培/米）为计量单位。磁感应强度又称磁通密度，即单位面积的磁通量大小。

磁场强度和磁感应强度均为表征磁场性质（即磁场强弱和方向）的两个物理量。磁场是由电流（或者说运动电荷）引起的，磁介质（除超导体以外的物质均为磁介质）在磁场中发生的磁化对源磁场也有影响（场的叠加原理）。在充满均匀磁介质的情况下，若包括介质因磁化而产生的磁场在内时，磁场的强弱常常用磁感应强度B表示。磁感应强度的法定计量单位为 T（特斯拉），在人体所处环境中，磁感应强度的计量单位一般采用 mT 或 μT 来计量（$1mT = 10^{-3}T$，$1\mu T = 10^{-3}mT$）。

在生活环境（自由空间）中，磁场强度与磁感应强度的关系式为

$$B = \mu_0 H$$

式中，μ_0 为自由空间中的磁导率。由于在自由空间中磁感应强度（B）与磁场强度（H）成一定比例关系，故也可以采用磁场强度来描述环境中空间磁场的强弱。

二、工频电场、磁场的危害

1. 对人体健康的影响

到目前为止，国内外没有科学证据显示输变电设施工频电场或磁场会对人体健康造成危害。ICNIRP 是被世界卫生组织、国际劳工组织和欧洲联盟所正式认可的非离子辐射保护的非政府独立科学组织。“ICNIRP 导则”关于工频电磁场对人体健康影响的核心结论为：

1）从流行病学对于 EMF 场（100kHz 及以下）暴露与癌症的关系，包括儿童白血病在内的研究结果提出，在缺乏实验研究支持的情况下，不足以形成制订暴露导则的科学依据。

2）暴露于工频电场下，人们的直觉感受是触及处于不同电位的金属物体时的电刺激感，“ICNIRP 导则”称之为“非直接影响”，并为之规定了接触电流的限值。“ICNIRP 导则”指出：对职业暴露 50Hz、10kV/m 的场强已包含足够的安全裕度去防止在所有可能条件下由接触电流引起的刺激效应；在采取管理或技术措施排除有害的非直接影响的前提下，场强可以超过限值。

由于输变电工程工频辐射能量非常小，当前在权威国际导则和相关标准中，多采用电磁感应这一更科学的表述，而不再用电磁辐射来表述。电磁感应强调人对电磁的感应，其能量非常小，人体可以感觉得到。例如，在天气潮湿的情况下，人体接触到高压架空电线下工作着的未能接地的金属物体时，会产生麻痛的感觉，这就是电磁感应现象，但是其能量非常小，类似冬天脱毛衣时产生的静电效应，不会对人体产生危害。

2. 对无线电的干扰

输变电工程的无线电干扰可分为有源干扰和无源干扰。前者主要是由导线及金具表面电晕放电和绝缘子因局部场强过高引起火花放电产生，频率范围基本上在 30MHz 以下。后者则是由于无线电信号遇到线路的导线和铁塔后因电磁感应而形成散射和遮蔽作用，这种作用主要表现在 30MHz 以上，尤其是特高频段。由于导线、铁塔体积比较小，对无线电信号的散射和遮蔽很微弱，产生的无线电干扰主要以电晕放电产生的无线电干扰为主，其频率基本上在 30MHz 以内。

输变电工程的无线电干扰主要是对无线电信号的接收质量产生影响，相当于开关收音机时，收音机“喀嚓”一声的能量水平，不会对人体构成危害。

三、工频电场和磁场标准

1. 国内外工频电场和磁场标准

1990 年，国际辐射防护协会所属国际非电离辐射委员会向世界推荐了频率为 50Hz/60Hz 电场、磁场照射限值的临时指导原则，参见表 8-1。它把照射限值分为职业照射限值和公众照射限值。

表 8-1　国际非电离辐射委员会关于工频电场和磁场的辐射限值的规定

受照对象	受照时间	电场强度/（kV/m）	磁感应强度/mT
职业照射	整工作日内	10	0.5
	短时内	30	5
	局限于四肢	/	25
公众照射	每天至多达 24 h	5	0.1
	每天数小时	10	1

1998 年，我国国家环境保护局发布了 HJ/T 24—1998《500kV 超高压送变电工程电磁辐射环境影响评价技术规范》，该规范推荐居民区工频电场强度限值为 4kV/m，居民区工频磁感应强度限值为 0.1mT。该规范也可参照应用于 110kV、220kV 及 330kV 送变电工程电场和磁场环境影响评价。

一些组织和国家居民区工频电场和磁场限值参见表 8-2。

表 8-2　一些组织和国家居民区工频电场和磁场限值

	电场强度/（kV/m）	磁场强度/mT
国际非电离辐射防护委员会（1999 年）	5	0.1
欧洲标准化委员会（1995 年）	8.333	0.533
英国（1993 年）	12	1.6
澳大利亚（1989 年）	5	0.1
中国（1998 年）	4	0.1

由表 8-2 可知，西方发达国家现行的工频电场和工频磁场限值要比我国目前的规定宽松得多。

2. 输电线路和居民房屋距离的规定

为确保输变电设施安全运行，同时也能考虑到保护公众的利益，电力部门在输电线路设计时严格执行 DL/T 5092—1999《110～500kV 架空送电线路设计技术规程》，确保输电线路跨越或邻近民房时，导线与建筑物的距离既符合安全要求，又满足环境保护标准。输电线路跨越或邻近建筑物时，导线与地面、建筑物距离的有关规定见表 8-3～表 8-6。

表 8-3　导线对地面最小距离　（单位：m）

线路经过地区	标称电压/kV			
	110	220	330	500
居民区	7.0	7.5	8.5	14
非居民区	6.0	6.5	7.5	11（10.5）
交通困难地区	5.0	5.5	6.5	8.5

注：500kV 送电线路非居民区导线距地面 11m 用于导线水平排列，括号内的 10.5m 用于导线三角排列。

表 8-4　导线与建筑物之间的最小垂直距离

标称电压/kV	110	220	330	500
垂直距离/m	5.0	6.0	7.0	9.0

表 8-5 边导线与建筑物之间的最小距离

标称电压/kV	110	220	330	500
距离/m	4.0	5.0	6.0	8.5

注：导线与城市多层建筑物或规划建筑物之间的距离，指水平距离。

表 8-6 边导线与不在规划范围内城市建筑物之间的水平距离

标称电压/kV	110	220	330	500
距离/m	2.0	2.5	3.0	5.0

3. 送电线无线电干扰限值

根据《高压交流架空送电线无线电干扰限值》（GB 15707—1995），频率为 0.5MHz 时，高压交流架空送电线路无线电干扰限值见表 8-7。频率为 1 MHz 时，高压交流架空送电线无线电干扰限值为表 8-7 中数值分别减去 5dB（μV/m）。

表 8-7 无线电干扰限值（距边相导线投影 20m 处）

电压/kV	110	220 ~ 330	500
无线电干扰限值/dB（μV/m）	46	53	55

该标准规定了高压交流架空送电线路在正常运行时的无线电干扰限值。该标准适用于运行时间半年以上的 110 ~ 500kV 高压交流架空送电线路产生的频率为 0.15 ~ 30MHz 的无线电干扰。

第二节 工频电场、磁场的强度与防护

一、工频电场强度及影响因素

1. 工频电场强度

由于高压输电线路导线直径很小，因此邻近导线处电场高度集中，线路导线与大地间的空间电场分布是不均匀的。输电线路产生的工频电场强度的特点有：随着离开导线距离增加，电场强度降低很快；工频电场很容易被树木、房屋等屏蔽，受到屏蔽后，电场强度明显降低。不同电压等级的输电线路下及变电站（所）内离地面 1m 高处的空间电场强度分布情况参见表 8-8。

表 8-8 110 ~ 500kV 输电线路下及变电站（所）空间电场强度值

线路电压等级/kV	电场强度/（kV/m）	变电站（所）电压等级/kV	电场强度/（kV/m）
110	0.1 ~ 2.0	110	2.0 ~ 3.0
220	2.5 ~ 6.0	220	5.0 ~ 6.0
330	5	330	7.5 ~ 10
500	6.5 ~ 10	500	8.5 ~ 10

变电站与输电线路不同，站内电器设备较多，结构亦复杂。不仅如此，还有构架、围栅、控制箱、电缆沟、各种引线等。正因为这样，站内的电场强度分布不会像输电线路下面

那样均匀，所以通常变电站（所）配电装置附近区域内的电场分布采用统计概率分布方法来表示，也可以在现场实际测量。我国湖北省内500kV凤凰山变电站内空间电场强度和人体感应电流统计分析测得的最大电场强度是11.2kV/m，最大感应电流是150μA；大于10kV/m的区域仅占0.8%，主要是在导线交叉处及电压互感器等一些电器设备附近；值班人员巡视道上的场强值为4～7kV/m。

2. 工频电场强度的影响因素

（1）相导线对地高度　对地面来讲，在档距（相邻两杆塔中心桩之间的水平距离）中央导线弧垂最低点处地面场强最大，向档距两端杆塔接近时，则场强随之减弱。

电场强度的最大值随导线离地高度的增加而迅速减小。利用这一关系，可以通过抬高导线对地高度来减小地面电场强度。500kV单回路输电线路不同对地高度时的地面电场强度值参见表8-9。从表中看出，随着导线对地距离的增加，电场强度减小程度逐渐缓慢。

表8-9　500kV单回路输电线路不同对地高度时的地面电场强度

对地高度/m	10	11	12	13	14	15	17	19	21	23
地面电场强度/（kV/m）	11.45	9.94	8.71	7.70	6.88	6.17	5.05	4.21	3.60	3.12

（2）电压等级　电压等级越高电场强度越强，参见表8-8。

（3）线路设计参数　①三相导线的布置方式，例如三角形布置、水平等高布置、三相垂直布置等，在导线最小对地高度相同的情况下，水平布置方式的地面场强最高。②三相导线相间距离。相间距离减小时，最大场强值和高场强覆盖范围都相应减小，但场强的减小程度没有增加线路对地距离的效果明显。③每相导线是否采取分裂结构，如采用2分裂或4分裂等结构，因其增加了高压导线的等效半径，可明显减少线路电晕和相应的噪声，但同时会提高线路下方临近地面处的电场强度。④分裂导线间的分裂间距。分裂间距提高，地面最大电场强度提高。⑤是否采用同杆多回路，同杆多回路结构布置以及各路相互间的相序是否优化排列等。同一电压等级的输电线路，因线路结构与设计参数不同，周边地面最大电场强度可有成倍的差异。

二、工频磁场强度及影响因素

输电线路工频磁场强度的特点有：随着用电负荷的变化，即通过输电线路电流的变化，工频磁场强度也随着变化；随着与输电线路距离的增加，工频磁场强度快速降低，并且与工频电场强度相比，工频磁场强度随距离变远，下降得更快；与电场不同，50Hz的工频磁场很容易穿透大多数物体（如建筑物和人），且不会受这些物体干扰；交流输电线路的三相电流大小相等，相位互差120°，一般可认为离导线较远的地方，三相电流产生的电磁感应相互抵消为零。但是为了提高导线的电气绝缘性能，500kV输电线路线间的距离加大，因此在距输电线路200～300m的地方，就不能再将三相导线看成一个点了，同时输电线附近的磁感应强度也明显增加。

一般输电线路产生的电场较高，而磁场是比较低的。日常生活中，彩电或电炊具附近的磁感应强度为0.5～1.0mT，而500kV输电线路下的最大地面磁感应强度仅为0.035mT，与前者相比要小1～2个数量级。不同电压下磁感应强度亦不相同，表8-10列出了不同输电线路及电气设备的磁感应强度。

表 8-10 输电线路及电气设备的磁感应强度

输电线路	磁感应强度/μT	电气设备	磁感应强度/mT
低压输电线路	4	强电流装置	1
中压输电线路	6	电抗器	2
高压输电线路	10	感应炉	10
超高压输电线路	47		

输电线路周边的工频磁场强度主要取决于线路电流的大小、线路导线的排列方式、观测点与导线的距离等。

三、输电线系统电磁污染防护措施

在电网设计、施工和生产运行中积极应用先进技术和工艺，如采用海拉瓦技术优化路径选择，回避环境敏感目标；采用特高压输电技术、紧凑型输电技术、同塔多回输电技术、大截面积导线和直流输电技术等，提高输电容量，节约环境资源；采用张力放线和高塔高跨、线路杆塔高低腿设计，减轻对环境的影响；城市变电站建筑美化外观设计，与周边环境相协调。

电磁污染的防护首先要减少和控制污染源，使电磁场强度在规定的限值内；另一方面，要采取相应的防护措施，保障职业人员和公众的人身安全。

1. 技术防护

减少电磁污染的措施很多，如屏蔽、滤波、接地、布线等技术，都可最大限度地减少污染。电磁场的防治工作可从源强、传播途径和接受体三个环节进行。

（1）源强　对于输电线路，通过控制高压输电线路下的工频电场强度值，可有效地防止静电感应的产生。根据输电线路跨越农田、公路、航道和民房等不同情况，可采取优化输电线路电压等级、增大导线对地距离、采用三角排列、减小相间距离、减小分裂导线根数、采用双回路线路逆相序排列、提高导线光洁度等一系列措施降低输电线路下的空间场强及输电线的静电效应影响。高压输电线路下，表面积很大的金属物体必须良好接地，否则会对人产生电击。

对于变电站，可采取以下措施减缓电磁污染。①对于电磁污染较严重的电抗器，可采用干式铁心电抗器代替，同时在电抗器室用非导磁材料加以屏蔽。干式铁心电抗器不易燃，不漏油，体积小（占地面积仅是相同容量的空心电抗器的30%～50%），便于维护，有铁心结构，漏磁小，对周围环境的电磁污染小，适合于城市变电站。②各电压等级的配电装置应尽量采用开关柜及封闭式母线等，同时利用金属罩的屏蔽作用降低电磁场强度。应采取措施减少变电站电气设备的放电，如使用设计合理的绝缘子，控制绝缘子表面放电；减少因接触不良而产生的火花放电；避免尖角和凸出物等引起火花放电产生高频电场等。对裸露的电气设备同样应采取有效的屏蔽措施。③变电站建筑物设计中采取适当的屏蔽措施，并保证电气设备房间墙壁的厚度。

（2）传播途径　可通过屏蔽线或屏蔽网等屏蔽办法减小地面场强。屏蔽工频磁场要比屏蔽工频电场困难。常用金属网和金属板进行静电屏蔽和交变电磁场屏蔽，同时还可利用建筑物及其内部所用材料的电磁场屏蔽作用减小地面场强。此外，树木、绿化带及地形等对电场的衰减作用也减小了输电线路下的空间电场强度。

同时，可在高压输电线路经过区域建立线路保护区。线路保护区的设计必须严格按设计标准进行。220kV 以上的超高压输电线路必须建立卫生防护走廊，宽度为 4～50m，走廊下的障碍物（树木等）应基本清除干净。

输电线路的电磁污染与对地距离有关，因此高压输电线路的对地距离应符合设计标准。

为防止无线电干扰，应设立无线电设施防护距离。高压输电线路与无线电中心的最小距离见表 8-11。

表 8-11　高压输电线路与无线电中心的最小距离

设施名称	架空线路与无线电中心的距离/m
无线电发射中心的中波及长波的无线电装置	100
无线电发射中心的短波天线装置在最大辐射方向	300
短波发射天线及无线电中继站的接收天线	200
主干线、省及区域性无线电通信中心	2000
无线电接收分站	1000
当地无线电转播台	400

按照以上标准设计架空高压输电线路、变电站无线电干扰防护间距时，当架空电力线路经过广播电台或电视差转台附近时，应尽可能使线路从这些台的非主要信号接收方向一侧通过。

（3）接受体　可采取远离措施，如建议输电线路、变电站 250～300m 规定范围内不建住宅和人群密集的活动场所，以及穿抗电磁辐射服装等措施。

当然，在输变电线路建设中需综合考虑诸多技术和经济条件，选择合理可行的设计方案。

2. 距离防护

可通过适当加大场源与接受体间的距离以较大幅度地衰减工频电场、磁场强度，从而减少电磁污染。在个人保护上，为减小电磁场对人体的影响，居民应尽量远离电磁场污染源区，在电磁场较强的区域内活动的维护人员可穿导电服（屏蔽服）。

3. 规划布局

输电线路设计选线、定位时，要充分了解线路经过区域城市规划部门有关线路走廊的情况。通过对线路经过区域居民区、通信线及其他电子设施布置的调查，明确走廊内的电磁环境敏感点及敏感区域。输电线路具体设计时，要考虑避让和防护距离问题，减小工频电磁场对人体及其他电子设施的干扰影响，如输变电线路路径应避开自然保护区、国家森林公园、风景名胜区、城镇规划区、机场、军事目标及无线电收信台等重点保护目标。同时，可在沿线路走廊区域划定禁区、缓冲区及安全区，并对每个区域内的土地用途及相关的限制做出具体规定。

4. 提倡绿化

植树造林、绿化环境一直以来被认为是人类改造自然，美化、净化环境的有力武器。绿化对粉尘、某些毒物、噪声等污染物都有良好的清除作用，其作为电磁污染防护手段的作用也是不可低估的。植物尤其是高大树木、茂密的花丛，对电磁污染能量有较好的吸收作用。

树木的树干、树枝和植物叶子的表面粗糙不平并且多绒毛，有些树叶和树干分泌出某些油脂和粘液是良好的电磁能量吸收体。有人估算，在工业电磁污染区域与居民区，通过这种林木带后，电磁场强度将大幅度衰减。因此从防止电磁污染的角度出发，应提倡植树造林、绿化环境。在各个区域之间，特别是工业区与住宅区之间应建造绿化带，营造美丽而自然的吸收屏障，以达到有效地防止电磁污染的作用。同时场源周围的土质、地貌也会对场强的分布状况和场强的衰减规律产生直接影响，对此应进一步研究。

复习思考题

1. 输变电系统的环境问题主要包括哪些方面？
2. 工频电场和磁场对环境有哪些影响？
3. 输电线路产生的工频电场强度有何特点？
4. 影响工频电场强度的因素有哪些？
5. 输电线路工频磁场强度有何特点？
6. 输电线系统电磁污染防护措施有哪些？

第九章 噪声污染与防护

第一节 噪声控制基础知识

噪声是声音的一种，从物理学观点来看，噪声是指声强和频率的变化都无规律的杂乱无章的声音；而从心理学观点来看，凡是人们不需要的声音都属于噪声。噪声的形成必须具备三个要素：首先要有产生振动的物体，即声源；其次是传播途径；最后还要有声音的接受器，如人耳、传声器等。

一、噪声的种类

噪声的种类很多，按照声源的不同，可以分为工业交通类噪声和社会生活类噪声两大类。前者主要有空气动力性噪声、机械性噪声和电磁性噪声；后者主要有生活电器噪声、声乐噪声和人类语言性噪声。

(1) 空气动力性噪声　这类噪声是在高速气流、不稳定气流中，由于涡流或压力的突变引起了气体的振动而产生的。例如通风机、鼓风机、空气压缩机、燃气轮机、锅炉排汽放空等所产生的噪声都属于这一类。

(2) 机械性噪声　这类噪声是在撞击、摩擦和交变的机械力作用下部件发生振动而产生的。例如球磨机、破碎机等产生的噪声属于这一类。

(3) 电磁性噪声　这类噪声是在交变磁场作用下，铁磁性材料磁场伸缩引起电气部件振动而产生的。例如电动机、变压器等产生的噪声属于此类。

(4) 生活电器噪声　此类噪声是由于电话机、电子计算机及电视音响等产生的。

二、描述噪声的基本量

描述噪声高低的物理量是频率，描述噪声强弱的物理量是声强、声压、声功率以及各自相应的级等，描述噪声大小最重要的主观评价量是A声级。

1. 声压与声压级

声源的振动以声波的形式在介质中传播，传播所涉及的区域称为声场。当声波在空气中传播时，声场中某一点的空气分子在其平衡位置沿着声波前进的方向发生前后振动，使平衡位置处空气的密度时疏时密，引起平衡位置处空气的压力相对于没有声音传播时的静压发生变化。将该点空气压强相对于静压强的差值定义为该点的声压。在连续介质中，声场中任一点的运动状态和压强变化均可用声压表示。因为声波作用引起声场中某点介质压缩或膨胀，所以声压有正有负。

声压级定义为某一声压与基准声压 p_0（2×10^{-5}Pa）之比的常用对数乘以20，其表达式为

$$L_p = 20\lg\frac{p}{p_0} \tag{9-1}$$

式中，L_p 为声压级（或记 SPL），单位为 dB；p 为声压，单位为 Pa。

用声压级代替声压的好处是把刚刚能听到的声压（基准声压，也称听阈声压）与震耳欲聋的声压（痛阈声压）由差值数百万倍的范围规范在 0 ~ 120dB 范围，在计算上用小的数字来代替庞大的数字，这就简化多了。

2. 声强与声强级

声音在介质中传播时，介质本身并不随着声波传播出去，而只是在其平衡位置附近来回振动，可见声音的传播实质上是振动的传播，传播出去的是物质的能量，而非物质本身。声强定义为垂直于声波传播方向单位时间、单位面积上通过的声音的能量。通常用 I 来表示，单位为 W/m^2（瓦/平方米）。

声强以能量的方式来度量声音的强弱，声强越大，表示单位时间内耳朵接受到的声能越多，声音就越强。为使用方便，通常用声强级 L_I 代替声强来描述声音的强弱，其表达式为

$$L_I = 10\lg\frac{I}{I_0} \tag{9-2}$$

式中，I_0 为基准声强，$I_0 = 10^{-12}W/m^2$。

3. 声功率与声功率级

在单位时间内声源发射出来的总声能称为声功率，其单位为 W（瓦）。声功率的大小反映声源辐射声能的本领。声强与声功率 W 的关系为

$$I = W/S \tag{9-3}$$

式中，S 指垂直于声波传播方向的面积。

对声源来说，声功率是恒量，而声强与声压在声场中不同地点有不同的值，它与离开声源的距离成反比。

声功率的大小，通常也以级的形式，即声功率级 L_W 来表示：

$$L_W = 10\lg\frac{W}{W_0} \tag{9-4}$$

式中，W_0 为基准声功率，$W_0 = 10^{-12}W$。

4. 声波的频率

在声波存在的媒质中，媒质质点每秒完成振动的次数称为声波的频率，单位为 Hz。人耳能听到的声音，其频率一般在 20 ~ 20000Hz 之间。这个范围内的声音称为可听声，高于 20000Hz 的声音称为超声，低于 20 Hz 的声音称为次声。蝙蝠、狗等动物可以听到超声，老鼠等动物可以听到次声。在声频范围内，声波的频率越高，声音显得越尖锐，反之显得低沉。通常将频率低于 300Hz 的声音称做低频声；300 ~ 1000Hz 的声音称为中频声，1000Hz 以上的声音称为高频声。

5. A 声级

为了能用仪器直接读出反映人耳对声音强弱的主观感觉的评价量，人们提出了用电子网络（亦称计权网络）来模拟不同声压下的人耳频率特性。声级计便是满足这种要求的仪器，在声级计中一般都设计了 A、B、C 三条计权网络，测得的声级分别是 A、B、C 声级。计权网络实际上是一种电子滤波线路，它使所接收的声音按不同的频段有一定的衰减。C 计权网络在整个可听频率范围内有近乎平直的特性，对可听声音的频率范围基本上不衰减，因此它一般代表总声压级；B 计权网络对 250Hz 以下的声音有较大的衰减；A 计权网络对 1000Hz

以下的声音有较大的衰减。

用A计权网络测量出来的噪声强度，由于它对低频声较迟钝，而对高频声较灵敏，故与人耳对噪声的主观感觉比较接近，它也与人耳听力损伤程度相对应，A声级的单位记作dB（A）。A声级在噪声测量和评价中应用最为广泛。

三、噪声污染的危害

1. 对人体生理的影响

噪声直接的生理效应是引起听觉疲劳直至耳聋。在噪声长期作用下，听觉器官的听觉灵敏度显著降低，称作“听觉疲劳”，经过休息后可以恢复。若听觉疲劳进一步发展便是听力损伤，分轻度耳聋、中度耳聋直至完全丧失听觉能力。比如，人耳突然暴露在高强度噪声环境下［如140～160dB（A）］，常会引起鼓膜破裂，双耳可能完全失聪。

噪声间接的生理效应是诱发一些疾病。噪声会使大脑皮层的兴奋和压抑失去平衡，引起头晕、头痛、耳鸣、多梦、失眠、心慌、记忆力减退、注意力不集中等症状；噪声还会对心血管系统造成损害，引起心跳加快、血管痉挛、血压升高等症状；噪声使人的唾液、胃液分泌减少，胃酸降低，引起肠胃功能紊乱，从而易患肠溃疡和十二指肠溃疡。

2. 对人体心理的影响

噪声干扰人们的交谈、休息和睡眠，从而使人产生烦躁，降低工作效率，对那些要求注意力高度集中的复杂作业和从事脑力劳动的人，影响更大。另外，由于噪声分散了人们的注意力，容易引起工伤事故，尤其是在噪声强度超过危险警报信号和行车信号时，更容易发生事故。

3. 对生产活动的影响

噪声对语言、通信的影响很大，轻则降低通信效率，影响通信过程，重则损伤人们的语言听力。强噪声会损坏建筑物，干扰自动化机器设备和仪器。实践证明，噪声强度超过135dB（A）会对电子元器件和仪器设备有影响；当噪声强度达到140dB（A）时，对建筑物的轻型结构有破坏作用；达到160～170dB（A）时使窗玻璃破碎。在航天航空事业中，噪声疲劳还可能会造成飞机及导弹失事等严重事故。

四、噪声控制技术

声源、传播途径和接收者构成一个声系统的三要素，因此，控制噪声必须从这三个方面考虑。对电力工业噪声的治理应根据各种声源的特征，综合考虑经济性、安全性、可行性、环保、实用等方面因素，有针对性地对各种声源及各类噪声进行相应的综合治理，才能达到整体降噪效果。

目前，电力工业控制噪声的技术措施主要有以下几种。

1. 在声源上控制

降低声源噪声，是控制噪声的最根本、最有效的措施之一。要降低声源噪声，首先要弄清产生噪声的机理和规律，通过研制和选用低噪声设备，改进生产加工工艺，提高机械设备的加工精度和安装技术，以及对振动机械采用隔振与阻尼减振等措施实现这一目的。

隔振是在机器设备下面装设隔振器（减振器）以减少或阻止振动传入地基的一种措施。阻尼减振是用阻尼材料涂刷在振动板材的表面，以减弱板材振动，降低噪声辐射的有效措施。

2. 在传播途径中控制

如果受制造工艺水平、工厂条件与经济因素的限制，无法从声源上控制噪声，就应在噪声传播途径中采取措施。具体方法有：

（1）隔声　在噪声传播的途径中把声音隔绝起来是噪声控制最有效的措施之一。隔声措施有：①隔声罩。把吵闹的机器设备全部密封起来，做成隔声间或隔声罩，使声源的声能辐射降低。隔声罩能有效地隔绝噪声源的噪声，是发电机、磨煤机常采用的治理措施。隔声罩的隔声量一般约为20～30dB。②隔声室。隔声室可以在强噪声环境中创造局部安静区，保护操控人员的安全。隔声室必须由隔声门、窗、墙面、屋顶构成，隔声量约为20～40dB。③隔声屏。隔声屏设置在噪声源与接受者之间，如宽约5m的绿化带平均降噪效果可达5dB。

（2）吸声　一般工厂车间的内表面多是一些硬的、对声音反射很强的材料，如混凝土的天花板、光滑的墙面和水泥地面。在这样的车间内，当机器发出噪声时，对操作人员来说，除了听到由机器传来的直达声外，还可听到由房间内表面多次反射形成的反射声（又称混响声）。直达声和反射声叠加，就加强了室内噪声的强度。根据实验，同样的声源放在室内和放在室外比较，由于室内反射声的作用，可以使声音提高十几分贝，所以常感到室内机器的噪声比室外响得多。

如果在室内天花板和墙壁的内表面装饰吸声材料或吸声结构，在空间悬挂吸声体或设置吸声屏，机器发出的噪声碰到吸声材料，部分声能就会被吸收掉，使反射声能减弱，操作人员听到的只是从声源发出经过最短距离到达的直达声和被减弱的反射声，这时总的噪声级就会降低。这种降低噪声的方法称为吸声处理。吸声处理是噪声控制的重要方法之一，在工业建筑和民用建筑中有广泛的应用。

吸声处理可以降低室内（远离噪声源）噪声5～10dB（A），也可以提高原有房间或厂房的隔声量5～10dB（A）。

（3）消声器　消声器的种类很多，形式多种多样，在工业交通等方面得到广泛的应用。比如各种大型机动设备，如柴油机、燃气轮机、航空喷气发动机以及各种通风机、鼓风机、压缩机的进排气管道，公共建筑中的空调系统的风机和输气管道，电厂高压锅炉，化工厂中各种高压容器排放管道，以及城市交通运输机动车辆的排气管道。这些设备管道如果装上消声器，均可使噪声降低20～40dB（A），大大改善空气动力性噪声对周围环境的污染。

3. 接收者个人防护

在某些特殊条件下，当声源控制和传播途径控制都难以达到标准时，便采取接收者个人防护这种被动的方法，即佩戴护耳器，如耳塞、耳罩、防声头盔和防声帽，或采取轮班作业，缩短在高噪声环境中的工作时间等。

五、噪声标准

根据最新修订的《声环境质量标准》（GB 3096—2008）和《工业企业厂界环境噪声排放标准》（GB 12348—2008）的规定，在厂界外声环境功能区的噪声排放限值参见表9-1。其中，0类标准适合康复疗养等特别需要安静的区域；1类标准适用于以居民住宅、医疗卫生、文化教育、科研设计、行政办公为主要功能，需要保持安静的区域；2类标准适用于以商业金融、集市贸易为主要功能，或者居住、商业、工业混杂，需要维护住宅安静的区域；3 类标准适用于以工业生产、仓储物流为主要功能，需要防止工业噪声对周围环境产生严重影响的区域；4 类标准适用于交通干线两侧一定距离之内，需要防止交通噪声对周围环境产生严重影响的区域。

表 9-1　厂界外声环境功能区的噪声排放限值　（单位：dB）

声环境功能区类别	昼间	夜间
0	50	40
1	55	45
2	60	50
3	65	55
4	70	60

目前，电力工业项目一般距离城市居住、商业区域较远，因此，噪声控制主要针对厂区内部。厂区内部的车间以及办公室等噪声标准依照《工业企业噪声控制设计规范》（GBJ 87—1985）执行，其标准限值参见表 9-2。

表 9-2　工业企业噪声标准限值　（单位：dB）

序号	地　点　类　别	噪声限值
1	生产车间及作业场所（人每天连续接触噪声 8h）	90
2	高噪声车间的值班室、观察室、休息室（室内背景噪声级）	75（有电话时） 70（无电话时）
3	精密装配线、精密加工车间的工作地点、计算机房（正常工作）	70
4	车间所属办公室、实验室、设计室（室内背景噪声级）	70
5	主控制室、集中控制室、通风室、电话总机室、消防值班室（室内背景噪声级）	60
6	厂部办公室、会议室、中心实验室（实验、化验、计量）（室内背景噪声级）	60
7	医务室、教室、哺乳室、托儿所、工人值班宿舍（室内背景噪声级）	55

第二节　发电厂的噪声与防护

一、发电厂噪声的来源

发电厂特别是火力发电厂，机械设备很多，且设备布置集中，各设备产生的噪声重重叠加，相互干扰，因而形成多重噪声污染源。发电厂噪声种类多样，既有沉闷的低频噪声，又有刺耳的高频噪声。噪声除来自主机及其辅助机械外，还来自管道系统的主要阀件。

1. 燃煤发电厂

燃煤发电厂产生噪声的设备有多种，其中主要的噪声有：①球磨机工作时产生的噪声。②流体在管道中流动时压力变化产生的噪声。③水泵、风机、汽轮机运转时产生的噪声。④压力设备的安全阀、减压阀开启时产生的噪声。⑤冷却塔水流滴水产生的噪声等。

安全阀和球磨机所产生的噪声强度大，尤其是锅炉汽包上的安全阀，汽包中的高温高压蒸汽从安全阀冲出，其压力骤降，蒸汽将被加速后进入空气中，引起空气介质的扰动而形成强度很大的噪声。球磨机产生的噪声是由于钢球撞击球磨机的桶壁而造成的，同样，其强度也很大。

2. 燃气发电厂

燃气发电厂的噪声是综合性的，它主要的噪声源为吸风口、空气压缩机、燃气轮机和排烟口。空气压缩机为多级离心式或轴流式的，由于叶轮受气体的冲击、叶轮与壳体之间间隙的气体扰动及其他种种原因，使气流产生强烈脉动和周期性振动，以致引起叶片与机体随之振动而产生很大噪声。另外，由于各种噪声的交错，使得噪声频率范围很宽广，如在63～8000Hz之间，噪声在110dB（A）以上。此外，又因燃气轮机本体结构的特点，使压缩机、燃气机和燃烧室成为一个整体，无法密封，一般为露天布置，这样会使噪声辐射面广、影响大。

3. 水力发电厂

水轮机组多为竖轴式。励磁机暴露在运行层，产生的噪声约为86～90dB（A）。在运行层下是发电机室，上部是金属盖板，盖板下（如上风洞）的噪声能达103～115dB（A）。再下层即为水轮机层，噪声能达到90～97dB（A），噪声频率介于1000～2000Hz。水轮发电机噪声频率通常为低频。

有的水力发电厂为解决水轮机叶轮的气蚀问题，采用无缝钢管（如管径为100mm）补气，但补气时却产生90.5～96dB（A）刺耳的气流噪声，频率介于250～1000Hz。水轮发电机组运行时，由水轮机层通道向发电机运转层传递水轮机室、补气装置产生的噪声，加上发电机的上风洞和励磁机产生的噪声，能使发电机层的运行值班工作平台处的噪声高达88dB（A）以上。

二、发电厂噪声的控制

1. 汽轮机噪声的控制

汽轮机是火电厂的主体设备，通常布置于运行层。由于它振动较剧烈、噪声大、频带宽，以及设备位置高，因而噪声扩散面广，是主要噪声源。它所产生的噪声频率为125～8000Hz，除由转子产生较高的噪声频率外，其余部分均由于强烈振动，激发周围物体振动并与之产生共振，发出噪声。

目前，一般治理方法是给汽轮机加装一个用吸声材料制成的隔声罩，这对降低中、高频率的噪声效果很明显。但是，还有很大一部分低频噪声是由振动传递的，无法用隔声罩消除。鉴于这种情况，提出利用限制振动扩散来减弱因振动而产生的低频噪声。例如，在汽轮机基础周围挖一条较深的封闭性的地沟（具体深度可根据对减振要求的程度确定），宽度要适宜，只要满足施工要求即可。地沟施工完毕后，在沟中填塞一些弹性材料与零米层平齐。另外，加热器平台基础应与汽轮机基础分开，对平台与汽轮机基础应尽可能采用柔性连接，而对其他管道连接部分只做适当处理，如加补偿器、采用弹簧支吊架等。

上述治理措施是基于振动能量以球面波形式传播原理为基础的。这种传播形式传播面积越大，振动能量越小。产生振动能量越小，噪声影响也就越小。这种方法适用于任何由振动产生低频噪声的设备。

2. 球磨机噪声的控制

燃煤火电厂采用的球磨机噪声大、声能强，因此必须采取有效措施控制其噪声。目前，球磨机噪声都采用隔声的方式处理，即在球磨机的外围增加隔声罩，使球磨机的噪声降低15～20dB，仅有部分噪声传出隔声罩，从而大大降低了噪声强度。

球磨机降噪另一个有效措施是降低机械振动强度，这可以从以下几个方面考虑：①利用橡胶衬板取代球磨机的金属衬瓦。由于橡胶的吸振能力强，因此可降低球磨机运行时筒体的振动，使噪声降低15～20dB。单利用橡胶衬板代替金属衬瓦，球磨机的磨煤效率将有所下降，且橡胶衬板容易磨损。②衬板采用螺旋线布置方式。衬板的布置由水平布置改为螺旋线布置，可降低噪声8～12dB，且可提高球磨机的效率，降低耗能。③改变钢球形状。采用18面体或24面体钢球代替原有的球形钢球，可降低噪声5～8dB。

3. 风机水泵等噪声的控制

燃煤电厂中大型风机的噪声达85～99dB，因此风机降噪是电厂必须采取的措施，具体措施如下：

（1）采用低噪设备和消声器　目前电厂所使用的电动机均为低噪声、高性能电动机。安装消声器是风机降噪的一个非常有效的措施，在风机进出口处加装消声器，可降噪10～20dB。

（2）设置隔声罩　风机多采用设置隔声罩的方法降噪。隔声罩一般采用钢板、塑料板、木板或者砖墙、混凝土墙等建造。用钢板建造的隔声罩外壁再添加一层高阻尼的材料，能显著降低噪声，降噪量可达34dB。在隔声罩内壁添加一层多孔纤维吸声材料，可降低噪声12～17dB。

（3）建造消振基础　降低风机振动可使用消振基础。建造风机基础时，采用橡胶、软木等弹性材料为风机减振，可使风机传递给地面基础的振动减小，从而降低噪声。

（4）降低振动的产生　降低风机自身振动可采用调速电动机，节约电能的同时还可避免风机喘振。使用近似径向单板的弧形叶片，增大叶片出口安装角，减小飞灰在叶片上的沉积，避免因积灰而破坏风机转动平衡，均可降低振动，降低噪声。防止叶片积灰的另一个方法是采用叶片吹扫装置清扫积灰，或者改进风机叶片及流道的动力学缺陷，减小因气流流动造成的叶片、流道振动，从而从声源处降低噪声。

4. 安全阀、排气阀噪声的控制

安全阀是电站系统中必需的设备，其作用是保证压力容器不超压。随着技术的进步，现今燃煤电厂的安全可靠性得以提高，安全阀开启的频率大大降低。安全阀开启时，高压气体经加速进入空气，引起空气强烈振动而形成很强的噪声。对于安全阀的降噪，主要是在安全阀出口安装消声器，以有效降低安全阀排气过程中产生的噪声。消声器有多种形式，常采用的是阻性消声器、抗性消声器、阻抗复合消声器和和微孔消声器等。

5. 炉膛振动噪声的控制

锅炉运行过程中，切换燃料或改变锅炉负荷时会造成炉膛内部着火不稳定，引起烟气波动，从而引发压力波动、炉膛振动而发出噪声。炉膛振动的危害较大，电厂必须避免。

炉膛振动噪声控制措施主要有：①改变燃烧器固有频率，以减低燃烧产生的涡流。②提高燃烧器的稳定性，防止火焰摆动。③设置屏式过热器，以改变燃烧自振频率。④改变炉墙、刚性梁或水平平台的刚性，从而改变其固有频率，防止振动对炉膛产生破坏，从而降低噪声的产生。

6. 空压机站噪声的控制

空压机进气噪声的强度随着空压机负荷的增加而增加，通常进气噪声较其他部分噪声高约7～10dB（A）。控制空压机进气噪声的有效方法是在进气口安装消声器。由于进气噪声以低频为主，所以消声器应以抗性消声为宜。

当空压机进气口安装消声器后，空压机各部件的机械噪声和电动机噪声就突出起来。要控制这些噪声，需在建筑结构上采用合理布局，并进行声学处理。例如在机房设隔声间，各墙壁、门窗都按隔声要求设计，以此控制机房外的噪声；还可在顶棚和侧壁悬挂吸声体，从而控制机房内的噪声。

由于空压机储气罐内的压缩气体发生共振而产生强烈噪声，可在储气罐室内适当位置悬挂吸声体，可以消除气体共振并且破坏在罐内形成的驻波，从而使噪声减弱。

需要注意的是，隔声间设计可能导致通风散热不佳，从而出现温升问题。但增加通风系统有可能额外产生风机及其管路噪声。所以，无论是新建、扩建还是改建空压机站，皆可根据具体情况进行综合治理。此外，若空压机振动剧烈，还应加装减振器或采取其他减振方法。通常采用隔绝固体传声可获得较好的降噪效果。

7. 水力发电厂噪声的控制

水力发电厂噪声的控制与火电厂相似，特别之处有：①为防止发电机通风噪声和机械噪声经上部金属盖板传递至运行层，可对上部金属盖板采取吸声与隔声措施。例如，在上风洞顶部（即外圈盖板下面）贴附适当厚度的中密度聚氨酯泡沫塑料，并用扁钢框架与钢板固定成吸声体；在内圈盖板上用适当厚的合金铝板制成组装式隔声罩，罩内贴附泡沫塑料。②对敞开运行的水轮机室加装隔声门。③为降低补气装置的噪声，可在进气口设双层微孔消声器。

8. 燃气发电厂噪声控制

燃气轮机附近的噪声不仅令人难以忍受，而且也难以控制。因此，最好的降噪办法是使噪声源远离工作区与生活区，让噪声在空气中自然衰减。此外，可以用绿化方法将生产区、工作区和生活区隔离；也可以在控制室装设隔声材料和在吸风口装设消声器等；还可以在机体密封壳夹层中装设吸声材料。总之，在设计选型中应将噪声水平作为衡量机组性能的重要指标。

第三节　输变电系统的噪声与防护

从电网发展的规律来看，输电系统的电压等级总是随着系统容量的增大和电网的发展而不断提高。由于特高压输电在输送方面具有一系列的优点，世界各国纷纷对此进行研究和建设，尤其是1500kV特高压输电技术。在这方面我国起步比较晚，但发展很快，已经建成多条500kV的超高压线路。更高电压等级的特高压输电是必然的趋势。高压输电可根据需要中途落点向沿途地区供电，相比直流输电更灵活多样。由于输电电压的提高，必然导致导线表面电场强度以及输电设备周围的空间电场强度较高，从而会因电晕现象和强电场效应引起一定的噪声问题。

一、变电噪声

变电站的噪声源主要是断路器和变压器。断路器产生电冲击或电击噪声，变压器产生工频持续交流噪声。

在变电站设计时，应考虑到随着城市化的发展进程，变电站所处区域执行的噪声控制标准可能越来越严，因此，应对变电站周围噪声随距离变化的情况，根据噪声衰减理论进行简单计算。利用三元 CAD 技术，可以充分考虑变电设备形状和设备配置方法对噪声的反射、吸收和衍射的影响，并对这些因素进行合理解析，从而可以实现较高精度的噪声设计。在变压器的设计、制造方面，可采用低铁心磁束密度以及低噪声型冷却塔的噪声控制技术。

为了减弱噪声，应用 SF_6 型气体绝缘开关或少油式断路器是有益的。因为它们比喷气型断路器的噪声低，同时也不存在压缩机或空气储存器排放的噪声。尽管喷气型断路器是一种比较新的设备，但噪声颇大。通常要求非故障时操作的噪声在 20dB 以下。为此，有些国家采取装配消声器的技术措施，但这样做会使设备笨重、成本增加。

变压器的噪声主要来自铁心。另外，辅助装置（如风扇）也产生噪声。减小电感可减小变压器的噪声，但这样会导致铁心尺寸增加。除此之外，还可在变压器桶体内衬以吸声壁减弱噪声。

二、输电噪声

输电线路的可听噪声是指导线周围空气电离放电时所产生的一种人耳能直接听得见的噪声，它是一种声频干扰。这种噪声可使特高压线路附近的居民以及在邻近线路工作的人们感到烦躁不安，严重时可以使人难以忍受。可听噪声和无线电干扰一样，随着导线表面电场强度的增加而增大，但是随着距离的增加，可听噪声比无线电干扰衰减慢。交流输电线路可听噪声有两个特征分量：一是宽频带噪声（破裂声、“吱吱”声或“斯斯”声）；二是频率为 100Hz（或 120Hz）及其整数倍的交流纯声（“哼哼”声和“嗡嗡”声）。宽频带噪声是由于导线表面在空气中的电晕放电产生杂乱无章的脉冲所造成的；交流纯声是由于导线周围空间电荷的运动使空气压力变换方向所致。

国外的研究表明，对 1000kV 及以上的特高压线路，可听噪声将成为很突出的矛盾，导线的最小截面往往需要按这个条件来确定。

三、治理措施

为了治理交流输变电系统的噪声污染，在设计方面应采取一些措施。无论采取何种措施，在减弱噪声的同时，还必须满足下述要求：①必须不削弱变压器等电气设备的性能与作用，特别是在热扩散方面。②除必须限制外壳高度外，还必须防止声量溢出。③能及时、认真地进行检修，必要时可改造或更换变压器等电气设备。④减弱噪声干扰的投资必须达到与声量控制等级相符的社会效益。

减少噪声污染的措施如下：①采用封闭或半封闭的隔声间及敞开式隔声壁。②使用轻质隔声屏或混凝土隔声墙进行降噪。③可将变压器的防护围墙作为“消声器”，采用这种方法时防护围墙要高于变压器。④围绕噪声源种树种草，绿化环境。

实践表明，虽然树木或灌木丛能起到降噪作用，但利用树木无论是屏蔽还是吸收变压器等电气设备的噪声均不显著。绿化降噪适用于行政办公区、生活区等。此外还应注意，采取绿化降噪时，需充分考虑对带电部分安全距离的要求。

总之，输变电系统噪声和静电感应的影响是客观存在的，在一定的范围内可能对公众健康产生影响。由于一般人员不能进入或靠近运行中的变电站区内，而运行操作人员在良好的环境下工作，工作环境噪声值、电场强度满足国家关于工业卫生和劳动保护方面的法规要求，因此这些影响是很小的。

复习思考题

1. 噪声可分为哪几类?
2. 描述噪声的基本量有哪些?
3. 噪声污染有哪些危害?
4. 电力工业控制噪声的技术措施主要有哪几种?
5. 火电厂产生噪声的设备主要有哪些? 如何控制?
6. 输、变电减少噪声污染的措施有哪些?

参 考 文 献

[1] 王罗春，张萍，赵由才，等．电力工业环境保护［M］．北京：化学工业出版社，2008.

[2] 黄成群，靳智平，等．火电厂辅助生产设备及系统［M］．北京：中国电力出版社，2010.

[3] 赵毅，胡志光，等．电力环境保护实用技术及应用［M］．北京：中国水利水电出版社，2006.

[4] 李晓芸，赵毅，等．火电厂有害气体控制技术［M］．北京：中国水利水电出版社，2005.

[5] 钟秦．燃煤烟气脱硫脱硝技术及工程实例［M］．北京：化学工业出版社，2004.

[6] 周至祥，段建中，薛建明，等．火电厂湿法烟气脱硫技术手册［M］．北京：中国电力出版社，2006.

[7] 赵毅，王卓昆，等．电力环境保护技术［M］．北京：中国电力出版社，2007.

[8] 蒋文举，等．烟气脱硫脱硝技术手册［M］．北京：化学工业出版社，2007.

[9] 杨飏．二氧化硫减排技术与烟气脱硫工程［M］．北京：冶金工业出版社，2004.

[10] 庄正宁，等．环境工程基础［M］．北京：中国电力出版社，2006.